全国高等院校数字化课程规划教材

供高职高专及应用型本科各专业使用

高 等 数 学

主　编　刘家英
副主编　胡志敏　阚惠萍
编　者　（按姓氏汉语拼音排序）
胡志敏　广州卫生职业技术学院
黄　颐　重庆医药高等专科学校
焦建利　上海健康医学院
阚惠萍　唐山职业技术学院
刘家英　重庆医药高等专科学校
王　杰　济南护理职业学院
吴建勇　南阳医学高等专科学校
张文丽　包头医学院职业技术学院

科 学 出 版 社
北　京

内 容 简 介

本书是全国高等院校数字化课程规划教材之一，根据教育部高职高专高等数学课程教学基本要求，同时兼顾高职高专的特点和各专业的需要编写而成.

全书包含 8 章内容，分别为函数的极限与连续、导数与微分、中值定理及导数的应用、不定积分、定积分及其应用、多元函数微积分、微分方程、线性代数. 每节后配有习题，每章后配有复习题和与本章相关的阅读材料.

本书可供高职高专及应用型本科各专业使用，也可供成人专科和专升本等专业师生参考.

图书在版编目（CIP）数据

高等数学 / 刘家英主编. —北京：科学出版社，2018.1
全国高等院校数字化课程规划教材
ISBN 978-7-03-053366-1
Ⅰ. 高… Ⅱ. 刘… Ⅲ. 高等数学–高等学校–教材 Ⅳ. O13
中国版本图书馆 CIP 数据核字（2017）第 134834 号

责任编辑：张映桥 / 责任校对：彭 涛
责任印制：赵 博 / 封面设计：张佩战

科学出版社 出版
北京东黄城根北街 16 号
邮政编码：100717
http://www.sciencep.com
保定市中画美凯印刷有限公司 印刷
科学出版社发行 各地新华书店经销
*
2018 年 1 月第 一 版 开本：787×1092 1/16
2018 年 1 月第一次印刷 印张：16
字数：379 000

定价：39.80 元

（如有印装质量问题，我社负责调换）

全国高等院校数字化课程规划教材
评审委员会名单

前　言

高等数学是高等教育很多专业必修的公共基础课程，它为提高学生科学文化素养、学习后续课程和进一步获得现代科学知识奠定了必要的数学基础.

本书是全国高等院校数字化课程规划教材. 编者根据各校制定的高职高专各专业教学标准和人才培养目标及规格对高等数学课程教学基本要求，结合自己长期从事高职高专数学教学改革和教学实践的心得，在对教材内容进行了精心选择、组织的基础上编写而成. 考虑到高职高专的特点和各专业的需要，本书增加了适应工科和专升本的教学内容，它既适合高职高专及应用型本科各专业使用，也适用于成人专科和专升本学生使用.

在编写过程中，我们尽力体现以下特点：

（1）按照教学基本要求，充分考虑高职高专教育的特点和教学的实际，在内容选取之以“必需”“够用”为度，兼顾学生今后的可持续发展.

（2）重点突出，难点分散，重视培养学生的抽象概括能力、逻辑推理能力和解决实际问题的应用能力.

（3）为了便于学生自学，教材对基本概念、基本理论、基本方法做了深入浅出的介绍，配备了较多的例题、习题及复习题，重视培养学生的运算能力.

（4）在每章最后适当增加与本章内容有关的阅读材料，供学生课外阅读，目的是对学生进行数学文化的教育，培养学生学习数学的兴趣.

全书的教学时数建议为 108 课时，由于各专业要求不同，学校可根据专业需要和课程标准自行安排，其中第 1～5 章是必学内容. 参加本书编写的有刘家英、胡志敏、阚惠萍、王杰、张文丽、吴建勇、焦建利、黄颐老师.全书框架结构安排、统稿、审稿等工作由刘家英、胡志敏、阚惠萍老师承担. 教材编写过程中得到了科学出版社及编者所在单位的大力支持，在此一并表示感谢. 由于水平有限，书中不当之处在所难免，恳请读者赐教、指正.

编　者

2018 年 1 月

目 录

CONTENTS

第1章 函数的极限与连续

高等数学主要研究的内容是微积分，研究对象是函数，其中连续函数是重点，极限是研究工具．本章将在复习和深化函数知识的基础上，进一步学习函数的极限与连续性的基本知识，为微积分的学习打好基础．

1.1 初等函数

1.1.1 函数的概念

1. 变量与常量

我们在观察各种自然现象或研究实际问题的时候，会遇到许多的量，这些量一般可分为两种:

常量: 在观察过程中保持固定不变的量，通常用字母 a, b, c 等表示.

变量: 在观察过程中可取不同数值的量，通常用字母 x, y, z 等表示.

例如，把一个密闭容器内的气体加热时，气体的体积和气体的分子个数保持一定，它们是常量，而气体的温度和压力则是变量.

2. 区间与邻域

任何一个变量，总有一定的变化范围. 如果变量的变化是连续的，常用区间来表示. 区间是高等数学中常用的实数集的一种表示方法，包括四种有限集和五种无限集，它们的名称、记号和定义如下:

闭区间 $[a,b]=\{x|a\leqslant x\leqslant b\}$

开区间 $(a,b)=\{x|a<x<b\}$

半开半闭区间 $(a,b]=\{x|a<x\leqslant b\}$ $[a,b)=\{x|a\leqslant x<b\}$

无限区间 $(a,+\infty)=\{x|x>a\}$ $[a,+\infty)=\{x|x\geqslant a\}$

$(-\infty,b]=\{x|x\leqslant b\}$

$(-\infty,+\infty)=\{x|x\in \mathbf{R}\}$ $(-\infty,b)=\{x|x<b\}$

其中 a,b 为确定的实数，分别称为区间的**左端点**和**右端点**. 闭区间$[a, b]$，半开半闭区间$[a, b)$及$(a, b]$，开区间(a, b)为有限区间. 有限区间的左、右端点之间的距离 $b-a$ 称为**区间长度**. $+\infty$ 与 $-\infty$ 分别读作“正无穷大”与“负无穷大”，它们不表示任何具体数，仅仅是符号.

区间在数轴上可如图 1-1 表示.

邻域是高等数学中经常用到的概念. 设 a 与 δ 是两个实数，且 $\delta>0$，称实数集

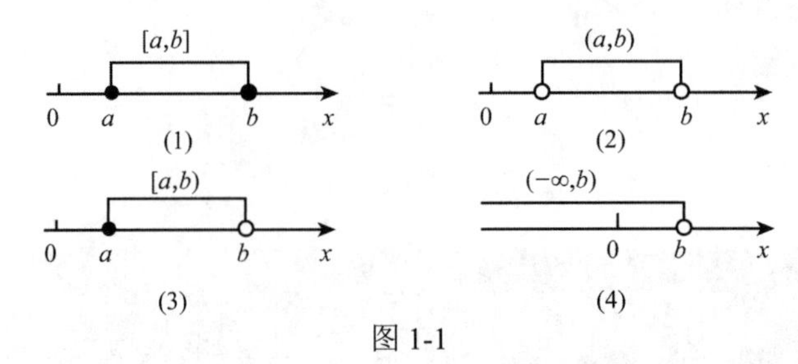

图 1-1

$\{x||x-a|<\delta\}$ 为点 a 的 δ **邻域**，记作 $U(a,\delta)$, a 称为该**邻域的中心**，δ 称为该**邻域的半径**. 由邻域的定义知，

$$U(a,\delta)=(a-\delta,a+\delta)$$

表示分别以 $a-\delta,a+\delta$ 为左、右端点的开区间，区间长度为 2δ，如图 1-2(1)所示.

在 $U(a,\delta)$ 中去掉中心点 a 得到的实数集 $\{x|0<|x-a|<\delta\}$ 称为点 a 的去心 δ 邻域，记作 $\mathring{U}(a,\delta)$. 显然，去心邻域 $\mathring{U}(a,\delta)$ 是两个开区间 $(a-\delta,a)$ 和 $(a,a+\delta)$ 的并集，即

$$\mathring{U}(a,\delta)=(a-\delta,a)\cup(a,a+\delta)$$

如图 1-2(2)所示.

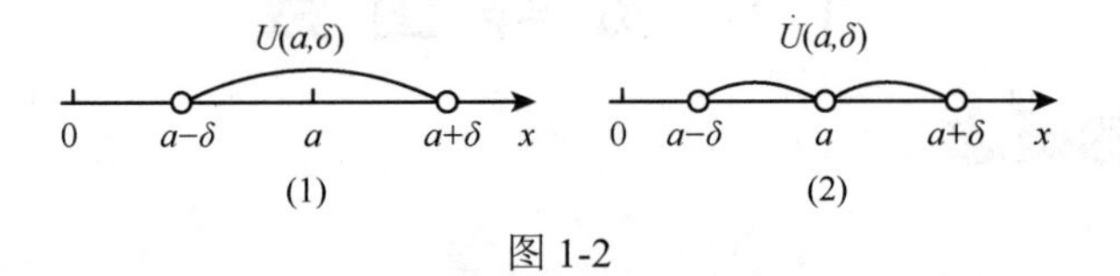

图 1-2

3. 函数的定义

在自然现象或生产过程中，同时出现的某些变量，往往存在着相互依赖、相互制约的关系，这种关系在数学上称为函数关系.

定义 1.1 设 x 和 y 是某一变化过程中的两个变量，如果 x 在实数的某一范围 D 内任意取一个数值，变量 y 按照一定的对应法则 f 都有唯一确定的实数值与之对应，则称 y 是 x 的**函数**，记作

$$y=f(x),\ x\in D$$

称 x 为**自变量**, y 为**因变量**或函数. 自变量 x 的取值范围 D 叫作函数的**定义域**.

当自变量 x 取数值 $x_0\in D$ 时，与 x_0 对应的因变量 y 的值称为函数 $y=f(x)$ 在点 x_0 处的**函数值**. 当 x 取遍 D 中的所有数值时，与之对应的 y 值的集合 M 叫作这个函数的**值域**.

在函数的定义中，自变量 x 与因变量 y 的对应法则，也可用其他字母 g,F,G,f_1 等表示. 如果两个函数的定义域相同，并且对应法则也相同(从而值域也相同)，那么它们不管用什么记号，均表示同一个函数.

在实际问题中，函数的定义域由实际意义确定. 例如，正方形的面积 S 与边长 x 的关系是 $S=x^2$，定义域为$(0,+\infty)$. 在研究由公式表达的函数时，我们规定:函数的定义域是使函数表达式有意义的自变量的一切实数值所组成的集合. 例如，函数 $y=\dfrac{1}{\sqrt{4-x^2}}$ 的定义域是 $(-2,2)$，函数 $y=\cos x$ 的定义域是 $(-\infty,+\infty)$.

例 1.1 设有函数 $f(x)=x-2$ 和 $g(x)=\dfrac{x^2-4}{x+2}$，问它们是否为同一个函数?

解: $f(x)$ 的定义域为 $(-\infty,+\infty)$，而 $g(x)$ 在 $x=-2$ 处无定义，其定义域为 $(-\infty,-2)\cup(-2,+\infty)$，

故 $f(x)$ 与 $g(x)$ 的定义域不同, 从而它们不是同一个函数.

例 1.2 求下列函数的定义域:

(1) $y=\dfrac{1}{x+3}+\sqrt{-x}+\sqrt{x+4}$; (2) $y=\sqrt{16-x^2}+\ln(1-x)$.

解: (1) 要使函数 y 有意义, 须使 $\begin{cases}x+3\neq 0\\ -x\geqslant 0\\ x+4\geqslant 0\end{cases}$ 成立, 即 $\begin{cases}x\neq -3\\ x\leqslant 0\\ x\geqslant -4\end{cases}$.

这个不等式组的解集为 $-4\leqslant x\leqslant 0$且$x\neq -3$, 所以函数的定义域为 $[-4,-3)\cup(-3,0]$.

(2) 要使函数 y 有意义, 须使 $\begin{cases}16-x^2\geqslant 0\\ 1-x>0\end{cases}$ 成立, 即 $\begin{cases}x<1\\ -4\leqslant x\leqslant 4.\end{cases}$

这个不等式组的解集为 $-4\leqslant x<1$, 所以函数的定义域为 $[-4,1)$.

例 1.3 已知 $f(x)=\sqrt{x^2-1}$, 求 $f(-2)$, $f(3)$, $f(x+1)$.

解: $f(-2)=\sqrt{(-2)^2-1}=\sqrt{3}$,

$f(3)=\sqrt{3^2-1}=2\sqrt{2}$,

$f(x+1)=\sqrt{(x+1)^2-1}=\sqrt{x^2+2x}$.

4. 函数的表示法

函数的表示法通常有公式法(又称解析法)、列表法和图像法. 函数表示法在医疗卫生工作中有着广泛应用, 如分析某种疾病发病率、易感率的原因等都需要用函数来分析事物数量的变化特征, 从而得出结论.

(1) 以数学式子表示函数的方法叫作**公式法**, 如 $y=x^2, y=\cos x$. 公式法的优点是便于理论推导和计算.

(2) 以表格形式表示函数的方法叫作**列表法**. 它是将自变量的值与对应的函数值列为表格, 如三角函数表, 对数表等. 列表法的优点是所求的函数值容易查得.

(3) 以图形表示函数的方法叫作**图像法**. 它在工程技术上应用很普遍, 其优点是可以直观形象地看出函数的变化趋势.

5. 分段函数

在定义域的不同范围内, 用不同的解析式表示的函数称为**分段函数**.

例 1.4 旅客携带行李乘飞机时, 行李的重量不超过 20 千克时不收取费用, 若超过 20 千克, 每超过 1 千克收运费 a 元, 试建立运费 y 与行李重量 x 的函数关系.

解: 由题意知, 当 $0\leqslant x\leqslant 20$ 时, 运费 $y=0$; 而当 $x>20$ 时, 只有超过的部分 $x-20$ 按每千克收运费 a 元, 此时 $y=a(x-20)$. 于是, 函数 y 可以写成

$$y=\begin{cases}0, & 0\leqslant x\leqslant 20,\\ a(x-20), & x>20.\end{cases}$$

这样便建立了行李重量 x 与运费 y 之间的函数关系.

例 1.5 设 $f(x)=\begin{cases}x+1, & x<0\\ 0, & x=0\\ x-1, & x>0\end{cases}$, 求 $f(-3), f(0), f(2)$, 并作出函数图像.

解：$f(-3)=-3+1=-2$，$f(0)=0$，$f(2)=2-1=1$．函数图像如图 1-3 所示．

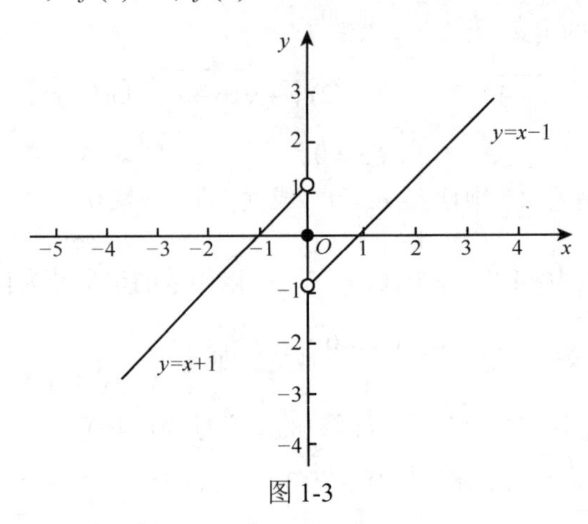

图 1-3

分段函数是公式法表达函数的一种方式，在理论分析和实际应用中比较常见．需要注意的是，分段函数是用几个关系式合起来表示一个函数，而不是表示几个函数，**其定义域是各个定义区间的并集**.

6. 隐函数

由方程 $F(x,y)=0$ 所确定的函数称为**隐函数**，如 $xy=1, \mathrm{e}^x-2\ln(xy)+1=0$ 等．相应地，我们将前面讨论的函数 $y=f(x)$ 称为**显函数**.

有些隐函数可以表示成显函数的形式．例如 $x^2+y^2-1=0$ 确定了一个隐函数，从中解出 y，得 $y=\pm\sqrt{1-x^2}$，就变成了显函数．而有些隐函数却不可以，如方程 $y+x-\ln y=0$ 所确定的函数就无法表示成显函数.

1.1.2 函数的性质

1. 函数的单调性

设函数 $y=f(x)$ 的定义域为 D，区间 $I\subseteq D$，如果对于任意 $x_1,x_2\in I$，

(1) 当 $x_1<x_2$ 时，总有 $f(x_1)<f(x_2)$，则称函数 $y=f(x)$ 在区间 I 上单调递增(见图 1-4)，区间 I 称为函数 $y=f(x)$ 的一个单调递增区间；

(2) 当 $x_1<x_2$ 时，总有 $f(x_1)>f(x_2)$，则称函数 $y=f(x)$ 在区间 I 上单调递减(见图1-5)，区间 I 称为函数 $y=f(x)$ 的一个单调递减区间.

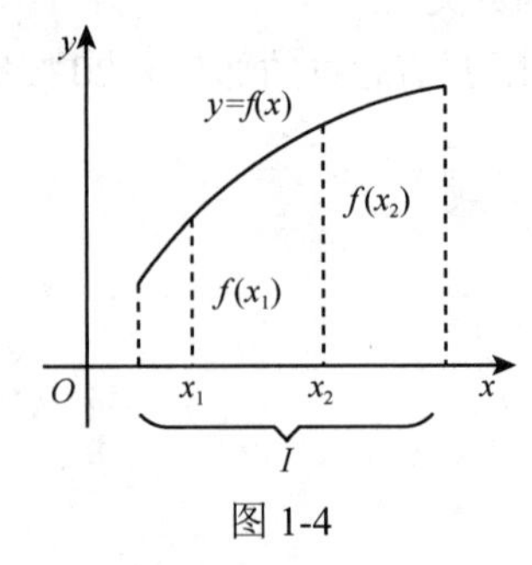

图 1-4

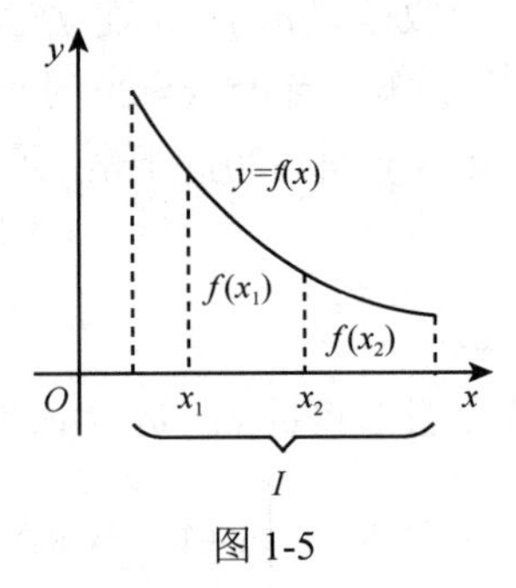

图 1-5

单调递增和单调递减的函数统称为单调函数，所在的区间称为这个函数的单调区间.

例如，函数 $f(x)=x^2$ 在 $[0,+\infty)$ 上是单调递增的，在 $(-\infty,0]$ 上是单调递减的，但在 $(-\infty,+\infty)$ 内不是单调函数(见图 1-6).

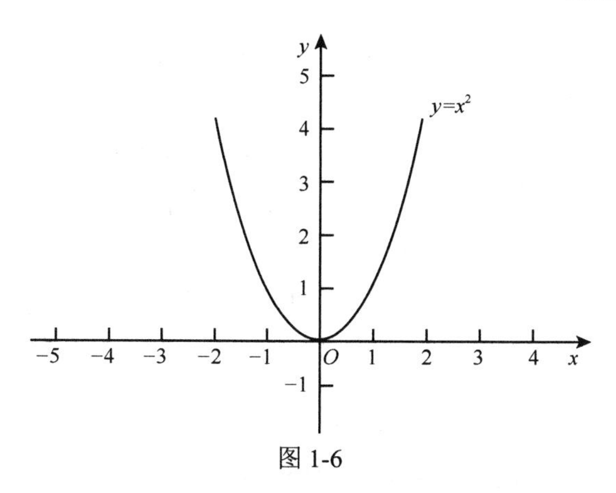

图 1-6

注意: 函数的单调性是关于函数在某一区间上所讨论的一个概念, 不能离开区间谈函数的单调性.

2. 函数的有界性

设函数 $y=f(x)$ 在 D 上有定义, 若存在某个正数 M, 使得一切 $x\in D$, 都有

$$|f(x)|\leqslant M$$

成立, 则称 $f(x)$ 在 D 上有界, 或称 $f(x)$ 是 D 上的有界函数. 如果这样的 M 不存在, 则称函数 $f(x)$ 在 D 上无界, 或称 $f(x)$ 是 D 上的无界函数.

注意: ①当函数 $y=f(x)$ 在 D 上有界时, 正数 M 的取法不是唯一的. 例如, $y=\sin x$ 在 $x\in(-\infty,+\infty)$ 上是有界的, 有 $|\sin x|\leqslant 1$, 但我们也可以取 M=2, 即 $|\sin x|\leqslant 2$ 总是成立的. 实际上, M 可以取任何大于 1 的数. ②函数的有界性, 不仅要注意函数的特点, 还要注意自变量的变化范围D. 例如, 函数 $f(x)=\dfrac{1}{x}$ 在区间 $(1,2)$ 内是有界的, 但在区间 $(0,1)$ 内是无界的.

3. 函数的奇偶性

设函数 $y=f(x)$ 的定义域 D 关于原点对称, 即当 $x\in D$ 时, 有 $-x\in D$. 如果对于任意的 $x\in D$, 都有 $f(-x)=f(x)$ 成立, 则称 $f(x)$ 为偶函数; 如果对于任意的 $x\in D$, 都有 $f(-x)=-f(x)$ 成立, 则称 $f(x)$ 为奇函数. 如果 $f(x)$ 既不是奇函数, 也不是偶函数, 则称 $f(x)$ 为非奇非偶函数.

例如, 当 $x\in(-\infty,+\infty)$ 时, $y=x^2$ 与 $y=\cos x$ 都是偶函数, $y=x^3$ 与 $y=\sin x$ 都是奇函数, 而 $y=\sin x+\cos x$ 是非奇非偶函数.

注意: (1) 只有当函数定义域关于原点对称, 才有可能讨论奇偶性.

(2) 偶函数的图像关于 y 轴对称, 奇函数的图像关于原点对称.

例 1.6 判断函数 $y=\lg(x+\sqrt{1+x^2})$ 在其定义域上的奇偶性.

解: 因为函数的定义域为 $(-\infty,+\infty)$, 且

$$f(-x)=\lg(-x+\sqrt{1+(-x)^2})=\lg(-x+\sqrt{1+x^2})=\lg\frac{(-x+\sqrt{1+x^2})(x+\sqrt{1+x^2})}{x+\sqrt{1+x^2}}$$

$$=\lg\frac{1}{x+\sqrt{1+x^2}}=-\lg(x+\sqrt{1+x^2})=-f(x).$$

所以，函数 $y=\lg(x+\sqrt{1+x^2})$ 在定义域内是奇函数.

4. 函数的周期性

设函数 $y=f(x)$，$x\in D$. 如果存在某一非零常数 T，使得对于任意 $x\in D$，均有 $x\pm T\in D$，且有 $f(x+T)=f(x)$ 成立，则称函数 $y=f(x)$ 为周期函数，称 T 为该函数的周期. 通常我们所讲的函数周期都是指最小正周期.

如函数 $y=\sin x$ 及 $y=\cos x$ 都是以 2π 为周期的周期函数，函数 $y=\tan x$ 及 $y=\cot x$ 都是以 π 为周期的周期函数.

在几何上，周期为 T 的周期函数的图像在长度为 T 的相邻区间上形状相同，将此图像一个周期向左、右平移，就可得到整个函数图像.

例 1.7 求函数 $f(t)=A\sin(\omega t+\varphi)$ 的周期，其中 A,ω,φ 为常数.

解：设所求的周期为 T，由于

$$f(t+T)=A\sin[\omega(t+T)+\varphi]=A\sin[(\omega t+\varphi)+\omega T],$$

要使 $f(t+T)=f(t)$，

即 $A\sin[(\omega t+\varphi)+\omega T]=A\sin(\omega t+\varphi)$ 成立.

因为 $\sin t$ 的周期为 2π，只需 $\omega T=2n\pi$ $(n=0,1,2,\cdots)$，则使上式成立的最小正数 $T=\dfrac{2\pi}{\omega}$ (取 $n=1$)，所以函数 $f(t)=A\sin(\omega t+\varphi)$ 的周期是 $\dfrac{2\pi}{\omega}$.

1.1.3 反函数、复合函数和初等函数

1. 反函数

函数关系的实质就是从定量分析的角度来描述运动过程中变量之间的相互依赖关系. 但在研究过程中，哪个量作为自变量，哪个量作为因变量(函数)是由具体问题来决定的.

【引例】 设正方形的边长为 x，则它的面积 $y=x^2$ 是 y 关于 x 的函数，$y=x^2$ 的定义域为 $D=(0,+\infty)$，值域为 $W=(0,+\infty)$. 现在由面积 y 的值求边长 x，只需要由式子 $y=x^2$ 中解出 $x=\sqrt{y}$ 即可. 不难看出，它是以 y 为自变量，x 关于 y 的函数，它的定义域是 W，值域是 D. 类似的，在函数 $y=2x$ 中，x 是自变量，y 是 x 的函数. 我们从 $y=2x$ 中解出 x，得到 $x=\dfrac{y}{2}$，它也是以 y 为自变量，x 关于 y 的函数.

一般地，设函数 $y=f(x)$的定义域为 D，值域为 W. 对于值域 W 中的任一数值 y，在定义域 D 上至少可以确定一个数值 x 与 y 对应，且满足关系式 $f(x)=y$.

如果将 y 作为自变量，x 作为因变量，则由上述关系式可确定一个新函数 $x=\varphi(y)$ (或 $x=f^{-1}(y)$).这个新函数称为函数 $y=f(x)$ 的**反函数**. 它的定义域为 W，值域为 D.

由于习惯上采用字母 x 表示自变量，y 表示函数. 因此，将 $x=f^{-1}(y)$ 中的 x 换成 y，y 换成 x，$y=f(x)$ 的反函数即为 $y=f^{-1}(x)$.

注意：(1) 函数 $x=f^{-1}(y)$ 与 $y=f^{-1}(x)$ 表示的是同一个函数.

(2) 求反函数的过程可分为两步：第一步，从 $y=f(x)$ 中解出 $x=f^{-1}(y)$；第二步交换字母 x 和 y.

(3) 一般地，函数 $y=f(x)$ 的图像和它的反函数 $y=f^{-1}(x)$ 的图像关于直线 $y=x$ 对称.

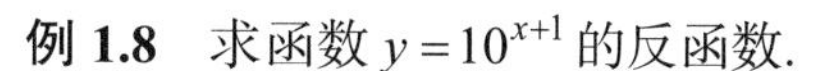

例 1.8 求函数 $y=10^{x+1}$ 的反函数.

解: 由 $y=10^{x+1}$ 解出 $x=\lg y-1$，交换 x 和 y，得 $y=\lg x-1$.

即 $y=\lg x-1$ 是函数 $y=10^{x+1}$ 的反函数.

2. 基本初等函数

在大量的函数关系中，有几类函数是最常见、最基本的，它们分别是常函数、幂函数、指数函数、对数函数、三角函数、反三角函数. 这几类函数统称为基本初等函数. 下面将分别介绍它们的定义、图像和性质.

(1) 常函数 $y=C$ (C 为任意常数)

由于常函数在定义域内每一点所对应的函数值都相等，所以其图像是平行于 x 轴且截距为 C 的直线.

(2) 幂函数 $y=x^{\alpha}$ (α 为任意实数)

幂函数$y=x^{\alpha}$(α为任意实数)随着α的取值不同，其定义域、值域、图像和性质也不尽相同. 当$\alpha>0$ 时，如图 1-7 所示，$y=x^{\alpha}$ 的定义域包含区间$[0,+\infty)$，图像都过点(0, 0)和(1, 1)，在$(0,+\infty)$内，$y=x^{\alpha}$是严格单调递增的；当$\alpha<0$时，如图 1-8 所示，$y=x^{\alpha}$ 的定义域包含区间$(0,+\infty)$，图像都过点(1, 1)，在$(0,+\infty)$内，$y=x^{\alpha}$是严格单调递减的.

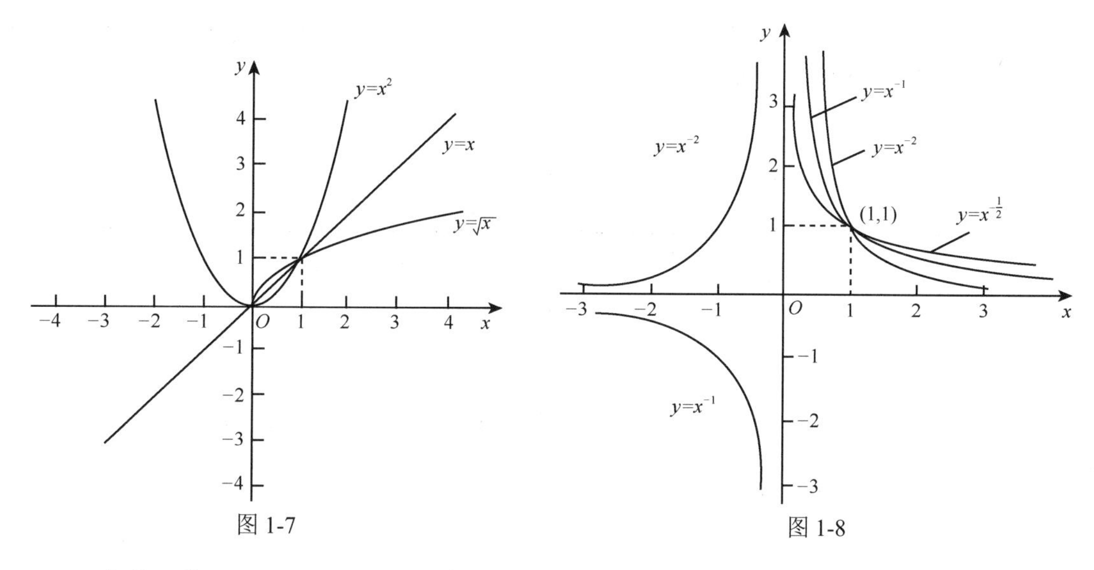

图 1-7　　图 1-8

(3) 指数函数 $y=a^x$　($a>0$ 且 $a\neq1$)

指数函数 $y=a^x$ ($a>0,a\neq1$)的定义域为$(-\infty,+\infty)$，值域为$(0,+\infty)$，图像都过点$(0,1)$. 当$a>1$时，函数在$(-\infty,+\infty)$上单调递增;当$0<a<1$时，函数在$(-\infty,+\infty)$上单调递减，图像如图 1-9 所示.

(4) 对数函数 $y=\log_a x$　($a>0$ 且 $a\neq1$)

对数函数 $y=\log_a x$　($a>0$ 且 $a\neq1$)是指数函数 $y=a^x$ ($a>0$ 且 $a\neq1$)的反函数，所以它的定义域为$(0,+\infty)$，值域为$(-\infty,+\infty)$，图像都过点(1, 0). 当$a>1$时，函数单调递增；当 $0<a<1$时，函数单调递减，图像如图 1-10 所示.

(5) 三角函数

1) 正弦函数 $y=\sin x$ 的定义域为$(-\infty,+\infty)$，值域为[−1, 1]. 它以 2π 为周期，是有界函数，

且是奇函数，图像如图 1-11 所示.

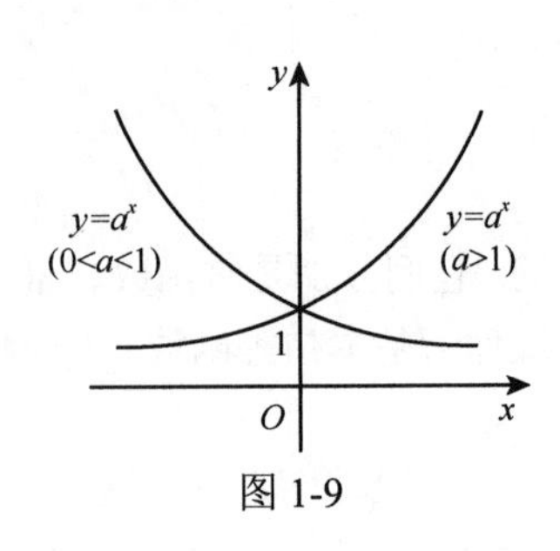

图 1-9

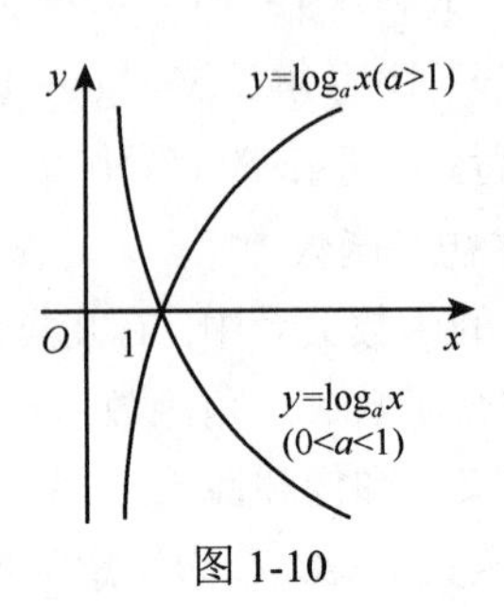

图 1-10

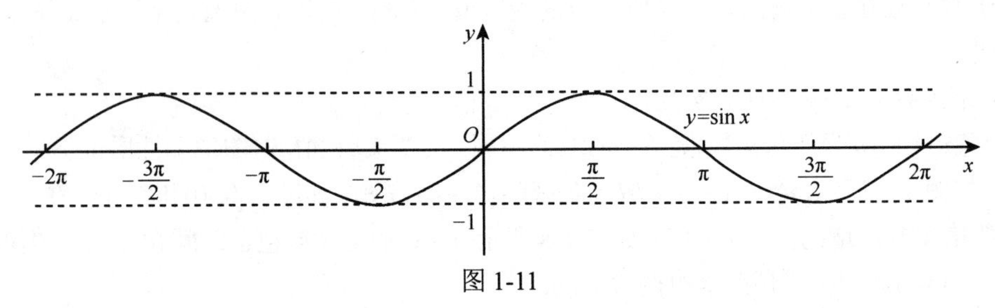

图 1-11

2) 余弦函数 $y=\cos x$ 的定义域为 $(-\infty,+\infty)$，值域为 $[-1, 1]$. 它以 2π 为周期，是有界函数，且是偶函数，图像如图 1-12 所示.

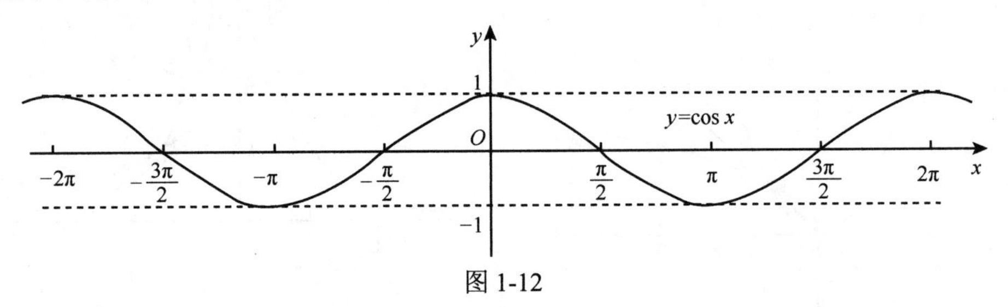

图 1-12

3) 正切函数 $y=\tan x$ 的定义域为 $\left\{x \middle| x \neq k\pi+\frac{\pi}{2}, k \in \mathbf{Z}\right\}$，值域是 $(-\infty,+\infty)$，以 π 为周期，是奇函数，图像如图 1-13 所示.

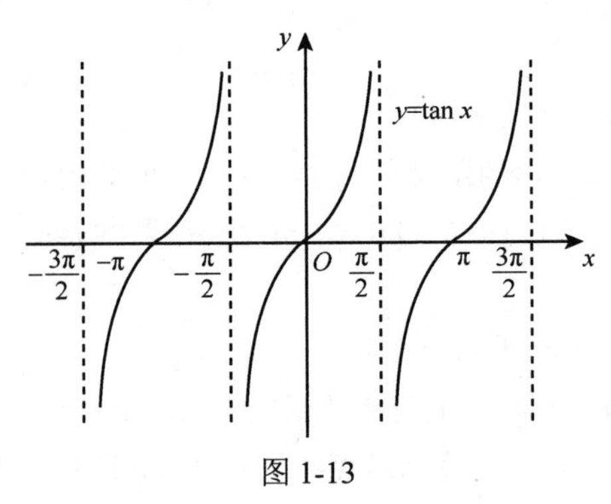

图 1-13

4) 余切函数 $y=\cot x$ 定义域是 $\{x | x \neq k\pi, k \in \mathbf{Z}\}$，值域是 $(-\infty,+\infty)$，以 π 为周期，是奇函数，图像如图 1-14 所示.

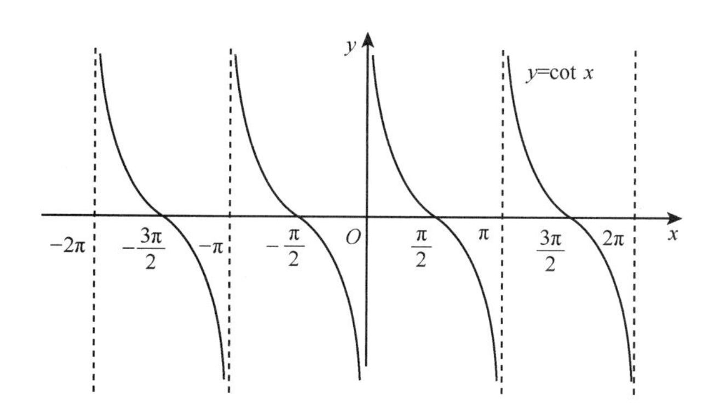

图 1-14

三角函数还包括正割函数 $y=\sec x$ 和余割函数 $y=\csc x$，它们都是以 2π 为周期的周期函数.

(6) 反三角函数

三角函数 $y=\sin x$，$y=\cos x$，$y=\tan x$ 和 $y=\cot x$ 的反函数都是多值函数，我们按下列区间取其一个单值分支，称为主值分支，分别记作

1) 反正弦函数 $y=\arcsin x$，定义域为[−1, 1]，值域为 $\left[-\dfrac{\pi}{2},\dfrac{\pi}{2}\right]$，图像如图 1-15 所示.

2) 反余弦函数 $y=\arccos x$，定义域为[−1, 1]，值域为 $[0,\pi]$，图像如图 1-16 所示.

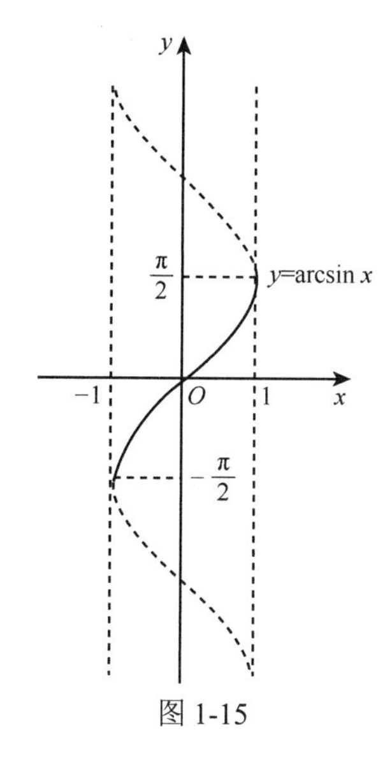

图 1-15

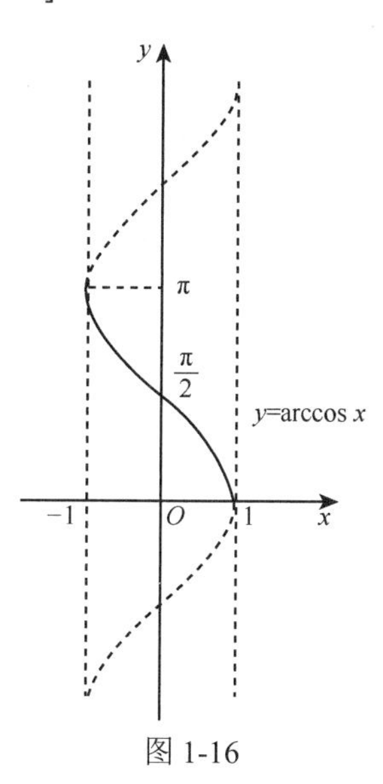

图 1-16

3) 反正切函数 $y=\arctan x$，定义域为 $(-\infty,+\infty)$，值域为 $\left(-\dfrac{\pi}{2},\dfrac{\pi}{2}\right)$，图像如图 1-17 所示.

4) 反余切函数 $y=\operatorname{arccot} x$，定义域为 $(-\infty,+\infty)$，值域为 $(0,\pi)$，图像如图 1-18 所示.

3. 复合函数

定义 1.2 设有函数 $y=f(u)(u\in U)$ 和函数 $u=\varphi(x)(x\in D)$，且函数 $u=\varphi(x)$ 的值域的全部或部分包含在函数 $f(u)$ 的定义域内，那么我们把 y 通过 u 表示为 x 的函数叫作 x 的复合函数，记作

$$y=f[\varphi(x)]$$

其中 x 为自变量, y 为因变量, u 为中间变量.

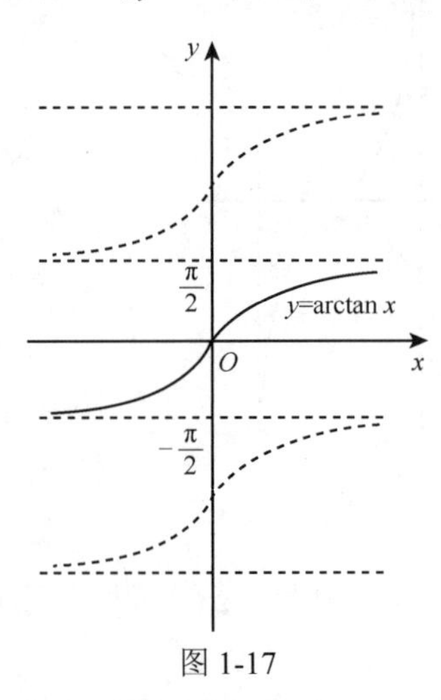

图 1-17

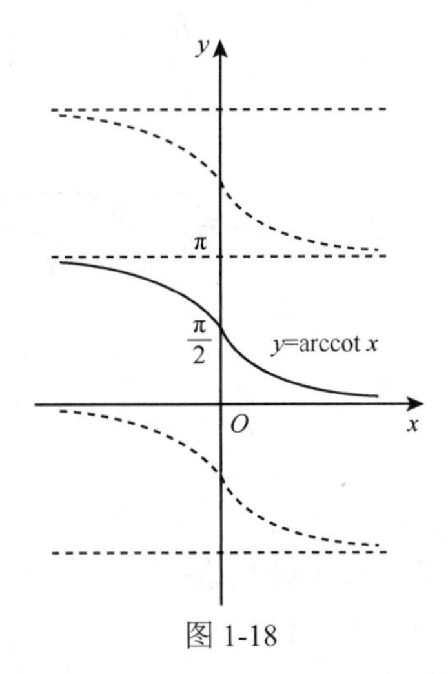

图 1-18

注意: (1) 不是任何两个函数都可以组成一个复合函数的. 例如, $y=\arcsin u$ 及 $u=2+x^2$ 就不能组成复合函数. 因为 $u=2+x^2$ 的值域 $[2,+\infty)$ 和 $y=\arcsin u$ 的定义域 $[-1,1]$ 的交集是空集.

(2) 复合函数也可以由两个以上的函数复合而成.

例 1.9 求由下列函数组成的复合函数:

(1) $y=\sqrt{u},u=\tan x$; (2) $y=u^2,u=\lg v$ 和 $v=1+x^2$.

解: (1) $y=\sqrt{u},u=\tan x$ 的复合函数是 $y=\sqrt{\tan x}$.

(2) $y=u^2,u=\lg v$ 和 $v=1+x^2$ 的复合函数是 $y=\lg^2(1+x^2)$.

例 1.10 指出下列复合函数的复合过程:

(1) $y=\mathrm{e}^{\arccos x}$; (2) $y=2\cos\sqrt{1-x^2}$.

解: (1) 函数 $y=\mathrm{e}^{\arccos x}$ 是由 $y=\mathrm{e}^u,u=\arccos x$ 复合而成的.

(2) 函数 $y=2\cos\sqrt{1-x^2}$ 是由 $y=2\cos u,u=\sqrt{v},v=1-x^2$ 复合而成的.

4. 初等函数

由基本初等函数经过有限次四则运算和有限次复合运算所构成的能用一个解析式表示的函数, 称为初等函数.

例如, 函数 $y=\mathrm{e}^{\sin x^2},y=\frac{\tan x}{x}+\arccos x,y=\sqrt{\frac{\ln(x^2+1)+\cos^2 x}{\sqrt{x-1}+\sqrt[5]{x}}}$ 等都是初等函数. 但 $y=1+x+x^2+\cdots$ 不是初等函数(不满足有限次运算), $y=\begin{cases}2^x & (x\geqslant 0)\\ x^2 & (x<0)\end{cases}$ 也不是初等函数(不能由一个解析式表示).

习题1.1

1. 选择题:

(1) 下列各对函数 $f(x)$ 与 $g(x)$ 是同一函数的是(　　);

A. $f(x)=(\sqrt{x})^2$ 与 $g(x)=\sqrt{x^2}$　　B. $f(x)=|x|$ 与 $g(x)=\sqrt{x^2}$

C. $f(x)=\lg x^2$ 与 $g(x)=2\lg x\,(x>0)$　　D. $f(x)=x-1$ 与 $g(x)=\dfrac{x^2-1}{x+1}\,(x\neq-1)$

(2) 函数 $f(x)=2x+\ln x$ 在区间 $(0,+\infty)$ 内的单调性正确的是(　　).

A. 在$(0,+\infty)$内单调递增　　B. $(0,+\infty]$内单调递减

C. 在$(0,+\infty)$内单调递减　　D. $(0,+\infty]$内单调递增

2. 填空题:

(1) 用区间表示下列范围:

$x\geqslant0$______,　$-1\leqslant x<2$______,　$|x-1|<\varepsilon$______,　$U(a,\delta)$______;

(2) 分段函数是由几个关系式合起来表示一个函数, 而不是表示几个函数, 它的定义域是______;

(3) 偶函数的图像关于______, 奇函数的图像关于______;

(4) 函数 $f(x)=3\cos(2x-1)$的周期 $T=$______.

3. 求下列函数的定义域:

(1) $y=\sqrt{x^2-3x+2}$;　　(2) $y=\ln\dfrac{1+x}{1-x}$;

(3) $y=\sqrt{2+x}+\dfrac{1}{\lg(1+x)}$;　　(4) $y=\begin{cases}\cos x, & 0\leqslant x<\dfrac{\pi}{2};\\ x, & \dfrac{\pi}{2}\leqslant x<\pi.\end{cases}$

4. 求下列函数值:

(1) 设 $f(x)=\begin{cases}2+x, & x<-1\\ x^2, & -1\leqslant x\leqslant 1\\ 2-x, & x>1\end{cases}$, 求 $f(-2), f(-1), f(0), f(1), f(2)$.

(2) 设 $f(x)=\dfrac{2x}{2-x}$, 求 $f(0)$, $f(x+1)$, $f[f(x)]$.

5. 判断下列函数的奇偶性:

(1) $f(x)=\sin x+\cos x$;　　(2) $f(x)=x^2-1$;

(3) $f(x)=x^2\sin x$;　　(4) $f(x)=x(x-2)(x+2)$.

6. 判断下列函数是由哪些简单函数复合而成:

(1) $y=\ln\sqrt{1-x}$; (2) $y=\mathrm{e}^{x+1}$; (3) $y=\sin^3\ln(x+1)$; (4) $y=\arcsin 2^x$.

1.2 极　　限

极限是描述变量在某个变化过程中的变化趋势. 其思想可以追溯到古代, 例如我国古代哲学家庄周所著的《庄子·杂篇·天下》记载着这样一段话: “一尺之棰, 日取其半, 万世不竭.” 意思是说, 将一尺长的木杖, 每日取一半, 虽经万世也取不尽. 如果把每日取剩部分写成数列, 则有

$$\frac{1}{2},\ \frac{1}{4},\ \frac{1}{8},\cdots,\frac{1}{2^n},\cdots$$

即当天数越来越多时, 所剩下的木杖长也就越来越小. 用数学语言来叙述, 即当 n 越来越

大时，数列$\{\frac{1}{2^n}\}$的项越来越靠近零. 它表明了数列的一种变化趋势.

1.2.1 数列的极限

1. 数列的概念

在正整数集合上的函数$x_n = f(n)\ (n=1, 2, \cdots)$，其函数值按自变量$n$由小到大的次序排成一列数$x_1, x_2, x_3, \cdots, x_n, \cdots$称为**数列**，记作$\{x_n\}$，其中$x_n$称为数列的**通项**(一般项).

考察下列数列，当n无限增大时，通项x_n的变化趋势.

(1) $2, \frac{3}{2}, \frac{4}{3}, \frac{5}{4}, \cdots, \frac{n+1}{n}, \cdots$；　(2) $1, -\frac{1}{2}, \frac{1}{3}, -\frac{1}{4}, \cdots, \frac{(-1)^{n-1}}{n}, \cdots$；

(3) $0, \frac{3}{2}, \frac{2}{3}, \frac{5}{4}, \frac{4}{5}, \cdots, 1+\frac{(-1)^n}{n}, \cdots$；(4) $2, 4, 6, 8, \cdots, 2n, \cdots$；　(5) $1, 0, 1, 0, \cdots, \frac{1-(-1)^n}{2}, \cdots$.

分析: (1) 通项$x_n = \frac{n+1}{n}$，当n无限增大时，x_n无限趋近于一个定值1；

(2) 通项$x_n = \frac{(-1)^{n-1}}{n}$，当$n$无限增大时，$x_n$无限趋近于一个定值0；

(3) 通项$x_n = 1+\frac{(-1)^n}{n}$，当n无限增大时，x_n无限趋近于一个定值1；

(4) 通项$x_n = 2n$，当n无限增大时，x_n无限增大，不趋于某个定值；

(5) 通项$x_n = \frac{1-(-1)^n}{2}$，当n无限增大时，x_n始终在1和0两个数上摆动，不趋于某个定值.

观察以上数列，我们不难发现，有些数列在变化过程中，随着n的不断增大，x_n将无限趋近于某个确定的数，如数列(1) (2) (3)，但数列(4) (5)就没有这一特征.

当n无限增大时，对应的x_n是否能无限地趋近于某个确定的值，数学上通常用收敛和发散来描述这一现象.

2. 数列的极限

定义 1.3　对于数列$\{a_n\}$，当项数n无限增大时，x_n无限趋近于某一个固定的常数A，则称A是当n趋于无穷大时数列$\{a_n\}$的极限，记作

$$\lim_{n\to\infty} a_n = A \text{ 或 } a_n \to A(n\to\infty)$$

读作“当n趋于无穷大时，a_n的极限为A”. 这时，也称数列$\{a_n\}$收敛于A. 如果当n无限增大时，a_n不能无限趋近于某一个固定的常数，则称当n趋于无穷大时，数列$\{a_n\}$发散.

由定义 1.3 知，$\lim_{n\to\infty}\frac{n+1}{n}=1$，$\lim_{n\to\infty}\frac{(-1)^{n-1}}{n}=0$，$\lim_{n\to\infty}[1+\frac{(-1)^n}{n}]=1$，而数列$\{2n\}$，$\{\frac{1-(-1)^n}{2}\}$都发散.

定义 1. 3 给出的数列极限定义是在运动变化观点的基础上，根据几何直观用普通语言作出的定性描述. 对于变量x_n的变化过程(n无限增大)以及x_n的变化趋势(无限趋近于常数A)都借助于形容词“无限”加以修饰. 它只是形象描述，而不是定量描述. 为了在数学中进行严谨的论证，下面我们给出数列极限的定量描述.

定义 1.4　(极限的“$\varepsilon — N$”语言) 设有数列$\{x_n\}$，如果存在常数A，使对任意给定的正数ε (不论它多么小)，总存在正整数N，只要$n > N$，所对应的x_n都满足不等式$|x_n - A| < \varepsilon$，则称常数A是数列$\{x_n\}$的极限. 记作

$$\lim_{n\to\infty} x_n = A \text{ 或当 } n\to\infty \text{ 时，} x_n \to A .$$

例 1.11 用定义验证 $\lim\limits_{n\to\infty}\dfrac{2n-1}{n}=2$.

证明: 对于任意给定的正数 ε，欲使 $\left|\dfrac{2n-1}{n}-2\right|<\varepsilon$，只需

$$\frac{1}{n}<\varepsilon ,$$

即

$$n>\frac{1}{\varepsilon}.$$

取 $N=\left[\dfrac{1}{\varepsilon}\right]$ (其中 $\left[\dfrac{1}{\varepsilon}\right]$ 表示小于或等于 $\dfrac{1}{\varepsilon}$ 的最大整数), 则当 $n>N$ 时, 恒有 $\left|\dfrac{2n-1}{n}-2\right|<\varepsilon$ 成立, 所以 $\lim\limits_{n\to\infty}\dfrac{2n-1}{n}=2$.

例 1.12 用定义验证 $\lim\limits_{n\to\infty} q^n=0 \quad (|q|<1)$.

证明: (1) 当 $q=0$ 时, 等式显然成立.

(2) 当 $0<|q|<1$ 时, 对于任意给定的正数 ε (不妨设 $\varepsilon<1$). 欲使不等式

$$|q^n-0|=|q|^n<\varepsilon$$

成立, 只需 $n\ln|q|<\ln\varepsilon$，即 $n>\dfrac{\ln\varepsilon}{\ln|q|}$ ($\ln|q|<0$，取 $\varepsilon<|q|$). 取正整数 $N=\left[\dfrac{\ln\varepsilon}{\ln|q|}\right]$, 则当 $n>N$ 时, 都有 $|q^n-0|<\varepsilon$ 成立, 所以 $\lim\limits_{n\to\infty} q^n=0 \quad (|q|<1)$.

注意: (1) 证明数列 $\{a_n\}$ 以常数 A 为极限的过程, 实际上是对任意给定的正数 ε (不论其多么小), 寻找正整数 N 的过程.

(2) 用定义只能验证某常数是不是数列 $\{a_n\}$ 的极限, 但一般不能用定义求出极限.

若数列 $\{x_n\}$ 对于每一个正整数 n, 都有 $x_n\leqslant x_{n+1}$，则称 $\{x_n\}$ 是单调递增数列; 同理, 若都有 $x_n\geqslant x_{n+1}$，则称数列 $\{x_n\}$ 是单调递减数列. 对于单调有界数列有如下定理:

定理 1.1 单调有界数列必有极限.

1.2.2 函数的极限

数列是自变量取正整数的一类特殊函数, 下面我们来讨论一般函数的极限. 由于自变量的变化过程不同, 函数极限的概念就表现为不同情形.

1. 当 $x\to\infty$ 时函数 $f(x)$ 的极限

自变量 x 趋向无穷大, 可以分为三种情形:

(1) $x\to+\infty$，表示 x 趋向正无穷大, 即 x 无限增大的过程;

(2) $x\to-\infty$，表示 x 趋向负无穷大, 即 $x<0$，且 $|x|$ 无限增大的过程;

(3) $x\to\infty$，表示 x 趋向于无穷大, 即 $|x|$ 无限增大的过程.

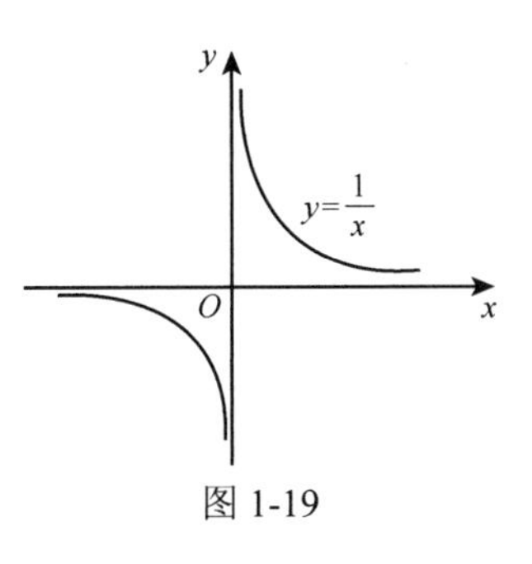

图 1-19

例如, 考察函数 $y=f(x)=\dfrac{1}{x}$，当 $|x|$ 无限增大时, 函数的变化趋势. 从表 1-1 及图 1-19 可看出, 当自变量 x 取正值无限增大或

x 取负值而绝对值无限增大时，函数曲线越来越接近 x 轴，其函数值无限趋于零，这时我们就说函数 $f(x)=\dfrac{1}{x}$ 当 $x\to\infty$ 时以 0 为极限.

表 1-1

x	±1	±100	±1000	±100000	…
$f(x)$	±1	±0.01	±0.001	±0.00001	…

一般地，有如下定义：

定义 1.5 设函数 $y=f(x)$，若当 x 的绝对值无限增大时，函数 $f(x)$ 无限趋近于一个固定的常数 A，则称 A 是当 $x\to\infty$ 时函数 $f(x)$ 的极限，记作

$$\lim_{x\to\infty}f(x)=A.$$

按照定义 1.5，上例可记为 $\lim\limits_{x\to\infty}\dfrac{1}{x}=0$.

为了区别起见，我们将 x 取正值且无限增大记为 $x\to+\infty$，将 x 取负值且其绝对值无限增大记为 $x\to-\infty$.

再如，讨论函数 $y=\arctan x$，当 $x\to+\infty$ 与 $x\to-\infty$ 时的变化趋势.

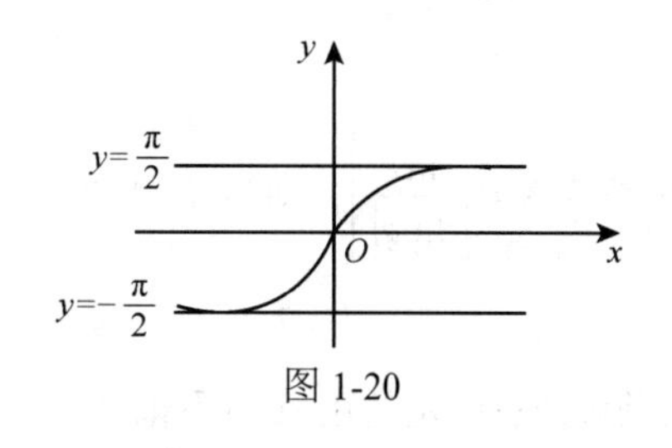

图 1-20

由图 1-20 可看出，当 $x\to+\infty$ 时，$\arctan x$ 无限趋于 $\dfrac{\pi}{2}$；当 $x\to-\infty$ 时，$\arctan x$ 无限趋于 $-\dfrac{\pi}{2}$，即 $\lim\limits_{x\to+\infty}\arctan x=\dfrac{\pi}{2}$，$\lim\limits_{x\to-\infty}\arctan x=-\dfrac{\pi}{2}$.

定义 1.6 设函数 $f(x)$ 在 $|x|\geqslant b>0$ 上有定义，A 为一个常数，若对于任意给定的正数 ε，总存在正数 X，使得当 $|x|>X$ 时，都有

$$|f(x)-A|<\varepsilon$$

成立，则称 A 为函数 $f(x)$ 当 $x\to\infty$ 时的极限，记作

$$\lim_{x\to\infty}f(x)=A \text{ 或 } f(x)\to A\ (x\to\infty).$$

在 $\lim\limits_{x\to\infty}f(x)=A$ 的定义中，将 $|x|>X$，换成 $x>X$，可以得到 $\lim\limits_{x\to+\infty}f(x)=A$ 的定义；若将 $|x|>X$，换成 $x<-X$，可以得到 $\lim\limits_{x\to-\infty}f(x)=A$ 的定义.

根据函数 $f(x)$ 在 $x\to\infty$ 时的极限和在 $x\to+\infty$ 及 $x\to-\infty$ 时的极限定义. 容易推出下面的定理：

定理 1.2 $\lim\limits_{x\to\infty}f(x)=A$ 的充分必要条件是 $\lim\limits_{x\to+\infty}f(x)=\lim\limits_{x\to-\infty}f(x)=A$.

若 $\lim\limits_{x\to\infty}f(x)=A$，则称直线 $y=A$ 是曲线 $y=f(x)$ 的水平渐近线.

例 1.13 用定义证明 $\lim\limits_{x\to\infty}\dfrac{x^2}{x^2+1}=1$.

证明：对于任意给定的正数 ε，欲使

$$\left|\frac{x^2}{x^2+1}-1\right|=\frac{1}{x^2+1}\leqslant\frac{1}{x^2}<\varepsilon,$$

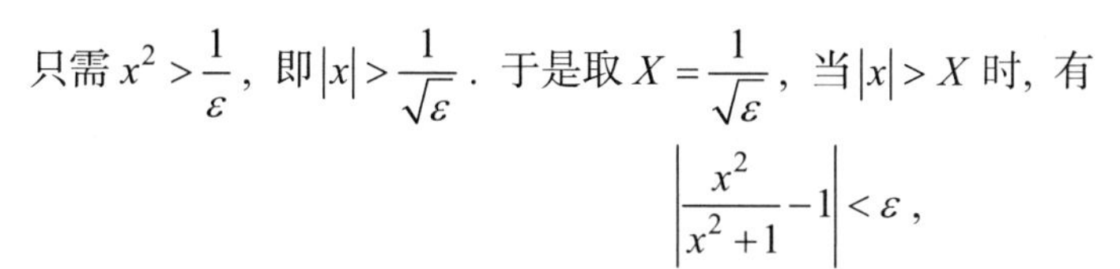

只需 $x^2 > \frac{1}{\varepsilon}$，即 $|x| > \frac{1}{\sqrt{\varepsilon}}$. 于是取 $X = \frac{1}{\sqrt{\varepsilon}}$，当 $|x| > X$ 时，有

$$\left|\frac{x^2}{x^2+1} - 1\right| < \varepsilon,$$

成立，从而证明了

$$\lim_{x\to\infty}\frac{x^2}{x^2+1} = 1.$$

由此可知，直线 $y=1$ 是曲线 $y=\frac{x^2}{x^2+1}$ 的水平渐近线.

例 1.14 讨论当 $x\to\infty$ 时，函数 $f(x)=\arctan x$ 的极限.

解：如图 1-20 所示，$\lim\limits_{x\to+\infty}\arctan x = \frac{\pi}{2}$，$\lim\limits_{x\to-\infty}\arctan x = -\frac{\pi}{2}$. 虽然 $\lim\limits_{x\to+\infty}\arctan x = \frac{\pi}{2}$ 和 $\lim\limits_{x\to-\infty}\arctan x = -\frac{\pi}{2}$ 都存在，但它们不相等，所以 $\lim\limits_{x\to\infty}\arctan x$ 不存在.

2. 当 $x\to x_0$ 时函数 $f(x)$ 的极限

考察函数 $f(x)=\frac{x^2-1}{x-1}\ (x\neq 1)$，当 x 无限趋于 1 时，函数的变化趋势. 从表 1-2 及图 1-21 可看出，当自变量 x 无论是从大于 1 还是从小于 1 无限接近 1 时，对应的函数值无限接近 2. 由此我们就说，当 $x\to 1$ 时，函数 $f(x)=\frac{x^2-1}{x-1}$ 以 2 为极限.

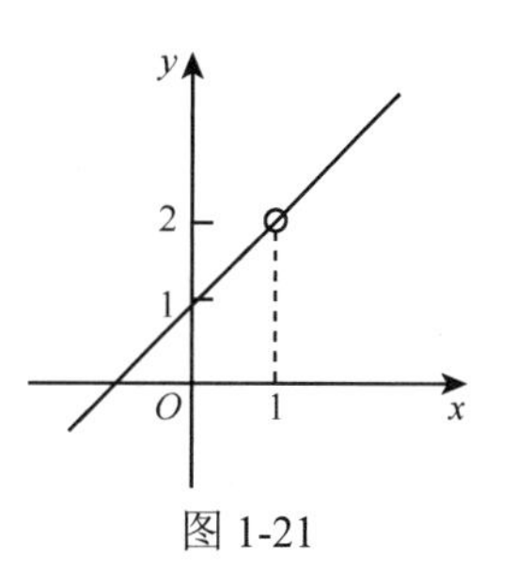

图 1-21

表 1-2

x	0.5	0.75	0.9	0.99	0.9999	…	1.000001	1.03	1.25	1.5
$f(x)=\frac{x^2-1}{x-1}$	1.5	1.75	1.9	1.99	1.9999	…	2.000001	2.03	2.25	2.5

一般地，有如下定义.

定义 1.7 设函数 $y=f(x)$，若当 x 无限趋近于定值 $x_0(x\neq x_0)$ 时，函数 $f(x)$ 无限趋近于一个固定的常数 A，则称 A 是当 $x\to x_0$ 时函数 $f(x)$ 的极限，记作

$$\lim_{x\to x_0} f(x) = A.$$

由定义 1.7 可知，函数 $f(x)=\frac{x^2-1}{x-1}\ (x\neq 1)$ 当 $x\to 1$ 时的极限可记为

$$\lim_{x\to 1}\frac{x^2-1}{x-1} = 2.$$

定义中“$x\to x_0$ 且 $x\neq x_0$”的意义在于，我们研究的是当 $x\to x_0$ 时 $f(x)$ 的变化趋势，因此与 $f(x)$ 在 x_0 点有无定义无关. 即使函数 $f(x)=\frac{x^2-1}{x-1}$ 在 $x=1$ 处无定义，但这并不影响我们研究当 $x\to 1$ 时 $f(x)=\frac{x^2-1}{x-1}$ 的变化趋势.

定义 1.7 与定义 1.5 类似，可以用“ε—δ”语言进行定量描述，并以此证明

$\lim\limits_{x\to x_0} x = x_0$, $\lim\limits_{x\to x_0} C = C$, $\lim\limits_{x\to 0}\cos x = 1$.

定义 1.8 设函数 $f(x)$在 x_0 的某去心邻域内有定义，A 为常数. 如果对于任意给定的正数 ε，总存在正数 δ，使得当 $0<|x-x_0|<\delta$ 时，恒有不等式

$$|f(x)-A|<\varepsilon$$

成立，则称 A 为函数 $f(x)$ 当 x 趋于 x_0 时的极限，记作

$$\lim_{x\to x_0} f(x) = A \text{ 或 } f(x)\to A\ (x\to x_0).$$

此定义的几何意义是：对于任意给定的正数 ε，无论其多么小，总存在点 x_0 的一个去心邻域 $0<|x-x_0|<\delta$，使得函数 $y=f(x)$ 在这个去心邻域内的图形介于两条平行直线 $y=A-\varepsilon$ 和 $y=A+\varepsilon$ 之间，如图 1-22 所示.

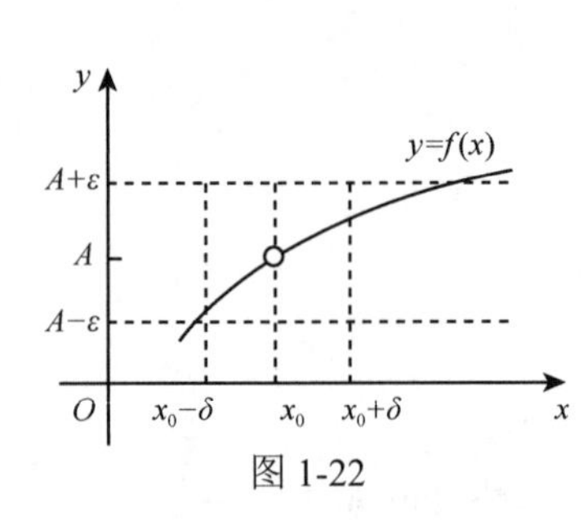

图 1-22

例 1.15 用定义证明：$\lim\limits_{x\to x_0} C = C$ (C 为常数).

证明：对任意给定的正数 ε，取 $\delta=1$(此题的 δ 可取任一正数). 当 $0<|x-x_0|<\delta$ 时，总有 $|C-C|<\varepsilon$，从而 $\lim\limits_{x\to x_0} C = C$.

在 $\lim\limits_{x\to x_0} f(x) = A$ 的定义中，x 可以以任意方式趋于 x_0. 有时，为了讨论问题的需要，可以只考虑 x 从 x_0 的某一侧(左侧或右侧)趋向于 x_0 时 $f(x)$ 的变化趋势，这就引出了左极限和右极限的概念.

3. 函数的右极限和左极限

定义 1.9 设函数 $f(x)$ 在 (x_0,b) 内有定义，A 为常数. 如果对于任意给定的正数 ε，总存在正数 δ，使得当 $0<x-x_0<\delta$ 时，恒有不等式

$$|f(x)-A|<\varepsilon$$

成立，则称函数 $f(x)$ 在 x_0 处的右极限为 A，记作

$$\lim_{x\to x_0^+} f(x) = A \text{ 或 } f(x_0+0) = A.$$

若函数 $f(x)$ 在 (a,x_0) 内有定义，A 为常数. 如果对于任意给定的正数 ε，总存在正数 δ，使得当 $-\delta<x-x_0<0$ 时，恒有不等式

$$|f(x)-A|<\varepsilon$$

成立，则称函数 $f(x)$ 在 x_0 处的左极限为 A，记作

$$\lim_{x\to x_0^-} f(x) = A \text{ 或 } f(x_0-0) = A.$$

根据 $x\to x_0$ 时函数 $f(x)$ 的极限定义及左、右极限的定义，可以得到下面的定理:

定理 1.3 $\lim\limits_{x\to x_0} f(x) = A$ 的充分必要条件是 $\lim\limits_{x\to x_0^-} f(x) = \lim\limits_{x\to x_0^+} f(x) = A$.

定理 1.3 为我们提供了讨论分段函数在分段点处是否存在极限的方法.

例 1.16 讨论函数 $f(x)=\begin{cases} x-2, & x<0 \\ 0, & x=0 \\ x+2, & x>0 \end{cases}$，在 $x=0$ 处的左、右极限，并判断当 $x\to 0$ 时，$f(x)$ 的极限是否存在?

解: 如图 1-23 所示,

$$\lim_{x\to 0^-} f(x)=\lim_{x\to 0^-}(x-2)=-2,\quad \lim_{x\to 0^+} f(x)=\lim_{x\to 0^+}(x+2)=2,$$

即 $f(x)$ 在 x=0 处的左极限为−2, 右极限为 2, $\lim\limits_{x\to 0^-} f(x)\neq \lim\limits_{x\to 0^+} f(x)$.

所以, 由定理 1.3 可知, 当 $x\to 0$ 时函数 $f(x)$ 的极限不存在.

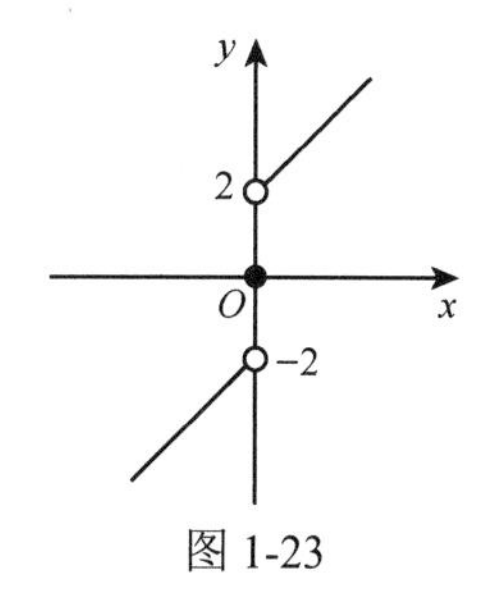

图 1-23

例 1.17 设函数 $f(x)=\begin{cases} x^2+1, & x<1 \\ 2x, & x\geqslant 1 \end{cases}$, 讨论当 $x\to 1$ 时, 函数 $f(x)$ 的极限是否存在.

解: 因为 $\lim\limits_{x\to 1^-} f(x)=\lim\limits_{x\to 1^-}(x^2+1)=2$, $\lim\limits_{x\to 1^+} f(x)=\lim\limits_{x\to 1^+} 2x=2$, 即

$$\lim_{x\to 1^-} f(x)=\lim_{x\to 1^+} f(x)=2.$$

所以, 由定理 1.3 可知, 极限 $\lim\limits_{x\to 1} f(x)$ 存在, 且 $\lim\limits_{x\to 1} f(x)=2$.

1.2.3 无穷小量与无穷大量

1. 无穷小量

(1) 无穷小量的定义

定义 1.10 极限为零的变量称为无穷小量, 简称为无穷小, 常用符号 α,β,γ 等表示.

例如, 当 $x\to 0$ 时, $x^2,\sin x,\tan x$ 都趋近于零, 因此当 $x\to 0$ 时, 这些变量都是无穷小量; 当 $x\to +\infty$ 时, $\frac{1}{x},\frac{1}{2^x},\frac{1}{\ln x}$ 都趋近于零, 因此当 $x\to +\infty$ 时, 这些变量都是无穷小量.

注意: ①无穷小量不是一个很小的数, 因此对于任意的非零常数 C, 不论它的绝对值多么小, 都不是无穷小量, 常数 0 是唯一可以作为无穷小量的常数. ②某个变量是否是无穷小量与自变量的变化过程有关. 例如, 函数 $f(x)=4x-1$ 是当 $x\to \frac{1}{4}$ 时的无穷小量, 而不是当 $x\to 0$ 时的无穷小量.

(2) 无穷小量的性质

性质 1 有限个无穷小量的和、差、积仍然是无穷小量.

性质 2 有界函数与无穷小量的乘积仍为无穷小量.

例 1.18 求 $\lim\limits_{x\to\infty}\frac{\cos x}{x}$.

解: 因为 $\frac{\cos x}{x}=\frac{1}{x}\cos x$, $\frac{1}{x}$ 是当 $x\to\infty$ 时的无穷小量, 而 $\cos x$ 是有界函数($|\cos x|\leqslant 1$), 所以根据无穷小量的性质 2, $\lim\limits_{x\to\infty}\frac{\cos x}{x}=0$.

例 1.19 求 $\lim\limits_{x\to+\infty}\frac{\sin x}{e^x+e^{-x}}$.

解: 因为 $\frac{\sin x}{e^x+e^{-x}}=\frac{1}{e^x+e^{-x}}\cdot\sin x$, 且有

$$\lim_{x\to+\infty}\frac{1}{e^x+e^{-x}}=\lim_{x\to+\infty}\frac{e^x}{e^{2x}+1}=\lim_{x\to+\infty}\frac{\frac{1}{e^x}}{1+\frac{1}{e^{2x}}}=0.$$

即当 $x \to +\infty$ 时，$\dfrac{1}{e^x + e^{-x}}$ 为无穷小量，而 $\sin x$ 是有界函数($|\sin x| \leqslant 1$)，所以根据无穷小量的性质 2，$\lim\limits_{x \to +\infty} \dfrac{\sin x}{e^x + e^{-x}} = 0$.

(3) 函数极限与无穷小量的关系

定理 1.4 在自变量的某个变化过程中，函数 $f(x)$ 的极限为 A 的充分必要条件是 $f(x) = A + \alpha(x)$，其中 $\alpha(x)$ 为这个变化过程中的无穷小量(即 $\lim \alpha = 0$).

这个定理为极限的基本定理，具有相当广泛的应用.

2. 无穷大量

定义 1.11 设函数 $f(x)$ 在 x_0 的某去心邻域内有定义. 如果对于任意给定的正数 M，都存在正数 δ，当 $0 < |x - x_0| < \delta$ 时，恒有不等式

$$|f(x)| > M$$

成立，则称函数 $f(x)$ 在 $x \to x_0$ 时为无穷大量，简称无穷大，并记为

$$\lim_{x \to x_0} f(x) = \infty .$$

注意：①函数 $f(x)$ 当 $x \to x_0$ 时为无穷大量，根据极限的定义，它的极限是不存在的，为了便于叙述函数的这一性态和书写方便，我们用记号 $\lim\limits_{x \to x_0} f(x) = \infty$ 来表示 $f(x)$ 是无穷大，同时表明当 $x \to x_0$ 时 $f(x)$ 虽无极限，但还是有明确趋向的. ②无穷大量是一个绝对值可以无限增大的变量，但不是绝对值很大的一个数.

如果将定义中 $|f(x)| > M$ 改成 $f(x) > M$ (或 $f(x) < -M$)，则称函数 $f(x)$ 在 $x \to x_0$ 时为正无穷大量(或负无穷大量)，并记为

$$\lim_{x \to x_0} f(x) = +\infty \text{ (或 } \lim_{x \to x_0} f(x) = -\infty \text{)}.$$

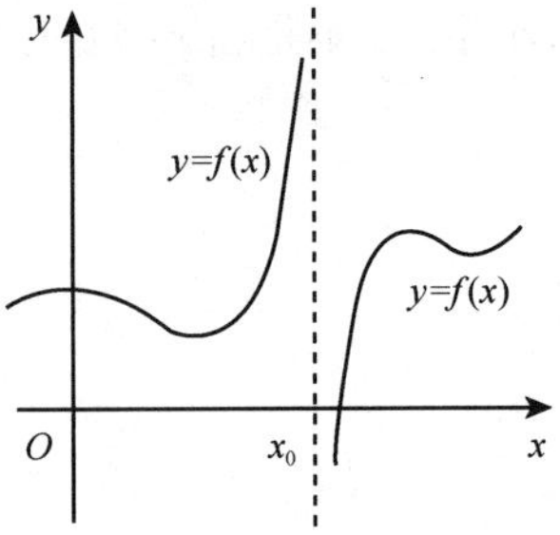

定义中的 $x \to x_0$ 也可换成 $x \to x_0^+$，$x \to x_0^-$，$x \to \infty$，$x \to +\infty$，$x \to -\infty$ 等.

若 $\lim\limits_{x \to x_0} f(x) = \infty$，则称直线 $x = x_0$ 是曲线 $y = f(x)$ 的垂直渐近线，如图 1-24 所示.

图 1-24

例 1.20 证明 $\lim\limits_{x \to 1} \dfrac{1}{x-1} = \infty$.

证明：对于任意给定的正数 ε，欲使 $\left|\dfrac{1}{x-1}\right| > M$，只需 $|x-1| < \dfrac{1}{M}$，因此取

$$\delta = \frac{1}{M},$$

则当 $0 < |x-1| < \delta$ 时，有

$$\left|\frac{1}{x-1}\right| > \frac{1}{\delta} = M,$$

所以

$$\lim_{x \to 1} \frac{1}{x-1} = \infty .$$

直线 $x = 1$ 是曲线 $y = \dfrac{1}{x-1}$ 的垂直渐近线.

3. 无穷小与无穷大的关系

从无穷小量与无穷大量的定义可以看出，它们之间有着密切的关系，体现为下列定理.

定理 1.5 在同一变化过程中，无穷大量的倒数为无穷小量；恒不等于零的无穷小量的倒数为无穷大量.

例如，当$x\to 2$时，$x-2$为无穷小量，而当$x\to 2$时，$\dfrac{1}{x-2}$为无穷大量. 根据该定理，我们可以把对无穷大量的研究转化为对无穷小量的研究，而无穷小的分析正是微积分学中的精髓.

4. 无穷小量的比较

由无穷小量的性质我们知道，两个无穷小量的和、差、积仍是无穷小量，但是两个无穷小量的商却不一定是无穷小量.

例如，当$x\to 0$时，$x, x^2, 2x, x^3$都是无穷小量，但是

$$\lim_{x\to 0}\frac{x^2}{x}=0,\ \lim_{x\to 0}\frac{2x}{x}=2,\ \lim_{x\to 0}\frac{x^2}{x^3}=\infty .$$

两个无穷小量之比的极限不同，反映了无穷小量趋于零的速度不同. 为了比较无穷小量趋于零的速度，我们引入无穷小量的比较的概念.

定义 1.12 设$\alpha=\alpha(x),\beta=\beta(x)$在$x\to x_0$(或$x\to\infty$)时为无穷小量$(\alpha\neq 0)$.

(1) 如果$\lim\dfrac{\beta}{\alpha}=0$，则称$\beta$是比$\alpha$高阶的无穷小，记作$\beta=o(\alpha)$.

(2) 如果$\lim\dfrac{\beta}{\alpha}=\infty$，则称$\beta$是比$\alpha$低阶的无穷小.

(3) 如果$\lim\dfrac{\beta}{\alpha}=C$($C\neq 0$的常数)，则称$\beta$与$\alpha$是同阶无穷小. 特别地，当$C$=1时，称$\beta$与$\alpha$是等价无穷小，记作$\alpha\sim\beta$.

例 1.21 比较下列函数的阶：

(1) x^3与$1+2x\ (x\to 0)$； (2) x^2-9与$x-3\ (x\to 3)$； (3) $\sin x$与$\tan x\ (x\to 0)$.

解： $\lim\limits_{x\to 0}\dfrac{x^3}{1+2x}=0$，所以当$x\to 0$时，$x^3$是$1+2x$的高阶无穷小；

$\lim\limits_{x\to 3}\dfrac{x^2-9}{x-3}=6$，所以当$x\to 3$时，$x^2-9$与$x-3$是同阶无穷小；

$\lim\limits_{x\to 0}\dfrac{\sin x}{\tan x}=1$，所以当$x\to 0$时，$\sin x$与$\tan x$是等价无穷小.

关于等价无穷小在求极限中的应用，我们有如下定理：

定理 1.6 设$\alpha,\beta,\alpha',\beta'$当$x\to x_0$(或$x\to\infty$)时均是无穷小，且$\alpha\sim\alpha',\beta\sim\beta'$. 若$\lim\dfrac{\beta'}{\alpha'}$存在，则有

$$\lim\frac{\beta}{\alpha}=\lim\frac{\beta'}{\alpha'}.$$

根据此定理，在求两个无穷小量之比的极限时，若此极限不好求，可用分子、分母各自的等价无穷小来代替，如果选得适当，可简化运算.

用定理 1.6 求极限，需要知道一些等价无穷小. 当$x\to 0$时，常用的等价无穷小有：

$$\sin x\sim x,\ \tan x\sim x,\ \mathrm{e}^x-1\sim x,\ \ln(1+x)\sim x,\ 1-\cos x\sim\frac{x^2}{2}.$$

例 1.22 求下列极限:

(1) $\lim\limits_{x\to 0}\dfrac{\tan 6x}{\sin 2x}$; (2) $\lim\limits_{x\to 0}\dfrac{\sin x}{x^{10}-x^2-2x}$; (3) $\lim\limits_{x\to 0}\dfrac{\tan x-\sin x}{2x^3}$.

解: (1) 当 $x\to 0$ 时, $\tan 6x\sim 6x$, $\sin 2x\sim 2x$, 所以

$$\lim_{x\to 0}\frac{\tan 6x}{\sin 2x}=\lim_{x\to 0}\frac{6x}{2x}=3.$$

(2) 当 $x\to 0$ 时, $\sin x\sim x$, $x^{10}-x^2-2x\sim(-2x)$, 所以

$$\lim_{x\to 0}\frac{\sin x}{x^{10}-x^2-2x}=\lim_{x\to 0}\frac{x}{-2x}=-\frac{1}{2}.$$

(3) 由于 $\tan x-\sin x=\tan x(1-\cos x)$, 当 $x\to 0$ 时, $\tan x\sim x$, $1-\cos x\sim\dfrac{x^2}{2}$, 所以,

$$\lim_{x\to 0}\frac{\tan x-\sin x}{2x^3}=\lim_{x\to 0}\frac{\tan x(1-\cos x)}{2x^3}=\lim_{x\to 0}\frac{x\cdot\frac{x^2}{2}}{2x^3}=\frac{1}{4}.$$

注意: 相乘(除)的无穷小都可用各自的等价无穷小代换. 但是, 相加(减)的无穷小的项不能作等价代换. 例如, $\lim\limits_{x\to 0}\dfrac{\tan x-\sin x}{x^3}\neq\lim\limits_{x\to 0}\dfrac{x-x}{x^3}=0$.

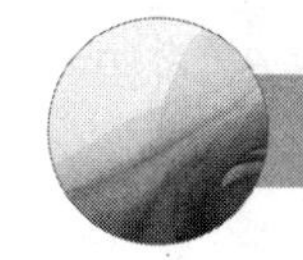

习题 1.2

1. 选择题:

(1) 观察数列 $\{x_n\}=\left\{\dfrac{2n-1}{3n+2}\right\}$ 和 $\{x_n\}=\left\{5+\dfrac{1}{3^n}\right\}$ 的变化趋势, 若有极限, 则极限值为( );

A. $\dfrac{2}{3}$, 5 B. $\dfrac{3}{2}$, 5 C. 1, 5 D. 无极限

(2) 讨论符号函数 $f(x)=\operatorname{sgn}x=\begin{cases}-2, & x<0\\ 0, & x=0\\ 2, & x>0\end{cases}$, 当 $x\to 0$ 与 $x\to 1$ 时的极限值分别为( ).

A. 不存在, 2 B. 不存在, 0 C. 0, 不存在 D. 0, 2

2. 填空题:

(1) $\lim\limits_{x\to x_0}f(x)=A$ 的充分必要条件是______;

(2) 有界函数与无穷小的乘积为______;

(3) 写出当 $x\to 0$ 时, 下列函数的等价无穷小:

$\sin x\sim$______, $\ln(1+x)\sim$______, $1-\cos x\sim$______.

3. 设函数 $f(x)=\begin{cases}\mathrm{e}^x, & -1<x<0\\ 1, & 0\leqslant x<1\\ x^2+1, & 1\leqslant x\leqslant 3\end{cases}$, 求 $\lim\limits_{x\to -0.5}f(x)$, $\lim\limits_{x\to 0}f(x)$, $\lim\limits_{x\to 1}f(x)$, $\lim\limits_{x\to 2}f(x)$.

4. 计算下列极限:

(1) $\lim\limits_{x\to 0}\dfrac{1}{x}\tan\dfrac{1}{x}$; (2) $\lim\limits_{x\to +\infty}\dfrac{\cos x}{\mathrm{e}^x+\mathrm{e}^{-x}}$; (3) $\lim\limits_{x\to\infty}\dfrac{x^2}{2x^2+1}$; (4) $\lim\limits_{x\to\infty}(3x^2-2x+1)$.

5. 当 $x\to 0$ 时, 下列函数哪些是 x 的高阶无穷小? 哪些是 x 的同阶无穷小? 并指出其中哪些又

是 x 的等价无穷小?

(1) $3x+2x^2$;　　(2) $\sin 2x+x$;　　(3) $x+\sin x$;

(4) $\sin x^2+\sin x$;　　(5) $\ln(1+x)$;　　(6) $1-\cos x$.

6. 求证: 当 $x\to 1$ 时, 无穷小 $1-x$ 和 $\frac{1}{2}(1-x^2)$ 是否同阶, 是否等价?

7. 证明: 当 $x\to -3$ 时, x^2+6x+9 是比 $x+3$ 高阶的无穷小.

8. 利用等价无穷小的性质计算下列极限:

(1) $\lim\limits_{x\to 0}\frac{\tan 2x^2}{1-\cos x}$;　　(2) $\lim\limits_{x\to 0}\frac{\tan x-\sin x}{\sin^3 x}$;　　(3) $\lim\limits_{x\to 0}\frac{\ln(1+x)}{\sin 3x}$.

9. 用极限的定义证明: $\lim\limits_{n\to\infty}\frac{1}{n^\alpha}=0(\alpha>0)$.

1.3 极限的运算法则

1.3.1 极限的四则运算法则

我们已经讨论了数列极限和函数极限的概念及性质. 下面我们将进一步讨论极限的四则运算法则, 以便解决函数做四则运算时的极限计算问题.

【引例】 观察下列函数随 x 变化而变化的情况:

(1) $y=x^2+1$ (当 x 无限趋于 2);

(2) $y=\sin x$ (当 x 无限趋于 $\frac{\pi}{2}$);

(3) $y=\frac{1}{x+2}$ (当 x 无限趋于 ∞).

不难看出, 当 x 无限趋于 2(记为 $x\to 2$)时, 函数 $y=x^2+1$ 无限趋于 5; 当 $x\to\frac{\pi}{2}$ 时, 函数 $y=\sin x$ 无限趋于 1; 当 $x\to\infty$ 时, 函数 $y=\frac{1}{x+2}$ 无限趋于 0. 我们把数 5 称为函数 $y=x^2+1$ 当 $x\to 2$ 时的极限. 同理, 函数 $y=\sin x$ 当 $x\to\frac{\pi}{2}$ 时的极限是 1, 函数 $y=\frac{1}{x+2}$ 当 $x\to\infty$ 时的极限为 0.

下面给出的函数极限的四则运算法则, 对数列极限也成立.

设 $\lim f(x)=A$, $\lim g(x)=B$, 则有

法则 1 $\lim\left[f(x)\pm g(x)\right]=\lim f(x)\pm\lim g(x)=A\pm B$;

法则 2 $\lim\left[f(x)\cdot g(x)\right]=\lim f(x)\cdot\lim g(x)=AB$;

法则 3 $\lim\frac{f(x)}{g(x)}=\frac{\lim f(x)}{\lim g(x)}=\frac{A}{B}(B\neq 0)$.

其中自变量的变化过程可以是 $x\to x_0, x\to\infty$ 等各种情形.

利用函数极限与无穷小的关系可以证明上述法则是成立的, 下面仅证法则 2.

证明: 由于 $\lim f(x)=A$, $\lim g(x)=B$, 根据极限与无穷小的关系, 有

$$f(x)=A+\alpha(x),$$
$$g(x)=B+\beta(x).$$

其中$\alpha(x)$，$\beta(x)$是自变量x同一变化过程中的无穷小，即

$$\lim\alpha(x)=0,\lim\beta(x)=0.$$

于是

$$f(x)\cdot g(x)=(A+\alpha(x))\cdot(B+\beta(x))=AB+(A\beta(x)+B\alpha(x)+\alpha(x)\beta(x)).$$

由无穷小的性质知，$A\beta(x)+B\alpha(x)+\alpha(x)\beta(x)$是无穷小，所以$f(x)\cdot g(x)$的极限是$AB$. 即

$$\lim[f(x)\cdot g(x)]=\lim f(x)\cdot\lim g(x)=AB.$$

在这里，法则1和法则2可以推广到有限个函数的代数和及乘积的极限情形. 同时由法则2可得出如下推论:

推论 1 设$\lim f(x)$存在，则对于常数C，有$\lim[Cf(x)]=C\lim f(x)$.

推论 2 设$\lim f(x)$存在，则对于正整数n，有$\lim[f(x)]^n=[\lim f(x)]^n$.

利用极限的定义，我们已经证明了$\lim\limits_{n\to\infty}q^n=0\ (|q|<1)$，$\lim\limits_{x\to x_0}C=C$，$\lim\limits_{x\to x_0}x=x_0$和$\lim\limits_{x\to\infty}\frac{1}{x}=0$等基本结论. 利用这些结论和极限的四则运算法则，便可求存在极限的数列或函数作四则运算后的极限.

例 1.23 求$\lim\limits_{x\to\infty}\frac{5+2^x}{2^x}$.

解: $\lim\limits_{x\to\infty}\frac{5+2^x}{2^x}=\lim\limits_{n\to\infty}\left(5\cdot\frac{1}{2^x}+1\right)=5\lim\limits_{n\to\infty}\frac{1}{2^x}+1=0+1=1$.

例 1.24 求$\lim\limits_{x\to1}(2x^2-3x+4)$.

解: $\lim\limits_{x\to1}(2x^2-3x+4)=\lim\limits_{x\to1}2x^2-\lim\limits_{x\to1}3x+\lim\limits_{x\to1}4=2\times1-3\times1+4=3$.

例 1.25 求$\lim\limits_{x\to-1}\frac{2x^2+1}{3x^2+4x-1}$.

解: 因为$\lim\limits_{x\to-1}(3x^2+4x-1)=\lim\limits_{x\to-1}3x^2+\lim\limits_{x\to-1}4x-\lim\limits_{x\to-1}1=3-4-1=-2\neq0$，

所以$\lim\limits_{x\to-1}\frac{2x^2+1}{3x^2+4x-1}=\frac{\lim\limits_{x\to-1}(2x^2+1)}{\lim\limits_{x\to-1}(3x^2+4x-1)}=\frac{2\times(-1)^2+1}{3-4-1}=-\frac{3}{2}$.

例1.24和例1.25说明，对于有理函数，在求关于$x\to x_0$的极限时，如果有理函数在点x_0有定义，其极限值就是在点x_0处的函数值.

例 1.26 求$\lim\limits_{x\to1}\frac{x^2-1}{x^2+x-2}$.

解: 当$x\to1$时，分子、分母的极限均为0，因此不能直接运用法则3，可先在$x\neq1$时，约去零因子$x-1$，再求极限.

$$\lim_{x\to1}\frac{x^2-1}{x^2+x-2}=\lim_{x\to1}\frac{(x+1)(x-1)}{(x+2)(x-1)}=\lim_{x\to1}\frac{x+1}{x+2}=\frac{2}{3}.$$

例 1.27 求$\lim\limits_{x\to0}\frac{\sqrt{x+9}-3}{x}$.

解: $\lim\limits_{x\to0}\frac{\sqrt{x+9}-3}{x}=\lim\limits_{x\to0}\frac{(\sqrt{x+9}-3)(\sqrt{x+9}+3)}{x(\sqrt{x+9}+3)}=\lim\limits_{x\to0}=\frac{1}{(\sqrt{x+9}+3)}=\frac{1}{3+3}=\frac{1}{6}$.

例 1.28 求 $\lim\limits_{x\to -1}\left(\frac{1}{x+1}-\frac{3}{x^3+1}\right)$.

解: 因为当 $x\to -1$ 时，$\frac{1}{x+1}$ 与 $\frac{3}{x^3+1}$ 的极限都不存在，所以不能直接用法则 1，可先通分，约去零因子 $x+1$，再求极限.

$$\lim_{x\to -1}\left(\frac{1}{x+1}-\frac{3}{x^3+1}\right)=\lim_{x\to -1}\frac{x^2-x+1-3}{x^3+1}=\lim_{x\to -1}\frac{(x-2)(x+1)}{(x+1)(x^2-x+1)}$$

$$=\lim_{x\to -1}\frac{x-2}{x^2-x+1}=\frac{-1-2}{(-1)^2+1+1}=-1.$$

例 1.29 求 $\lim\limits_{x\to\infty}\frac{2x^2-5x+1}{3x^2+x+2}$.

解: 因为当 $x\to\infty$ 时，分子、分母的极限都不存在，所以不能直接用法则. 可用分子、分母中 x 的最高次幂 x^2 除以分子及分母后，再求极限.

$$\lim_{x\to\infty}\frac{2x^2-5x+1}{3x^2+x+2}=\lim_{x\to\infty}\frac{2-\frac{5}{x}+\frac{1}{x^2}}{3+\frac{1}{x}+\frac{2}{x^2}}=\frac{2}{3}.$$

例 1.30 求 $\lim\limits_{x\to\infty}\frac{4x^3+x^2+1}{3x^4+1}$.

解: $\lim\limits_{x\to\infty}\frac{4x^3+x^2+1}{3x^4+1}=\lim\limits_{x\to\infty}\frac{\frac{4}{x}+\frac{1}{x^2}+\frac{1}{x^4}}{3+\frac{1}{x^4}}=0$.

例 1.31 求 $\lim\limits_{x\to\infty}\frac{x^4-2x^3+1}{x^2-x-3}$.

解: 因为 $\lim\limits_{x\to\infty}\frac{x^4-2x^3+1}{x^2-x-3}=\lim\limits_{x\to\infty}\frac{x^2-\frac{2}{x}+\frac{1}{x^4}}{\frac{1}{x^2}-\frac{1}{x^3}-\frac{3}{x^4}}$,

所以根据无穷小与无穷大的关系可知，$\lim\limits_{x\to\infty}\frac{x^4-2x^3+1}{x^2-x-3}=\infty$.

由以上三例可知，当 $a_0\neq 0,b_0\neq 0$ 时，有理分式的极限一般有

$$\lim_{x\to\infty}\frac{a_0x^m+a_1x^{m-1}+\cdots+a_m}{b_0x^n+b_1x^{n-1}+\cdots+b_n}=\begin{cases}0, & n>m\\ \frac{a_0}{b_0}, & n=m\\ \infty, & n<m\end{cases}.$$

1.3.2 极限的存在准则

为了推导出后面即将介绍的两个重要极限，下面先给出两个判断极限存在的准则(证明略).

准则 1 (夹逼准则) 设有三个数列 $\{x_n\},\{y_n\},\{z_n\}$ 满足条件:

(1) 存在 $N_0>0$ (N_0 为已知的正整数)，当 $n>N_0$ 时，恒有 $y_n\leqslant x_n\leqslant z_n$，

(2) $\lim\limits_{n\to\infty}y_n=\lim\limits_{n\to\infty}z_n=a$，

则数列$\{x_n\}$有极限，并且$\lim\limits_{n\to\infty} x_n = a$.

类似地，有关于函数极限的夹逼准则：

设函数$f(x), g(x), h(x)$在点x_0的某去心邻域内有定义，且满足条件：

(1) $g(x) \leqslant f(x) \leqslant h(x)$;

(2) $\lim\limits_{x\to x_0} g(x) = \lim\limits_{x\to x_0} h(x) = A$,

则极限$\lim\limits_{x\to x_0} f(x)$存在，且等于$A$.

关于自变量x的其他趋向，函数极限的夹逼准则可以类似给出.

准则 2 (单调有界准则)　单调有界数列必有极限.

例 1.32　证明数列$\{x_n\} = \left\{\left(1+\dfrac{1}{n}\right)^n\right\}$有极限.

证明: (1) 证明数列$\{x_n\}$是单调递增的，按二项式公式展开，有

$$\begin{aligned}
x_n &= \left(1+\frac{1}{n}\right)^n \\
&= 1+\frac{n}{1!}\cdot\frac{1}{n}+\frac{n(n-1)}{2!}\cdot\frac{1}{n^2}+\frac{n(n-1)(n-2)}{3!}\cdot\frac{1}{n^3}+\cdots+\frac{n(n-1)\cdots(n-n+1)}{n!}\cdot\frac{1}{n^n} \\
&= 1+\frac{1}{1!}+\frac{1}{2!}\left(1-\frac{1}{n}\right)+\frac{1}{3!}\left(1-\frac{1}{n}\right)\left(1-\frac{2}{n}\right)+\cdots+\frac{1}{n!}\left(1-\frac{1}{n}\right)\left(1-\frac{2}{n}\right)\cdots\left(1-\frac{n-1}{n}\right).
\end{aligned}$$

类似地，有

$$\begin{aligned}
x_{n+1} = 1&+\frac{1}{1!}+\frac{1}{2!}\left(1-\frac{1}{n+1}\right)+\frac{1}{3!}\left(1-\frac{1}{n+1}\right)\left(1-\frac{2}{n+1}\right)+\cdots \\
&+\frac{1}{n!}\left(1-\frac{1}{n+1}\right)\left(1-\frac{2}{n+1}\right)\cdots\left(1-\frac{n-1}{n+1}\right)+\frac{1}{(n+1)!}\left(1-\frac{1}{n+1}\right)\left(1-\frac{2}{n+1}\right)\cdots\left(1-\frac{n}{n+1}\right).
\end{aligned}$$

比较x_n与x_{n+1}中相同位置的项，它们的第一、二项相同，从第三项起到第$n+1$项x_{n+1}的每一项都大于x_n的对应项，并且在x_{n+1}中还多出最后一个正项，因此有$x_n < x_{n+1}$.

(2) 证明数列$\{x_n\}$有界. 因为$1-\dfrac{1}{n}, 1-\dfrac{2}{n}, \cdots, 1-\dfrac{n-1}{n}$这些因子都小于1，故

$$x_n < 1+\frac{1}{1!}+\frac{1}{2!}+\cdots+\frac{1}{n!} < 1+1+\frac{1}{2}+\frac{1}{2^2}+\cdots+\frac{1}{2^{n-1}} = 1+\frac{1-\frac{1}{2^n}}{1-\frac{1}{2}} = 3-\frac{1}{2^{n-1}} < 3.$$

根据准则 2，数列$\{x_n\} = \left\{\left(1+\dfrac{1}{n}\right)^n\right\}$有极限. 将其极限值记为 e (e 是一个无理数，e = 2.71828⋯)，即$\lim\limits_{n\to\infty}\left(1+\dfrac{1}{n}\right)^n = \mathrm{e}$.

1.3.3　两个重要极限

重要极限 1　$\lim\limits_{x\to 0}\dfrac{\sin x}{x} = 1$.

因为当$x\to 0$时，分子和分母的极限均为 0，因此不能利用函数极限的运算法则来求. 下面

我们利用夹逼准则来证明.

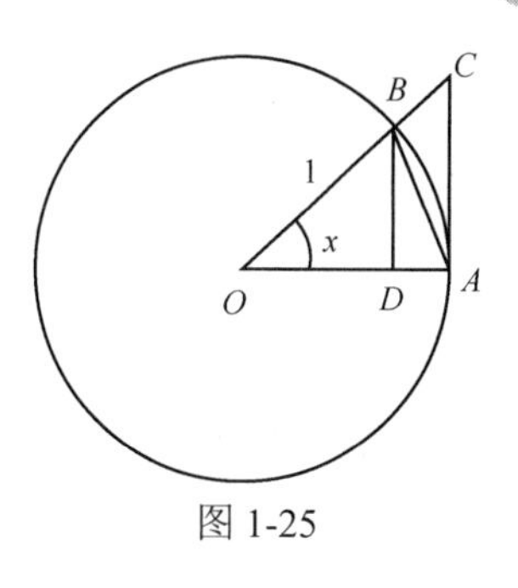

图 1-25

证明: 作单位圆, 如图 1-25 所示, 设圆心角 $\angle AOB = x$, 过点 A 作圆的切线与 OB 的延长线交于点 C, 又作 $BD \perp OA$, 则有 $\sin x = BD, \tan x = AC$.

因为 $\triangle OAB$ 的面积<扇形 OAB 的面积<$\triangle OAC$ 的面积.

所以, 当 $0 < x < \frac{\pi}{2}$ 时, 有 $\frac{1}{2}\sin x < \frac{1}{2}x < \frac{1}{2}\tan x$, 即

$$\sin x < x < \tan x. \quad ①$$

因为 $\sin x > 0$, 所以用 $\sin x$ 除不等式①得

$$1 < \frac{x}{\sin x} < \frac{1}{\cos x},$$

从而有

$$\cos x < \frac{\sin x}{x} < 1. \quad ②$$

注意: 当 $-\frac{\pi}{2} < x < 0$ 时, 不等式②同样成立.

因为

$$\cos x = 1 - 2\sin^2\frac{x}{2} \geqslant 1 - 2\left(\frac{x}{2}\right)^2 = 1 - \frac{x^2}{2}, \quad ③$$

由③式与②式得

$$1 - \frac{x^2}{2} < \frac{\sin x}{x} < 1.$$

因为 $\lim\limits_{x\to 0}\left(1 - \frac{x^2}{2}\right) = 1, \lim\limits_{x\to 0} 1 = 1$, 由夹逼准则 1, 可得 $\lim\limits_{x\to 0}\frac{\sin x}{x} = 1$.

例 1.33 求 $\lim\limits_{x\to 0}\frac{\sin 3x}{x}$.

解: $\lim\limits_{x\to 0}\frac{\sin 3x}{x} = \lim\limits_{x\to 0}\frac{\sin 3x}{3x}\cdot 3 = 3\lim\limits_{x\to 0}\frac{\sin 3x}{3x} = 3\times 1 = 3$.

例 1.34 求 $\lim\limits_{x\to 0}\frac{\tan x}{x}$.

解: $\lim\limits_{x\to 0}\frac{\tan x}{x} = \lim\limits_{x\to 0}\left(\frac{\sin x}{x}\cdot\frac{1}{\cos x}\right) = \lim\limits_{x\to 0}\frac{\sin x}{x}\cdot\lim\limits_{x\to 0}\frac{1}{\cos x} = 1$.

例 1.35 求 $\lim\limits_{x\to 0}\frac{1 - \cos 2x}{x\sin x}$.

解: $\lim\limits_{x\to 0}\frac{1 - \cos 2x}{x\sin x} = \lim\limits_{x\to 0}\frac{2\sin^2 x}{x\sin x} = \lim\limits_{x\to 0}\frac{2\sin x}{x} = 2\lim\limits_{x\to 0}\frac{\sin x}{x} = 2$.

例 1.36 求 $\lim\limits_{x\to 0}\frac{\sin x - \frac{1}{2}\sin 2x}{x^3}$.

解:
$$\lim_{x\to 0}\frac{\sin x - \frac{1}{2}\sin 2x}{x^3} = \lim_{x\to 0}\frac{\sin x\cdot(1 - \cos x)}{x^3}$$

$$= \lim_{x\to 0}\left(\frac{\sin x}{x}\right)\cdot\lim_{x\to 0}\left(\frac{1 - \cos x}{x^2}\right) = \lim_{x\to 0}\left(\frac{\sin x}{x}\right)\cdot\lim_{x\to 0}\frac{2\sin^2\frac{x}{2}}{x^2} = 1\cdot\frac{1}{2} = \frac{1}{2}.$$

重要极限 2 $\lim\limits_{x\to\infty}\left(1+\dfrac{1}{x}\right)^x=\mathrm{e}$.

证明: 因为对任何实数 $x>1$，都有 $[x]\leqslant x\leqslant[x]+1$，所以

$$\left(1+\frac{1}{[x]+1}\right)^{[x]}\leqslant\left(1+\frac{1}{x}\right)^x\leqslant\left(1+\frac{1}{[x]}\right)^{[x]+1}.$$

当 $x\to+\infty$ 时，$[x]$ 和 $[x]+1$ 都以整数变量趋于 $+\infty$，从而有

$$\lim_{x\to+\infty}\left(1+\frac{1}{[x]+1}\right)^{[x]}=\lim_{x\to+\infty}\left[\left(1+\frac{1}{[x]+1}\right)^{[x]+1}\cdot\left(1+\frac{1}{[x]+1}\right)^{-1}\right]=\mathrm{e}\cdot1=\mathrm{e}.$$

又 $\lim\limits_{x\to+\infty}\left(1+\dfrac{1}{[x]}\right)^{[x]+1}=\lim\limits_{x\to+\infty}\left[\left(1+\dfrac{1}{[x]}\right)^{[x]}\left(1+\dfrac{1}{[x]}\right)\right]=\lim\limits_{x\to+\infty}\left(1+\dfrac{1}{[x]}\right)^{[x]}\lim\limits_{x\to+\infty}\left(1+\dfrac{1}{[x]}\right)=\mathrm{e}\cdot1=\mathrm{e}$,

由夹逼准则知 $\lim\limits_{x\to+\infty}\left(1+\dfrac{1}{x}\right)^x=\mathrm{e}$.

下面证 $\lim\limits_{x\to-\infty}\left(1+\dfrac{1}{x}\right)^x=\mathrm{e}$.

设 $t=-x$，则当 $x\to-\infty$ 时，$t\to+\infty$，所以

$$\lim_{x\to-\infty}\left(1+\frac{1}{x}\right)^x=\lim_{t\to+\infty}\left(1+\frac{1}{-t}\right)^{-t}=\lim_{t\to+\infty}\left(\frac{t}{t-1}\right)^t=\lim_{t\to+\infty}\left[\left(1+\frac{1}{t-1}\right)^{t-1}\cdot\left(1+\frac{1}{t-1}\right)\right]$$

$$=\lim_{t\to+\infty}\left(1+\frac{1}{t-1}\right)^{t-1}\lim_{t\to+\infty}\left(1+\frac{1}{t-1}\right)=\mathrm{e}\cdot1=\mathrm{e}.$$

由 $\lim\limits_{x\to+\infty}\left(1+\dfrac{1}{x}\right)^x=\mathrm{e}$ 和 $\lim\limits_{x\to-\infty}\left(1+\dfrac{1}{x}\right)^x=\mathrm{e}$，得 $\lim\limits_{x\to\infty}\left(1+\dfrac{1}{x}\right)^x=\mathrm{e}$.

在上式中，令 $z=\dfrac{1}{x}$，则当 $x\to\infty$ 时 $z\to0$，从而有

$$\lim_{z\to0}(1+z)^{\frac{1}{z}}=\mathrm{e}.$$

这是重要极限 2 的另一种形式.

例 1.37 求 $\lim\limits_{x\to\infty}\left(1+\dfrac{2}{x}\right)^x$.

解: 令 $t=\dfrac{2}{x}$，当 $x\to\infty$ 时，$t\to0$，所以

$$\lim_{x\to\infty}\left(1+\frac{2}{x}\right)^x=\lim_{t\to0}(1+t)^{\frac{2}{t}}=\lim_{t\to0}\left[(1+t)^{\frac{1}{t}}\right]^2=\mathrm{e}^2.$$

例 1.38 求 $\lim\limits_{x\to\infty}\left(1+\dfrac{1}{x}\right)^{-x}$.

解: $\lim\limits_{x\to\infty}\left(1+\dfrac{1}{x}\right)^{-x}=\lim\limits_{x\to\infty}\dfrac{1}{\left(1+\dfrac{1}{x}\right)^x}=\dfrac{1}{\mathrm{e}}$.

例 1.39 求 $\lim\limits_{x\to0}(1+\tan x)^{3\cot x}$.

解: 令 $t=\tan x$，则当 $x\to 0$ 时，$t\to 0$，有

$$\lim_{x\to 0}(1+\tan x)^{3\cot x}=\lim_{t\to 0}(1+t)^{\frac{3}{t}}=\lim_{t\to 0}[(1+t)^{\frac{1}{t}}]^3=[\lim_{t\to 0}(1+t)^{\frac{1}{t}}]^3=\mathrm{e}^3 .$$

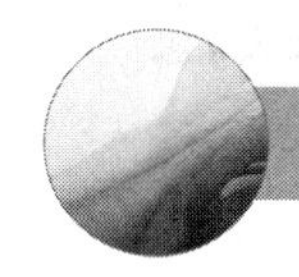

习题1.3

1. 选择题:

(1) 下列极限存在的是(　　);

A. $\lim\limits_{x\to\infty}\dfrac{x(x+1)}{x^2}$　　B. $\lim\limits_{x\to 0}\dfrac{1}{2^x-1}$　　C. $\lim\limits_{x\to+\infty}\sqrt{\dfrac{x^2+1}{x}}$　　D. $\lim\limits_{x\to+\infty}\mathrm{e}^x$

(2) 已知 $\lim\limits_{x\to\infty}\dfrac{ax-4}{x+1}=3$，则 $a=($　　$)$.

A. 1　　B. −1　　C. 2　　D. 3

2. 填空题:

(1) $\lim\limits_{x\to 0}\dfrac{\sin x}{x}=$______;

(2) $\lim\limits_{x\to\infty}\left(1+\dfrac{1}{x}\right)^x=$______;

(3) 有些分式函数求极限，当 x 趋于某常数时，分子、分母趋于0，不可直接用法则，那么此时要______再求极限;

(4) 有理函数在求关于 $x\to x_0$ 的极限时，如果有理函数在点 x_0 处有定义，其极限值就是在点 x_0 处的______.

3. 计算下列极限:

(1) $\lim\limits_{n\to\infty}\left(5+\dfrac{1}{n}-\dfrac{1}{n^2}\right)$;　(2) $\lim\limits_{n\to\infty}\dfrac{1+2+\cdots+n}{2n^2+1}$;　(3) $\lim\limits_{x\to\infty}\left(1-\dfrac{1}{x}\right)\left(2+\dfrac{1}{x^2}\right)$;

(4) $\lim\limits_{n\to\infty}\left(1-\dfrac{1}{2^2}\right)\left(1-\dfrac{1}{3^2}\right)\cdots\left(1-\dfrac{1}{n^2}\right)$;　(5) $\lim\limits_{x\to\infty}\dfrac{x^3+x^2-3}{4x^3+2x+1}$;　(6) $\lim\limits_{x\to\infty}\dfrac{2x^2+x-4}{3x^3-x^2+1}$;

(7) $\lim\limits_{x\to\infty}\dfrac{2-3x^2}{4x^2+1}$;　(8) $\lim\limits_{x\to 0}\dfrac{3x^2-x+2}{x^2+1}$;　(9) $\lim\limits_{h\to 0}\dfrac{2(x+h)^2-x^2}{2h}$;

(10) $\lim\limits_{x\to 1}\dfrac{x^3-1}{x-1}$;　(11) $\lim\limits_{x\to 3}\dfrac{\sqrt{1+x}-2}{x-3}$;　(12) $\lim\limits_{x\to+\infty}(\sqrt{x+1}-\sqrt{x})$.

4. 计算下列极限:

(1) $\lim\limits_{x\to\frac{\pi}{4}}x\sin x$;　(2) $\lim\limits_{x\to 0}\dfrac{1-\cos x}{x^2}$;　(3) $\lim\limits_{n\to\infty}2^n\sin\dfrac{x}{2^n}$;

(4) $\lim\limits_{x\to 0}\dfrac{1-\cos 2x}{x\sin x}$;　(5) $\lim\limits_{x\to 0}\dfrac{x-\sin 2x}{x+\sin 2x}$;　(6) $\lim\limits_{x\to 0}\dfrac{\arcsin x}{x}$.

5. 计算下列极限:

(1) $\lim\limits_{n\to\infty}\left(1+\dfrac{5}{n}\right)^n$;　(2) $\lim\limits_{x\to 0}(1-2x)^{\frac{1}{x}}$;　(3) $\lim\limits_{x\to\infty}\left(\dfrac{3+x}{2+x}\right)^x$;

(4) $\lim\limits_{n\to\infty}\left(\dfrac{n-1}{n+1}\right)^{n}$;　　(5) $\lim\limits_{x\to\infty}\left(1-\dfrac{1}{x}\right)^{5x}$;　　(6) $\lim\limits_{x\to\infty}\left(\dfrac{x}{x+1}\right)^{x+3}$.

1.4　函数的连续性

自然界中的许多现象，如温度的变化、植物的生长、人的身高等都是随着时间连续不断地变化着，这一现象在数学上反映为函数的连续性.

1.4.1　连续函数的概念

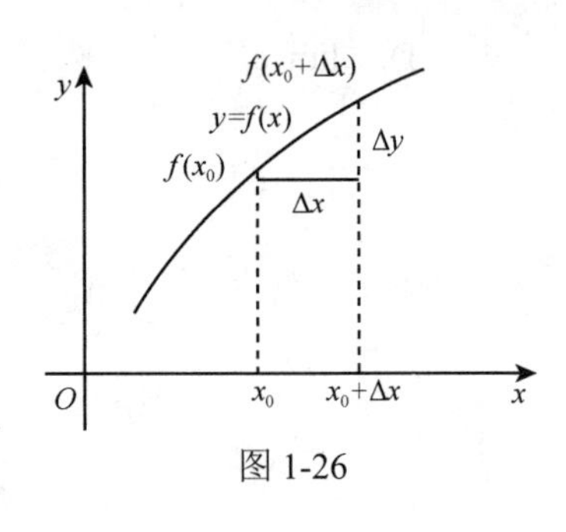

图 1-26

1. 增量

设有函数 $y=f(x)$，当自变量 x 从 x_0 变到 $x_0+\Delta x$，即 x 在点 x_0 处取得增量 Δx 时，函数值 y 相应地从 $f(x_0)$ 变到 $f(x_0+\Delta x)$，因此，函数 y 对应的增量为

$$\Delta y=f(x_0+\Delta x)-f(x_0).$$

其几何意义如图 1-26 所示.

例 1.40　在下列条件下，求函数 $y=3x^2-2$ 的增量:

(1) 当 x 由 3 变化到 3.1 时;

(2) 当 x 由 3 变化到 2.9 时.

解: (1) 由题意知 $x_0=3, x_0+\Delta x=3.1$，所以

$$\Delta y=f(x_0+\Delta x)-f(x_0)=f(3.1)-f(3)=(3\times 3.1^2-2)-(3\times 3^2-2)=1.83;$$

(2) 由题意知 $x_0=3, x_0+\Delta x=2.9$，所以

$$\Delta y=f(x_0+\Delta x)-f(x_0)=f(2.9)-f(3)=(3\times 2.9^2-2)-(3\times 3^2-2)=-1.77.$$

由此可知，增量 Δy 可以是正的，也可以是负的. 当 Δy 为正时，y 从 $f(x_0)$ 变到 $f(x_0+\Delta x)$ 是递增的；当 Δy 为负时，y 从 $f(x_0)$ 变到 $f(x_0+\Delta x)$ 是递减的.

2. 函数连续的概念

(1) 函数 $y=f(x)$ 在点 x_0 连续的定义

当一个函数的自变量有微小变化时，相应的函数值的变化也很微小. 这种连续变化的现象就是所谓的函数的连续性.

函数连续性的定义可以通过增量来描述.

定义 1.13　设函数 $y=f(x)$ 在点 x_0 的某一邻域内有定义，如果当自变量 x 在点 x_0 处的增量 Δx 趋于零时，相应的函数增量 $\Delta y=f(x_0+\Delta x)-f(x_0)$ 也趋于零，即

$$\lim_{\Delta x\to 0}\Delta y=0 \text{ 或 } \lim_{\Delta x\to 0}\left[f(x_0+\Delta x)-f(x_0)\right]=0,$$

则称函数 $y=f(x)$ 在点 x_0 处**连续**.

上面的定义中 $\Delta x=x-x_0$，当 $\Delta x\to 0$ 时有 $x\to x_0$，得

$$\Delta y=f(x_0+\Delta x)-f(x_0)=f(x)-f(x_0),$$

所以 $\lim\limits_{\Delta x\to 0}\left[f(x_0+\Delta x)-f(x_0)\right]=0$，可以写成 $\lim\limits_{x\to x_0}\left[f(x)-f(x_0)\right]=0$，即

$$\lim_{x\to x_0}f(x)=f(x_0).$$

因此，函数 $y=f(x)$ 在点 x_0 处连续，也可以定义为：

定义 1.14 设函数 $y=f(x)$ 在点 x_0 的某邻域内有定义，如果

$$\lim_{x\to x_0} f(x)=f(x_0),$$

则称函数 $y=f(x)$ 在点 x_0 处**连续**.

如果 $\lim\limits_{x\to x_0^-} f(x)=f(x_0)$，则称函数 $y=f(x)$ 在点 x_0 处**左连续**.

如果 $\lim\limits_{x\to x_0^+} f(x)=f(x_0)$，则称函数 $y=f(x)$ 在点 x_0 处**右连续**.

由定理 1.3 和函数在一点处连续的定义，可得

定理 1.7 函数 $f(x)$ 在点 x_0 处连续的充分必要条件是 $f(x)$ 在点 x_0 处既左连续又右连续. 即

$$\lim_{x\to x_0} f(x)=f(x_0)\Leftrightarrow \lim_{x\to x_0^-} f(x)=\lim_{x\to x_0^+} f(x)=f(x_0).$$

例 1.41 讨论函数 $f(x)=\begin{cases}2x, & x\leqslant 0\\ \cos x-1, & x>0\end{cases}$，在 $x=0$ 点的连续性.

解：因为 $\lim\limits_{x\to 0^-} f(x)=\lim\limits_{x\to 0^-} 2x=0=f(0)$，所以 $f(x)$ 在 $x=0$ 左连续；

又因为 $\lim\limits_{x\to 0^+} f(x)=\lim\limits_{x\to 0^+} \cos x-1=0=f(0)$，所以 $f(x)$ 在 $x=0$ 右连续.

由定理 1. 7 可知，$f(x)$ 在 $x=0$ 点连续.

(2) 函数 $y=f(x)$ 在区间上连续的定义

如果函数 $f(x)$ 在区间 (a,b) 内的每一点都连续，则称函数 $f(x)$ 在**开区间** (a,b) **内连续**；若函数 $f(x)$ 在 (a,b) 内连续，并且在左端点 a 处右连续，右端点 b 处左连续，则称函数在**闭区间** $[a,b]$ **上连续.**

函数在某区间 I 上连续，则称它是区间 I 上的连续函数. 连续函数的图像是一条连续不间断的曲线.

可以证明，**基本初等函数在其定义域内是连续函数**.

1.4.2 函数的间断点及其分类

1. 函数的间断点

定义 1.15 如果函数 $f(x)$ 在点 x_0 处不连续，则称 $f(x)$ 在点 x_0 处间断，点 x_0 称为函数的**间断点**.

由函数 $f(x)$ 在某点连续的定义可知，当函数 $f(x)$ 在 x_0 处满足下列三个条件之一，则点 x_0 为 $f(x)$ 的间断点.

(1) $f(x)$ 在点 x_0 处无定义；

(2) $f(x)$ 在点 x_0 处有定义，但 $\lim\limits_{x\to x_0} f(x)$ 不存在；

(3) $f(x)$ 在点 x_0 处有定义，且 $\lim\limits_{x\to x_0} f(x)$ 存在，但是，$\lim\limits_{x\to x_0} f(x)\neq f(x_0)$.

2. 间断点的分类

根据函数 $f(x)$ 在间断点处单侧极限的情况，通常将间断点分为两类：

(1) 若 $\lim\limits_{x\to x_0^-} f(x)$ 与 $\lim\limits_{x\to x_0^+} f(x)$ 都存在，则点 x_0 称为 $f(x)$ 的**第一类间断点**. 第一类间断点又分为两种情形，即可去间断点与跳跃间断点.

若 $\lim\limits_{x \to x_0^-} f(x)$ 与 $\lim\limits_{x \to x_0^+} f(x)$ 都存在，且 $\lim\limits_{x \to x_0^-} f(x) = \lim\limits_{x \to x_0^+} f(x)$，即 $\lim\limits_{x \to x_0} f(x)$ 存在，但是 $f(x)$ 在点 x_0 无定义或 $\lim\limits_{x \to x_0} f(x) \neq f(x_0)$，则称点 x_0 为 $f(x)$ 的可去间断点.

例如，函数 $f(x) = \dfrac{x^2 - 1}{x - 1}$ 在 $x = 1$ 处无定义，故 $x = 1$ 是函数 $f(x)$ 的可去间断点.

若 $\lim\limits_{x \to x_0^-} f(x)$ 与 $\lim\limits_{x \to x_0^+} f(x)$ 都存在，但 $\lim\limits_{x \to x_0^-} f(x) \neq \lim\limits_{x \to x_0^+} f(x)$，则称点 x_0 为 $f(x)$ 的跳跃间断点.

例 1.42 讨论函数 $f(x) = \begin{cases} x^2 - 2, & x \neq 0 \\ 1, & x = 0 \end{cases}$ 在 $x = 0$ 处的连续性.

解：因为 $f(0) = 1$，且 $\lim\limits_{x \to 0} f(x) = \lim\limits_{x \to 0}(x^2 - 2) = -2$，所以 $\lim\limits_{x \to 0} f(x) \neq f(0)$，即 $f(x)$ 在点 $x = 0$ 处间断，且点 $x = 0$ 是 $f(x)$ 的可去间断点.

例 1.43 讨论函数 $f(x) = \begin{cases} x^2, & 0 \leqslant x \leqslant 1 \\ 2x & x > 1 \end{cases}$ 在 $x = 1$ 处的连续性.

解：因为 $\lim\limits_{x \to 1^+} f(x) = \lim\limits_{x \to 1^+} 2x = 2$，$\lim\limits_{x \to 1^-} f(x) = \lim\limits_{x \to 1^-} x^2 = 1$，所以 $\lim\limits_{x \to 1^-} f(x) \neq \lim\limits_{x \to 1^+} f(x)$，即 $\lim\limits_{x \to 1} f(x)$ 不存在.

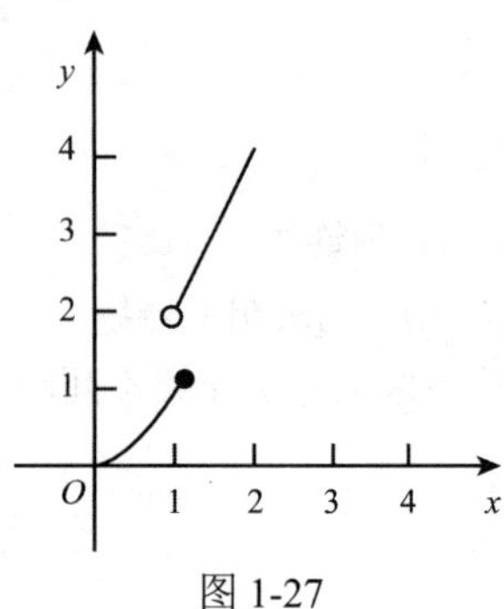

图 1-27

因此，函数 $f(x)$ 在 $x = 1$ 处间断，如图1-27 所示，且点 $x = 1$ 为函数 $f(x)$ 的跳跃间断点.

(2) 若 $\lim\limits_{x \to x_0^-} f(x)$ 不存在或者 $\lim\limits_{x \to x_0^+} f(x)$ 不存在，则点 x_0 称为 $f(x)$ 的**第二类间断点**. 第二类间断点常见的有两种情形，即无穷间断点与振荡间断点.

若 $\lim\limits_{x \to x_0^-} f(x) = \infty$ 或 $\lim\limits_{x \to x_0^+} f(x) = \infty$ 或 $\lim\limits_{x \to x_0} f(x) = \infty$，则称点 x_0 为 $f(x)$ 的无穷间断点.

若当 $x \to x_0$ 时，函数值 $f(x)$ 无限次地在两个不同的数之间变动，则称点 x_0 为 $f(x)$ 的振荡间断点.

例如，函数 $f(x) = \begin{cases} \sin\dfrac{1}{x}, & x \neq 0 \\ 0, & x = 0 \end{cases}$，则 $x = 0$ 为 $f(x)$ 的第二类振荡间断点，如图 1-28 所示.

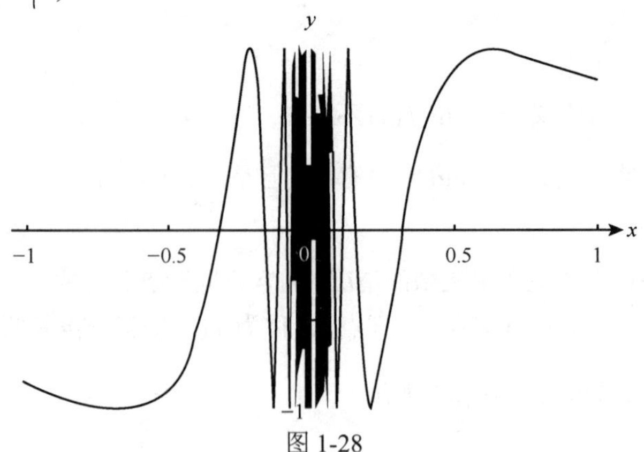

图 1-28

例 1.44 讨论函数 $f(x)=\frac{1}{2x}$ 在 $x=0$ 处的连续性.

解: 因为函数 $f(x)=\frac{1}{2x}$ 在 $x=0$ 处无定义，所以函数 $f(x)=\frac{1}{2x}$ 在 $x=0$ 点间断. 又 $\lim\limits_{x\to 0}f(x)=\lim\limits_{x\to 0}\frac{1}{2x}=\infty$，所以点 $x=0$ 为 $f(x)$的无穷间断点.

1.4.3 初等函数的连续性

1. 连续函数的运算法则

根据函数在一点处连续的定义与极限的四则运算法则，得下列定理:

定理 1.8 如果函数 $f(x)$ 和 $g(x)$ 在点 x_0 处连续，则它们的和、差、积、商也在点 x_0 处连续. 即

$$\lim_{x\to x_0}\left[f(x)\pm g(x)\right]=f(x_0)\pm g(x_0) \quad ①$$

$$\lim_{x\to x_0}\left[f(x)\cdot g(x)\right]=f(x_0)\cdot g(x_0) \quad ②$$

$$\lim_{x\to x_0}\frac{f(x)}{g(x)}=\frac{f(x_0)}{g(x_0)}\ (g(x_0)\neq 0) \quad ③$$

注意: ①②两式可以推广到有限个连续函数的情况.

2. 复合函数的连续性

定理 1.9 设函数 $y=f(u)$ 在点 u_0 处连续，又函数 $u=\varphi(x)$ 在点 x_0 处连续，且 $\varphi(x_0)=u_0$，则复合函数 $y=f\left[\varphi(x)\right]$在点 x_0 处连续. 即

$$\lim_{x\to x_0}f\left[\varphi(x)\right]=f\left[\lim_{x\to x_0}\varphi(x)\right]=f\left[\varphi(x_0)\right].$$

这个定理说明了连续函数的复合函数仍为连续函数.

例 1.45 讨论函数 $y=\sin\sqrt{1-x^2}$ 的连续性.

解: 函数 $y=\sin\sqrt{1-x^2}$ 可以看成是由函数 $y=\sin u$ 及 $u=\sqrt{1-x^2}$ 复合而成. 因为 $y=\sin u$ 在 $(-\infty,+\infty)$ 内连续，$u=\sqrt{1-x^2}$ 在$[-1,1]$上连续，且其值域包含于 $y=\sin u$ 的定义域，根据定理 1.9 知，函数 $y=\sin\sqrt{1-x^2}$ 在$[-1,1]$上连续.

例 1.46 求 $\lim\limits_{x\to 0}\cos\left[(1+x)^{\frac{1}{x}}\right]$.

解: 函数 $y=\cos\left[(1+x)^{\frac{1}{x}}\right]$ 可以看成是由 $y=\cos u$ 及 $u=(1+x)^{\frac{1}{x}}$ 复合而成. 因为 $\lim\limits_{x\to 0}(1+x)^{\frac{1}{x}}=\mathrm{e}$，而 $y=\cos u$ 在 $u=\mathrm{e}$处连续，由定理 1.9 知，

$$\lim_{x\to 0}\cos\left[(1+x)^{\frac{1}{x}}\right]=\cos\left[\lim_{x\to 0}(1+x)^{\frac{1}{x}}\right]=\cos\mathrm{e}.$$

3. 初等函数的连续性

由初等函数的定义和基本初等函数的连续性，再根据连续函数的四则运算法则和复合函数

的连续性, 可以得出如下结论: **一切初等函数在其定义域内连续**.

根据这个结论, 如果 $f(x)$ 是初等函数, x_0 是其定义域内的一点, 那么求 $\lim\limits_{x\to x_0} f(x)$ 时, 只需将 x_0 代入函数求函数值 $f(x_0)$ 即可. 即

$$\lim_{x\to x_0} f(x)=f(x_0).$$

例 1.47 求 $\lim\limits_{x\to 1}\dfrac{x^2\sin x+\lg x}{e^x\sqrt{1+x^2}}$.

解: 由于所求函数是初等函数, $x=1$ 是其定义域内的一点, 所以

$$\lim_{x\to 1}\frac{x^2\sin x+\lg x}{e^x\sqrt{1+x^2}}=\frac{1^2\sin 1+\lg 1}{e^1\sqrt{1+1^2}}=\frac{\sin 1}{\sqrt{2}e}.$$

例 1.48 已知函数 $f(x)=\begin{cases} x^2-1, x\leqslant 0 \\ \dfrac{1}{x-1},\ 0<x<2\text{且}x\neq 1, \\ x+1,\ \ x\geqslant 2 \end{cases}$

(1) 请指出函数的间断点, 并判断类型;

(2) 讨论函数的连续性.

解: (1) 对于 $x=0$, 因为 $\lim\limits_{x\to 0^-} f(x)=\lim\limits_{x\to 0^-} x^2-1=-1$, $\lim\limits_{x\to 0^+} f(x)=\lim\limits_{x\to 0^+}\left(\dfrac{1}{x-1}\right)=-1$, 所以 $\lim\limits_{x\to 0^-} f(x)=\lim\limits_{x\to 0^+} f(x)=f(0)$, 即 $\lim\limits_{x\to 0} f(x)=-1=f(0)$. 故 $f(x)$ 在 $x=0$ 处连续.

对于 $x=2$, 因为 $\lim\limits_{x\to 2^-} f(x)=\lim\limits_{x\to 2^-}\dfrac{1}{x-1}=1$, $\lim\limits_{x\to 2^+} f(x)=\lim\limits_{x\to 2^+} x+1=3$, 所以 $\lim\limits_{x\to 1^+} f(x)\neq\lim\limits_{x\to 1^-} f(x)$, $x=2$ 是函数 $f(x)$ 的第一类(跳跃)间断点.

对于 $x=1$, 因为函数 $f(x)$ 在 $x=1$ 处无定义, 且 $\lim\limits_{x\to 1} f(x)=\infty$, 所以 $x=1$ 是函数 $f(x)$ 的第二类(无穷)间断点.

(2) 综上所述, 由初等函数的连续性可知, $f(x)$ 在区间 $(-\infty,1),(1,2),(2,+\infty)$ 上都是连续的, $(-\infty,1),(1,2),(2,+\infty)$ 是其连续区间.

1.4.4 闭区间上连续函数的性质

闭区间上的连续函数有一些重要性质, 这里只介绍最值定理和介值定理.

1. 最值定理

定义 1.16 设函数 $f(x)$ 在闭区间 $[a, b]$ 上有定义, 如果存在 $x_0\in[a, b]$, 使得对于任意的 $x\in[a, b]$, 都有

$$f(x)\leqslant f(x_0)\ (\text{或 } f(x)\geqslant f(x_0)),$$

则称 $f(x_0)$ 是函数 $f(x)$ 在闭区间 $[a, b]$ 上的**最大值**(或**最小值**); 点 x_0 是函数 $f(x)$ 的**最大值点**(或**最小值点**). 最大值与最小值统称为**最值**.

定理 1.10 (最值定理) 若函数 $f(x)$ 在闭区间 $[a,b]$ 上连续, 则函数 $f(x)$ 在闭区间 $[a,b]$ 上必取得最大值和最小值.

最值定理给出了函数有最大值和最小值的两个充分条件, 即闭区间与连续函数, 二者缺一不可. 在开区间内连续的函数不一定有这一性质.

例如，函数 $y=x^2+1$ 在开区间 $(-1,1)$ 内是连续的，在 $x=0$ 处取得最小值，但在这个开区间内没有最大值；而在 $(1,2)$ 内既无最大值也无最小值.

又如，函数 $f(x)=\begin{cases}-x+1, & 0\leqslant x<1\\ 1, & x=1\\ -x+3 & 1<x\leqslant 2\end{cases}$ 在闭区间 $[0,2]$ 上有间断点 $x=1$，这时函数在该区间上既无最大值也无最小值.

推论 (有界性定理) 闭区间上的连续函数，在该区间上一定有界.

2. 介值定理

定理 1.11 (介值定理) 如果函数 $f(x)$ 在闭区间 $[a,b]$ 上连续，且 m 和 M 分别为 $f(x)$ 在 $[a,b]$ 上的最小值与最大值，则对于 m 与 M 之间的任何数 c，在开区间 (a, b) 内至少存在一点 ξ，使得

$$f(\xi)=c$$

成立.

这个定理的几何意义是:闭区间 $[a,b]$ 上连续函数 $f(x)$ 的图像与直线 $y=c$ 至少有一个交点(见图 1-29).

如果函数在 $[a,b]$ 上有间断点，则介值定理不一定成立.

推论 (零点定理) 若函数 $f(x)$ 在闭区间 $[a,b]$ 上连续，且 $f(a)$ 与 $f(b)$ 异号，则在开区间 (a,b) 内至少存在一点 ξ，使得 $f(\xi)=0$.

这个推论的几何意义是:闭区间 $[a,b]$ 上连续函数 $f(x)$ 的图像，当两端点不在 y 轴的同侧时，与 x 轴至少相交于一点(见图 1-30). 这说明若函数 $f(x)$ 在闭区间上两个端点处的函数值异号，则方程 $f(x)=0$ 在开区间 (a,b) 内至少有一个实根. 所以，这一推论也叫作**根的存在性定理**.

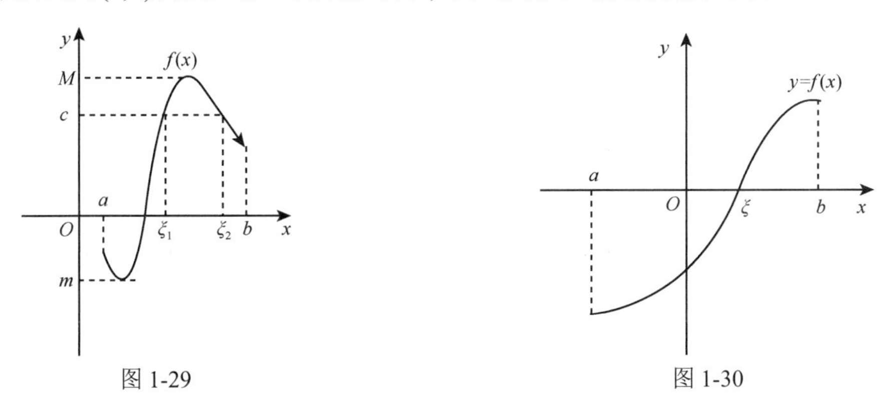

图 1-29　　图 1-30

例 1.49 证明方程 $x^5-3x+1=0$ 在(0, 1)内至少有一个根.

证明：令 $x^5-3x+1=f(x)$，则 $f(x)$ 的定义域为 $(-\infty,+\infty)$. 因为 $f(x)$ 是初等函数，所以 $f(x)$ 在闭区间 $[0,1]$ 上也连续，且 $f(0)=1>0, f(1)=-1<0$. 由零点定理知，至少存在一点 $\xi\in(0,1)$，使得 $f(\xi)=0$.即 ξ 是方程 $f(x)=0$ 的根. 所以方程 $x^5-3x+1=0$ 在(0, 1)内至少有一个实根.

例 1.50 证明方程 $x-2\sin x=1$ 有一个小于 3 的正根.

证明: 函数 $f(x)=x-2\sin x-1$ 在 $[0,3]$ 上连续，$f(0)=-1, f(3)=2-2\sin x>0$，由零点定理知，存在 $\xi\in(0,3)$，使 $f(\xi)=0$. 因此，方程 $x-2\sin x=1$ 有一个小于 3 的正根.

习题1.4

1. 选择题:

(1) 设 $f(x)=\begin{cases}a+x, & x\geqslant 0\\ e^x, & x<0\end{cases}$，要使 $f(x)$ 成为 $(-\infty,+\infty)$ 内的连续函数，则 a 的值为(　　);

A. 1　　B. 0　　C. 2　　D. −1

(2) 函数 $f(x)$ 在点 x_0 处有定义是 $f(x)$ 在点 x_0 处连续的(　　)条件.

A. 充分条件　B. 必要条件　C. 充要条件　D. 既不充分又不必要

2. 填空题:

(1) 函数 $f(x)$ 在点 x_0 处连续的充分必要条件是______;

(2) 函数有最大值和最小值的两个充分条件是______和______;

(3) 已知 $f(x)=\begin{cases}x^2+1, & x\leqslant 0\\ \dfrac{\sin x}{x}, & 0<x<1\\ \dfrac{1}{x-3}, & x\geqslant 1\text{且}x\neq 3\end{cases}$ 的间断点是________，是第________类间断点.

3. 设 $f(x)=1+\dfrac{x-\sin x}{x^3}$，指出 $f(x)$ 的间断点，并判断类型. 若是可去间断点，如何在间断点处补充定义使其连续.

4. 求下列函数的极限:

(1) $\lim\limits_{x\to\frac{\pi}{6}}\ln(2\cos 2x)$;　(2) $\lim\limits_{x\to 0} e^{\frac{\sin x}{x}}$;　(3) $\lim\limits_{x\to 0}\ln\dfrac{\sin x}{x}$;

(4) $\lim\limits_{x\to\frac{\pi}{2}}\dfrac{3\sin 2x}{\cos x}$;　(5) $\lim\limits_{x\to 1}\dfrac{\sqrt{x-1}-2}{x-5}$;　(6) $\lim\limits_{x\to 0}\dfrac{e^x-1}{\sin x}$(提示令 $t=e^x-1$);

(7) $\lim\limits_{x\to a}\dfrac{\sin x-\sin a}{x-a}(a>0)$;　(8) $\lim\limits_{x\to+\infty}(\sqrt{x^2+x}-\sqrt{x^2-x})$.

5. 证明方程 $x^5-5x+1=0$ 有一个小于 1 的正根.

6. 证明方程 $x^3-4x^2+1=0$ 在(0, 1)内至少有一个根.

复习题1

1. 选择题:

(1) 函数 $y=\ln(2x+1)+\dfrac{1}{\sqrt{4-3x}}$ 的定义域是(　　);

A. $\left(-\frac{1}{2},-\frac{4}{3}\right)$　　B. $\left(-\frac{1}{2},\frac{4}{3}\right)$　　C. $\left[-\frac{1}{2},\frac{3}{4}\right)$　　D. $\left[-\frac{1}{2},-\frac{3}{4}\right)$

(2) 下列函数中为同一个函数的是(　　);

A. $y_1=1,y_2=\frac{x}{x}$　B. $y_1=x,y_2=\sqrt{x^2}$　C. $y_1=2\lg x,y_2=\lg x^2$　D. $y_1=|x|,\ y_2=\sqrt{x^2}$

(3) 函数 $y=\sin x+x$ 是(　　);

A. 奇函数　　B. 偶函数　　C. 非奇非偶函数　　D. 以上都不正确

(4) 函数 $y=x^2-2x$ 的单调递减区间为(　　);

A. $(-\infty,1]$　　B. $[-1,1]$　　C. $[1,+\infty)$　　D. $(-\infty,-1)$

(5) 已知 $f\left(\frac{1}{t}\right)=\left(\frac{t+2}{t}\right)^2$，则 $f(t)=$(　　);

A. $\left(\frac{t}{t+1}\right)^2$　　B. $(1+2t)^2$　　C. $\left(\frac{t+1}{t}\right)^2$　　D. $1+2t^2$

(6) 当 $x\to 0$ 时，下列变量中(　　)与 x^3 为等价无穷小量;

A. $\sin^2 x$　　B. $(1-\cos x)\ln(1+2x)$　　C. $x\sin\frac{1}{x}$　　D. $\sqrt{1+x^6}-\sqrt{1-x^6}$

(7) 下列各式不正确的是(　　);

A. $\lim\limits_{x\to 0}\frac{\sin x}{x}=1$　　B. $\lim\limits_{x\to\infty}\frac{\sin x}{x}=0$　　C. $\lim\limits_{x\to 0}x\sin\frac{1}{x}=1$　　D. $\lim\limits_{x\to 0}x\sin\frac{1}{x}=0$

(8) 若 $f(x)=\frac{\ln(3+x)}{(x+2)}$，则 $x=-2$ 是 $f(x)$ 的(　　);

A. 连续点　　B. 第一类间断点　　C. 第二类间断点　　D. 以上都不正确

(9) 若函数 $f(x)=\begin{cases}2e^x, & x\leqslant 0\\ \frac{\sin 2x}{x}+a, & x>0\end{cases}$ 在 $x=0$ 处连续，则 $a=$(　　);

A. 0　　B. 1　　C. 2　　D. 3

(10) 设常数 $k\neq 1$，则下列各式中正确的是(　　).

A. $\lim\limits_{n\to\infty}\left(1+\frac{k}{n}\right)^{kn}=e^k$　　B. $\lim\limits_{n\to\infty}\left(1+\frac{1}{nk}\right)^{kn}=e^k$

C. $\lim\limits_{n\to\infty}\left(1+\frac{k}{n}\right)^{\frac{n}{k}}=e^k$　　D. $\lim\limits_{n\to\infty}\left(1+\frac{1}{n}\right)^{kn}=e^k$

2. 填空题:

(1) 函数 $y=\cos 5\pi x$ 的周期是______;

(2)函数 $y=\ln\cos^2(x+1)$ 是由______复合而成的;

(3) 设函数 $f(x)=\begin{cases}3-x, & x\leqslant -1\\ \sqrt{4-x^2}, & -1<x<1\\ 0, & x\geqslant 1\end{cases}$，则 $f(-2)=$______，$f(0)=$______，此函数的定义域是______;

(4) 如果 $f(x)$ 在点 x_0 处连续，$g(x)$ 在点 x_0 处不连续，则 $f(x)+g(x)$ 在点 x_0 处______;

(5) 已知 $\lim\limits_{x\to 0}\varphi(x)=3$，那么 $\lim\limits_{x\to 0}e^{\varphi(x)}=$______;

(6) 若 $\lim\limits_{x\to\infty}\dfrac{4x^k-2x+5}{3x^5+3x^3-2x}=\dfrac{4}{3}$，则 $k=$______；

(7) 若 $\lim\limits_{x\to 3}\dfrac{x^2+2x+a}{x-3}=8$，则 $a=$______；

(8) $\lim\limits_{x\to 0}\dfrac{1-\cos x}{x^2}=$______；

(9) $\lim\limits_{x\to\infty}\dfrac{1}{x}\sin\dfrac{1}{x}=$______；

(10) $\lim\limits_{x\to\infty}\left(\dfrac{5x+7}{5x-3}\right)^x=$______.

3. 求下列极限:

(1) $\lim\limits_{x\to 0}\ln\dfrac{\sin x}{x}$；　(2) $\lim\limits_{x\to 0}\dfrac{e^{2x}-1}{\sin 3x}$；　(3) $\lim\limits_{x\to\infty}\left(\dfrac{x-1}{x+1}\right)^x$；

(4) $\lim\limits_{x\to a}\dfrac{\ln x-\ln a}{x-a}$ $(a>0)$ (提示: 设 $x-a=t$)；　(5) $\lim\limits_{n\to\infty}\dfrac{(n+1)(n+2)(n+3)}{5n^3}$；

(6) $\lim\limits_{x\to\infty}\dfrac{(3x-1)^{30}(3x-2)^{20}}{(2x+1)^{50}}$；　(7) $\lim\limits_{n\to\infty}\dfrac{1+a+a^2+\ldots+a^n}{1+b+b^2+\ldots+b^n}$ $(|a|<1,|b|<1)$；

(8) $\lim\limits_{x\to\infty}\left(\dfrac{2x+3}{2x-5}\right)^x$；　(9) $\lim\limits_{x\to 0}\dfrac{1-\cos x}{e^x+e^{-x}-2}$；　(10) $\lim\limits_{x\to 0}\dfrac{\sin x}{x^2+3x}$.

4. 设函数 $f(x)=\begin{cases}\dfrac{1-\cos x}{x^2}, & x\neq 0\\ 1, & x=0\end{cases}$，试判断函数 $f(x)$ 在 $x=0$ 处是否连续.

5. 利用夹逼准则求极限 $\lim\limits_{n\to\infty}(1^n+2^n+3^n)^{\frac{1}{n}}$.

6. 定义 $f(0)$ 的值，使 $f(x)=\dfrac{\sqrt[3]{1+x}-1}{\sqrt{1+x}-1}$ 在 $x=0$ 处连续.

7. 证明方程 $y=x^4-3x^2+x+1$ 在 $(0,2)$ 内至少有一个实根.

8. 设 $f(x)$ 在闭区间 $[-2,-1]$ 上连续，并且 $-2<f(x)<-1$，证明至少存在一点 $\xi\in(-2,-1)$，使得 $f(\xi)=\xi$. (提示:对函数 $F(x)=f(x)-x$ 在 $[-2,-1]$ 上应用零点定理)

阅读材料

柯西

柯西(Augustin Louis Cauchy, 1789～1857)，法国数学家，业绩永存的数学大师. 他自幼聪明好学、对物理学. 力学和天文学都做过深入的研究. 他更是一位多产的数学家，一生共发表论文 800 余篇，他的名字出现在许多公式和定理中.

柯西在数学上最大的贡献是在微积分中引进了极限的概念，并以极限为基础建立了逻辑清晰的分析体系. 由他提出的极限定义的方法，后经魏尔斯特拉斯改进，已成为今天所有微积分教科书上的典范.

第2章　导数与微分

导数与微分是微分学的基础概念和基本组成部分，导数反映了函数相对于自变量的变化的快慢程度，即函数的变化率问题；微分则指明了当自变量有微小变化时，函数大体上变化多少，即增量问题．本章主要讨论导数与微分的概念及其运算法则，从而解决初等函数的求导问题以及它们的计算方法．

导数与微分是建立在极限概念基础上的，是研究函数性态的有力工具．

2.1　导数的概念

微分学的第一个最基本的概念——导数，来源于实际生活中的两个最典型的案例：变速直线运动的瞬时速度与曲线上任一点处的切线斜率．

案例 2.1　变速直线运动的瞬时速度　如图 2-1 所示，若汽车从 A 地到 B 地作直线运动，其运动方程是路程 s 与时间 t 的函数 $s=f(t)$，请建立物体在 t_0 时刻的瞬时速度模型．

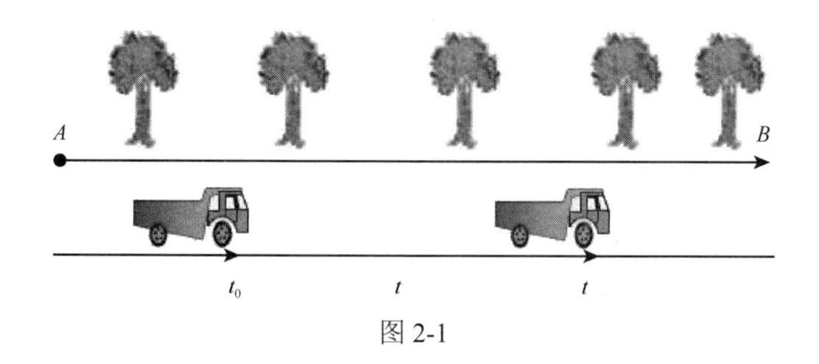

图 2-1

对于匀速运动来说，我们有：速度=$\dfrac{\text{距离}}{\text{时间}}$．但是，汽车沿 A 地到 B 地做的是变速直线运动，路程与时间的关系为 $s=f(t)$．因此，上述公式只能描述汽车走完某一路程的平均速度，不能反映出在任何时刻运动的快慢．要想精确地刻画出物体运动中的速度的变化，就需要进一步讨论物体在运动过程中任一时刻的速度，即所谓的瞬时速度．

设函数 $s=f(t)$ 表示动点在时刻 t 所在的位置(称之为位置函数)．首先取从 t_0 到 t 这样一个时间间隔．在这段时间内，动点从位置 $s_0=f(t_0)$ 移动到 $s=f(t)$，则动点在该时间间隔内的平均速度是

$$\bar{v}=\frac{s-s_0}{t-t_0}=\frac{f(t)-f(t_0)}{t-t_0}. \tag{2-1}$$

显然，时间间隔$t-t_0$越短，(2-1)式就越能说明动点在时刻t_0的速度. 当$t \to t_0$时，如果(2-1)式的极限存在，取这个极限，设为$v(t_0)$，即

$$v(t_0)=\lim_{t\to t_0}\frac{f(t)-f(t_0)}{t-t_0}.$$

我们把这个极限值$v(t_0)$称为动点在时刻t_0的瞬时速度.

例如，自由落体运动$s=f(t)=\frac{1}{2}gt^2$在时刻t_0的瞬时速度为

$$v(t_0)=\lim_{t\to t_0}\frac{f(t)-f(t_0)}{t-t_0}=\lim_{t\to t_0}\frac{\frac{1}{2}gt^2-\frac{1}{2}gt_0^2}{t-t_0}=\lim_{t\to t_0}\frac{\frac{1}{2}g(t+t_0)(t-t_0)}{t-t_0}=gt_0.$$

所以，自由落体运动瞬时速度模型为

$$v(t_0)=\lim_{t\to t_0}\frac{f(t)-f(t_0)}{t-t_0}=gt_0.$$

一般地，作变速直线运动的物体的瞬时速度

$$v(t_0)=\lim_{t\to t_0}\frac{f(t)-f(t_0)}{t-t_0}.$$

案例 2.2　平面曲线的切线问题　设平面曲线C的方程为$y=f(x)$，讨论曲线上某一点$M_0(x_0,y_0)$ ($y_0=f(x_0)$)处的切线问题，如图 2-2 所示.

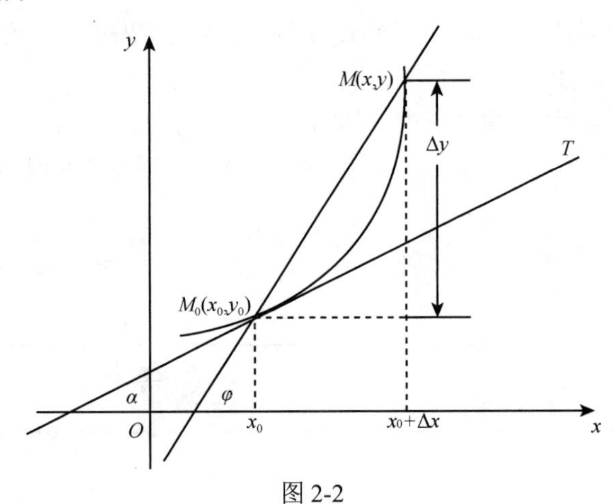

图 2-2

要确定曲线C在点M_0处的切线，只需确定切线的斜率即可. 为此，在点M_0附近另取C上一点$M(x,y)$，求得割线M_0M的斜率为

$$\tan\varphi=\frac{y-y_0}{x-x_0}=\frac{f(x)-f(x_0)}{x-x_0}.$$

其中，φ为割线M_0M的倾斜角，当点M沿曲线C趋于点M_0时，即$x\to x_0$时，割线的极限位置就是切线. 如果当$x\to x_0$时上式的极限存在，并设为k，即

$$k=\lim_{x\to x_0}\frac{f(x)-f(x_0)}{x-x_0}$$

存在，则k是割线斜率的极限，也就是切线的斜率. 这里$k=\tan\alpha$，α是切线M_0T的倾斜角.

于是，通过点 $M_0(x_0,y_0)$ 且斜率为 k 的直线 M_0T 便是曲线 C 在点 M_0 处的切线.

例如，求曲线 $y=x^2$ 在点 $M_0(1,1)$ 处的切线斜率. 在曲线上另取一点 $M(x,y)$，则割线 M_0M 的斜率

$$k=\frac{y-1}{x-1}=\frac{x^2-1}{x-1},$$

于是曲线 $y=x^2$ 在点 $M_0(1,1)$ 处的切线斜率

$$k=\lim_{x\to 1}\frac{x^2-1}{x-1}=\lim_{x\to 1}\frac{(x-1)(x+1)}{x-1}=\lim_{x\to 1}(x+1)=2.$$

以上案例，尽管具体意义不同，但是从解法思路与算法过程来看，非匀速直线运动物体在某时刻的速度和曲线上在某一点处切线的斜率都可归结为极限

$$\lim_{x\to x_0}\frac{f(x)-f(x_0)}{x-x_0}. \tag{2-2}$$

其中，$x-x_0$ 和 $f(x)-f(x_0)$ 分别是函数 $y=f(x)$ 的自变量增量 Δx 和函数值增量 Δy，即 $\Delta x=x-x_0$，$\Delta y=f(x)-f(x_0)=f(x_0+\Delta x)-f(x_0)$，$x\to x_0$ 等价于 $\Delta x\to 0$，故(2-2)式又可写为

$$\lim_{\Delta x\to 0}\frac{\Delta y}{\Delta x} \text{ 或 } \lim_{\Delta x\to 0}\frac{f(x_0+\Delta x)-f(x_0)}{\Delta x}.$$

它们在数量关系上的共性可以归结为计算函数的改变量与自变量的改变量的比值，然后求这个比值当自变量的改变量趋于零时的极限. 如果这个极限存在，则这种特殊的极限就是导数.

2.1.1 导数的定义

定义 2.1 设函数 $y=f(x)$ 在点 x_0 的某邻域内有定义，如果极限

$$\lim_{\Delta x\to 0}\frac{\Delta y}{\Delta x}=\lim_{\Delta x\to 0}\frac{f(x_0+\Delta x)-f(x_0)}{\Delta x} \tag{2-3}$$

存在，则称函数 $y=f(x)$ 在点 x_0 处可导，并称此极限值为函数 $y=f(x)$ 在点 x_0 处的导数(或变化率)，记为 $f'(x_0)$ 或 $y'\big|_{x=x_0}$ 或 $\dfrac{\mathrm{d}y}{\mathrm{d}x}\Big|_{x=x_0}$.

函数 $y=f(x)$ 在点 x_0 处可导有时也可说成是 $f(x)$ 在点 x_0 处具有导数或导数存在.

根据导数定义，变速直线运动 $s=f(t)$，在点 t_0 时刻的瞬时速度 $v(t_0)$ 就是 $f(t)$ 在点 t_0 处的导数，即 $v(t_0)=f'(t_0)$. 曲线 $y=f(x)$ 在点 $M(x_0,f(x_0))$ 处的切线斜率 k 就是函数 $y=f(x)$ 在点 x_0 处的导数，即 $k=f'(x_0)$.

如果极限(2-3)不存在，就说函数 $y=f(x)$ 在点 x_0 处不可导. 如果不可导的原因是由于 $\Delta x\to 0$ 时，$\dfrac{\Delta y}{\Delta x}\to\infty$，为了方便起见，也称函数 $y=f(x)$ 在点 x_0 处的导数为无穷大.

函数的改变量与自变量增量之比 $\dfrac{\Delta y}{\Delta x}$ 是函数 $y=f(x)$ 在 x_0 与 $x_0+\Delta x$ 为端点的区间的**平均变化率**，而**导数** $y'\big|_{x=x_0}$ 则是函数 $y=f(x)$ **在点** x_0 **的变化率，它反映了函数随自变量而变化的快慢程度**.

导数的定义式(2-3)也可取不同的形式，常见的有

$$f'(x_0)=\lim_{x\to x_0}\frac{f(x)-f(x_0)}{x-x_0} \tag{2-4}$$

$$f'(x_0)=\lim_{h\to 0}\frac{f(x_0+h)-f(x_0)}{h} \tag{2-5}$$

特别地，若 $x=0$，则有 $f'(0)=\lim\limits_{x\to 0}\dfrac{f(x)-f(0)}{x}$.

由于 Δx 可正可负，所以 $\Delta x\to 0$ 包括两种情形：$\Delta x\to 0^-$ 和 $\Delta x\to 0^+$，相应的导数也就有左导数和右导数之分.

定义 2.2 设函数 $y=f(x)$ 在点 x_0 的某左邻域 $(x_0-\delta,x_0]\,(\delta>0)$ 内有定义，若左极限

$$\lim_{\Delta x\to 0^-}\frac{f(x_0+\Delta x)-f(x_0)}{\Delta x}$$

存在，则称函数 $y=f(x)$ 在点 x_0 左可导，并称此极限值为函数 $y=f(x)$ 在点 x_0 处的左导数，记为 $f'_-(x_0)$，即

$$f'_-(x_0)=\lim_{\Delta x\to 0^-}\frac{f(x_0+\Delta x)-f(x_0)}{\Delta x}. \tag{2-6}$$

同理，可定义函数 $y=f(x)$ 在点 x_0 右可导，即右导数

$$f'_+(x_0)=\lim_{\Delta x\to 0^+}\frac{f(x_0+\Delta x)-f(x_0)}{\Delta x}. \tag{2-7}$$

函数的左导数和右导数统称为函数的单侧导数.

由极限定义容易得出下列结论：

定理 2.1 $y=f(x)$ 在点 x_0 可导的充要条件为 $y=f(x)$ 在点 x_0 处的左、右导数存在且相等.

2.1.2 函数的导数

如果函数 $y=f(x)$ 在开区间 I 内的每一点处都可导，则称函数 $f(x)$ 在开区间 I 内可导. 这时，对区间 I 内的每一个 x，都有 $f(x)$ 的确定的导数值 $f'(x)$ 与之对应，这样就构成了一个新的函数 $f'(x),x\in I$. 称该函数为 $f(x)$ 的导函数，记为 $y',f'(x)$ 或 $\dfrac{\mathrm{d}f(x)}{\mathrm{d}x}$. 即

$$f'(x)=\lim_{\Delta x\to 0}\frac{f(x+\Delta x)-f(x)}{\Delta x},x\in I. \tag{2-8}$$

如果函数 $y=f(x)$ 在开区间 (a,b) 内可导，且在 $x=a$ 处右可导，在 $x=b$ 处左可导，则称函数 $y=f(x)$ 在闭区间 $[a,b]$ 上可导.

显然，函数 $f(x)$ 在点 x_0 处的导数 $f'(x_0)$ 就是导函数 $f'(x)$ 在点 $x=x_0$ 处的函数值.

一般地，我们把导函数 $f'(x)$ 简称为导数，$f'(x_0)$ 是 $f(x)$ 在点 x_0 处的导数或导函数 $f'(x)$ 在 x_0 处的值，也可记为 $f'(x)\big|_{x=x_0}$.

从导数定义可知，案例 2.1 与案例 2.2 可表述为：变速直线运动的瞬时速度就是路程 $s=f(t)$ 对时间 t 的导数，即 $v=f'(t)$；曲线 $y=f(x)$ 在点 (x,y) 处的切线斜率就是函数 $y=f(x)$ 对 x 的导数，即 $k=f'(x)$.

例 2.1 根据定义求函数 $y=\sqrt{x}\,(x>0)$ 的导数，并求它在点 $x=0,x=4$ 处的导数.

解：当 $x>0$ 时，根据导数定义，有

$$y'=\lim_{\Delta x\to 0}\frac{f(x+\Delta x)-f(x)}{\Delta x}=\lim_{\Delta x\to 0}\frac{\sqrt{x+\Delta x}-\sqrt{x}}{\Delta x}=\lim_{\Delta x\to 0}\frac{1}{\sqrt{x+\Delta x}+\sqrt{x}}=\frac{1}{2\sqrt{x}},$$

即 $(\sqrt{x})'=\dfrac{1}{2\sqrt{x}}(x>0)$.

考察 $y=\sqrt{x}(x>0)$ 在点 $x=0$ 处的右导数，则有

$$f'_+(0)=\lim_{\Delta x\to 0^+}\frac{1}{\sqrt{\Delta x}}=+\infty,$$

所以 $y=\sqrt{x}$ 在点 $x=0$ 处不可导.

而 $f'(4)=(\sqrt{x})'\big|_{x=4}=\dfrac{1}{2\sqrt{x}}\Big|_{x=4}=\dfrac{1}{2\sqrt{4}}=\dfrac{1}{4}$,

所以 $y=\sqrt{x}$ 在点 x=4 处的导数为 $\dfrac{1}{4}$.

根据导数定义及例题，求导数的方法和步骤可归纳如下：

(1) 求增量：$\Delta y=f(x+\Delta x)-f(x)$;

(2) 求比值：$\dfrac{\Delta y}{\Delta x}=\dfrac{f(x+\Delta x)-f(x)}{\Delta x}$;

(3) 求极限：$y'=f'(x)=\lim\limits_{\Delta x\to 0}\dfrac{f(x+\Delta x)-f(x)}{\Delta x}$.

利用它可以求出一些简单函数的导数.

例 2.2 求常数函数 $f(x)=C$ (C 是常数)的导数.

解：$f'(x)=\lim\limits_{\Delta x\to 0}\dfrac{f(x+\Delta x)-f(x)}{\Delta x}=\lim\limits_{\Delta x\to 0}\dfrac{C-C}{\Delta x}=0$,

即 $(C)'=0$ (常数的导数等于零).

例 2.3 求幂函数 $f(x)=x^n$ (n 为正整数)的导数.

解：

$$\begin{aligned}f'(x)&=\lim_{\Delta x\to 0}\frac{f(x+\Delta x)-f(x)}{\Delta x}=\lim_{\Delta x\to 0}\frac{(x+\Delta x)^n-x^n}{\Delta x}\\&=\lim_{\Delta x\to 0}\frac{\mathrm{C}_n^1x^{n-1}\Delta x+\mathrm{C}_n^2x^{n-2}(\Delta x)^2+\cdots+(\Delta x)^n}{\Delta x}\\&=\lim_{\Delta x\to 0}\mathrm{C}_n^1x^{n-1}+\mathrm{C}_n^2x^{n-2}\Delta x+\cdots+(\Delta x)^{n-1}=nx^{n-1},\end{aligned}$$

所以 $(x^n)'=nx^{n-1}$.

一般地，对于幂函数 $f(x)=x^\mu$ (μ 为实数)，有

$$(x^\mu)'=\mu x^{\mu-1}.$$

这就是幂函数的导数公式，利用这个公式可以方便地求出幂函数的导数.

例如，当 $\mu=\dfrac{1}{2}$ 时，$y=x^{\frac{1}{2}}=\sqrt{x}$ ($x>0$)的导数为

$$\left(x^{\frac{1}{2}}\right)'=\frac{1}{2}x^{\frac{1}{2}-1}=\frac{1}{2}x^{-\frac{1}{2}},$$

即

$$(\sqrt{x})'=\frac{1}{2\sqrt{x}}.$$

当 $\mu=-1$ 时，$y=x^{-1}=\dfrac{1}{x}$ ($x\neq 0$)的导数为

$$(x^{-1})'=(-1)x^{-1-1}=-x^{-2},$$

即
$$\left(\frac{1}{x}\right)'=-\frac{1}{x^2}.$$

例 2.4 求正弦函数 $f(x)=\sin x$ 的导数.

解: $\Delta y=\sin(x+\Delta x)-\sin x=2\cos(x+\frac{\Delta x}{2})\cdot\sin\frac{\Delta x}{2}$,

$$\frac{\Delta y}{\Delta x}=\frac{2\cos(x+\frac{\Delta x}{2})\cdot\sin\frac{\Delta x}{2}}{\Delta x},$$

$$\lim_{\Delta x\to 0}\frac{\Delta y}{\Delta x}=\lim_{\Delta x\to 0}\cos(x+\frac{\Delta x}{2}).\frac{\sin\frac{\Delta x}{2}}{\frac{\Delta x}{2}}=\cos x,$$

即 $(\sin x)'=\cos x$.

类似地，可推出 $(\cos x)'=-\sin x$.

例 2.5 求指数函数 $f(x)=a^x\,(a>0,a\neq 1)$ 的导数.

解: $f'(x)=\lim\limits_{\Delta x\to 0}\dfrac{f(x+\Delta x)-f(x)}{\Delta x}=\lim\limits_{\Delta x\to 0}\dfrac{a^{x+\Delta x}-a^x}{\Delta x}=a^x\lim\limits_{\Delta x\to 0}\dfrac{a^{\Delta x}-1}{\Delta x}$.

令 $a^{\Delta x}-1=h$,则$\Delta x=\dfrac{1}{\ln a}\cdot\ln(1+h)$，有

$$f'(x)=a^x\lim_{h\to 0}\frac{h}{\frac{1}{\ln a}\cdot\ln(1+h)}=a^x\ln a\frac{1}{\ln\left[\lim\limits_{h\to 0}(1+h)^{\frac{1}{h}}\right]}=a^x\ln a\cdot\frac{1}{\ln e}=a^x\ln a,$$

即 $(a^x)'=a^x\ln a$.

特别地，$(e^x)'=e^x$.

例 2.6 求对数函数 $f(x)=\log_a x(a>0,a\neq 1)$ 的导数.

解: $f'(x)=\lim\limits_{\Delta x\to 0}\dfrac{f(x+\Delta x)-f(x)}{\Delta x}=\lim\limits_{\Delta x\to 0}\dfrac{\log_a(x+\Delta x)-\log_a x}{\Delta x}$

$$=\lim_{\Delta x\to 0}\left[\frac{1}{x}\log_a(1+\frac{\Delta x}{x})^{\frac{x}{\Delta x}}\right]=\frac{1}{x}\log_a\left[\lim_{\Delta x\to 0}\left(1+\frac{\Delta x}{x}\right)^{\frac{x}{\Delta x}}\right].$$

根据重要极限 $\lim\limits_{t\to 0}(1+t)^{\frac{1}{t}}=e$，得

$$f'(x)=\frac{1}{x}\log_a e=\frac{1}{x\ln a},$$

即 $(\log_a x)'=\dfrac{1}{x\ln a}$.

特别地，当 a=e 时，$(\ln x)'=\dfrac{1}{x}$.

上述基本初等函数求导数，其结果可在其他函数求导数时作为基本公式使用.

例如，$y=\log_2 x$，因为 $a=2$，由公式，可得 $(\log_2 x)'=\dfrac{1}{x\ln 2}$.

再如 $y=10^x$，因为 $a=10$，由公式得 $y'=(10^x)'=10^x\ln 10$.

又如，$y=\left(\dfrac{2}{3}\right)^x$，因为 $a=\dfrac{2}{3}$，由公式得 $y'=\left[\left(\dfrac{2}{3}\right)^x\right]'=\left(\dfrac{2}{3}\right)^x\ln\dfrac{2}{3}=\left(\dfrac{2}{3}\right)^x(\ln 2-\ln 3)$.

2.1.3 导数的几何意义

由切线问题和导数的定义知，函数 $f(x)$ 在点 x_0 处的导数 $f'(x_0)$ 就是函数 $y=f(x)$ 所表示的曲线在点 $(x_0,f(x_0))$ 处的切线斜率，即 $f'(x_0)=\tan\alpha$．这里 α 是曲线 $y=f(x)$ 在点 $(x_0,f(x_0))$ 处的切线与 x 轴正向的夹角，如图 2-2 所示.

由此可知，函数 $y=f(x)$ 在点 x_0 处的导数 $f'(x_0)$ 的**几何意义是**：$f'(x_0)$ 表示曲线 $y=f(x)$ 在点 $M(x_0,f(x_0))$ 处**切线的斜率**，即

$$f'(x_0)=\tan\alpha=k.$$

根据导数的几何意义及直线的点斜式方程，可知曲线 $y=f(x)$ 在点 $(x_0,f(x_0))$ 处的切线方程为

$$y-y_0=f'(x_0)(x-x_0).$$

如果 $f'(x_0)\neq 0$，则法线的斜率为 $-\dfrac{1}{f'(x_0)}$，从而曲线 $y=f(x)$在点$(x_0,f(x_0))$处的法线方程为

$$y-y_0=-\frac{1}{f'(x_0)}(x-x_0).$$

如果 $y=f(x)$ 在点 x_0 处的导数为无穷大，这时曲线 $y=f(x)$ 在点 $(x_0,f(x_0))$ 处具有垂直于 x 轴的切线. 如例 2.1 中，曲线 $y=\sqrt{x}(x>0)$ 在 $x=0$ 处的切线就是 y 轴.

例 2.7 求抛物线 $y=x^2+1$ 在点(2, 5)处的切线方程和法线方程.

解：因为 $y'=(x^2+1)'=2x$，所以抛物线 $y=x^2+1$ 在点(2, 5)处的切线斜率

$$k_1=y'|_{x=2}=2x\big|_{x=2}=2\times 2=4.$$

则切线方程为 $y-5=4(x-2)$，

即 $y=4x-3$；

法线斜率是 $k_2=-\dfrac{1}{k_1}=-\dfrac{1}{4}$，

则法线方程为 $y-5=-\dfrac{1}{4}(x-2)$，

即 $y=-\dfrac{1}{4}x+\dfrac{11}{2}$.

例 2.8 求曲线 $y=\dfrac{1}{\sqrt{x}}$ 在点 $(1,1)$ 处的切线方程.

解：因为

$$\left(\frac{1}{\sqrt{x}}\right)'=\left(x^{-\frac{1}{2}}\right)'=-\frac{1}{2}x^{-\frac{3}{2}},$$

所以

$$k = y'|_{x=1} = -\frac{1}{2}x^{-\frac{3}{2}}|_{x=1} = -\frac{1}{2}.$$

切线方程为 $y-1=-\frac{1}{2}(x-1)$，

整理得 $x+2y-3=0$.

2.1.4 函数的可导性与连续性的关系

可导性与连续性是函数的两个局部性质，它们之间具有如下关系.

设函数 $y=f(x)$ 在点 x_0 处可导，即

$$\lim_{\Delta x\to 0}\frac{\Delta y}{\Delta x}=f'(x_0)$$

存在. 由具有极限的函数与无穷小量的关系可知

$$\frac{\Delta y}{\Delta x}=f'(x_0)+\alpha,$$

其中 α 是当 $\Delta x\to 0$ 时的无穷小量. 上式可变为

$$\Delta y=f'(x_0)\Delta x+\alpha\Delta x.$$

可见，当 $\Delta x\to 0$ 时，$\Delta y\to 0$. 这就意味着函数在点 x_0 处连续，可得到如下定理.

定理 2.2 如果函数 $y=f(x)$ 在点 x_0 处可导，则 $f(x)$ 在 x_0 处连续.

这个定理的逆定理不成立，即函数 $y=f(x)$ 在点 x_0 处连续时，在 x_0 处不一定可导.

如图 2-3 所示，函数 $f(x)=\sqrt[3]{x}$ 在区间 $(-\infty,+\infty)$ 内连续，但在点 $x=0$ 处不可导. 这是因为函数在点 $x=0$ 处导数为无穷大，即 $\lim\limits_{h\to 0}\frac{f(0+h)-f(0)}{h}=\lim\limits_{h\to 0}\frac{\sqrt[3]{h}-0}{h}=+\infty$.

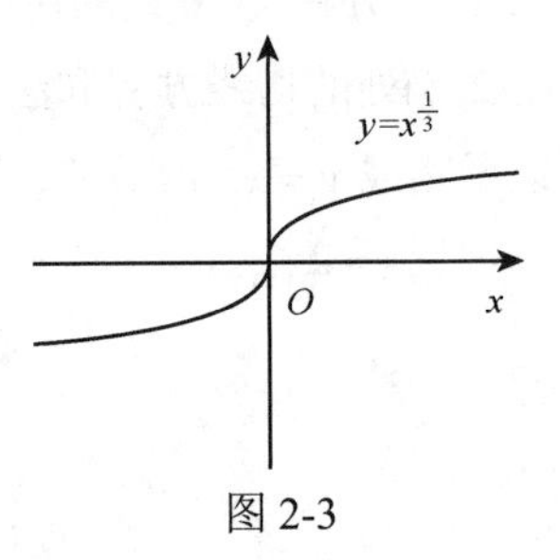

图 2-3

所以，函数连续是可导的必要条件而不是充分条件. 也就是说，可导必连续，连续不一定可导，不连续一定不可导.

1. 选择题:

(1) 函数 $f(x)$ 在点 x_0 处可导，则 $\lim\limits_{\Delta x\to 0}\frac{f(x_0-\Delta x)-f(x_0)}{\Delta x}=(\quad)$;

A. $-f'(x_0)$　　B. $f'(x)$　　C. 0　　D. 不存在

(2) 设函数 $f(x)=\ln 2$，则 $\lim\limits_{\Delta x\to 0}\dfrac{f(x_0+\Delta x)-f(x_0)}{\Delta x}$=(　　)；

A. 2　　B. $\dfrac{1}{2}$　　C. ∞　　D. 0

(3) 函数 $f(x)$ 在点 x_0 处极限存在是在该点可导的(　　).

A. 必要条件　　B. 充分条件　　C. 充要条件　　D. 无关条件

2. 填空题:

(1) 已知物体的运动规律为 $s=t^3$(米), 则物体在 $t=2$ 秒时的瞬时速度为______;

(2) $\left(\dfrac{1}{\sqrt{x}}\right)'=$______, $\left.\left(\dfrac{1}{x^2}\right)'\right|_{x=2}=$______;

(3) 曲线 $y=x^2$ 上与直线 $y=2x-1$ 平行的切线为______.

3. 设函数 $y=10x^2$，试根据导数的定义求 $f'(-1)$.

4. 讨论函数 $f(x)=|x-1|$ 在点 $x=1$ 处的连续性与可导性.

5. 求曲线 $y=\ln x$ 在点 $M_0(\mathrm{e},1)$ 处的切线方程和法线方程.

6. 设 $f(x)=\begin{cases}\sin x, & x<0\\ ax+b, & x\geqslant 0\end{cases}$，讨论 a,b 取何值时，$f(x)$ 在点 $x=0$ 处可导.

7. 设 $f(x)$ 在 $x=2$ 处连续，且 $\lim\limits_{x\to 2}\dfrac{f(x)}{x-2}=2$，求 $f'(2)$.

2.2 导数的运算

案例 2.3 求曲线 $y=x^2-2x\ln x-3, x\in(0,6)$ 上点 $x=1$ 处的切线方程.

根据导数的几何意义，曲线在 $x=1$ 处切线的斜率 k 为函数 $y=x^2-2x\ln x-3, x\in(0,6)$ 在 $x=1$ 时的导数. 但这个函数的表达式较复杂，直接用定义求很麻烦，有时甚至是很困难. 如何方便有效地求出复杂函数的导数呢？本节将建立一系列求导法则，来解决这些问题.

2.2.1 导数的四则运算法则

根据导数的定义和极限的运算法则，可知导数的四则运算法则. 在下列法则中，我们总假设所讨论的函数都是可导的.

定理 2.3 若函数 $u(x)$ 与 $v(x)$ 在点 x 处可导，则

(1) 函数 $u(x)\pm v(x)$ 在点 x 处可导，且 $[u(x)\pm v(x)]'=u'(x)\pm v'(x)$；

(2) 函数 $u(x)\cdot v(x)$ 在点 x 处可导，且 $\left[u(x)\cdot v(x)\right]'=u'(x)\cdot v(x)+u(x)\cdot v'(x)$；

特别地，对任意常数 C，有 $\left[Cu(x)\right]'=Cu'(x)$；

(3) 若 $v(x)\neq 0$，函数 $\dfrac{u(x)}{v(x)}$ 在点 x 处可导，且 $\left[\dfrac{u(x)}{v(x)}\right]'=\dfrac{u'(x)\cdot v(x)-u(x)\cdot v'(x)}{v^2(x)}$；

特别地，$\left[\dfrac{C}{v(x)}\right]'=-\dfrac{Cv'(x)}{v^2(x)}$ (C 为常数).

其中法则(1) (2)可推广到有限个函数的情形. 即

如果函数 $u_1(x), u_2(x), \cdots, u_n(x)$ 可导，则函数 $u_1(x) \pm u_2(x) \pm \cdots \pm u_n(x)$ 也可导，且 $[u_1(x) \pm u_2(x) \pm \cdots \pm u_n(x)]' = u_1'(x) \pm u_2'(x) \pm \cdots \pm u_n'(x)$；

如果函数 $u_1(x), u_2(x), \cdots, u_n(x)$ 可导，则函数 $u_1(x)u_2(x)\cdots u_n(x)$ 也可导，且 $[u_1(x)u_2(x)\cdots u_n(x)]' = u_1'(x)u_2(x)\cdots u_n(x) + u_1(x)u_2'(x)\cdots u_n(x) + \cdots + u_1(x)u_2(x)\cdots u_n'(x)$. 这里只对法则(1)做简单证明.

证明：设 $f(x) = u(x) \pm v(x)$，则

$$f'(x) = \lim_{\Delta x \to 0} \frac{f(x+\Delta x) - f(x)}{\Delta x} = \lim_{\Delta x \to 0} \frac{[u(x+\Delta x) \pm v(x+\Delta x)] - [u(x) \pm v(x)]}{\Delta x}$$

$$= \lim_{\Delta x \to 0} \left[\frac{u(x+\Delta x) - u(x)}{\Delta x} \pm \frac{v(x+\Delta x) - v(x)}{\Delta x} \right]$$

$$= \lim_{\Delta x \to 0} \frac{u(x+\Delta x) - u(x)}{\Delta x} \pm \lim_{\Delta x \to 0} \frac{v(x+\Delta x) - v(x)}{\Delta x}$$

$$= u'(x) \pm v'(x),$$

则 $[u(x) \pm v(x)]' = u'(x) \pm v'(x)$.

注：定理 2. 3 可简单地表示为

$$(u \pm v)' = u' \pm v', \ (u \cdot v)' = u'v + uv', \ \left(\frac{u}{v}\right)' = \frac{u'v - uv'}{v^2}.$$

例 2.9 求函数 $y = \sqrt{x} + \sin x + \lg x$ 的导数.

解：$y' = (\sqrt{x} + \sin x + \lg x)' = (\sqrt{x})' + (\sin x)' + (\lg x)' = \dfrac{1}{2\sqrt{x}} + \cos x - \dfrac{1}{x \ln 10}$.

例 2.10 已知 $y = 5x^2 + \dfrac{1}{x^2} - 3^x + 4\sin x + e^2$，求 y'.

解：
$$y' = 5(x^2)' + (x^{-2})' - (3^x)' + (4\sin x)' + (e^2)'$$
$$= 5 \times 2x + (-2)x^{-3} - 3^x \ln 3 + 4\cos x + 0$$
$$= 10x - \frac{2}{x^3} - 3^x \ln 3 + 4\cos x.$$

例 2.11 已知 $y = x^n \sin x$，求 y'.

解：$y' = (x^n \sin x)' = (x^n)' \sin x + x^n (\sin x)' = nx^{n-1} \sin x + x^n \cos x = x^{n-1}(n \sin x + x \cos x)$.

例 2.12 已知 $y = x \sin x \ln x$，求 y'.

解：
$$y' = (x)' \sin x \ln x + x(\sin x)' \ln x + x \sin x (\ln x)'$$
$$= 1 \cdot \sin x \ln x + x \cos x \ln x + x \sin x \cdot \frac{1}{x}$$
$$= \sin x \ln x + x \cos x \ln x + \sin x.$$

例 2.13 已知 $y = e^x(\sin x + \cos x)$，求 y' 及 $y'\big|_{x=\frac{\pi}{2}}$.

解：
$$y' = (e^x)'(\sin x + \cos x) + e^x(\sin x + \cos x)'$$
$$= e^x(\sin x + \cos x) + e^x(\cos x - \sin x)$$
$$= 2e^x \cos x,$$

故 $y'\big|_{x=\frac{\pi}{2}} = 2e^{\frac{\pi}{2}} \cos \dfrac{\pi}{2} = 0$.

例 2.14 已知 $f(x)=(1+x)(1+2x)(1+3x)\cdots(1+10x)$，求 $f'(0)$.

解: 因为

$$
\begin{aligned}
f'(x)&=[(1+x)(1+2x)(1+3x)\cdots(1+10x)]'\\
&=(1+x)'(1+2x)(1+3x)\cdots(1+10x)+(1+x)(1+2x)'(1+3x)\cdots(1+10x)+\cdots\\
&\quad+(1+x)(1+2x)(1+3x)\cdots(1+10x)'\\
&=(1+2x)(1+3x)\cdots(1+10x)+2(1+x)(1+3x)\cdots(1+10x)+\cdots\\
&\quad+10(1+x)(1+2x)(1+3x)\cdots(1+9x),
\end{aligned}
$$

所以 $f'(0)=1+2+3+\cdots+10=55$.

例 2.15 已知 $y=\sin 2x$，求 $\dfrac{\mathrm{d}y}{\mathrm{d}x}$.

解:
$$
\begin{aligned}
\frac{\mathrm{d}y}{\mathrm{d}x}&=(\sin 2x)'=(2\sin x\cdot\cos x)'=2[(\sin x)'\cos x+\sin x(\cos x)']\\
&=2(\cos^2 x-\sin^2 x)=2\cos 2x.
\end{aligned}
$$

例 2.16 已知 $y=\dfrac{x^2}{\sin x}$，求 y'.

解: $y'=\left(\dfrac{x^2}{\sin x}\right)'=\dfrac{(x^2)'\sin x-x^2(\sin x)'}{(\sin x)^2}=\dfrac{2x\sin x-x^2\cos x}{\sin^2 x}$.

例 2.17 求 $y=\dfrac{x+3}{x^2+3}$ 在点 $x=3$ 处的导数.

解: $y'=\left(\dfrac{x+3}{x^2+3}\right)'=\dfrac{(x+3)'(x^2+3)-(x+3)(x^2+3)'}{(x^2+3)^2}=\dfrac{x^2+3-2x(x+3)}{(x^2+3)^2}=\dfrac{-x^2-6x+3}{(x^2+3)^2}$,

所以 $y'\big|_{x=3}=\dfrac{-3^2-6\times 3+3}{(3^2+3)^2}=\dfrac{-24}{144}=-\dfrac{1}{6}$.

例 2.18 求 $y=\tan x$ 的导数.

解: 因为 $\tan x=\dfrac{\sin x}{\cos x}$，所以

$$
y'=\frac{(\sin x)'\cos x-\sin x(\cos x)'}{(\cos x)^2}=\frac{\cos^2 x+\sin^2 x}{\cos^2 x}=\frac{1}{\cos^2 x}=\sec^2 x,
$$

即 $(\tan x)=\dfrac{1}{\cos^2 x}=\sec^2 x$.

类似地，可得余切函数、正割函数和余割函数的求导公式为

$$
(\cot x)'=-\frac{1}{\sin^2 x}=-\csc^2 x,\quad (\sec x)'=\sec x\tan x,\quad (\csc x)'=-\csc x\cot x.
$$

例 2.19 求函数 $y=\sin x$ 在 $x=\dfrac{\pi}{3}$ 处的切线方程.

解: 当 $x=\dfrac{\pi}{3}$ 时，$y=\sin\dfrac{\pi}{3}=\dfrac{\sqrt{3}}{2}$，切点为$(\dfrac{\pi}{3},\ \dfrac{\sqrt{3}}{2})$，且 $y'=(\sin x)'=\cos x$,

斜率 $k=y'\big|_{x=\frac{\pi}{3}}=\cos\dfrac{\pi}{3}=\dfrac{1}{2}$,

则切线方程为 $y-\dfrac{\sqrt{3}}{2}=\dfrac{1}{2}(x-\dfrac{\pi}{3})$,

即 $y=\frac{x}{2}+(\frac{\sqrt{3}}{2}-\frac{\pi}{6})$.

根据导数的四则运算法则及求导公式, 案例 2.3 的求解过程如下:

因为 $y'=(x^2-2x\ln x-3)'=(x^2)'-(2x\ln x)'-(3)'=2x-2\left[x'\ln x+x(\ln x)'\right]-0$

$=2x-2\ln x-2\cdot x\cdot\frac{1}{x}=2x-2\ln x-2$,

则 $k=y'|_{x=1}=2\cdot 1-2\ln 1-2=0$.

又当 $x=1$ 时, $y=-2$,

所以曲线在点 $x=1$ 处的切线方程为 $y=-2$.

2.2.2 反函数的求导法则

前面已经求出了一些最基本初等函数的导数公式, 这里我们主要讨论反函数的求导问题, 推导出一般的反函数的求导法则.

定理 2.4 如果单调连续函数 $x=\varphi(y)$ 在点 y 处可导, 而且 $\varphi'(y)\neq 0$, 那么它的反函数 $y=f(x)$ 在对应的点 x 处可导, 且

$$f'(x)=\frac{1}{\varphi'(y)} \text{ 或 } \frac{\mathrm{d}y}{\mathrm{d}x}=\frac{1}{\frac{\mathrm{d}x}{\mathrm{d}y}}.$$

由于 $x=\varphi(y)$ 单调连续, 所以它的反函数 $y=f(x)$ 也单调连续, 给 x 以增量 $\Delta x\neq 0$, 从 $y=f(x)$ 的单调性可知

$$\Delta y=f(x+\Delta x)-f(x)\neq 0,$$

从而有

$$\frac{\Delta y}{\Delta x}=\frac{1}{\frac{\Delta x}{\Delta y}}.$$

根据 $y=f(x)$ 的连续性, 当 $\Delta x\to 0$ 时, 必有 $\Delta y\to 0$, 而 $x=\varphi(y)$ 可导, 于是

$$\lim_{\Delta y\to 0}\frac{\Delta x}{\Delta y}=\varphi'(y)\neq 0,$$

所以

$$\lim_{\Delta x\to 0}\frac{\Delta y}{\Delta x}=\lim_{\Delta x\to 0}\frac{1}{\frac{\Delta x}{\Delta y}}=\frac{1}{\lim\limits_{\Delta y\to 0}\frac{\Delta x}{\Delta y}}=\frac{1}{\varphi'(y)}.$$

就是说, $y=f(x)$ 在点 x 处可导, 且有

$$f'(x)=\frac{1}{\varphi'(y)}.$$

上述结论可简单地说成: **反函数的导数等于原函数导数的倒数**.

利用这个结论可以很方便地计算反三角函数的导数.

例 2.20 求 $y=\arcsin x$ 的导数.

解: 因为 $y=\arcsin x$ 是 $x=\sin y$ 的反函数, $x=\sin y$ 在区间 $(-\frac{\pi}{2},\frac{\pi}{2})$ 内单调可导, 且

$\dfrac{\mathrm{d}x}{\mathrm{d}y}=\cos y>0$，所以

$$y'=\frac{1}{\frac{\mathrm{d}x}{\mathrm{d}y}}=\frac{1}{\cos y}=\frac{1}{\sqrt{1-\sin^2 y}}=\frac{1}{\sqrt{1-x^2}},$$

即 $(\arcsin x)'=\dfrac{1}{\sqrt{1-x^2}}\ (-1<x<1)$.

类似地，可得到反余弦函数、反正切函数、反余切函数的导数为

$$(\arccos x)'=-\frac{1}{\sqrt{1-x^2}}\ (-1<x<1),(\arctan x)'=\frac{1}{1+x^2},\ (\operatorname{arc}\cot x)'=-\frac{1}{1+x^2}.$$

2.2.3 基本初等函数的求导公式

通过学习，我们已经了解了所有基本初等函数的导数公式，它们是求初等函数导数的基础；求导基本法则是求初等函数导数必须遵循的法则. 有了这些导数公式和求导法则，初等函数的求导问题便可迎刃而解. 因此，熟练掌握它们是学习本门课程的重要基本功. 为了便于复习和记忆，我们将这些公式与法则总结如下：

1. 基本初等函数的求导公式

(1) $C'=0$（C 是常数）； (2) $(x^\mu)'=\mu x^{\mu-1}$（μ 是常数）；

(3) $(a^x)'=a^x\ln a\ (a>0,且a\neq 1)$； (4) $(\mathrm{e}^x)'=\mathrm{e}^x$；

(5) $(\log_a x)'=\dfrac{1}{x\ln a}$； (6) $(\ln x)'=\dfrac{1}{x}$；

(7) $(\sin x)'=\cos x$； (8) $(\cos x)'=-\sin x$；

(9) $(\tan x)'=\sec^2 x$； (10) $(\cot x)'=-\csc^2 x$；

(11) $(\sec x)'=\tan x\cdot\sec x$； (12) $(\csc x)'=-\cot x\cdot\csc x$；

(13) $(\arcsin x)'=\dfrac{1}{\sqrt{1-x^2}}(-1<x<1)$； (14) $(\arccos x)'=-\dfrac{1}{\sqrt{1-x^2}}(-1<x<1)$；

(15) $(\arctan x)'=\dfrac{1}{1+x^2}$； (16) $(\operatorname{arc}\cot x)'=-\dfrac{1}{1+x^2}$.

2. 函数和、差、积、商的求导法则

设函数 $u=u(x)$ 及 $v=v(x)$ 在点 x 处可导，则

(1) $[u(x)\pm v(x)]'=u'(x)\pm v'(x)$；

(2) $[u(x)\cdot v(x)]'=u'(x)\cdot v(x)+u(x)\cdot v'(x)$；

(3) $[Cu(x)]'=Cu'(x)$（C 是常数）；

(4) $\left[\dfrac{u(x)}{v(x)}\right]'=\dfrac{u'(x)v(x)-u(x)v'(x)}{v^2(x)}\quad (v(x)\neq 0)$；

(5) $\left[\dfrac{C}{v(x)}\right]'=-\dfrac{Cv'(x)}{v^2(x)}\quad (v(x)\neq 0,C是常数)$.

2.2.4 复合函数的求导法则

可导函数的四则运算所构成的函数的求导问题我们已经解决了，但由可导函数构成的复合函，如 $e^{-x}, \sin 2x, \ln\cos x, \csc\sqrt{1+\sqrt{x}}$ 等函数，是否可导？若可导，如何求其导数？

为了解决这类问题，我们先看看求 e^{-x} 的导数.

已知 $(e^x)'=e^x$，由定理 2.3 可知，

$$(e^{-x})'=(\frac{1}{e^x})'=-\frac{(e^x)'}{(e^x)^2}=-\frac{e^x}{e^{2x}}=-e^{-x}.$$

可见，$(e^{-x})'\neq e^{-x}$.

因此，复合函数的导数是我们要解决的一大问题，复合函数的求导法则是求导运算中经常应用的一个重要法则.

定理 2.5 (复合函数求导法则) 设函数 $u=\varphi(x)$ 在点 x_0 处可导，$\left.\frac{du}{dx}\right|_{x=x_0}=\varphi'(x_0)$，函数 $y=f(u)$ 在相应的点 $u_0=\varphi(x_0)$ 处可导，$\left.\frac{dy}{du}\right|_{u=u_0}=f'(u_0)$，则复合函数 $y=f(\varphi(x))$ 在点 x_0 处可导，且其导数为

$$\left.\frac{dy}{dx}\right|_{x=x_0}=\left.\frac{dy}{du}\right|_{u=u_0}\cdot\left.\frac{du}{dx}\right|_{x=x_0}.$$

证明: 考虑 x 在 x_0 处有增量 Δx，函数 $u=\varphi(x)$ 有相应的增量

$$\Delta u=\varphi(x_0+\Delta x)-\varphi(x_0),$$

从而函数 $y=f(u)$ 有相应的增量 $\Delta y=f(u_0+\Delta u)-f(u_0)$.

若 $\Delta u\neq 0$，有

$$\frac{\Delta y}{\Delta x}=\frac{\Delta y}{\Delta u}\cdot\frac{\Delta u}{\Delta x},$$

则

$$\lim_{\Delta x\to 0}\frac{\Delta y}{\Delta x}=\lim_{\Delta x\to 0}\left(\frac{\Delta y}{\Delta u}\cdot\frac{\Delta u}{\Delta x}\right)=\lim_{\Delta x\to 0}\frac{\Delta y}{\Delta u}\cdot\lim_{\Delta x\to 0}\frac{\Delta u}{\Delta x}=\lim_{\Delta u\to 0}\frac{\Delta y}{\Delta u}\cdot\lim_{\Delta x\to 0}\frac{\Delta u}{\Delta x}.$$

上式的成立是由于 $u=\varphi(x)$ 可导，故 $\varphi(x)$ 必连续，所以当 $\Delta x\to 0$ 时 $\Delta u\to 0$，因此，

$$\left.\frac{dy}{dx}\right|_{x=x_0}=\left.\frac{dy}{du}\right|_{u=u_0}\cdot\left.\frac{du}{dx}\right|_{x=x_0}.$$

若 $\Delta u=0$，则有 $\Delta y=f(u_0+\Delta u)-f(u_0)=f(u_0)-f(u_0)=0$，从而 $\left.\frac{dy}{dx}\right|_{x=x_0}=\lim\limits_{\Delta x\to 0}\frac{\Delta y}{\Delta x}=0$，同时 $\left.\frac{du}{dx}\right|_{x=x_0}=\lim\limits_{\Delta x\to 0}\frac{\Delta u}{\Delta x}=0$，因此等式同样成立.

根据复合函数求导法则，如果 $u=\varphi(x)$ 在开区间 I 内可导，$y=f(u)$ 在开区间 I_1 内可导，且当 $x\in I$ 时，相应的 $u\in I_1$，则复合函数 $y=f(\varphi(x))$ 在开区间 I 内可导，且

$$\frac{dy}{dx}=\frac{dy}{du}\cdot\frac{du}{dx}.$$

上式也可表示为

$$f'(\varphi(x))=f'(u)\cdot\varphi'(x),$$

$$y'|_x=y'_u\cdot u'_x.$$

因此，复合函数的导数等于复合函数对中间变量的导数乘以中间变量对自变量的导数.

例 2.21 求 $y=\sin 2x$ 的导数.

解：令 $y=\sin u$，$u=2x$，则

$$\frac{dy}{du}=(\sin u)'=\cos u,\frac{du}{dx}=(2x)'=2.$$

根据复合函数求导法则，有

$$\frac{dy}{dx}=\frac{dy}{du}\cdot\frac{du}{dx}=\cos u\cdot 2=2\cos 2x.$$

例 2.22 已知 $y=\ln\cos x$，求 $\frac{dy}{dx}$.

解：令 $y=\ln u$，$u=\cos x$，则

$$y'_u=(\ln u)'=\frac{1}{u},\quad u'_x=(\cos x)'=-\sin x.$$

根据复合函数求导法则，得

$$y'_x=y'_u\cdot u'_x=\frac{1}{u}\cdot(-\sin x)=-\frac{\sin x}{\cos x}=-\tan x.$$

例 2.23 利用复合函数求导法则证明幂函数导数公式：$(x^{\alpha})'=\alpha x^{\alpha-1}$（$\alpha$ 为任意常数）.

解：设 $y=x^{\alpha}=e^{\alpha\ln x}$，令 $y=e^u, u=\alpha\ln x$，则

$$\frac{dy}{dx}=\frac{dy}{du}\cdot\frac{du}{dx}=(e^u)'\cdot(\alpha\ln x)'=e^u\cdot\frac{\alpha}{x}=e^{\alpha\ln x}\cdot\frac{\alpha}{x}=x^{\alpha}\cdot\frac{\alpha}{x}=\alpha x^{\alpha-1}.$$

即 $(x^{\alpha})'=\alpha x^{\alpha-1}$.

以上过程熟悉后，不必写出中间变量，可直接按照法则写出求导过程.

例 2.24 求 $y=\sin\sqrt{x}$ 的导数.

解：$y'=(\sin\sqrt{x})'(\sqrt{x})'=\cos\sqrt{x}\cdot\frac{1}{2\sqrt{x}}=\frac{\cos\sqrt{x}}{2\sqrt{x}}$.

复合函数的求导法则可以推广到多个中间变量，即多个复合的情形. 以两个中间变量为例，设 $y=f(u), u=\varphi(v), v=\psi(x)$ 均为可导函数，则

$$\frac{dy}{dx}=\frac{dy}{du}\cdot\frac{du}{dx},\text{且}\frac{du}{dx}=\frac{du}{dv}\cdot\frac{dv}{dx},$$

故复合函数 $y=f(\varphi(\psi(x)))$ 的导数为

$$\frac{dy}{dx}=\frac{dy}{du}\cdot\frac{du}{dv}\cdot\frac{dv}{dx}.$$

因此，复合函数求导法则也称为“链式法则”.

例 2.25 已知 $y=\cos\ln x^2$，求 $\frac{dy}{dx}$.

解：函数可分解为 $y=\cos u, u=\ln v, v=x^2$.

因为 $\frac{dy}{du}=-\sin u,\frac{du}{dv}=\frac{1}{v},\frac{dv}{dx}=2x$，所以

$$\frac{dy}{dx}=\frac{dy}{du}\cdot\frac{du}{dv}\cdot\frac{dv}{dx}=(-\sin u)\cdot\frac{1}{v}\cdot(2x)=-\sin\ln x^2\cdot\frac{1}{x^2}\cdot 2x=-\frac{2\sin\ln x^2}{x}.$$

即 $$(\cos\ln x^2)'=-\frac{2\sin\ln x^2}{x}.$$

直接按照法则写出求导过程，即

$$(\cos\ln x^2)' = -(\sin\ln x^2)\cdot(\ln x^2)' = -(\sin\ln x^2)\cdot\frac{1}{x^2}\cdot(x^2)'$$

$$= -\frac{\sin\ln x^2}{x^2}\cdot(2x) = -\frac{2\sin\ln x^2}{x}.$$

例 2.26 求 $y=\sin^2(2-x)$ 的导数.

解：$y' = 2\sin(2-x)\cdot\cos(2-x)\cdot(-1) = -\sin 2(2-x)$.

例 2.27 设 $y=\mathrm{e}^{\arctan\sqrt{x}}$，求 y'.

解：$y' = (\mathrm{e}^{\arctan\sqrt{x}})'\cdot(\arctan\sqrt{x})'\cdot(\sqrt{x})' = \mathrm{e}^{\arctan\sqrt{x}}\cdot\dfrac{1}{1+(\sqrt{x})^2}\cdot\dfrac{1}{2\sqrt{x}} = \dfrac{\mathrm{e}^{\arctan\sqrt{x}}}{2\sqrt{x}(1+x)}$.

在复合函数求导过程中，也要注意求导公式的综合运用.

例 2.28 设 $y=\ln(x+\tan x)$，求 $\dfrac{\mathrm{d}y}{\mathrm{d}x}$.

解：$\dfrac{\mathrm{d}y}{\mathrm{d}x} = [\ln(x+\tan x)]' = \dfrac{1}{x+\tan x}\cdot(x+\tan x)' = \dfrac{1+\sec^2 x}{x+\tan x}$.

例 2.29 求 $y=\ln(x+\sqrt{1+x^2})$ 的导数.

解：$y' = [\ln(x+\sqrt{1+x^2})]' = \dfrac{1}{x+\sqrt{1+x^2}}(x+\sqrt{1+x^2})' = \dfrac{1}{x+\sqrt{1+x^2}}\left[1+\dfrac{1}{2\sqrt{1+x^2}}(1+x^2)'\right]$

$$= \frac{1}{x+\sqrt{1+x^2}}\left(1+\frac{2x}{2\sqrt{1+x^2}}\right) = \frac{1}{\sqrt{1+x^2}}.$$

有些函数，如 $y=f(\mathrm{e}^{-x})$，$y=\dfrac{\varphi(\cos x)}{f(\mathrm{e}^{2x})}$，$y=\sqrt{f(\sin x^2)}$，$y=f(2^x)\cdot g(\tan x)$ 等，它们都是抽象函数，求导时，同复合函数一样求导，求导时不要忘了对中间分解部分求导.

例 2.30 设 $y=f(\mathrm{e}^{-x})$，求 y'.

解：$y' = [f(\mathrm{e}^{-x})]' = f'(\mathrm{e}^{-x})\cdot(\mathrm{e}^{-x})' = f'(\mathrm{e}^{-x})\cdot(\mathrm{e}^{-x})\cdot(-x)' = -f'(\mathrm{e}^{-x})\cdot(\mathrm{e}^{-x})$.

复合函数求导法则的关键在于正确分析函数的复合结构. 复合函数求导法则在求函数导数的运算中起着极为重要的作用，同时也是后面积分法中换元积分的基础，因此必须牢固掌握.

2.2.5 隐函数的求导法则

前面讨论的函数都是能表示为 $y=f(x)$ 形式的函数，称为**显函数**. 显函数求导，可直接用运算法则或复合函数求导法则.

但在实际问题中，经常遇到用方程 $F(x,y)=0$ 来表示的函数关系，我们称由二元方程 $F(x,y)=0$ 所确定的函数为**隐函数**.

例如，$y=\sin x, y=\sqrt{x+\sqrt{1+x}}$ 是显函数，而由方程 $x^2+y^2-1=0$，$xy=\mathrm{e}^{x+y}$，$\cos(x^2y)-2y=0$，$x^2+y\mathrm{e}^x-1=0$ 所确定的函数都是隐函数.

那么这样的函数怎样求导呢？下面我们来解决这个问题.

大部分显函数都能化成隐函数，但有些隐函数可以化为显函数，如 $x^2+y^2-1=0$ 可以化为 $y=\pm\sqrt{-x^2+1}$. 然而更多的隐函数是难以甚至不能化为显函数的，如 $xy=\mathrm{e}^{x+y}$ 就不能化为显函数.

因此，求隐函数的导数时，不必将隐函数转化成显函数再求导，可以直接由方程算出它所确定的函数的导数.

隐函数求导方法：求隐函数 $F(x,y)=0$ 的导数，一般是将隐函数方程两边同时对 x 求导，在此过程中将 y 视为 x 的函数，从而将 y 的函数看作以 y 为中间变量的 x 的复合函数，应用复合函数求导法，得到一个含 y' 的方程，由此解得 y'.

下面结合具体实例说明这种方法.

例 2.31 求由方程 $x^2+y^3-1=0$ 所确定的隐函数 $y=f(x)$ 的导数 $\dfrac{\mathrm{d}y}{\mathrm{d}x}$.

解：由于 y 是 x 的函数，所以 y^3 也是 x 的函数，从而 y^3 是以 y 为中间变量的 x 的复合函数. 我们将方程两边同时对 x 求导，得

$$2x+3y^2\cdot y'=0,$$

解方程，得

$$y'=\frac{\mathrm{d}y}{\mathrm{d}x}=-\frac{2x}{3y^2}.$$

其中，分式中的 y 是由方程 $x^2+y^3-1=0$ 所确定的隐函数.

例 2.32 已知方程 $\mathrm{e}^y=x^2y$，求该方程所确定的隐函数的导数 $\dfrac{\mathrm{d}y}{\mathrm{d}x}$.

解：将方程两边同时对 x 求导，得

$$\mathrm{e}^y\cdot y'=2xy+x^2y',$$

即 $\dfrac{\mathrm{d}y}{\mathrm{d}x}=y'=\dfrac{2xy}{\mathrm{e}^y-x^2}$.

例 2.33 求由方程 $xy-\mathrm{e}^x+\mathrm{e}^y=0$ 所确定的隐函数的导数 $\dfrac{\mathrm{d}y}{\mathrm{d}x}$.

解：将方程两端同时对 x 求导，得

$$y+x\frac{\mathrm{d}y}{\mathrm{d}x}-\mathrm{e}^x+\mathrm{e}^y\frac{\mathrm{d}y}{\mathrm{d}x}=0,$$

解方程，得

$$\frac{\mathrm{d}y}{\mathrm{d}x}=\frac{\mathrm{e}^x-y}{x+\mathrm{e}^y}\ (x+\mathrm{e}^y\neq 0).$$

例 2.34 求椭圆 $\dfrac{x^2}{16}+\dfrac{y^2}{9}=1$ 在点 $\left(2,\dfrac{3\sqrt{3}}{2}\right)$ 处的切线方程.

解：如图 2-4 所示，由导数的几何意义知，所求切线的斜率为

$$k=\frac{\mathrm{d}y}{\mathrm{d}x}\Big|_{x=2}.$$

将椭圆方程的两边同时对 x 求导，有

$$\frac{x}{8}+\frac{2y}{9}\cdot\frac{\mathrm{d}y}{\mathrm{d}x}=0,$$

故

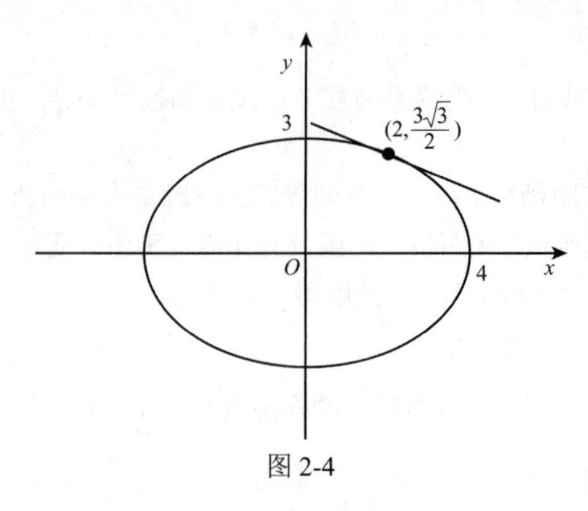

图 2-4

$$\frac{dy}{dx}=-\frac{9x}{16y}.$$

将 $x=2$，$y=\frac{3}{2}\sqrt{3}$ 代入，得 $k=\frac{dy}{dx}\Big|_{x=2}=-\frac{\sqrt{3}}{4}$.

因此，所求切线方程为 $y-\frac{3}{2}\sqrt{3}=-\frac{\sqrt{3}}{4}(x-2)$，

即　$\sqrt{3}x+4y-8\sqrt{3}=0$.

例 2.35　已知方程 $xy^2-e^x+\cos y=0$，求由方程所确定的隐函数的导数 $\frac{dy}{dx}$ 及 $\frac{dx}{dy}$.

解：将方程两边同时对 x 求导，得

$$(xy^2-e^x+\cos y)'_x=y^2+2xy\cdot y'-e^x-\sin y\cdot y'=0,$$

所以

$$\frac{dy}{dx}=\frac{e^x-y^2}{2xy-\sin y}.$$

同理，方程两边同时对 y 求导，得

$$(xy^2-e^x+\cos y)'_y=x'y^2+2xy-e^x\cdot x'-\sin y=0,$$

所以

$$\frac{dx}{dy}=\frac{2xy-\sin y}{e^x-y^2}.$$

2.2.6　对数求导法

实际问题中，如果遇到形如 $y=u(x)^{v(x)}\,(u(x)>0)$ 的**幂指函数**，或者是由许多函数的乘积、商或根式等构成的复杂函数时，利用对数的性质，可简化求导运算. 应当注意，为了求导方便一般采用自然对数. 下面结合实例做具体说明.

例 2.36　求 $y=x^{\sin x}\,(x>0)$ 的导数.

解：$y=x^{\sin x}\,(x>0)$ 是幂指函数. 对其两边取对数，得

$$\ln y=\sin x\cdot\ln x.$$

将上式两边对 x 求导，注意 y 是 x 的函数，得

$$\frac{1}{y}\cdot y'=\cos x\cdot\ln x+\sin x\cdot\frac{1}{x},$$

所以

$$y'=y(\cos x\cdot\ln x+\sin x\cdot\frac{1}{x})=x^{\sin x}(\cos x\cdot\ln x+\frac{1}{x}\sin x).$$

这种先对函数取对数，再利用隐函数求导法求得函数导数的方法，称为**对数求导法**. 利用它不仅可以求得幂指函数的导数，而且在某些场合还会比用通常的求导法来得更简便.

例 2.37 求 $y=\dfrac{(x+1)^3(x+2)^{\frac{1}{3}}}{(x+3)^2(x+4)^{\frac{1}{2}}}\ (x>-4)$ 的导数.

解: 先对函数式两边取对数，得

$$\ln y=\ln\frac{(x+1)^3(x+2)^{\frac{1}{3}}}{(x+3)^2(x+4)^{\frac{1}{2}}}=3\ln(x+1)+\frac{1}{3}\ln(x+2)-2\ln(x+3)-\frac{1}{2}\ln(x+4),$$

再对上式两边分别求导数，得

$$\frac{y'}{y}=\frac{3}{x+1}+\frac{1}{3(x+2)}-\frac{2}{(x+3)}-\frac{1}{2(x+4)},$$

整理，得

$$y'=\frac{(x+1)^3(x+2)^{\frac{1}{3}}}{(x+3)^2(x+4)^{\frac{1}{2}}}\left[\frac{3}{x+1}+\frac{1}{3(x+2)}-\frac{2}{(x+3)}-\frac{1}{2(x+4)}\right].$$

2.2.7 由参数方程确定的函数求导

有些问题中，函数 y 与自变量 x 可能不是直接由 $y=f(x)$ 表示，而是通过参变量 t 来表示，即 $\begin{cases}x=\varphi(t)\\ y=\psi(t)\end{cases}$，称为函数的参数方程.

有时需要直接计算由参数方程所确定的函数 y 对 x 的导数，下面讨论这种方法.

设 $x=\varphi(t)$ 有连续的反函数 $t=\varphi^{-1}(x)$，又 $\varphi'(t)$ 与 $\psi'(t)$ 存在，且 $\varphi'(t)\neq 0$，则 y 为复合函数 $y=\psi(t)=\psi\left[\varphi^{-1}(x)\right]$，利用反函数和复合函数求导法则，得

$$\frac{\mathrm{d}y}{\mathrm{d}x}=\frac{\mathrm{d}y}{\mathrm{d}t}\cdot\frac{\mathrm{d}t}{\mathrm{d}x}=\psi'(t)\cdot\frac{1}{\varphi'(t)}=\frac{\psi'(t)}{\varphi'(t)}=\frac{y_t'}{x_t'},$$

即

$$\frac{\mathrm{d}y}{\mathrm{d}x}=\frac{\frac{\mathrm{d}y}{\mathrm{d}t}}{\frac{\mathrm{d}x}{\mathrm{d}t}}.$$

例 2.38 求由参数方程 $\begin{cases}x=2\cos^3\varphi\\ y=4\sin^3\varphi\end{cases}$，所确定的函数的导数 $\dfrac{\mathrm{d}y}{\mathrm{d}x}$.

解: 因为

$$\frac{\mathrm{d}x}{\mathrm{d}\varphi}=(2\cos^3\varphi)'=6\cos^2\varphi\cdot(-\sin\varphi),$$

$$\frac{\mathrm{d}y}{\mathrm{d}\varphi}=(4\sin^3\varphi)'=12\sin^2\varphi\cdot\cos\varphi,$$

所以

$$\frac{\mathrm{d}y}{\mathrm{d}x}=\frac{\frac{\mathrm{d}y}{\mathrm{d}\varphi}}{\frac{\mathrm{d}x}{\mathrm{d}\varphi}}=\frac{12\sin^2\varphi\cdot\cos\varphi}{-6\cos^2\varphi\cdot\sin\varphi}=-2\tan\varphi .$$

例 2.39 已知摆线$\begin{cases}x=a(t-\sin t)\\y=a(1-\cos t)\end{cases}(0\leqslant t\leqslant 2\pi)$，求(1)任意点的切线斜率；(2) 在$t=\frac{\pi}{2}$处的切线方程.

解：(1) 摆线在任意点的切线斜率为$\frac{\mathrm{d}y}{\mathrm{d}x}=\frac{a\sin t}{a(1-\cos t)}=\cot\frac{t}{2}$.

(2) 当$t=\frac{\pi}{2}$时，摆线上对应点为$\left(\frac{a\pi}{2}-a,a\right)$，该点的切线斜率为

$$\left.\frac{\mathrm{d}y}{\mathrm{d}x}\right|_{t=\frac{\pi}{2}}=\left.\cot\frac{t}{2}\right|_{t=\frac{\pi}{2}}=1,$$

于是，切线方程为$y-a=x-a\left(\frac{\pi}{2}-1\right)$，即$y=x+a\left(2-\frac{\pi}{2}\right)$.

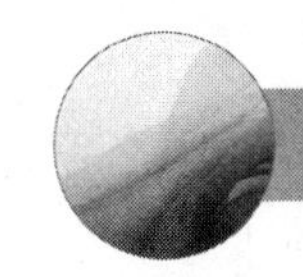

习题2.2

1. 填空题：

(1) $(\sin x+\sin 1)'=$______，$(x^3\cdot 3^x)'=$______，$(6^x\cdot 3^x)'=$______，$\left(\frac{x-1}{x}\right)'=$______，

$(x\cos x)'=$______，$(\sqrt{x}\cdot\sqrt[5]{x^3})'=$______，$(2^{x+3})'=$______，$(\cos 5x)'=$________，

$(\sqrt[4]{x^2+1})'=$_______，$[\tan(x^2+1)]'=$______，$(\tan^2 x)'=$______，$(\mathrm{e}^{\sin x})'=$______，

$(\arctan 2x)'=$______，$(\ln\sin x)'=$______，$(\ln(1+x^2))'=$______；

(2) 物体按规律$s(t)=3t-t^2$做直线运动，则速度$v\left(\frac{3}{2}\right)=$______；

(3) 抛物线$y=x^2-4x+1$上点$x=1$处的切线方程为______；

(4) 设$y^2-2xy+3=0$确定函数$y=f(x)$，则$y'=$______.

2. 求下列函数的导数：

(1) $y=2\cos x+3x^3+3^x-\sqrt{\pi}$；　(2) $y=\log_2 x+x^2+\arctan x$；　(3) $y=\frac{x^3-x+\sqrt{x}-2\pi}{x^2}$；

(4) $y=\sin x\cdot\cos x$；　(5) $y=2\sqrt{x}\sin x$；　(6) $y=2^x\mathrm{e}^x\pi^x$；

(7) $y=\frac{x-\sqrt{x}}{x+\sqrt{x}}$；　(8) $y=\frac{\arctan x}{1+x^2}$；　(9) $y=\frac{1+\sin t}{1-\cos t}$；

(10) $y=\frac{\ln x}{x^2}$.

3. 求下列复合函数的导数：

(1) $y=(2x+5)^4$；　(2) $y=4(x+1)^2+(3x+1)^3$；　(3) $y=\cos(4-3x)$；

(4) $y=\arcsin(1-2x)$; (5) $y=\mathrm{e}^{-3x^2}$; (6) $y=\mathrm{e}^{-2x}\sin 3x$;

(7) $y=\dfrac{1}{\sqrt[3]{1-5x}}$; (8) $y=(x+1)^2\cdot\ln(2x-1)$; (9) $y=\ln(\sqrt{x^2+4}-x)$;

(10) $y=\ln\sqrt{\dfrac{1-\sin x}{1+\sin x}}$.

4. 求下列隐函数的导数 $\dfrac{\mathrm{d}y}{\mathrm{d}x}$:

(1) $x=\cos(xy)$; (2) $x+y-\mathrm{e}^{2x}+\mathrm{e}^{y}=0$; (3) $\sin y+\cos x=1$;

(4) $y=\ln(x+y)$; (5) $\sin(xy)=x+y$.

5. 利用对数求导法求下列函数的导数:

(1) $y=x^{\cos x}$ ($x>0$); (2) $y=x\sqrt{\dfrac{1-x}{1+x}}$;

(3) $y=\left[\dfrac{(x+1)(x+2)(x+3)}{x^3(x+4)}\right]^{\frac{2}{3}}$; (4) 设 $f(x)=x^{\mathrm{e}^x}$, 求 $f'(x)$.

6. 求由下列参数方程所确定的函数的导数 $\dfrac{\mathrm{d}y}{\mathrm{d}x}$:

(1) $\begin{cases}x=t^3,\\ y=4t;\end{cases}$ (2) $\begin{cases}x=a\cos t,\\ y=a\sin t;\end{cases}$ (3) $\begin{cases}x=a\cos^3 t,\\ y=a\sin^3 t;\end{cases}$ (4) $\begin{cases}x=\ln(1+t^2).\\ y=t-\arctan t.\end{cases}$

7. 求曲线 $y=\sqrt[3]{x^2+1}\cdot\mathrm{e}^{-x}$ 在点 $(0,1)$ 处的切线方程和法线方程.

8. 某电器厂对冰箱制冷后断电, 测试其制冷效果. 已知冰箱温度 T 与时间 t 的函数关系式为 $T=\dfrac{2t}{0.05t+1}-20$, 问冰箱温度 T 关于时间 t 的变化率是多少?

2.3 高阶导数

案例 2.4 直线运动的加速度 在测试某汽车的刹车性能时发现, 刹车后汽车行驶的距离 s (单位: m)与时间 t (单位: s)满足函数关系式 $s=16.2t-0.4t^3$, 求汽车在 $t=3\text{s}$ 时的速度和加速度.

我们知道, 变速直线运动的瞬时速度 $v(t)$ 是位移函数 $s(t)$ 对时间 t 的导数.

因此, 汽车刹车后的瞬时速度

$$v(t)=\frac{\mathrm{d}s}{\mathrm{d}t}=(16.2t-0.4t^3)'=16.2-1.2t^2,$$

于是, 汽车刹车后在 $t=3\text{s}$ 时的速度为

$$v(3)=(16.2-1.2t^2)\big|_{t=3}=5.4(\text{m/s}).$$

加速度 a 是速度 v 对时间 t 的变化率, 即导数. 因此, 刹车后的加速度为

$$a(t)=\frac{\mathrm{d}v}{\mathrm{d}t}=(16.2-1.2t^2)'=-2.4t,$$

于是, 汽车刹车后在 $t=3\text{s}$ 时的加速度为

$$a(3)=-2.4t\big|_{t=3}=-2.4\times 3=-7.2(\text{m/s}^2).$$

由此可知，加速度是路程 s 对时间 t 的导数的导数，即

$$a=\frac{\mathrm{d}v}{\mathrm{d}t}=\frac{\mathrm{d}}{\mathrm{d}t}\left(\frac{\mathrm{d}s}{\mathrm{d}t}\right) 或 a=(s')'.$$

我们称这种导数的导数 $\frac{\mathrm{d}}{\mathrm{d}t}\left(\frac{\mathrm{d}s}{\mathrm{d}t}\right)$ 或 $(s')'$ 为 s 对 t 的二阶导数.

一般地，如果函数 $y=f(x)$ 的导数 $y'=f'(x)$ 仍是 x 的可导函数，则称 $f'(x)$ 的导数为 $y=f(x)$ 的**二阶导数**，记为 $f''(x)=y''$ 或 $\frac{\mathrm{d}^2y}{\mathrm{d}x^2}$，即

$$f''(x)=\left[f'(x)\right]',\quad y''=(y')' 或 \frac{\mathrm{d}^2y}{\mathrm{d}x^2}=\frac{\mathrm{d}}{\mathrm{d}x}\left(\frac{\mathrm{d}y}{\mathrm{d}x}\right).$$

同样，如果函数 $y=f(x)$ 的二阶导数 $f''(x)$ 仍是 x 的可导函数，我们将 $f''(x)$ 的导数称为 $y=f(x)$ 的**三阶导数**，记为 $f'''(x)$，y''' 或 $\frac{\mathrm{d}^3y}{\mathrm{d}x^3}$，即

$$f'''(x)=\left[f''(x)\right]',\quad y'''=(y'')' \quad 或 \frac{\mathrm{d}^3y}{\mathrm{d}x^3}=\frac{\mathrm{d}}{\mathrm{d}x}\left(\frac{\mathrm{d}^2y}{\mathrm{d}x^2}\right).$$

类似地，有四阶导数

$$f^{(4)}(x)=\left[f'''(x)\right]',\quad y^{(4)}=(y''')' 或 \frac{\mathrm{d}^4y}{\mathrm{d}x^4}=\frac{\mathrm{d}}{\mathrm{d}x}\left(\frac{\mathrm{d}^3y}{\mathrm{d}x^3}\right).$$

以此类推，函数 $y=f(x)$ 的 $n-1$ 阶导数的导数叫作函数 $y=f(x)$ 的 n **阶导数**，即

$$f^{(n)}(x)=\left[f^{(n-1)}(x)\right]',\quad y^{(n)}=\left[y^{(n-1)}\right]' \quad 或 \quad \frac{\mathrm{d}^ny}{\mathrm{d}x^n}=\frac{\mathrm{d}}{\mathrm{d}x}\left(\frac{\mathrm{d}^{n-1}y}{\mathrm{d}x^{n-1}}\right).$$

我们称二阶及二阶以上的导数为**高阶导数**.

n 阶导数在 x_0 的值记作:

$$f^{(n)}(x_0), y^{(n)}\Big|_{x=x_0}, \left.\frac{\mathrm{d}^nf(x)}{\mathrm{d}x^n}\right|_{x=x_0} 或 \left.\frac{\mathrm{d}^ny}{\mathrm{d}x^n}\right|_{x=x_0}.$$

由此可见，求函数的高阶导数只是对函数进行逐次求导，在方法上并未增加新内容. 所以，仍可用前面的求导方法来求得函数的高阶导数.

例 2.40 求函数 $y=x^4+x^3-x^2$ 的二阶导数.

解: $y'=4x^3+3x^2-2x$,

$y''=12x^2+6x-2$.

例 2.41 求函数 $y=\mathrm{e}^{-x}\cos x$ 的二阶及三阶导数.

解: $y'=-\mathrm{e}^{-x}\cos x+\mathrm{e}^{-x}(-\sin x)=-\mathrm{e}^{-x}(\cos x+\sin x)$,

$y''=\mathrm{e}^{-x}(\cos x+\sin x)-\mathrm{e}^{-x}(-\sin x+\cos x)=2\mathrm{e}^{-x}\sin x$,

$y'''=-2\mathrm{e}^{-x}\sin x+2\mathrm{e}^{-x}\cos x=2\mathrm{e}^{-x}(\cos x-\sin x)$.

例 2.42 求函数 $y=\ln x$ 的二阶导数，并求 $y''\big|_{x=3}$.

解: $y'=\frac{1}{x}$，$y''=\left(\frac{1}{x}\right)'=-\frac{1}{x^2}$,

所以 $y''|_{x=3}=-\dfrac{1}{9}$.

例 2.43 求 $y=x^n$ (n 为正整数)的 n 阶导数.

解: $y'=(x^n)'=nx^{n-1}$,

$y''=(nx^{n-1})'=n(n-1)x^{n-2}$,

$y'''=[n(n-1)x^{n-2}]'=n(n-1)(n-2)x^{n-3}$,

…

由此推得 $y^{(n)}=n!$.

例 2.44 求 $y=a^x$ 的 n 阶导数.

解: $y'=a^x\ln a$,

$y''=(y')'=(a^x\ln a)'=a^x\ln a\cdot\ln a=a^x(\ln a)^2$,

$y'''=(y'')'=[a^x(\ln a)^2]'=a^x(\ln a)^2\cdot\ln a=a^x(\ln a)^3$,

…

$y^{(n)}=a^x(\ln a)^n$.

所以 $(a^x)^{(n)}=a^x(\ln a)^n$.

特别地，当 $a=\mathrm{e}$ 时，得 $(\mathrm{e}^x)^{(n)}=\mathrm{e}^x$.

例 2.45 $y=3x^3+2x^2+x+1$ 的各阶导数.

解: $y'=(3x^3+2x^2+x+1)'=9x^2+4x+1$,

$y''=(9x^2+4x+1)'=18x+4$,

$y'''=(18x+4)'=18$,

$y^{(4)}=(y''')'=(18)'=0$，且 $y^{(n)}=0(n\geqslant 5)$.

容易证明，对于 n 次多项式 $y=a_0x^n+a_1x^{n-1}+\cdots+a_{n-1}x+a_n$，有

$y'=a_0nx^{n-1}+a_1(n-1)x^{n-2}+\cdots+a_{n-1}$,

$y''=a_0n(n-1)x^{n-2}+a_1(n-1)(n-2)x^{n-3}+\cdots+2a_{n-2}$,

…

$y^{(n)}=a_0n!$,

$y^{(k)}=0\ (k>n)$.

例 2.46 求 $y=\sin x$ 的 n 阶导数.

解:

$$y'=(\sin x)'=\cos x=\sin(x+\frac{\pi}{2}),$$

$$y''=(\cos x)'=-\sin x=\cos\left(x+\frac{\pi}{2}\right)=\sin\left(x+\frac{\pi}{2}+\frac{\pi}{2}\right)=\sin\left(x+2\cdot\frac{\pi}{2}\right),$$

$$y'''=(-\sin x)'=-\cos x=\cos\left(x+2\cdot\frac{\pi}{2}\right)=\sin\left(x+2\cdot\frac{\pi}{2}+\frac{\pi}{2}\right)=\sin\left(x+3\cdot\frac{\pi}{2}\right),$$

…

因此，$(\sin x)^{(n)}=\sin\left(x+n\cdot\dfrac{\pi}{2}\right)$.

类似地，可以求得

$$(\cos x)^{(n)}=\cos\left(x+n\cdot\frac{\pi}{2}\right).$$

例 2.47 求由方程 $x-y+\frac{1}{2}\sin y=0$ 所确定的隐函数 y 的二阶导数 $\frac{\mathrm{d}^2y}{\mathrm{d}x^2}$.

解: 将方程两边对 x 求导, 得

$$1-\frac{\mathrm{d}y}{\mathrm{d}x}+\frac{1}{2}\cos y\frac{\mathrm{d}y}{\mathrm{d}x}=0, \quad ①$$

两边再对 x 求导, 得

$$-\frac{\mathrm{d}^2y}{\mathrm{d}x^2}-\frac{1}{2}\sin y\left(\frac{\mathrm{d}y}{\mathrm{d}x}\right)^2+\frac{1}{2}\cos y\frac{\mathrm{d}^2y}{\mathrm{d}x^2}=0,$$

于是

$$\frac{\mathrm{d}^2y}{\mathrm{d}x^2}=\frac{\sin y\left(\frac{\mathrm{d}y}{\mathrm{d}x}\right)^2}{\cos y-2}, \quad ②$$

由①式可得

$$\frac{\mathrm{d}y}{\mathrm{d}x}=\frac{2}{2-\cos y}, \quad ③$$

将③代入②, 得

$$\frac{\mathrm{d}^2y}{\mathrm{d}x^2}=\frac{4\sin y}{(\cos y-2)^3}.$$

此式右端分式中的 y 是由方程 $x-y+\frac{1}{2}\sin y=0$ 所确定的隐函数.

例 2.48 求由参数方程 $\begin{cases}x=\ln\sqrt{1+t^2}\\ y=\arctan t\end{cases}$ 所确定的函数的一阶导数 $\frac{\mathrm{d}y}{\mathrm{d}x}$ 和二阶导数 $\frac{\mathrm{d}^2y}{\mathrm{d}x^2}$.

解: $\frac{\mathrm{d}y}{\mathrm{d}x}=\frac{y_t'}{x_t'}=\frac{\frac{1}{1+t^2}}{\frac{1}{\sqrt{1+t^2}}\cdot\frac{2t}{2\sqrt{1+t^2}}}=\frac{1}{t}$,

$$\frac{\mathrm{d}^2y}{\mathrm{d}x^2}=\frac{\mathrm{d}}{\mathrm{d}x}\left(\frac{1}{t}\right)=\frac{\mathrm{d}}{\mathrm{d}t}\left(\frac{1}{t}\right)\frac{\mathrm{d}t}{\mathrm{d}x}=\frac{-\frac{1}{t^2}}{\frac{1}{\sqrt{1+t^2}}\cdot\frac{1}{2\sqrt{1+t^2}}\cdot 2t}=-\frac{1+t^2}{t^3}.$$

为了更好地认识一些常用函数和特殊函数的 n 阶导数, 我们归纳如下:

(1) $(C)^{(n)}=0$; (2) $(x^n)^{(n)}=n!$; (3) $(a^x)^{(n)}=a^x(\ln a)^n$;

(4) $(\mathrm{e}^x)^{(n)}=\mathrm{e}^x$; (5) $(\sin x)^{(n)}=\sin(x+n\cdot\frac{\pi}{2})$; (6) $(\cos x)^{(n)}=\cos(x+n\cdot\frac{\pi}{2})$;

(7) $(u+v)^{(n)}=u^{(n)}+v^{(n)}$.

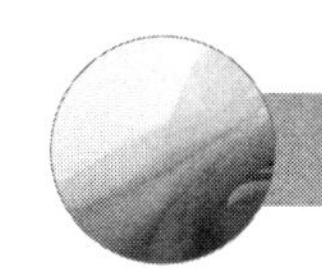

习题2.3

1. 选择题:

(1) 设 $y=\ln\cos x$，则 $y''=($　　$)$

A. $\sec^2 x$　　B. $-\sec^2 x$　　C. $\cot x$　　D. $-\tan x$

(2) 设 $y=\ln(1+x^2)$，则 $y''(1)=($　　$)$

A. 0　　B. 2　　C. 1　　D. $\dfrac{1}{2}$

2. 填空题:

(1) 函数 $y=(2x+\ln\pi)^4$，则 $y'=$______，$y''=$______;

(2) 函数 $y=\mathrm{e}^{x^2}-\sqrt{3}$，则 $y''(0)=$______;

(3) 函数 $y=\mathrm{e}^x$，则 $y^{(n)}=$______;

(4) 函数 $y=x\mathrm{e}^x$，则 $y^{(n)}=$______.

3. 求下列函数的二阶导数:

(1) $y=2x^2+\ln x$;　　(2) $y=x\cdot\mathrm{e}^{x^2}$;　　(3) $y=\mathrm{e}^{-t}\sin t$;

(4) $y=x\arcsin x$;　　(5) $y=(1+x^2)\arctan x$;　　(6) $y=2^x\cdot x^2$.

4. 已知 $f(x)=\mathrm{e}^{2x}\sin\dfrac{x}{2}$，求 $f''(\pi)$.

5. 设 $y=x^2\ln x$，求 $f'''(2)$.

6. 已知 $y=x\cos x$，求 $y^{(4)}$.

7. 求下列函数的 n 阶导数:

(1) $y=a^x(a>0,a\neq1)$;　　(2) $y=x\mathrm{e}^x$;　　(3) $y=x\ln x$;　　(4) $y=\sin^2 x$.

8. 设隐函数 $x\mathrm{e}^y-y+\mathrm{e}=0$，求 y''.

9. 已知函数的 $n-2$ 阶导数为 $y^{(n-2)}=\dfrac{x}{\ln x}$，求 $y^{(n)}$.

10. 某物体做直线运动，其运动方程为 $s=\dfrac{1}{3}t^3-2t^2+3$，问何时速度为0？何时加速度为0？

2.4 微　分

微分概念的研究起源于求函数增量的近似表达式. 在很多实际问题中，我们需要了解当自变量在 x_0 处有增量 Δx 时，相应的函数增量 Δy 如何表达.

案例 2.5　金属薄片的面积　一块正方形金属薄片当受到温度变化影响时，其边长由 x_0 变到 $x_0+\Delta x$ (见图 2-5)，问此薄片的面积改变了多少?

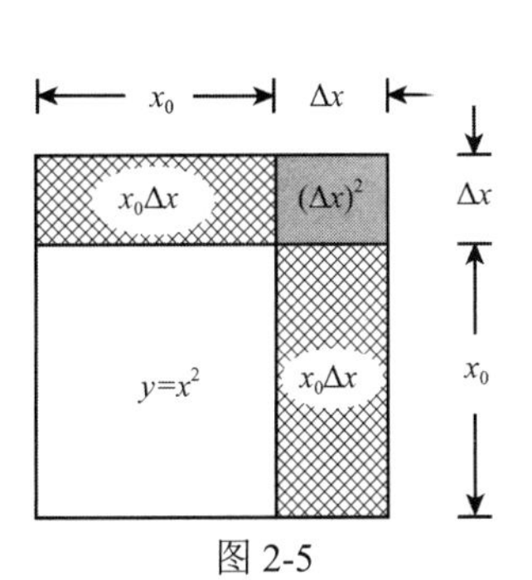

图 2-5

设此薄片的边长为 x，面积为 y，则 y 是 x 的函数 $y=x^2$. 薄片受温度变化影响时，面积的改变量可以看成是当自变量 x 自 x_0 取得

增量 Δx 时，函数相应的增量 Δy，图中阴影部分就表示 Δy，即

$$\Delta y=(x_0+\Delta x)^2-x_0^2=2x_0\Delta x+(\Delta x)^2,$$

Δy 可分成两部分：一部分是 $2x_0\Delta x$，它是 Δx 的线性函数，显然，这部分是面积增量 Δy 的主要部分；另一部分是 $(\Delta x)^2$. 当 $|\Delta x|$ 很小时，$(\Delta x)^2$ 部分比 $2x_0\Delta x$ 要小得多，是面积增量 Δy 的次要部分. 也就是说，当 $|\Delta x|$ 很小时，面积增量 Δy 可以近似地用 $2x_0\Delta x$ 表示，即

$$\Delta y\approx 2x_0\Delta x.$$

此式作为 Δy 的近似值，略去的部分 $(\Delta x)^2$ 是比 Δx 高阶的无穷小，即

$$\lim_{\Delta x\to 0}\frac{(\Delta x)^2}{\Delta x}=\lim_{\Delta x\to 0}\Delta x=0.$$

又因为
$$(x^2)'\big|_{x=x_0}=2x_0,$$
所以有
$$\Delta y\approx y'\big|_{x=x_0}\cdot\Delta x.$$

所谓微分问题，为我们解决增量问题提供了极大方便，我们有必要抽象出来专门研究.

一般地，若 $f(x)$ 在 x_0 处可导，则 $\lim\limits_{\Delta x\to 0}\dfrac{\Delta y}{\Delta x}=f'(x_0)$，根据极限与无穷小的关系,得

$$\frac{\Delta y}{\Delta x}=f'(x_0)+\alpha\ (\alpha \text{ 为 } \Delta x\to 0 \text{ 时的无穷小量}),$$

即

$$\Delta y=f'(x_0)\Delta x+\alpha\Delta x\ (\text{其中，当 } \Delta x\to 0,\alpha\to 0).$$

可见，Δy 由两部分组成:

(1) $f'(x_0)\Delta x$：它是 Δx 的线性表达式，称之为 Δy 的线性主要部分;

(2) $\alpha\Delta x$：它是 Δx 的高阶无穷小，在 $\Delta x\to 0$ 时可以忽略不计.

显然，Δy 的线性主要部分 $f'(x_0)\Delta x$ 是我们主要研究的部分，它在 Δx 充分小时可以近似地代替 Δy，我们称之为 $f(x)$ 的微分.

2.4.1 微分的概念与几何意义

1. 微分的概念

定义 2.3 设 $y=f(x)$ 在点 x_0 处可导，称导数 $f'(x_0)$ 与自变量增量 Δx 之积 $f'(x_0)\Delta x$ 为函数 $f(x)$ 在点 x_0 处的**微分**，记作

$$\mathrm{d}y=f'(x_0)\Delta x \text{ 或者 } \mathrm{d}y\big|_{x=x_0}=f'(x_0)\cdot\Delta x.$$

如果 $f(x)$ 在点 x_0 处有微分，则称函数 $f(x)$ 在点 x_0 处**可微**. 如果 $f(x)$ 在区间 I 内的每一点处都可微，则称**函数 $f(x)$ 在区间 I 内可微**，记作

$$\mathrm{d}y=f'(x)\Delta x, x\in I.$$

例如，$y=x^2$ 在点 x_0 处的微分是

$$\mathrm{d}y=f'(x_0)\Delta x=(x^2)'\big|_{x=x_0}\Delta x=2x_0\Delta x.$$

因此，$y=x^2$ 在点 x_0 处可微，显然 $y=x^2$ 在 $(-\infty,+\infty)$ 内可微，$\mathrm{d}y=2x\Delta x$.

可见，函数的微分是 Δx 的线性表达式，它与函数的增量是不同的概念. 函数的微分是函数增量的近似表达式，它与函数的增量一般不相等，只有在特殊情况下才相等.

例 2.49 求函数 $y=x$ 的微分，并证明对自变量 x 而言，$dx=\Delta x$.

解：根据定义 2.3，$dy=y'_x\Delta x=(x)'\Delta x=\Delta x$，

由于 $y=x$，故 $dy=dx$，而 $dy=\Delta x$，所以 $dx=\Delta x$.

这表明自变量的增量等于自变量的微分.

因此，微分也可表示为 $dy=f'(x)dx$.

若将上式改写为 $\frac{dy}{dx}=f'(x)$，函数的导数就是函数的微分 dy 与自变量微分 dx 的商，故导数又称为**微商**.

由定义 2.3 知，可导的函数一定可微；反之亦然.

例 2.50 求函数 $y=x^3$ 在 $x_0=1,\Delta x=0.02$ 处的改变量和微分.

解：$\Delta y=f(x_0+\Delta x)-f(x_0)=(x_0+\Delta x)^3-x_0^3=(1+0.02)^3-1^3=0.061208$，

而 $f'(x)=3x^2$ 即 $f'(1)=3$，

则 $dy|_{x=1}=f'(1)\cdot\Delta x=3\times0.02=0.06$.

比较 Δy 与 dy 可知，

$$\Delta y-dy=0.061208-0.06=0.001208.$$

2. 微分的几何意义

设函数 $y=f(x)$ 的图像如图 2-6 所示. 曲线上一点 $M(x_0,y_0)$，当自变量 x 有微小增量 Δx 时，就得到曲线上另一个点 $N(x_0+\Delta x,y_0+\Delta y)$.

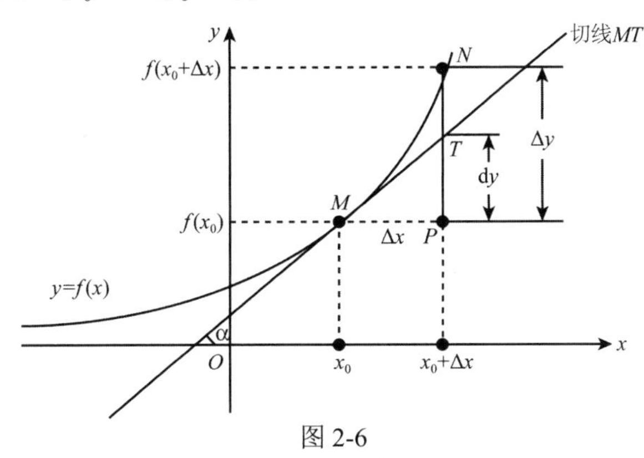

图 2-6

从图 2-6 可知，$MP=\Delta x$，$PN=\Delta y$，过点 M 做曲线的切线 MT，其倾角为 α，则

$$|PT|=\tan\alpha\cdot|PM|=f'(x_0)\Delta x,$$

即

$$dy=PT.$$

所以，当 Δy 是曲线上在点 $(x_0,f(x_0))$ 处对应于 Δx 的纵坐标的增量时，dy 就是曲线在点 $(x_0,f(x_0))$ 处的切线**纵坐标**对应于 Δx 的**增量**，这就是微分的几何意义.

可见，当 $|\Delta x|$ 很小时，$|\Delta y-dy|$ 比 $|\Delta x|$ 小得多. 因此在点 x_0 的附近，我们可用切线段来近似地代替曲线段. 换言之，在一定条件下我们可用直线来近似地代替曲线.

2.4.2 微分的运算

根据函数微分的定义 $dy=f'(x_0)dx$ 及导数的基本公式，由基本初等函数的导数公式与运算法则，立即可得基本初等函数的微分公式与运算法则.

1. 微分的基本公式

表 2-1 微分的基本公式

序号	导数的基本公式	微分的基本公式
(1)	$(C)'=0$ (C 为常数)	$\mathrm{d}(C)=0$ (C 为常数)
(2)	$(x^n)'=nx^{n-1}$ (n 为常数)	$\mathrm{d}(x^n)=nx^{n-1}\mathrm{d}x$ (n 为常数)
(3)	$\left(\frac{1}{x}\right)'=-\frac{1}{x^2}\ (x\neq 0)$	$\mathrm{d}\left(\frac{1}{x}\right)=-\frac{1}{x^2}\mathrm{d}x\ (x\neq 0)$
(4)	$(\sqrt{x})'=\frac{1}{2\sqrt{x}}\ (x>0)$	$\mathrm{d}(\sqrt{x})=\frac{1}{2\sqrt{x}}\mathrm{d}x\ (x>0)$
(5)	$(a^x)'=a^x\ln a$	$\mathrm{d}(a^x)=a^x\ln a\mathrm{d}x$
(6)	$(\mathrm{e}^x)'=\mathrm{e}^x$	$\mathrm{d}(\mathrm{e}^x)=\mathrm{e}^x\mathrm{d}x$
(7)	$(\log_a x)'=\frac{1}{a^x\ln a}$ ($a>0$ 且 $a\neq 1$)	$\mathrm{d}(\log_a x)=\frac{1}{a^x\ln a}\mathrm{d}x$ ($a>0$ 且 $a\neq 1$)
(8)	$(\ln x)'=\frac{1}{x}$	$\mathrm{d}(\ln x)=\frac{1}{x}\mathrm{d}x$
(9)	$(\sin x)'=\cos x$	$\mathrm{d}(\sin x)=\cos x\mathrm{d}x$
(10)	$(\cos x)'=-\sin x$	$\mathrm{d}(\cos x)=-\sin x\mathrm{d}x$
(11)	$(\tan x)'=\sec^2 x$	$\mathrm{d}(\tan x)=\sec^2 x\mathrm{d}x$
(12)	$(\cot x)'=-\csc^2 x$	$\mathrm{d}(\cot x)=-\csc^2 x\mathrm{d}x$
(13)	$(\sec x)'=\tan x\sec x$	$\mathrm{d}(\sec x)=\tan x\sec x\mathrm{d}x$
(14)	$(\csc x)'=-\cot x\csc x$	$\mathrm{d}(\csc x)=-\cot x\csc x\mathrm{d}x$
(15)	$(\arcsin x)'=\frac{1}{\sqrt{1-x^2}}$	$\mathrm{d}(\arcsin x)=\frac{1}{\sqrt{1-x^2}}\mathrm{d}x$
(16)	$(\arccos x)'=-\frac{1}{\sqrt{1-x^2}}$	$\mathrm{d}(\arccos x)=-\frac{1}{\sqrt{1-x^2}}\mathrm{d}x$
(17)	$(\arctan x)'=\frac{1}{1+x^2}$	$\mathrm{d}(\arctan x)=\frac{1}{1+x^2}\mathrm{d}x$
(18)	$(\mathrm{arc}\cot x)'=-\frac{1}{1+x^2}$	$\mathrm{d}(\mathrm{arc}\cot x)=-\frac{1}{1+x^2}\mathrm{d}x$

2. 微分的运算法则

表 2-2 微分的运算法则表

序号	导数的运算法则	微分的运算法则
(1)	$[u\pm v]'=u'\pm v'$	$\mathrm{d}(u\pm v)=\mathrm{d}u\pm\mathrm{d}v$
(2)	$(u\times v)'=u'\times v+u\times v'$	$\mathrm{d}(uv)=v\,\mathrm{d}u+u\,\mathrm{d}v$
(3)	$(Cu)'=Cu'$ (C 为常数)	$\mathrm{d}(Cu)=C\mathrm{d}u$ (C 为常数)
(4)	$\left(\frac{u}{v}\right)'=\frac{u'\times v-v'\times u}{v^2}\ (v\neq 0)$	$\mathrm{d}\left(\frac{u}{v}\right)=\frac{v\mathrm{d}u-u\,\mathrm{d}v}{v^2}(v\neq 0)$

注：表中设 $u=u(x)$，$v=v(x)$ 都是可导函数.

3. 复合函数的微分法则

根据微分的定义，当 u 是自变量时，函数 $y=f(u)$ 的微分是

$$\mathrm{d}y=f'(u)\mathrm{d}u.$$

当 u 不是自变量，而是 x 的可导函数 $u=\varphi(x)$，则复合函数 $y=f[\varphi(x)]$ 的导数为

$$y'=f'(u)\varphi'(x),$$

于是，复合函数 $y=f[\varphi(x)]$ 的微分为

$$\mathrm{d}y=f'(u)\varphi'(x)\mathrm{d}x.$$

由于

$$\varphi'(x)\mathrm{d}x=\mathrm{d}u,$$

所以

$$\mathrm{d}y=f'(u)\mathrm{d}u.$$

可见，不论 u 是自变量还是函数(中间变量)，函数 $y=f(u)$ 的微分总保持同一形式 $\mathrm{d}y=f'(u)\mathrm{d}u$，这一性质称为**一阶微分形式不变性**. 有时，利用这一性质求复合函数的微分比较方便.

例 2.51 设函数 $y=\sin x$，求 $\mathrm{d}y$，$\mathrm{d}y\big|_{x=\pi}$ 与 $\mathrm{d}y\big|_{\substack{x=\pi\\ \Delta x=0.1}}$.

解：$\mathrm{d}y=y'\mathrm{d}x=\cos x\mathrm{d}x$，

$$\mathrm{d}y\big|_{x=\pi}=\cos\pi\mathrm{d}x=-\mathrm{d}x,$$

$$\mathrm{d}y\big|_{\substack{x=\pi\\ \Delta x=0.1}}=-0.1.$$

例 2.52 设 $y=3x^2-\dfrac{1}{x}+2$，求 $\mathrm{d}y$.

解：$\mathrm{d}y=\mathrm{d}\left(3x^2-\dfrac{1}{x}+2\right)=\mathrm{d}(3x^2)-\mathrm{d}\left(\dfrac{1}{x}\right)+\mathrm{d}(2)=6x\mathrm{d}x+\dfrac{1}{x^2}\mathrm{d}x=\left(6x+\dfrac{1}{x^2}\right)\mathrm{d}x$.

例 2.53 求函数 $y=x\mathrm{e}^x$ 的微分 $\mathrm{d}y$.

解：$\mathrm{d}y=y'\mathrm{d}x=(x\mathrm{e}^x)'\mathrm{d}x=(\mathrm{e}^x+x\mathrm{e}^x)\mathrm{d}x=(1+x)\mathrm{e}^x\mathrm{d}x$.

例 2.54 设 $y=\cos\sqrt{x}$，求 $\mathrm{d}y$.

解法 1：用公式 $\mathrm{d}y=f'(x)\mathrm{d}x$，得

$$\mathrm{d}y=(\cos\sqrt{x})'\mathrm{d}x=-\frac{1}{2\sqrt{x}}\sin\sqrt{x}\mathrm{d}x.$$

解法 2：用一阶微分形式不变性，得

$$\mathrm{d}y=\mathrm{d}(\cos\sqrt{x})=-\sin\sqrt{x}\mathrm{d}\sqrt{x}=-\sin\sqrt{x}\cdot\frac{1}{2\sqrt{x}}\mathrm{d}x=-\frac{1}{2\sqrt{x}}\sin\sqrt{x}\mathrm{d}x.$$

例 2.55 设 $y=\mathrm{e}^{\sin x}$，求 $\mathrm{d}y$.

解法 1：用公式 $\mathrm{d}y=f'(x)\mathrm{d}x$，得

$$\mathrm{d}y=(\mathrm{e}^{\sin x})'\mathrm{d}x=\mathrm{e}^{\sin x}\cos x\mathrm{d}x.$$

解法 2：由一阶微分形式不变性，得

$$\mathrm{d}y=\mathrm{d}\mathrm{e}^{\sin x}=\mathrm{e}^{\sin x}\mathrm{d}(\sin x)=\mathrm{e}^{\sin x}\cos x\mathrm{d}x.$$

例 2.56 设函数 $y=\ln(1+x^2)$，求 $\mathrm{d}y$.

解：$\mathrm{d}y=[\ln(1+x^2)]'\mathrm{d}x=\dfrac{1}{1+x^2}(1+x^2)'\mathrm{d}x=\dfrac{2x}{1+x^2}\mathrm{d}x$.

例 2.57 求方程 $x^2+2xy-y^2=a^2$ 确定的隐函数 $y=f(x)$ 的微分 $\mathrm{d}y$ 及导数 $\dfrac{\mathrm{d}y}{\mathrm{d}x}$.

解：对方程两边求微分，得

$$2x\mathrm{d}x+2(y\mathrm{d}x+x\mathrm{d}y)-2y\mathrm{d}y=0,$$

即

$$(x+y)\mathrm{d}x=(y-x)\mathrm{d}y,$$

所以

$$\mathrm{d}y=\frac{y+x}{y-x}\mathrm{d}x,$$

$$\frac{\mathrm{d}y}{\mathrm{d}x}=\frac{y+x}{y-x}.$$

例 2.58 将适当的函数填入下列括号内，使等式成立.

(1) $\mathrm{d}(\quad)=x\mathrm{d}x$;　　　(2) $\mathrm{d}(\quad)=\sin 2x\mathrm{d}x$.

解: (1) 因为 $\mathrm{d}(x^2)=2x\mathrm{d}x$, 所以 $x\mathrm{d}x=\frac{1}{2}\mathrm{d}(x^2)=\mathrm{d}\left(\frac{x^2}{2}\right)$.

一般地，有 $\mathrm{d}\left(\frac{x^2}{2}+C\right)=x\mathrm{d}x$ (C 为任意常数).

(2) 因为 $\mathrm{d}(\cos 2x)=-2\sin 2x\mathrm{d}x$，则 $\sin 2x\mathrm{d}x=-\frac{1}{2}\mathrm{d}(\cos 2x)=\mathrm{d}(-\frac{1}{2}\cos 2x)$,

即

$$\mathrm{d}\left(-\frac{1}{2}\cos 2x\right)=\sin 2x\mathrm{d}x.$$

一般地，有 $\mathrm{d}\left(-\frac{1}{2}\cos 2x+C\right)=\sin 2x\mathrm{d}x$ (C 为任意常数).

2.4.3 微分在近似计算中的应用

微分的应用之一是作近似计算.

当函数 $y=f(x)$ 在 x_0 处可导($f'(x_0)\neq 0$)，且 $|\Delta x|$ 很小时，我们有近似公式

$$\Delta y=f(x_0+\Delta x)-f(x_0)\approx f'(x_0)\Delta x \qquad ①$$

或

$$f(x_0+\Delta x)\approx f(x_0)+f'(x_0)\Delta x. \qquad ②$$

上式中令 $x_0+\Delta x=x$，则

$$f(x)\approx f(x_0)+f'(x_0)(x-x_0). \qquad ③$$

特别地，当 $x_0=0$，$|\Delta x|$ 很小时，有

$$f(x)\approx f(0)+f'(0)x. \qquad ④$$

这里，①式可以用于求函数增量的近似值，并且 $|\Delta x|$ 越小，近似的精确度越高；而②③④式可用来求函数的近似值，公式④的精确度与 $|x|$ 大小有关，$|x|$ 越小，精确度就越高. 应用公式④式可以得一些**常用的近似公式**.

当 $|\Delta x|$ 很小时，有

(1) $\sqrt[n]{1+x}\approx 1+\frac{1}{n}x$;

(2) $\mathrm{e}^x\approx 1+x$;

(3) $\ln(1+x)\approx x$;

(4) $\sin x\approx x$ (x 用弧度作单位);

(5) $\tan x\approx x$ (x 用弧度作单位).

证明: (1) 取 $f(x)=\sqrt[n]{1+x}$，于是 $f(0)=1$，$f'(0)=\frac{1}{n}(1+x)^{\frac{1}{n}-1}\big|_{x=0}=\frac{1}{n}$，

代入 $f(x)\approx f(0)+f'(0)x$ 中，得 $\sqrt[n]{1+x}\approx 1+\frac{1}{n}x$.

(2) 取 $f(x)=\mathrm{e}^x$，于是 $f(0)=1$，$f'(0)=(\mathrm{e}^x)'\big|_{x=0}=1$，代入 $f(x)\approx f(0)+f'(0)x$ 中，得 $\mathrm{e}^x\approx 1+x$.

其他几个公式也可用类似的方法证明.

例 2.59 计算 arctan1.05 的近似值(结果保留小数点后 3 位).

解: 设 $f(x)=\arctan x$，由 $f(x_0+\Delta x)\approx f(x_0)+f'(x_0)\Delta x$，有

$$\arctan(x_0+\Delta x)\approx \arctan x_0+\frac{1}{1+x_0^2}\Delta x,$$

取 $x_0=1,\Delta x=0.05$，有

$$\arctan 1.05=\arctan(1+0.05)\approx \arctan 1+\frac{1}{1+1^2}\times 0.05=\frac{\pi}{4}+\frac{0.05}{2}\approx 0.810 .$$

例 2.60 计算 $\sqrt[3]{65}$ 的近似值(结果保留小数点后 3 位).

解: 因为 $\sqrt[3]{65}=\sqrt[3]{64+1}=\sqrt[3]{64\left(1+\frac{1}{64}\right)}=4\sqrt[3]{1+\frac{1}{64}}$，由近似公式(1)，得

$$\sqrt[3]{65}=4\cdot\sqrt[3]{1+\frac{1}{64}}\approx 4\left(1+\frac{1}{3}\times\frac{1}{64}\right)=4+\frac{1}{48}\approx 4.021 .$$

例 2.61 半径为 10cm 的金属圆片加热后，半径伸长 0. 02cm，问面积大约增加了多少？

解: 设圆的面积为 A，半径为 r，则

$$A=\pi\cdot r^2,$$

面积 A 大约增加值

$$\Delta A\approx \mathrm{d}A=2\pi r\mathrm{d}r .$$

当 $r=10,\Delta r=0.02$ 时，

$$\Delta A\approx 2\pi\times 10\times 0.02=0.4\pi(\mathrm{cm}^2) .$$

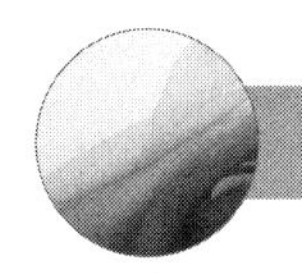

习题2.4

1. 选择题:

(1) 函数 $y=f(x)$ 在 x_0 点可导是函数 $y=f(x)$ 在 x_0 点可微的(　　);

A. 充分必要条件　　B. 充分条件　　C. 必要条件　　D. 无关条件

(2) 对于函数 $y=f(x)$，当 $x=1$，$\Delta x=0.1$ 时，$\mathrm{d}(x^3+1)$ =(　　);

A. 0.03　　B. 3　　C. 0.3　　D. 0.01

(3) $\frac{\ln x}{x}\mathrm{d}x=\ln x\mathrm{d}(\quad)$;

A. $\frac{\ln x}{x}$　　B. $\frac{\ln x}{2}$　　C. $\left(\frac{\ln x}{2}\right)^2$　　D. $\ln x$

(4) 函数 $y=\arcsin 2x$，则 $\mathrm{d}y=(\quad)$;

A. $\dfrac{2}{\sqrt{1-2x^2}}$　　B. $\dfrac{2}{\sqrt{1-4x^2}}\mathrm{d}x$　　C. $\dfrac{2}{\sqrt{1-4x^2}}$　　D. $\dfrac{1}{\sqrt{1-4x^2}}$

(5) 设函数 $y=f(x)$ 在 x_0 点可微，且 $f'(x_0)\neq 0$，则 Δx 很小时，$f(x_0+\Delta x)\approx$ (　　)；

A. $f(x_0)$　　B. $f'(x_0)\Delta x$　　C. Δy　　D. $f(x_0)+f'(x_0)\Delta x$

(6) $\mathrm{e}^{-0.01}\approx$ (　　)；

A. 0　　B. 0.99　　C. 1　　D. 1. 01

(7) $\mathrm{d}(5^{\ln x})=$ (　　).

A. $5^{\ln x}\ln 5$　　B. $5^{\ln x}\ln 5\mathrm{d}x$　　C. $\dfrac{\ln 5}{x}\cdot 5^{\ln x}\mathrm{d}x$　　D. $\dfrac{\ln 5}{x}\cdot 5^{\ln x}$

2. 填空题:

(1) 若函数 $y=\ln x$ 的自变量 x 由 1 到 100, 则 x 的增量 $\Delta x=$______, 所对应的函数的增量 $\Delta y=$______;

(2) 将适当的函数填入下列括号内, 使等式成立:

① $\mathrm{d}(\_\_\_\_)=5x\mathrm{d}x$, ② $\mathrm{d}(\_\_\_\_)=\sin\omega x\mathrm{d}x$, ③ $\mathrm{d}(\_\_\_\_)=\dfrac{1}{2+x}\mathrm{d}x$, ④ $\mathrm{d}(\_\_\_\_)=\mathrm{e}^{-2x}\mathrm{d}x$,

⑤ $\mathrm{d}(\_\_\_\_)=\dfrac{1}{\sqrt{x}}\mathrm{d}x$, ⑥ $\mathrm{d}(\_\_\_\_)=\sec^2 2x\mathrm{d}x$;

(3) 设 x 为自变量, 当 $x=1$, $\Delta x=0.1$ 时, $\mathrm{d}(\mathrm{e}^x)=$______;

(4) 函数 $y=f(x)$ 在 x_0 点可导, 且 $f'(x_0)=a$, 则 $\mathrm{d}y\big|_{x=x_0}=$______.

3. 求函数 $y=x\sin x$ 在 $x=\pi,\Delta x=0.01$ 时的微分.

4. 求下列函数的微分:

(1) $y=\ln\sin\dfrac{x}{2}$;　　(2) $y=\mathrm{e}^{\sin^2 x}$;　　(3) $y=\mathrm{e}^{-x}\cos(3-x)$;

(4) $y=\arctan\dfrac{1+x}{1-x}$;　　(5) $y=\dfrac{\mathrm{e}^{2x}}{x^2}$;　　(6) $\mathrm{e}^{\frac{x}{y}}-xy=0$.

5. 已知函数 $f(x)=\dfrac{1+x}{1-x}$, 求 $\mathrm{d}y\big|_{x=-2}$.

6. 利用微分求近似值:

(1) $\arctan 1.02$;　　(2) $\sin 30°30'$;　　(3) $\ln 1.01$;　　(4) $\sqrt[6]{65}$.

7. 将半径为 R 的球体加热, 如果球的半径增加 ΔR, 则球的体积增量了多少?

8. 一长方体两边分别以 x 和 y 表示, 若 x 边以 0. 01 米/秒的速度减少, y 边以 0. 02 米/秒的速度增加, 求在 x=20 米, y=15 米时长方体面积的变化速度及对角线的变化速度.

9. 某公司的收入函数为 $R=36x-\dfrac{x^2}{20}$(单位: 百元), 其中 x 为一个月的产量(单位: 套). 若某月的产量从 250 套增加到 260 套, 试估计该月收入增加了多少?

复习题 2

1. 选择题:

(1) 函数 $f(x)$ 在 $x=x_0$ 连续是 $f(x)$ 在 $x=x_0$ 可微的(　　);

A. 充分条件　　B. 必要条件　　C. 充分必要条件　　D. 既不充分也不必要条件

(2) 函数 $f(x)$ 在 $x=x_0$ 可导是 $f^2(x)$ 在 $x=x_0$ 可微的(　　)；

A. 充分条件　　B. 必要条件　　C. 充分必要条件　　D. 既不充分也不必要条件

(3) 设 $f(x)$ 在 $x=x_0$ 可导，则(　　)中的极限值不是 $f'(x_0)$；

A. $\lim\limits_{n\to\infty} n[f(x_0+\frac{1}{n})-f(x_0)]$　　B. $\lim\limits_{n\to\infty} n[f(x_0-\frac{1}{n})-f(x_0)]$

C. $\lim\limits_{h\to 0}\frac{f(x_0+h)-f(x_0-h)}{2h}$　　D. $\lim\limits_{h\to 0}\frac{f(x_0+2h)-f(x_0+h)}{h}$

(4) 设 $\frac{\mathrm{d}f(x)}{\mathrm{d}x}=g(x)$，则 $\frac{\mathrm{d}f(x^2)}{\mathrm{d}x}=($　　$)$;

A. $g(x^2)$　　B. $x^2g(x^2)$　　C. $2xg(x^2)$　　D. $2xg(x)$

(5) 设 $\frac{\mathrm{d}f(x)}{\mathrm{d}x}=g(x)$，则 $f'(x^2)=($　　$)$;

A. $g(x^2)$　　B. $x^2g(x^2)$　　C. $2xg(x^2)$　　D. $2xg(x)$

(6) 函数 $y=f(x)$ 的切线斜率为 $\frac{x}{2}$，且通过点(2, 2), 则曲线方程为(　　);

A. $y=\frac{1}{4}x^2+3$ B. $y=\frac{1}{2}x^2+1$　　C. $y=\frac{1}{2}x^2+3$　　D. $y=\frac{1}{4}x^2+1$

(7) 已知函数 $f(x)$ 在点 x_0 处可导，且 $f'(x_0)=3$，则 $\lim\limits_{h\to 0}\frac{f(x_0+5h)-f(x_0)}{h}$ 等于(　　);

A. 6　　B. 0　　C. 15　　D. 10

(8) 设 $y=f(x)$ 可导，则 $[f(\mathrm{e}^{-x})]'=($　　$)$;

A. $f'(\mathrm{e}^{-x})$　　B. $-f'(\mathrm{e}^{-x})$　　C. $\mathrm{e}^{-x}f'(\mathrm{e}^{-x})$　　D. $-\mathrm{e}^{-x}f'(\mathrm{e}^{-x})$

(9) 函数 $f(x)$ 在点 x_0 处可导，则函数 $|f(x)|$ 在 x_0 处(　　);

A. 必定可导　　B. 必定不可导　　C. 必定连续　　D. 必定不连续

(10) 已知 $y=\mathrm{e}^{-2x}\sin(3+5x)$，则微分 $\mathrm{d}y=($　　$)$.

A. $\mathrm{e}^{-2x}[-5\cos(3+5x)-2\sin(3+5x)]\mathrm{d}x$　　B. $\mathrm{e}^{-2x}[5\cos(3+5x)+2\sin(3+5x)]\mathrm{d}x$

C. $\mathrm{e}^{-2x}[-5\cos(3+5x)+2\sin(3+5x)]\mathrm{d}x$　　D. $\mathrm{e}^{-2x}[5\cos(3+5x)-2\sin(3+5x)]\mathrm{d}x$

2. 填空题:

(1) 已知函数 $y=f(x)$在 $x=2$ 处的切线的倾斜角为 150°，则 $f'(2)=$______;

(2) 若函数 $y=f(x)$在点 x_0 处的导数 $f'(x_0)=0$，则曲线 $y=f(x)$在点 $(x_0, f(x_0))$ 的切线方程为______；若 $f'(x_0)=\infty$，则曲线在点 $(x_0, f(x_0))$ 处的切线方程为______;

(3) 曲线 $y=f(x)$由方程 $y=x+\ln y$ 所确定，那么曲线 $y=f(x)$在点 $(\mathrm{e}-1,\mathrm{e})$ 处的切线方程为______;

(4) 若 $y=3\mathrm{e}^x+\mathrm{e}^{-x}$，则当 $y'=0$ 时, $x=$______;

(5) 函数 $y=\mathrm{e}^{-x}$ 在 $x=1$ 处的切线方程为______;

(6) 已知 $f'(0)=1$,则 $\lim\limits_{x\to 0}\frac{f(2x)-f(0)}{x}=$______;

(7) 设 $y=2^{-x}$，则 $y^{(10)}=$______;

(8) 已知 $y=\sin 3x$，则 $y'(\pi)=$______;

(9) 已知 $y=x^2\sin x$，则 $y'(x)=$______;

(10) 设函数 $y=x\arctan x$，则 $y''=$______.

3. 判断题:

(1) $y=x^3+\cos\dfrac{\pi}{3}$ 的导数为 $y'=3x^2-\sin\dfrac{\pi}{3}$; (　　)

(2) 函数 $y=f(x)$ 在点 x_0 处可导, 则它在 x_0 点必连续; 但函数 $y=f(x)$ 在点 x_0 处连续, 则它在 x_0 点不一定可导. (　　)

(3) 函数 $y=f(x)$ 在点 x_0 处可导, 不一定在 x_0 点可微; (　　)

(4) 如果函数 $f(x)$ 和 $g(x)$ 的导数相同, 那么 $f(x)$ 和 $g(x)$ 有同一切线; (　　)

(5) 路程函数 $s=f(t)$ 的二阶导数是加速度, 即 $a=f''(t)$. (　　)

4. 利用导数的定义, 求函数 $y=\mathrm{e}^{-x}$ 的导数.

5. 求下列函数的导数与微分:

(1) $y=(x^3-2x)^6$;　　(2) $y=x^{-3}\ln x$;　　(3) $y=\arccos(\mathrm{e}^x)$;

(4) $y=2^{-x}\ln(1+x)$;　　(5) $y=\dfrac{1}{2a}\ln\dfrac{x-a}{x+a}$;　　(6) $y=\arctan\dfrac{x}{a}-\dfrac{a}{2}\ln(x^2+a^2)$;

(7) $y=x\ln(1+x^2)-2x+2\arctan x$;　　(8) $y=\dfrac{1}{2}\ln(1+\mathrm{e}^{2x})-x+\mathrm{e}^{-x}\arctan\mathrm{e}^x$.

6. 求下列隐函数的导数 $\dfrac{\mathrm{d}y}{\mathrm{d}x}$:

(1) $y^2=x\mathrm{e}^y+x$;　　(2) $x\sin y+y\sin x=x$;　　(3) $y=(2x)^{\frac{1}{x}}$;　　(4) $y^x=xy$.

7. 求下列参数方程所确定的函数的导数:

(1) $\begin{cases}x=t^2+1,\\ y=t^3+t;\end{cases}$　　(2) $\begin{cases}x=\mathrm{e}^t\cos t,\\ y=\mathrm{e}^t\sin t.\end{cases}$

8. 设 $\begin{cases}x=\dfrac{t^2}{2},\\ y=1-t,\end{cases}$ 求 $\dfrac{\mathrm{d}^2y}{\mathrm{d}x^2}$.

9. 设 $f(x)=(1+x)(1+2x)(1+3x)\cdots(1+nx)$, 求 $f'(0)$.

10. 求下列函数的 n 阶的导数:

(1) $y=x\mathrm{e}^{2x}$;　　(2) $y=\ln(x^2+3x+2)$.

11. 已知 $f(x)=\begin{cases}\sqrt{1-x}, & x\leqslant 0\\ a(x-1)+b, & x>0\end{cases}$ 在 $x=0$ 可导, 求 a,b.

12. 过点 $M_0(-2,2)$ 作曲线 $x^2-xy=2y^2$ 的切线, 求此切线方程.

13. 设 $y=f(x^2)$, 求 $\dfrac{\mathrm{d}y}{\mathrm{d}x},\dfrac{\mathrm{d}^2y}{\mathrm{d}x^2}$.

14. 利用微分求近似值:

(1) $\sqrt[3]{1.02}$;　　(2) $\sin 29^\circ$.

15. 半径为 2mm 的球镀铬后体积增加了大约 $8\pi\text{mm}^3$, 请问它的半径约增加了多少?

阅读材料

函数的微分和积分主要是利用“无限细分”和“无限求和”的数学思想. 英国数学家牛顿

和德国数学家莱布尼茨在总结前人的工作基础上，经过各自独立的研究，于 17 世纪，将微积分发展成为一门独立学科.

牛顿在 1669 年的《运用无限多项方程》、1671 年的《流数术与无穷级数》、1676 年的《曲线求积术》三篇论文和《原理》一书中将古希腊以来求解无穷小问题的种种特殊方法统一为两类算法：正流数术（微分）和反流数术（积分）. 1687 年在《自然哲学的数学原理》这本巨著中，运用这一锐利的数学工具建立了经典力学完整而严密的体系.

莱布尼茨于 1684 年发表第一篇微分论文，定义了微分概念，采用了微分符号；1686 年他又发表了积分学论文，讨论了微分与积分，使用了积分符号. 这两篇论文中包含了现在使用的微积分符号和基本微积分法则.

牛顿和莱布尼茨建立微积分的出发点是直观的无穷小量. 牛顿研究微积分着重于从运动学来考虑，莱布尼茨却是侧重于从几何学来考虑. 牛顿在微积分的应用上更多地结合了运动学，造诣较莱布尼茨更高一筹. 但莱布尼茨采用的数学符号既简洁又准确，揭示出微积分的实质，强有力地促进了微积分学的发展，又远远优于牛顿一筹.

17 世纪的许多数学家、天文学家、物理学家都做了大量的研究工作，提出许多很有建树的理论，为微积分的创立奠定了基础，如法国的费马、笛卡尔、罗伯瓦、笛沙格，英国的巴罗、瓦里士，德国的开普勒，意大利的卡瓦列利，等等.

到了 19 世纪初，法国科学学院以柯西为首的科学家，对微积分的理论进行了认真研究，建立了极限理论，后来又经过德国数学家维尔斯特拉斯进一步的严格化，使极限理论成为了微积分的坚定基础，使微积分得到了更好的发展.

微积分学的创立，成为数学发展中除几何与代数以外的另一重要分支——数学分析，并进一步发展为微分几何、微分方程、变分法等等，极大地推动了数学的发展，同时也促进了理论物理学的发展.

第3章　中值定理及导数的应用

前一章已经介绍了导数与微分的概念及计算方法，解决了运动物体的瞬时速度、加速度、曲线的切线方程和法线方程及近似求值等问题．本章将进一步利用导数研究函数的一些性态，并利用这些知识解决一些实际问题．首先我们来了解微分中值定理，它是利用导数研究函数的依据．

3.1　微分中值定理

微分中值定理在微积分理论中占有十分重要的地位，它们在导数的应用中提供了有力的理论依据，尤其是拉格朗日中值定理应用十分广泛．微分中值定理由特例到一般，包括：罗尔定理、拉格朗日中值定理、柯西中值定理，它们有着十分密切的相互依存关系．

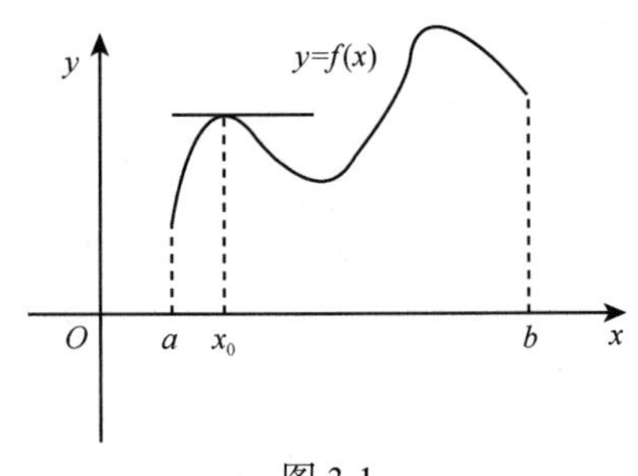

图 3-1

费马引理　设函数 $f(x)$ 在点 x_0 的某领域 $U(x_0)$ 内有定义，并且在 x_0 处可导，如果对于任意 $x \in U(x_0)$，有 $f(x) \leqslant f(x_0)$（或$f(x) \geqslant f(x_0)$），那么 $f'(x_0) = 0$．

费马引理的几何意义：一条曲线弧为连续弧段，若曲线有极大值(坡峰）或极小值(坡谷），则在极值处切线水平，如图 3-1 所示．

3.1.1　罗尔定理

定理 3.1　若函数 $f(x)$满足以下条件:

(1) $f(x)$ 在闭区间 $[a,b]$ 上连续;

(2) $f(x)$ 在开区间 (a,b) 可导;

(3) $f(a) = f(b)$;

则在开区间(a,b)内至少存在一点 ξ $(a < \xi < b)$，使得 $f'(\xi) = 0$．

罗尔定理的几何意义：设曲线弧在 $[a,b]$ 上连续，在 (a,b) 上处处有切线，且在两端点处高度相等，则弧上至少有一点切线平行于 x 轴．

下面观察一段两端等高的处处有切线的曲线弧 AB (见图 3-2)．我们看到，弧上至少存在一条水平的切线(斜率为 0) 平行于 x 轴，即 $f'(\xi) = 0$．

例 3.1 验证罗尔定理对 $f(x)=x^2-2x-3$ 在区间 $[-2,4]$ 上的正确性，并求出满足 $f'(\xi)=0$ 的点 ξ.

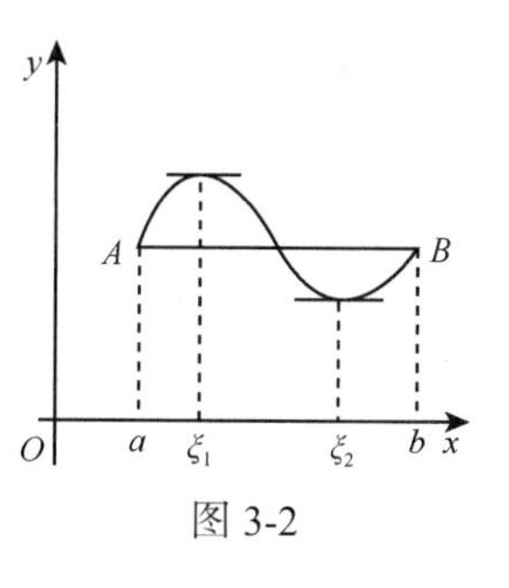

图 3-2

解： 已知 $f(x)=x^2-2x-3$ 是定义域为 $(-\infty,+\infty)$ 的初等函数，在 $[-2,4]$ 上连续，且在 $(-2,4)$ 上可导.

又 $f(-2)=f(4)=5$，因此，$f(x)$ 满足罗尔定理的三个条件，即 $f(x)$ 在区间 $[-2,4]$ 内至少存在一点 ξ，使得 $f'(\xi)=0$.

令 $f'(\xi)=0$，即 $f(\xi)=2\xi-2=0$，解得 $\xi=1$.

3.1.2 拉格朗日中值定理

定理 3.2 若函数 $f(x)$ 满足以下条件:

(1) $f(x)$ 在闭区间 $[a,b]$ 上连续;

(2) $f(x)$ 在开区间 (a,b) 上可导;

则在开区间 (a,b) 内至少存在一点 ξ $(a<\xi<b)$，使得 $f'(\xi)=\dfrac{f(b)-f(a)}{b-a}$.

与罗尔定理相比，拉格朗日中值定理仅仅少了该函数在两端点的值相等的条件，在结论中注意到 $f'(\xi)$ 正是弦 AB 的斜率，即

$$f'(\xi)=\frac{f(b)-f(a)}{b-a}$$

或

$$f(b)-f(a)=f'(\xi)(b-a).$$

拉格朗日中值定理的几何意义：设曲线弧 $f(x)$ 在 $[a,b]$ 上连续，在 (a,b) 上处处有切线，则开区间 (a,b) 内至少存在一点 ξ，曲线在该点的切线平行于两端点连线 AB，如图 3-3 所示.

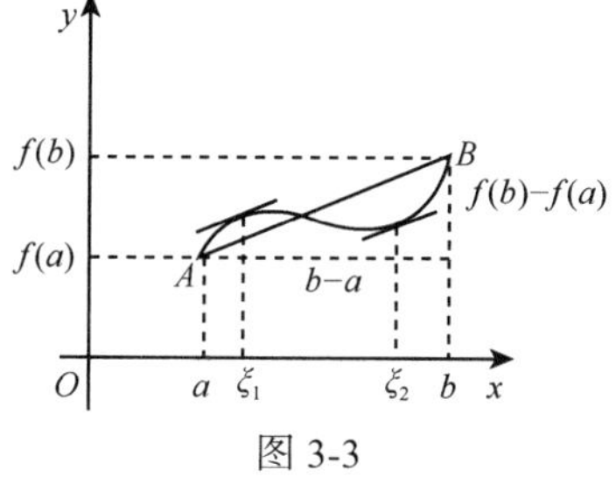

图 3-3

拉格朗日中值定理精确地表达了函数在一个区间上的增量与函数在这区间内某点处的导数之间的关系.

推论 1 若 $f(x)$ 在开区间 (a,b) 可导，$f'(x)\equiv 0$，则 $f(x)$ 在开区间 (a,b) 内恒等于常数，即 $f(x)=C$（C 为常数）.

推论 2 若在开区间 (a,b) 内恒有 $f'(x)=g'(x)$，则在 (a,b) 内有 $f(x)=g(x)+C$（C 为常数）.

例 3.2 验证拉格朗日中值定理对函数 $f(x)=\ln x$ 在闭区间 $[1,\mathrm{e}]$ 上的正确性.

解： 因为 $f(x)=\ln x$ 在 $[1,\mathrm{e}]$ 上连续，在 $(1,\mathrm{e})$ 内可导，且 $f'(x)=\dfrac{1}{x}$，即满足拉格朗日中值定理的条件.

又因为 $f(1)=\ln 1=0$，$f(\mathrm{e})=\ln\mathrm{e}=1$，由定理可知，存在 ξ，使得

$$\frac{\ln\mathrm{e}-\ln 1}{\mathrm{e}-1}=\frac{1}{\xi}，即 \xi=\mathrm{e}-1\in(1,\mathrm{e}).$$

故存在 $\xi=\mathrm{e}-1$，使 $f'(\xi)=\dfrac{f(\mathrm{e})-f(1)}{\mathrm{e}-1}$ 成立.

3.1.3 柯西中值定理

定理 3.3 若 $f(x),g(x)$ 都满足以下条件:

(1) 在闭区间 $[a,b]$ 上连续;

(2) 在开区间 (a,b) 内可导, 且对于任意的 $x\in(a,b)$, 有 $g'(x)\neq 0$;

则在开区间 (a,b) 内至少存在一点 ξ $(a<\xi<b)$, 使得

$$\frac{f'(\xi)}{g'(\xi)}=\frac{f(b)-f(a)}{g(b)-g(a)}.$$

例 3.3 验证函数 $f(x)=\sin x$ 和 $g(x)=\cos x$ 在区间 $[0,\frac{\pi}{2}]$ 上满足柯西中值定理的条件, 并求 ξ 的值.

解: 因为初等函数 $f(x)=\sin x$ 和 $g(x)=\cos x$ 在其定义域 $(-\infty,+\infty)$ 上都连续, 因此在区间 $[0,\frac{\pi}{2}]$ 上连续, 在区间 $(0,\frac{\pi}{2})$ 内, 且有 $f'(x)=\cos x$, $g'(x)=-\sin x\neq 0$, 满足柯西中值定理的条件, 因而存在 $\xi\in(0,\frac{\pi}{2})$, 使得

$$\frac{f'(\xi)}{g'(\xi)}=\frac{f(\frac{\pi}{2})-f(0)}{g(\frac{\pi}{2})-g(0)},$$

即 $$\frac{\cos\xi}{-\sin\xi}=\frac{1-0}{0-1},$$

解得 $$\xi=\frac{\pi}{4}.$$

罗尔定理是拉格朗日中值定理的特例, 而拉格朗日中值定理是罗尔定理的推广; 拉格朗日中值定理是柯西中值定理的特例, 而柯西中值定理是拉格朗日中值定理的推广. 在中值定理使用过程中, 应注意定理成立的条件.

习题3.1

1. 选择题:

(1) $y=\sin x$ 在 $[0,2\pi]$ 上符合罗尔定理条件的 $\xi=($ $)$;

A. 0　　B. $\frac{\pi}{2}$　　C. π　　D. 2π

(2) 下列函数( )在区间 $[-1,2]$ 上满足拉格朗日中值定理条件;

A. $|x|$　　B. x^3　　C. $\ln x^2$　　D. $1-\sqrt[3]{x^2}$

(3) 函数 $f(x)$ 在 $[a,b]$ 上满足拉格朗日中值定理条件, 且 $a<x_1<x_2<b$, 则至少存在一点 ξ, 使得( ) 成立;

A. $f'(\xi)=\frac{f(b)-f(a)}{b-a},\xi\in(a,b)$　　B. $f'(\xi)=\frac{f(x_2)-f(x_1)}{x_2-x_1},\xi\in(x_1,x_2)$

C. $f'(\xi)=\dfrac{f(b)-f(a)}{b-a},\xi\in(x_1,x_2)$　　D. $f'(\xi)=\dfrac{f(x_2)-f(x_1)}{x_2-x_1},\xi\in(a,b)$

(4) 若 $f(x)$ 在 (a,b) 内可导，则在 (a,b) 内(　　).

A. 至少存在一 ξ，使 $f'(\xi)=\dfrac{f(b)-f(a)}{b-a}$

B. 不一定存在 ξ，使 $f'(\xi)=\dfrac{f(b)-f(a)}{b-a}$

C. 必存在 ξ，使 $f'(\xi)=\dfrac{f(b)-f(a)}{b-a}$

D. 不可能存在 ξ，使 $f'(\xi)=\dfrac{f(b)-f(a)}{b-a}$

2. 设函数 $f(x)$ 在 $[0,1]$ 上可导，且 $0<f(x)<1$，同时在 $(0,1)$ 内有 $f'(x)\neq 1$，证明：方程 $f(x)=x$ 在 $(0,1)$ 内有唯一的实根.

3. 证明方程 $x^5+x-1=0$ 有且仅有一个正根.

3.2 洛必达法则

在前面求极限时，我们遇到过求无穷小量之比或无穷大量之比的极限. 这类极限可能存在，也可能不存在，通常我们把上述这两种极限叫做 $\dfrac{0}{0}$ 型未定式或 $\dfrac{\infty}{\infty}$ 型未定式. 例如：

$\lim\limits_{x\to a}\dfrac{\sin x-\sin a}{x-a}$，$\lim\limits_{x\to\infty}\dfrac{\frac{\pi}{2}-\arctan x}{\frac{1}{x}}$ 是 $\dfrac{0}{0}$ 型未定式；而 $\lim\limits_{x\to\infty}\dfrac{\ln(1+x^2)}{x}$，$\lim\limits_{x\to\frac{\pi}{2}}\dfrac{\tan x}{\tan 3x}$ 是 $\dfrac{\infty}{\infty}$ 型未定式.

对于这类极限，即使极限值存在也不能用“商的极限等于极限的商”来求得. 下面介绍的洛必达(L'Hospital)法则是求解未定式极限的一种便捷有效的方法.

3.2.1 $\dfrac{0}{0}$ 型

定理 3.4 设函数 $f(x)$ 与 $g(x)$ 满足下列条件:

(1) $\lim\limits_{x\to x_0}f(x)=0$，$\lim\limits_{x\to x_0}g(x)=0$；

(2) 在点 x_0 的某去心一邻域内，$f'(x)$与$g'(x)$ 存在，且 $g'(x)\neq 0$；

(3) $\lim\limits_{x\to x_0}\dfrac{f'(x)}{g'(x)}$ 存在(或 ∞)，则有

$$\lim_{x\to x_0}\frac{f(x)}{g(x)}=\lim_{x\to x_0}\frac{f'(x)}{g'(x)}.$$

上述法则当 $x\to\infty$，$x\to x_0^{+}$，$x\to x_0^{-}$ 时同样成立.

注意： 若 $\lim\limits_{x\to x_0}\dfrac{f'(x)}{g'(x)}$(或 $\lim\limits_{x\to\infty}\dfrac{f'(x)}{g'(x)}$) 又是 $\dfrac{0}{0}$ 型且 $f'(x),g'(x)$ 满足上述条件，则可以继续使用洛必达法则，即 $\lim\limits_{x\to x_0}\dfrac{f(x)}{g(x)}=\lim\limits_{x\to x_0}\dfrac{f'(x)}{g'(x)}=\lim\limits_{x\to x_0}\dfrac{f''(x)}{g''(x)}$.

例 3.4 求 $\lim\limits_{x\to 0}\dfrac{\sin x}{x}$.

解: 此题是两个重要极限之一，也是$\dfrac{0}{0}$型的未定式极限，可以定理 3.4 求解.

$$\lim_{x\to 0}\frac{\sin x}{x}=\lim_{x\to 0}\frac{(\sin x)'}{(x)'}=\lim_{x\to 0}\cos x=1.$$

说明: 此题应用洛必达法则在一定程度上简化了运算的复杂程度.

例 3.5 求 $\lim\limits_{x\to 0}\dfrac{\ln(1+x)}{x}$.

解: 此题是$\dfrac{0}{0}$型的未定式极限，根据定理 3.4,

$$\lim_{x\to 0}\frac{\ln(1+x)}{x}=\lim_{x\to 0}\frac{[\ln(1+x)]'}{(x)'}\lim_{x\to 0}\frac{\frac{1}{1+x}}{1}=1.$$

说明: 此题也可用等价无穷小来解.

例 3.6 求 $\lim\limits_{x\to 1}\dfrac{x^3-3x+2}{x^3-x^2-x+1}$.

解: 此题是$\dfrac{0}{0}$型的未定式极限，根据定理 3.4,

$$\lim_{x\to 1}\frac{x^3-3x+2}{x^3-x^2-x+1}=\lim_{x\to 1}\frac{3x^2-3}{3x^2-2x-1}=\lim_{x\to 1}\frac{6x}{6x-2}=\frac{3}{2}.$$

例 3.7 求 $\lim\limits_{x\to 0}\dfrac{\mathrm{e}^x-\mathrm{e}^{-x}-2x}{x-\sin x}$.

解: 此题是$\dfrac{0}{0}$型的未定式极限，根据定理 3.4,

$$\lim_{x\to 0}\frac{\mathrm{e}^x-\mathrm{e}^{-x}-2x}{x-\sin x}=\lim_{x\to 0}\frac{\mathrm{e}^x+\mathrm{e}^{-x}-2}{1-\cos x}=\lim_{x\to 0}\frac{\mathrm{e}^x-\mathrm{e}^{-x}}{\sin x}=\lim_{x\to 0}\frac{\mathrm{e}^x+\mathrm{e}^{-x}}{\cos x}=2.$$

注意: 本题连续用了三次定理 3.4.

例 3.8 求 $\lim\limits_{x\to 0}\dfrac{\sin mx}{\sin nx}$.

解: $\lim\limits_{x\to 0}\dfrac{\sin mx}{\sin nx}=\lim\limits_{x\to 0}\dfrac{(\sin mx)'}{(\sin nx)'}=\lim\limits_{x\to 0}\dfrac{m\cos mx}{n\cos nx}=\dfrac{m}{n}$.

3.2.2 $\dfrac{\infty}{\infty}$ 型

定理 3.5 设函数 $f(x)$ 与 $g(x)$ 满足下列条件:

(1) $\lim\limits_{x\to x_0}f(x)=\infty$, $\lim\limits_{x\to x_0}g(x)=\infty$;

(2) 在点 x_0 的某一去心邻域内，$f'(x)$与$g'(x)$存在，且 $g'(x)\neq 0$;

(3) $\lim\limits_{x\to x_0}\dfrac{f'(x)}{g'(x)}$ 存在(或无穷大)，则有

$$\lim_{x\to x_0}\frac{f(x)}{g(x)}=\lim_{x\to x_0}\frac{f'(x)}{g'(x)}.$$

上述法则当 $x\to\infty$ ，$x\to x_0^+$ ，$x\to x_0^-$ 时同样成立.

例 3.9 求 $\lim\limits_{x\to\frac{\pi}{2}}\dfrac{\tan x}{\tan 3x}$.

解: 此题是 $\dfrac{\infty}{\infty}$ 型的未定式极限，根据洛定理 3.5,

$$\lim_{x\to\frac{\pi}{2}}\frac{\tan x}{\tan 3x}=\lim_{x\to\frac{\pi}{2}}\frac{\sec^2 x}{3\sec^2 3x}=\lim_{x\to\frac{\pi}{2}}\frac{\cos^2 3x}{3\cos^2 x}\left(\frac{0}{0}\right)=\lim_{x\to\frac{\pi}{2}}\frac{-6\cos 3x\sin 3x}{-6\cos x\sin x}$$
$$=\lim_{x\to\frac{\pi}{2}}\frac{\sin 6x}{\sin 2x}\left(\frac{0}{0}\right)=\lim_{x\to\frac{\pi}{2}}\frac{6\cos 6x}{2\cos 2x}=3.$$

3.2.3 可化为 $\frac{0}{0}$ 型或 $\frac{\infty}{\infty}$ 型的极限

除“$\dfrac{0}{0}$”型和“$\dfrac{\infty}{\infty}$”型的未定式，还有 $\infty-\infty, 0\cdot\infty, 1^\infty, 0^0, \infty^0$ 等其他未定式，这时，只需进行适当的变换将极限式化为“$\dfrac{0}{0}$”“$\dfrac{\infty}{\infty}$”型的未定式即可.

例 3.10 求 $\lim\limits_{x\to 0}x\ln x$. ($0\cdot\infty$ 型)

解: $\lim\limits_{x\to 0}x\ln x=\lim\limits_{x\to 0}\dfrac{\ln x}{\frac{1}{x}}=\lim\limits_{x\to 0}\dfrac{\frac{1}{x}}{-\frac{1}{x^2}}=\lim\limits_{x\to 0}(-x)=0.$

例 3. 11 求 $\lim\limits_{x\to 1}(\dfrac{x}{x-1}-\dfrac{1}{\ln x})$. ($\infty-\infty$型)

解: $\lim\limits_{x\to 1}(\dfrac{x}{x-1}-\dfrac{1}{\ln x})=\lim\limits_{x\to 1}\dfrac{x\ln x-x+1}{(x-1)\ln x}=\lim\limits_{x\to 1}\dfrac{\ln x+1-1}{\ln x+1-\frac{1}{x}}$

$$=\lim_{x\to 1}\frac{x\ln x}{x\ln x+x-1}=\lim_{x\to 1}\frac{\ln x+1}{\ln x+1+1}=\frac{1}{2}.$$

例 3. 12 求 $\lim\limits_{x\to 0^+}x^x$. ($0^0$型)

解: 令 $y=x\ln x$，由例 3. 10 知 $\lim\limits_{x\to 0^+}x\ln x=0$，因此有

$$\lim_{x\to 0^+}x^x=\lim_{x\to 0^+}\mathrm{e}^{x\ln x}=\mathrm{e}^{\lim\limits_{x\to 0^+}x\ln x}=\mathrm{e}^0=1.$$

例 3. 13 求 $\lim\limits_{x\to 1}x^{\frac{1}{1-x}}$. ($1^\infty$ 型)

解: 令 $y=\dfrac{1}{1-x}\ln x$，而 $\lim\limits_{x\to 1}\dfrac{\ln x}{1-x}=\lim\limits_{x\to 1}\dfrac{\frac{1}{x}}{-1}=-1$，则

$$\lim_{x\to 1}x^{\frac{1}{1-x}}=\lim_{x\to 1}\mathrm{e}^{\frac{\ln x}{1-x}}=\mathrm{e}^{\lim\limits_{x\to 1}\frac{\ln x}{1-x}}=\mathrm{e}^{-1}=\frac{1}{\mathrm{e}}.$$

例 3.14 求 $\lim\limits_{x\to 0}(1+\dfrac{1}{x})^x$. ($\infty^0$ 型)

解: 令 $y=x\ln(1+\dfrac{1}{x})$，而 $\lim\limits_{x\to 0}\dfrac{\ln(1+\frac{1}{x})}{\frac{1}{x}}=\lim\limits_{t\to\infty}\dfrac{\ln(1+t)}{t}=\lim\limits_{t\to\infty}\dfrac{\frac{1}{1+t}}{1}=0$，因此

$$\lim_{x\to 0}(1+\frac{1}{x})^x=\lim_{x\to 0}\mathrm{e}^y=\mathrm{e}^{\lim\limits_{x\to 0}x\ln(1+\frac{1}{x})}=\mathrm{e}^0=1.$$

例 3.15 求 $\lim\limits_{x\to\infty}\dfrac{x+\cos x}{x}$.

解: 此题为$\dfrac{\infty}{\infty}$型，若用洛必达法则，有 $\lim\limits_{x\to\infty}\dfrac{x+\cos x}{x}=\lim\limits_{x\to\infty}\dfrac{1-\sin x}{1}=\lim\limits_{x\to\infty}(1-\sin x)$不存在.

因此，可改用其他方法，$\lim\limits_{x\to\infty}\dfrac{x+\cos x}{x}=\lim\limits_{x\to\infty}(1+\dfrac{1}{x}\cos x)=1$.

例 3.16 求 $\lim\limits_{x\to+\infty}\dfrac{\mathrm{e}^x-\mathrm{e}^{-x}}{\mathrm{e}^x+\mathrm{e}^{-x}}$.

解: 此题为$\dfrac{\infty}{\infty}$型，若用洛必达法则，有 $\lim\limits_{x\to+\infty}\dfrac{\mathrm{e}^x-\mathrm{e}^{-x}}{\mathrm{e}^x+\mathrm{e}^{-x}}=\lim\limits_{x\to+\infty}\dfrac{\mathrm{e}^x+\mathrm{e}^{-x}}{\mathrm{e}^x-\mathrm{e}^{-x}}=\lim\limits_{x\to+\infty}\dfrac{\mathrm{e}^x-\mathrm{e}^{-x}}{\mathrm{e}^x+\mathrm{e}^{-x}}=\cdots$
出现循环，因此洛必达法则失效. 改用其他方法，有

$$\lim_{x\to+\infty}\frac{\mathrm{e}^x-\mathrm{e}^{-x}}{\mathrm{e}^x+\mathrm{e}^{-x}}=\lim_{x\to+\infty}\frac{1-\mathrm{e}^{-2x}}{1+\mathrm{e}^{-2x}}=\frac{1-0}{1+0}=1.$$

由例 3. 15, 3. 16 可知，若洛必达法则失效，则不能判定该函数无极限，而需改用其他方法求解.

下面，我们对利用洛比达法则求解各类未定式极限的问题进行归纳:

(1) 对于 $0\cdot\infty$型，$\infty-\infty$ 型: 先将函数恒等变形，化为$\dfrac{0}{0}$型或$\dfrac{\infty}{\infty}$型，再用洛必达法则;

(2) 对于$0^0,1^\infty,\infty^0$ 型: 先将原函数取对数，化成 $0\cdot\infty$型，再转化成$\dfrac{0}{0}$型或$\dfrac{\infty}{\infty}$型,最后再用洛必达法则求解.

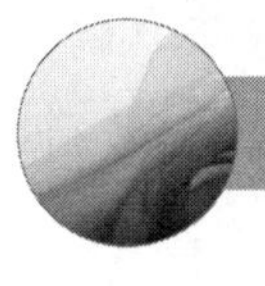

习题3.2

1. 求下列极限:

(1) $\lim\limits_{x\to+\infty}\dfrac{\frac{\pi}{2}-\arctan x}{\sin\frac{1}{x}}$;　(2) $\lim\limits_{x\to\pi}\dfrac{1+\cos x}{\tan^2 x}$;　(3) $\lim\limits_{x\to 1^-}\dfrac{\ln\tan\frac{\pi}{2}x}{\ln(1-x)}$;

(4) $\lim\limits_{x\to 0^+}x^n\ln x\,(n>0)$;　(5) $\lim\limits_{x\to\frac{\pi}{2}}(\sec x-\tan x)$;　(6) $\lim\limits_{x\to 0}(\cos x+x\sin x)^{\frac{1}{x^2}}$;

(7) $\lim\limits_{x\to 0}\dfrac{x-\sin x}{x^2\sin x}$;　(8) $\lim\limits_{x\to\infty}\dfrac{x-\sin x}{x+\cos x}$;　(9) $\lim\limits_{x\to 0}\dfrac{\mathrm{e}^x-1}{\sin x}$.

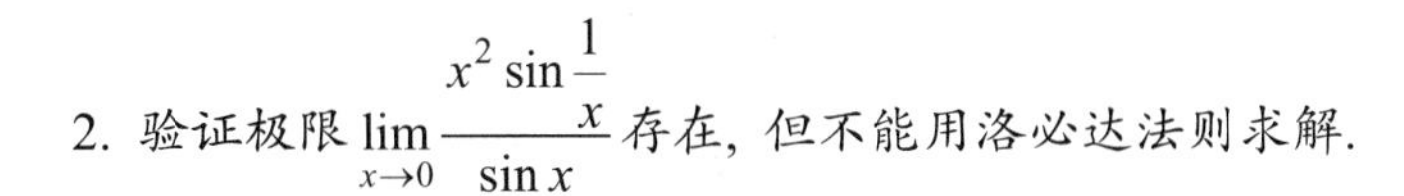

2. 验证极限 $\lim\limits_{x\to 0}\dfrac{x^2\sin\dfrac{1}{x}}{\sin x}$ 存在，但不能用洛必达法则求解.

3.3 函数的单调性与函数的最值问题

3.3.1 函数的单调性

函数的单调性是函数的重要特性之一. 如果函数 $f(x)$ 在 $[a,b]$ 上单调递增，则它的图形是一条沿 x 轴正向上升的曲线，若所给曲线上每点处都存在非垂直的切线，则曲线上各点处的切线斜率非负，即 $f'(x)\geqslant 0$，如图 3-4(1)所示；如果函数 $f(x)$ 在 $[a,b]$ 上单调递减，则它的图形是一条沿 x 轴正向下降的曲线，若所给曲线上每点处都存在非垂直的切线，则曲线上各点处的切线斜率非正，即 $f'(x)\leqslant 0$，如图 3-4(2)所示.

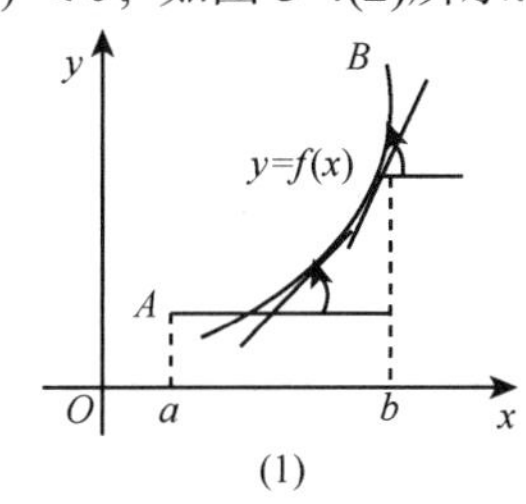

(1)

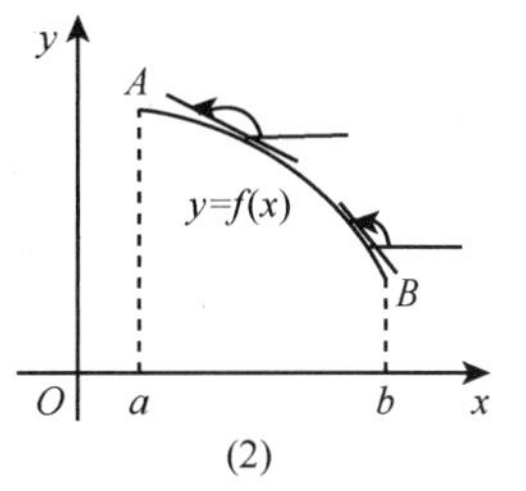

(2)

图 3-4

反之，能否用导数的符号来判定函数的单调性呢？由拉格朗日中值定理可以得出判定函数单调性的如下定理.

定理 3.6 设函数 $f(x)$ 在 $[a,b]$ 上连续，在 (a,b) 内可导.

(1) 如果在 (a,b) 内 $f'(x)>0$，那么函数 $f(x)$ 在 $[a,b]$ 上严格单调递增；

(2) 如果在 (a,b) 内 $f'(x)<0$，那么函数 $f(x)$ 在 $[a,b]$ 上严格单调递减.

证明： 任取两点 $x_1,x_2\in(a,b)$，不妨设 $x_1<x_2$. 函数 $f(x)$ 在 $[x_1,x_2]$ 内满足拉格朗日中值定理条件，所以至少存在一点 $\xi\in(x_1,x_2)$，使得

$$f(x_2)-f(x_1)=f'(\xi)(x_2-x_1).$$

由于 $x_2-x_1>0$，若 $f'(x)>0$，有 $f'(\xi)>0$，则 $f(x_2)-f(x_1)>0$，即

$$f(x_1)<f(x_2),$$

从而函数 $f(x)$ 在 $[a,b]$ 上严格单调递增.

同理可证，若在 (a,b) 内 $f'(x)<0$，则函数 $f(x)$ 在 $[a,b]$ 上严格单调递减.

例 3.17 判定函数 $f(x)=x-\sin x, x\in[0,2\pi]$ 的单调性.

解： 因为 $f'(x)=1-\cos x\geqslant 0, x\in[0,2\pi]$，所以 $f(x)=x-\sin x, x\in[0,2\pi]$ 为单调递增函数.

例 3.18 讨论函数 $f(x)=\dfrac{3}{8}x^{\frac{8}{3}}-\dfrac{3}{2}x^{\frac{2}{3}}$ 的单调性.

解： 此函数的定义域为 $(-\infty,+\infty)$，

$$f'(x)=x^{\frac{5}{3}}-x^{-\frac{1}{3}}=x^{-\frac{1}{3}}(x^2-1)=\frac{(x+1)(x-1)}{\sqrt[3]{x}}.$$

令 $f'(x)=0$，可得 $x=-1, x=1$；当 $x=0$ 时函数的导数不存在.

这三点把定义域 $(-\infty,+\infty)$ 分成了 $(-\infty,-1)$，$(-1,0)$，$(0,1)$，$(1,+\infty)$ 四个区间，如表 3-1 所示:

表 3-1

x	$(-\infty,-1)$	-1	$(-1,0)$	0	$(0,1)$	1	$(1,+\infty)$
$f'(x)$	$-$	0	$+$	不存在	$-$	0	$+$
$f(x)$	↘		↗		↘		↗

由上表可知，所给函数为严格单调递增的区间是 $(-1,0)$ 和 $(1,+\infty)$；严格单调递减的区间是 $(-\infty,-1)$ 和 $(0,1)$.

综合上例，我们可以归纳出求函数单调区间的一般步骤:

(1) 确定函数的定义域;

(2) 求出导函数 $f'(x)$;

(3) 求出 $f(x)$ 的所有驻点($f'(x)=0$ 的根) 和导数 $f'(x)$ 不存在的点;

(4) 列表，判定导数 $f'(x)$ 在各区间的正负号，从而确定函数的单调性.

利用函数的单调性还可以证明一系列不等式，其基本方法如下:

欲证明当 $x>a$ 时，有 $f(x)\geqslant g(x)$,可令 $F(x)=f(x)-g(x)$.

如果 $F(x)$ 满足下列条件:

(1) $F(a)\geqslant 0$;

(2) 当 $x>a$ 时，有 $F'(x)=f'(x)-g'(x)\geqslant 0$，则由 $F(x)$ 为单调递增函数可知，当 $x>a$ 时，有 $F(x)\geqslant F(a)\geqslant 0$，即

$$f(x)\geqslant g(x).$$

当 $x<a$ 时，有 $F'(x)=f'(x)-g'(x)\leqslant 0$，则由 $F(x)$ 为单调递减函数可知，当 $x<a$ 时，有 $F(x)\geqslant F(a)\geqslant 0$，即

$$f(x)\geqslant g(x).$$

例 3.19 在 $0<x<\dfrac{\pi}{2}$ 时，试证: (1) $\tan x>x$; (2) $\tan x>x+\dfrac{x^3}{3}$.

证明: (1) 令 $f(x)=\tan x-x$，当 $0<x<\dfrac{\pi}{2}$ 时，有 $f'(x)=\sec^2 x-1=\tan^2 x>0$，由此推出 $f(x)$ 在 $0<x<\dfrac{\pi}{2}$ 时为严格单调递增函数，当 $0<x<\dfrac{\pi}{2}$ 时，有 $f(x)=\tan x-x>f(0)=0$，

即 $\tan x>x$.

(2) 令 $f(x)=\tan x-x-\dfrac{x^3}{3}$，当 $0<x<\dfrac{\pi}{2}$ 时，有 $f'(x)=\sec^2 x-1-x^2=\tan^2 x-x^2$ $=(\tan x-x)(\tan x+x)>0$，由此推出 $f(x)$ 在 $0<x<\dfrac{\pi}{2}$ 内为严格单调递增函数，而 $f(0)=0$，则当 $0<x<\dfrac{\pi}{2}$ 时，有 $f(x)=\tan x-x-\dfrac{x^3}{3}>0$,

即 $\tan x>x+\dfrac{x^3}{3}$.

3.3.2 函数的极值与最值问题

在实际问题中, 我们常会遇到在一定条件下解决最大、最小、最远、最近、最优等问题. 这类问题在数学上常常被归结为求函数在给定区间上的最大值的或最小值的问题, 简称最值问题, 下面就来介绍函数的极值和最值问题.

1. 函数的极值

定义 3.1 设函数 $y=f(x)$ 在 x_0 的某邻域 $(x_0-\delta,x_0+\delta)$ 内有定义. 如果对任意的 $x\in(x_0-\delta,x_0+\delta)$, 都有

(1) $f(x)\leqslant f(x_0)$ 成立, 则称 $f(x_0)$ 为 $f(x)$ 的极大值, x_0 称为 $f(x)$ 的极大值点;

(2) $f(x)\geqslant f(x_0)$ 成立, 则称 $f(x_0)$ 为 $f(x)$ 的极小值, x_0 称为 $f(x)$ 的极小值点.

极大值和极小值统称为**极值**, 极大值点、极小值点统称为**极值点**. 如图 3-5 所示, x_1,x_3 为函数的极小值点, x_2,x_4 为函数的极大值点.

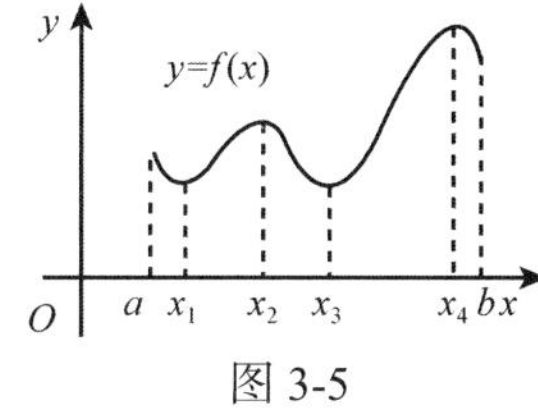

图 3-5

注意: 函数的极值点就是函数单调区间的分界点, 或者说是 $f'(x)$ 的符号发生转变的点.

下面给出极值存在的判定条件.

定理 3.7 (极值存在的必要条件) 设函数 $f(x)$ 在邻域 $(x_0-\delta,x_0+\delta)$ 内可导, 且 x_0 是函数 $f(x)$ 的极值点, 则

$$f'(x_0)=0.$$

此定理可由费马引理得出.

定义 3.2 若导数 $f'(x_0)=0$, 则称 x_0 为函数 $f(x)$ 的**驻点**.

注意: (1) 可导函数的极值点必定是驻点, 但驻点不一定是极值点.

(2) 函数不可导的点也有可能是极值点.

如 $y=x^2$, 在 $x=0$ 处是驻点, 也是极小值点; 而 $y=x^3$, 在 $x=0$ 处是驻点, 但不是极值点; 又如 $y=|x|$, 在 $x=0$ 处导数不存在, 但它是极小值点.

定理 3.8 (极值点的判别法 1) 设函数 $y=f(x)$ 在 x_0 的某邻域 $(x_0-\delta,x_0+\delta)$ 内连续, 在其去心邻域内可导.

(1) 当 $x<x_0$ 时, $f'(x)>0$, 当 $x>x_0$ 时, $f'(x)<0$, 则点 x_0 为 $y=f(x)$ 的极大值点;

(2) 当 $x<x_0$ 时, $f'(x)<0$, 当 $x>x_0$ 时, $f'(x)>0$, 则点 x_0 为 $y=f(x)$ 的极小值点;

(3) 若 $f'(x)$ 在 x_0 点的两侧保持同符号, 则点 x_0 不是 $y=f(x)$ 的极值点.

证明: (1) 由函数单调性的判别定理可知, 当 $x<x_0$ 时, $f'(x)>0$, $f(x)$ 为单调递增函数; 当 $x>x_0$ 时, $f'(x)<0$, $f(x)$ 为单调递减函数. 因此, $x\in(x_0-\delta,x_0+\delta)$ 时, 有 $f(x)\leqslant f(x_0)$, 根据定义 3. 1 知, 点 x_0 为 $y=f(x)$ 的极大值点.

(2) 由函数单调性的判别定理知, 当 $x<x_0$ 时, $f'(x)<0$, $f(x)$ 为严格单调递减函数; 当 $x>x_0$ 时, $f'(x)>0$, $f(x)$ 为严格单调递增函数. 因此, $x\in(x_0-\delta,x_0+\delta)$ 时, 有 $f(x)\geqslant f(x_0)$, 根据定义 3. 1 知, 点 x_0 为 $y=f(x)$ 的极小值点.

(3) 在 x_0 点的两侧, 由 $f'(x)$ 保持相同符号可知, $f(x)$ 始终保持同增同减. 因此, $f(x_0)$ 不可能是 $f(x)$ 的极值, 故点 x_0 不是 $y=f(x)$ 的极值点.

求函数极值的一般步骤如下:

(1) 确定函数的定义域;

(2) 求导函数 $f'(x)$;

(3) 求出 $f(x)$ 的所有驻点($f'(x)=0$ 的根) 和导数 $f'(x)$ 不存在的点;

(4) 列表判定导数 $f'(x)$ 在各区间的正负号, 得到相应的极值.

例 3.20 求函数 $y=f(x)=x^3-3x^2-9x+5$ 的极值.

解: 函数的定义域为 $(-\infty,+\infty)$, $y'=3x^2-6x-9=3(x+1)(x-3)$.

令 $y'=0$, 得驻点 $x_1=-1,x_2=3$, 驻点将定义域划分成三个区间, 列表 3-2:

表 3-2

x	$(-\infty,-1)$	-1	$(-1,3)$	3	$(3,+\infty)$
y'	+	0	−	0	+
y	↗	极大值 10	↘	极小值-22	↗

从上表可得, 极大值 $f(-1)=10$, 极小值 $f(3)=-22$.

例 3.21 求函数 $f(x)=(x-4)\sqrt[3]{(x+1)^2}$ 的极值和极值点.

解: 函数的定义域为 $(-\infty,+\infty)$, $f'(x)=\dfrac{5(x-1)}{3\sqrt[3]{x+1}}$,

令 $f'(x)$=0, 得驻点 x_1=1, 导数不存在的点是 $x_2=-1$. 此两点把定义域划分成三个区间, 列表 3-3:

表 3-3

x	$(-\infty,-1)$	-1	$(-1,1)$	1	$(1,+\infty)$
$f'(x)$	+	不存在	−	0	+
$f(x)$	↗	极大值 0	↘	极小值 $-3\sqrt[3]{4}$	↗

从上表可得, 函数的极大值为 $f(-1)=0$, $x_2=-1$ 是函数 $f(x)$ 的极大值点; 函数的极小值为 $f(1)=-3\sqrt[3]{4}$, $x_1=1$ 是函数 $f(x)$ 的极小值点.

定理 3.9 (极值点的判别法 2) 设函数 $f(x)$ 在点 x_0 的某邻域 $(x_0-\delta,x_0+\delta)$ 内有二阶导数 $f''(x)$ 存在, 且 $f'(x_0)=0$, $f''(x_0)\neq 0$.

(1) 若 $f''(x_0)<0$, 则点 x_0 是函数 $f(x)$ 的极大值点;

(2) 若 $f''(x_0)>0$, 则点 x_0 是函数 $f(x)$ 的极小值点.

利用定理 3.9 可以使某些求极值问题的解法更简便.

例 3.22 求函数 $f(x)=(x^2-1)^3+1$ 的极值.

解: 函数的定义域为 $(-\infty,+\infty)$, $f'(x)=6x(x^2-1)^2$,

令 $f'(x)$=0, 得驻点 $x_1=-1,x_2=0,x_3=1$.

又 $f''(x)=24x^2(x^2-1)+6(x^2-1)^2=6(x^2-1)(5x^2-1)$.

因为 $f''(0)=6>0$, 所以由极值点的判别法 2 知, 函数 $f(x)$ 在 $x=0$ 处取极小值, 极小值为 $f(0)=0$; 又因为 $f''(\pm 1)=0$, 故不能用定理 3. 9 判定. 因为在 $x=-1$ 的两侧附近恒有 $f'(x)<0$, 不变符号. 所以在 $x=-1$ 处函数 $f(x)$ 不能取得极值, 同理可证在 $x=1$ 处函数 $f(x)$ 也不能取得极值.

2. 函数的最大值和最小值

我们知道闭区间上的连续函数必存在最大值与最小值. 现在我们来研究如何求出闭区间上

连续函数的最值及最值点.

定义 3.3 函数的最大值和最小值统称为**最值**，使函数取得最值的点，称为**最值点**.

如果函数 $f(x)$ 在 $[a,b]$ 上连续，则它的最值点可能在 (a,b) 内，也可能在两端点处(如单调函数)，还有可能一个在区间内，一个在端点处. 若最值点在 (a,b) 内取得，则最值点必为极值点，如图 3-6 所示.

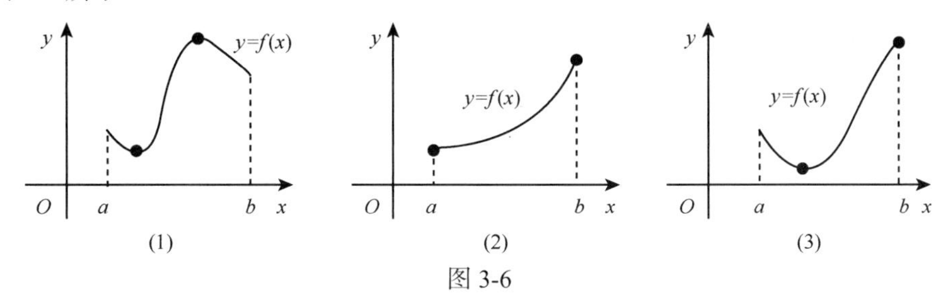

图 3-6

求闭区间 $[a,b]$ 上连续函数 $f(x)$ 的最值的步骤如下:

(1) 求出 (a,b) 内的所有驻点和不可导点;

(2) 比较驻点、不可导点及区间端点的函数值大小，最大的即为 $f(x)$ 在 $[a,b]$ 上的最大值，最小的即为 $f(x)$的最小值.

注意: 最值问题是函数 $f(x)$ 在 $[a,b]$ 上的整体性质; 极值问题是函数 $f(x)$ 在某邻域内的局部性质.

例 3.23 求函数 $f(x)=x^{\frac{1}{3}}(1-x)^{\frac{2}{3}}$ 在 $[-1,2]$ 上的最大值和最小值.

解: 函数 $f(x)$ 在 $[-1,2]$ 上是连续的，且

$$f'(x)=\frac{1}{3}x^{-\frac{2}{3}}(1-x)^{\frac{2}{3}}-\frac{2}{3}x^{\frac{1}{3}}(1-x)^{-\frac{1}{3}}=\frac{1-3x}{3\sqrt[3]{x^2(1-x)}}.$$

令 $f'(x)=0$，得驻点为 $x_1=\dfrac{1}{3}$，不可导点为 $x_2=0, x_3=1$.

又 $f(\frac{1}{3})=\frac{1}{3}\sqrt[3]{4}$，$f(0)=f(1)=0$，$f(-1)=-\sqrt[3]{4}$，

所以函数的最大值为 $f(\frac{1}{3})=\frac{1}{3}\sqrt[3]{4}$，最小值为 $f(-1)=-\sqrt[3]{4}$.

例 3.24 一大型工厂在铁路线 AB 段的旁边，A、B 为两站，AB 段的距离为 100km(见图 3-7). 工厂 C 距 A 处为 20km，AC 垂直于 AB. 为了运输需要，要在 AB 线上选定一点 D 建一个火车站，向工厂修筑一条公路. 已知铁路每公里货运的运费与公路上每公里货运的运费之比为 3∶5，为了使货物从供应站 B 运到工厂 C 的运费最省，问 D 点应选在何处?

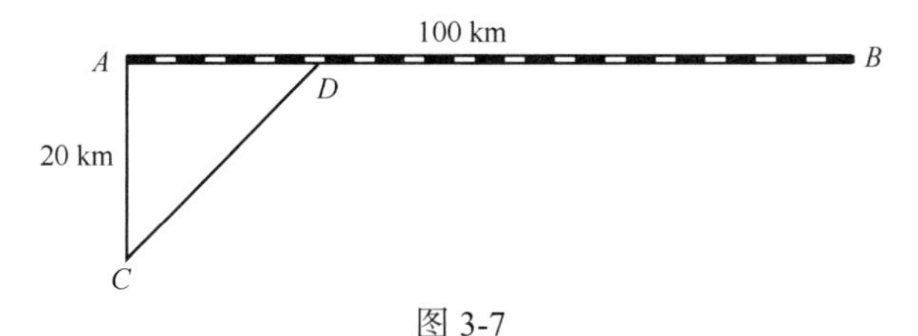

图 3-7

解: 设 $AD=x$，则 $DB=100-x$，$CD=\sqrt{20^2+x^2}=\sqrt{400+x^2}$.

设从 B 点到 C 点需要的总运费为 y, 那么

$$y=5k\cdot CD+3k\cdot DB\ (k\text{ 是某个正数}),$$

即

$$y=5k\sqrt{400+x^2}+3k(100-x)\ (0\leqslant x\leqslant 100).$$

现在, 问题就归结为当 x 在区间[0, 100]上取何值时, 目标函数 y 取得最小值.

先求 y 对 x 的导数, 得

$$y'=k(\frac{5x}{\sqrt{400+x^2}}-3).$$

令 $y'=0$, 得驻点 $x=15$, $x=-15$(舍去).

再求二阶导数为

$$y''=k(\frac{5(400+x^2)-5x^2}{\sqrt{400+x^2}(400+x^2)})>0,$$

故 $x=15$ 是最小值点.

因此, 当 $AD=15\text{km}$ 时, 总运费最省.

注意: 在实际问题中, 如果知道存在最值, 而函数仅有一个可能的极值点, 则这个点就是最值点. 所以上题也可以不用二阶导数判断, 直接说明即可.

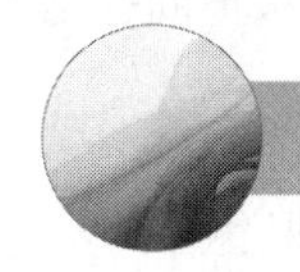

习题3.3

1. 确定下列函数的单调区间:

(1) $y=\frac{1}{2}(\mathrm{e}^x-\mathrm{e}^{-x})$;　　(2) $y=2+x-x^2$;

(3) $y=\frac{\sqrt{x}}{x+100}$;　　(4) $y=\sqrt[3]{(2x-x^2)^2}$.

2. 用函数的单调性证明下列不等式:

(1) 当 $x>0$ 时, 有 $x-\frac{x^2}{2}<\ln(1+x)<x$;

(2) 当 $0<x<\frac{\pi}{2}$ 时, 有 $\frac{2}{\pi}x<\sin x<x$;

(3) 当 $x>1$ 时, $2\sqrt{x}>3-\frac{1}{x}$;

(4) 当 $x>0$ 时, $\mathrm{e}^x>1+x$.

3. 求下列函数的极值:

(1) $y=2x^3-6x^2-18x+7$;　　(2) $y=x^2\ln x$;

(3) $y=(x-5)^2\sqrt[3]{(x+1)^2}$;　　(4) $y=x^2\mathrm{e}^{-x^2}$;

(5) $y=2-(x-1)^{\frac{2}{3}}$;　　(6) $y=\frac{\ln^2 x}{x}$.

4. 求下列函数在给定区间上的最小值:

(1) $y=x^5-5x^4+5x^3+1, x\in[-1,2]$;

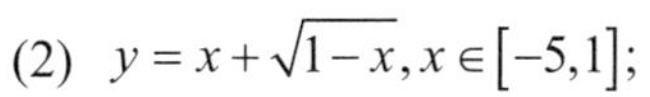

(2) $y = x + \sqrt{1-x}, x \in [-5,1]$;

(3) $y = 2\tan x - \tan^2 x, x \in \left[0, \dfrac{\pi}{3}\right]$.

5. 设 $y = 2x^3 + ax + 3$ 在 $x = 1$ 处取得极小值，求 a 的值.

6. 设有一块边长为 a 的正方形铁皮，从四个角截去相同的小方块，成一个无盖的方盒子，问小方块的边长为多少才能使盒子容积最大?

7. 欲做一个底面为长方形的带盖的箱子，其体积为 72cm，底边为 1: 2 的关系，问各边的长为多少时，才能使箱子的表面积最小.

3.4 曲线的凹凸性与拐点

我们曾经研究过函数的一些特性，如连续性，奇偶性，周期性及单调性. 掌握了这些性质后，对我们迅速而较为准确地做出函数的图像是很有帮助的. 但要做出更精确的函数图像，仅有这些知识还不够，如函数 $y = x^2$ 与 $y = \sqrt{x}$ 的图像都经过点 $(0,0)$ 和 $(1,1)$ 且在 $(0,+\infty)$ 内都为严格单调递增的函数，但两函数对应的曲线的弯曲方向是不一样的，如图 3-8 所示. 因此，我们还需要进一步研究函数曲线的弯曲方向，即函数的凹凸性.

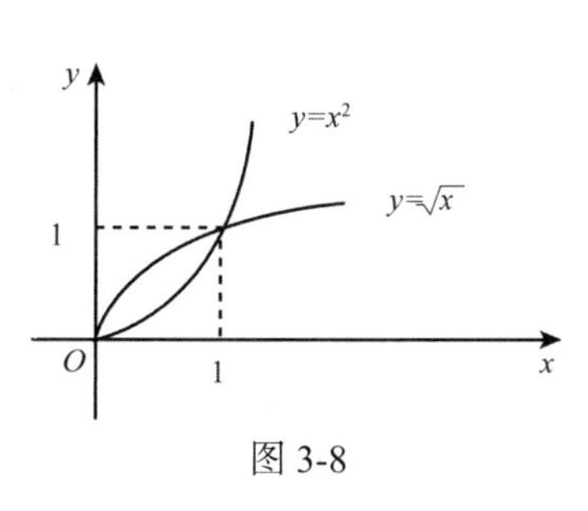

图 3-8

3.4.1 曲线的凹凸性

定义 3.4 设函数 $y = f(x)$ 在闭区间 $[a,b]$ 上连续，在 (a,b) 内可导.

(1) 若对于任意的 $x_0 \in (a,b)$，曲线弧 $y = f(x)$ 在 $(x_0, f(x_0))$ 处的切线总位于曲线弧的下方，则称曲线弧 $y = f(x)$ 在 $[a,b]$ 上为凹的;

(2) 若对于任意的 $x_0 \in (a,b)$，曲线弧 $y = f(x)$ 在 $(x_0, f(x_0))$ 处的切线总位于曲线弧的上方，则称曲线弧 $y = f(x)$ 在 $[a,b]$ 上为凸的.

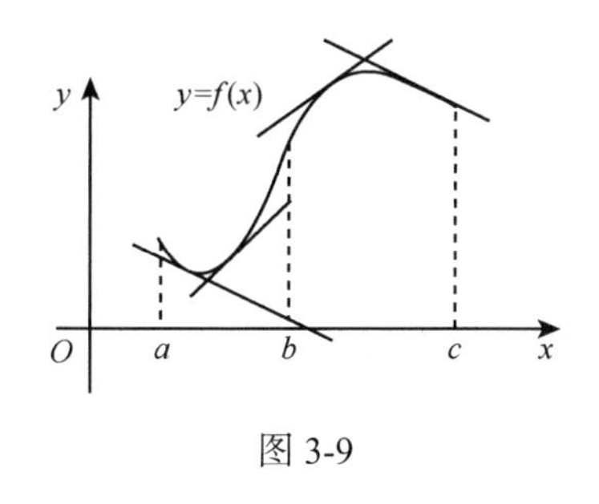

图 3-9

如图 3-9 所示，图中所给曲线 $y = f(x)$ 在 $[a,b]$ 上为凹的，在 $[b,c]$ 上为凸的.

定理 3.10 设函数 $y = f(x)$ 在闭区间 $[a,b]$ 上连续，在 (a,b) 内有二阶导数存在.

(1) 若在 (a,b) 内有 $f''(x) > 0$，则曲线弧 $y = f(x)$ 在 $[a,b]$ 上为凹的;

(2) 若在 (a,b) 内有 $f''(x) < 0$，则曲线弧 $y = f(x)$ 在 $[a,b]$ 上为凸的.

例 3.25 讨论函数 $y = x^3 - 3x^2 + x + 2$ 的凹凸性.

解: 函数 y 为多项式函数，因此该函数在 $(-\infty, +\infty)$ 上连续且可导，可求得，

$$y' = 3x^2 - 6x + 1, \quad y'' = 6x - 6 = 6(x-1).$$

当 $x > 1$ 时，有 $y'' > 0$；当 $x < 1$ 时，有 $y'' < 0$. 由定理 3.10 知，当 $x > 1$ 时，曲线弧为凹的；当 $x < 1$ 时，曲线弧为凸的.

3.4.2 曲线的拐点

定义 3.5 连续曲线弧上的凹弧与凸弧的分界点, 称为该曲线弧的**拐点**.

如上例中, 点 $(1,1)$ 就是曲线弧 $y=x^3-3x^2+x+2$ 的拐点.

一般地, 如果函数 $y=f(x)$ 在邻域 $(x_0-\delta,x_0+\delta)$ 内有二阶导数, 而 $(x_0,f(x_0))$ 是曲线弧的拐点, 则有 $f''(x_0)=0$, 且在 x_0 的左右两侧二阶导数值异号.

注意: 曲线弧在拐点处不一定有二阶导数. 例如, 对于函数 $y=\sqrt[3]{x^5}$, $y'=\frac{5}{3}x^{\frac{2}{3}}$, $y''=\frac{10}{9}x^{-\frac{1}{3}}$, 在 $x=0$ 处二阶导数不存在, 但当 $x<0$ 时, 有 $y''=\frac{10}{9}x^{-\frac{1}{3}}<0$, 曲线弧为凸的; 当 $x>0$ 时, 有 $y''=\frac{10}{9}x^{-\frac{1}{3}}>0$, 曲线弧为凹的. 故点 $(0,0)$ 是曲线弧的拐点.

求连续曲线弧 $y=f(x)$ 的拐点的一般步骤如下:

(1) 确定函数的定义域;

(2) 求出使二阶导数 $f''(x)=0$ 的点和不可导点;

(3) 分区间列表判定 $f''(x)=0$ 的点左右两边的 $f''(x)$ 是否异号. 如果 $f''(x)$ 在该点的符号相反. 则是拐点.

例 3.26 讨论函数 $y=x^4-6x^3+12x^2-10$ 的凹凸性, 并求其拐点.

解: 函数在 $(-\infty,+\infty)$ 内连续, 且

$$y'=4x^3-18x^2+24x,\ y''=12x^2-36x+24=12(x-1)(x-2).$$

令 $y''=0$, 得 $x_1=1,x_2=2$. 将自变量所在的区间, 二阶导函数对应的符号, 函数对应的凹凸性列表 3-4:

表 3-4

x	$(-\infty,1)$	1	$(1,2)$	2	$(2,+\infty)$
y''	+	0	−	0	+
y	凹	拐点$(1,-3)$	凸	拐点$(2,6)$	凹

从表中可知, 曲线弧 $y=x^4-6x^3+12x^2-10$ 在 $(-\infty,1)$ 和 $(2,+\infty)$ 内是凹的, 在 $(1,2)$ 内为凸的, 则拐点为$(1,-3)$ 和$(2,6)$.

例 3.27 讨论曲线 $y=\sqrt[3]{x^2}$ 的凹凸性.

解: 曲线 $y=\sqrt[3]{x^2}=x^{\frac{2}{3}}$ 的定义域为 $(-\infty,+\infty)$, 且

$$y'=\frac{2}{3}x^{-\frac{1}{3}},\quad y''=-\frac{2}{9}x^{-\frac{4}{3}}.$$

函数在 $x=0$ 处二阶导数不存在. 但在 $x=0$ 点两侧, 恒有 $y''=-\frac{2}{9}x^{-\frac{4}{3}}<0$, 故曲线弧 $y=\sqrt[3]{x^2}$ 在 $(-\infty,0)$ 和 $(0,+\infty)$ 内都是凸的, $(0,0)$ 不是拐点.

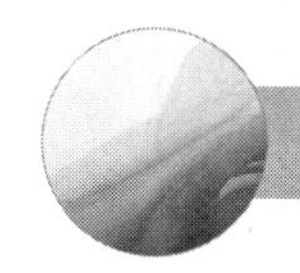

习题3.4

1. 讨论下列函数的凹凸性, 并求出曲线的拐点:

(1) $y = x^2 \ln x$; (2) $y = 3x^5 + 5x^4 + 3x - 5$;

(3) $y = x \arctan x$; (4) $y = \ln(1 + x^3)$.

2. 已知函数曲线 $y = ax^3 + bx^2$ 有一个拐点 $(1,3)$, 求 a,b 的值.

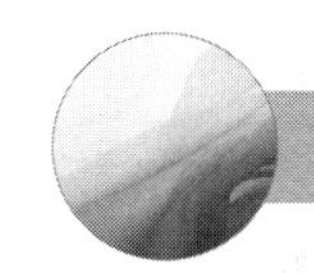

复习题 3

1. 选择题:

(1) 设 $f(x) = x^3 - 3x^2 - 9x$, 下列命题中正确的是( );

A. $f(-1)$ 是极大值, $f(3)$ 是极大值 B. $f(-1)$ 是极小值, $f(3)$ 是极小值;

C. $f(-1)$ 是极大值, $f(3)$ 是极小值 D. $f(-1)$ 是极小值, $f(3)$ 是极大值.

(2) 函数 $y = 2x^3 + 7x + 6$ 在定义域内( );

A. 单调增加 B. 单调减少 C. 曲线为凸的 D. 曲线为凹的

(3) 设 x_0 为 $f(x)$ 的极大值点, 则( );

A. 必有 $f'(x_0) = 0$

B. $f'(x_0) = 0$ 或不存在

C. $f(x_0)$ 为 $f(x)$ 在定义域内的最大值

D. 必有 $f''(x_0) < 0$

(4) 设 $f(x) = (x-1)(x-2)(x-3)$, 则方程 $f'(x) = 0$ 有( );

A. 无实根

B. 有三个实根 $x = 1,2,3$

C. 有两个实根, 分别位于 $(1,2),(2,3)$ 之间

D. 有一个实根, 位于 $(1,3)$ 之间

(5) 已知函数 $f(x)$在(a,b)内有 $f'(x) < 0, f''(x) < 0$, 则在区间 (a,b) 内的函数 $y = f(x)$ 的图像( ).

A. 沿 x 轴正向下降且为凹的

B. 沿 x 轴正向下降且为凸的

C. 沿 x 轴正向上升且为凹的

D. 沿 x 轴正向上升且为凸的

2. 填空题:

(1) 函数 $f(x) = (x-1)^2(x+1)^3$ 在区间______内是单调增加的, 在区间______内是单调减少的;

(2) 点 $(0,1)$ 是曲线 $y = 3x^3 - ax^2 + b$ 的拐点, 则有 $a =$______, $b =$______;

(3) 设 $f(x) = \dfrac{x+1}{x}$, 则 $f(x)$ 在$[1, 2]$上满足拉格朗日中值定理的 $\xi =$______;

(4) 曲线 $y = x^3 + x + 2$ 的拐点是______;

(5) 函数 $f(x) = (x^2 - 1)^3 + 1$ 的驻点为______, 极值点为______.

3. 求下列极限:

(1) $\lim\limits_{x\to 0}\dfrac{\ln(1+x)}{3x}$; (2) $\lim\limits_{x\to 0}\dfrac{x-\tan x}{\sin x-x}$; (3) $\lim\limits_{x\to 0}\dfrac{\sqrt{1+\tan x}-\sqrt{1+x}}{x^2\sin x}$;

(4) $\lim\limits_{x\to\infty}x^2\left(1-x\sin\dfrac{1}{x}\right)$; (5) $\lim\limits_{x\to 1}\dfrac{x+x^2+\cdots+x^n-n}{x-1}$; (6) $\lim\limits_{x\to 0}[\dfrac{1}{x}-\dfrac{1}{\ln(1+x)}]$;

(7) $\lim\limits_{x\to 0}\dfrac{e^x-\sin x-1}{(\arcsin x)^2}$.

4. 求函数 $y=x^3(x-5)^2$ 的极值.

5. 求函数 $y=x^4-2x^3$ 的凹凸区间及曲线的拐点.

阅读材料

拉格朗日

拉格朗日(Lagrange, 1736～1813), 法国著名的数学家、力学家、天文学家，变分法的开拓者和分析力学的奠基人. 他曾获得过 18 世纪“欧洲最大之希望、欧洲最伟大的数学家”的赞誉.

拉格朗日出生在意大利的都灵. 父亲一心想让他学习法律，然而，他偏偏喜爱上文学.

16 岁那年，他偶然读到一篇介绍牛顿微积分的文章《论分析方法的优点》，使他对牛顿产生了无限崇拜和敬仰之情，于是，他下决心要成为牛顿式的数学家.

在进入都灵皇家炮兵学院学习后，拉格朗日开始有计划地自学数学，尚未毕业就担任了该校的数学教学工作. 20 岁时就被正式聘任为该校的数学副教授. 从这一年起，拉格朗日开始研究“极大和极小”的问题. 他采用的是纯分析的方法.

1758 年 8 月，他把自己的研究方法写信告诉了欧拉，欧拉对此给予了极高的评价. 从此，两位大师开始频繁通信，就在这一来一往中，诞生了数学的一个新的分支——变分法.

1759 年，在欧拉的推荐下，拉格朗日被提名为柏林科学院的通讯院士，接着又当选为该院的外国院士.

1762 年，法国科学院悬赏征解有关月球何以自转，以及自转时总是以同一面对着地球的难题. 拉格朗日写出一篇出色的论文，成功地解决了这一问题，并获得了科学院的大奖. 拉格朗日的名字因此传遍了整个欧洲，引起世人的瞩目. 两年之后，法国科学院又提出了木星的 4 个卫星和太阳之间的摄动问题的所谓“六体问题”. 面对这一难题，拉格朗日毫不畏惧，经过数个不眠之夜，他终于用近似解法找到了答案，从而再度获奖. 这次获奖，使他赢得了世界性的声誉.

1766 年，拉格朗日接替欧拉担任柏林科学院物理数学所所长. 在担任所长的 20 年中，拉格朗日发表了许多论文，并多次获得法国科学院的大奖：1722 年，其论文《论三体问题》获奖；1773 年，其论文《论月球的长期方程》再次获奖；1779 年，拉格朗日又因论文《由行星活动的试验来研究彗星的摄动理论》而获得双倍奖金.

在柏林科学院工作期间，拉格朗日对代数、数论、微分方程、变分法和力学等方面进行了广泛而深入的研究. 他最有价值的贡献之一是在方程论方面. 他的“用代数运算解一般 n 次方程（$n>4$）是不能的”结论，可以说是伽罗华建立群论的基础.

最值得一提的是，拉格朗日完成了自牛顿以后最伟大的经典著作——《论不定分析》. 此书是他历经37个春秋用心血写成的，出版时，他已50多岁. 在这部著作中，拉格朗日把宇宙谱写成由数字和方程组成的有节奏的旋律，把动力学发展到登峰造极的地步，并把固体力学和流体力学这两个分支统一起来. 他利用变分原理，建立起了优美而和谐的力学体系，可以说，这是整个现代力学的基础. 伟大的科学家哈密顿把这本巨著誉为“科学诗篇”.

1813年4月10日，拉格朗日因病逝世，走完了他光辉灿烂的科学旅程. 他那严谨的科学态度，精益求精的工作作风影响着每一位科学家. 而他的学术成果也为高斯、阿贝尔等世界著名数学家的成长提供了丰富的营养. 可以说，在此后100多年的时间里，数学中的很多重大发现几乎都与他的研究有关.

第4章 不定积分

微分学中所研究问题是从已知函数 $f(x)$ 出发求其导数 $f'(x)$. 但是我们也注意到, 许多实际问题不是要寻找某一函数的导数, 而是从已知的某一函数的导数 $f'(x)$ 出发求其函数本身, 这便是所谓的积分运算. 这类问题在科学技术、经济领域也会经常遇到. 本章我们将引入不定积分的概念, 讨论其性质和计算方法.

4.1 不定积分的概念

4.1.1 原函数

案例 4.1 火车快要进站时, 司机就要使它逐渐减速, 到站时火车恰好停下. 假定在减速时, 列车的速度

$$v = v(t) = 1 - \frac{t}{3} \text{（km / min）},$$

那么, 列车应该在离站台多远的地方开始减速?

解: 按照速度公式, 若使火车停下来, 则 $v = 0$. 那么从开始减速到列车完全停下来, 所需的时间满足方程

$$v = v(t) = 1 - \frac{t}{3} = 0,$$

即

$$t = 3.$$

假设从减速开始的地方算起, t 时刻后, 列车所走的路程为 $s = s(t)$. 于是从减速开始到最后停下来, 列车所走的路程是 $s = s(3)$.

另一方面, 根据微分学, 速度是路程函数的导数, 即

$$s'(t) = v(t),$$

可见, 我们的问题是找一个函数 $s(t)$, 使其导数

$$s'(t) = v(t) = 1 - \frac{t}{3},$$

并且 $s(0) = 0$. 经验算, 取 $s(t) = t - \dfrac{t^2}{6}$, 则有

$$s'(t)=1-\frac{t}{3}，且有 s(0)=0.$$

于是，有

$$s=s(3)=3-\frac{3^2}{6}=\frac{3}{2}(\text{km}).$$

所以，列车应该在离站台 1.5km 处开始减速.

案例4.1 的问题归结为已知函数 $s(t)$ 的导数 $s'(t)=v(t)$，求函数 $s(t)$ 本身. 为此，我们作如下定义.

定义 4.1 设函数 $f(x)$ 在某区间 I 内有定义，若存在函数 $F(x)$，使得在该区间内的任一点都有

$$F'(x)=f(x) \quad 或 \quad \mathrm{d}F(x)=f(x)\,\mathrm{d}x$$

称函数 $F(x)$ 是函数 $f(x)$ 在区间 I 的一个原函数，简称 $F(x)$ 是函数 $f(x)$ 的一个原函数.

根据定义，案例 4. 1 中的距离函数 $s(t)=t-\frac{t^2}{6}$ 是速度函数 $v(t)=1-\frac{t}{3}$ 的一个原函数.

又如，因为 $(\sin x)'=\cos x$，所以函数 $\sin x$ 是函数 $\cos x$ 的一个**原函数**. 同理，函数 e^x 是它本身的一个**原函数**.

类似的，由于 $(-\frac{1}{2}\cos 2x)'=\sin 2x$，$(-\frac{1}{2}\cos 2x+1)'=\sin 2x$，…，$(-\frac{1}{2}\cos 2x+C)'=\sin 2x$（$C$ 是常数），所以 $-\frac{1}{2}\cos 2x$，$-\frac{1}{2}\cos 2x+1$ 等都是 $\sin 2x$ 在 $\mathbf{R}$ 上的原函数. 可见，一个函数的原函数不是唯一的.

对于原函数，我们很自然地会提出如下几个问题：

(1) 已知函数的原函数存在问题：$f(x)$ 具备什么条件，就能保证它的原函数一定存在？

(2) 原函数的多少问题：若 $f(x)$ 有原函数，那么它的原函数会有多少个？

(3) 原函数的结构问题：若 $f(x)$ 的原函数不止一个，是否可给出它的原函数的通式？

问题(1)将在后面的章节中讨论，这里我们仅给出它的结论.

定理 4.1 (原函数存在定理) 如果函数 $f(x)$ 在某区间内连续，那么在该区间存在可导函数 $F(x)$，对区间内任一点均有 $F'(x)=f(x)$. 简言之，**连续函数一定有原函数.**

若 $F(x)$ 是 $f(x)$ 在某区间内的一个原函数，即 $F'(x)=f(x)$，那么对于任意常数 C，根据导数的运算性质，有 $[F(x)+C]'=F'(x)+C'=f(x)+0=f(x)$，于是，函数 $F(x)+C$ 中的任何一个函数也一定是 $f(x)$ 在该区间内的原函数. 由此可知，如果 $f(x)$ 有原函数，那么原函数的个数就为无穷多个.

问题(3)可由下述结论来解决.

定理 4.2 设 $f(x)$ 在某区间内有定义，如果 $F(x)$ 是 $f(x)$ 在该区间上的一个原函数，那么函数 $F(x)+C$（C 是任意常数）是 $f(x)$ 在该区间上的所有原函数全体，即 $f(x)$ 的无穷多个原函数仅限于 $F(x)+C$ 的形式.

以上定理表明：$f(x)$ 在定义区间上若有原函数则必有无穷多个，并且任意两个原函数之间只相差一个常数.

4.1.2 不定积分

定义 4.2 若函数 $f(x)$ 在某区间上有原函数 $F(x)$，则 $f(x)$ 的全部原函数 $F(x)+C$ 称为

$f(x)$ 的不定积分, 记作

$$\int f(x)\mathrm{d}x = F(x)+C.$$

其中“$\int$”称为**积分号**, $f(x)$ 称为**被积函数**, $f(x)\mathrm{d}x$ 称为**被积表达式**, x 称为**积分变量**, 任意常数 C 称为**积分常数**.

说明: (1) $\int f(x)\mathrm{d}x$ 是一个整体记号;

(2) $f(x)$ 有不定积分, 称函数 $f(x)$ 可积;

(3) 不定积分与原函数之间的关系是总体与个体的关系, 即若 $F(x)$ 是 $f(x)$ 的一个原函数, 则 $f(x)$ 的不定积分是一个函数族 $\{F(x)+C\}$, 其中 C 是任意常数.

根据定义 4. 2, 有

$$\int(1-\frac{t}{3})\mathrm{d}t = t-\frac{t^2}{6}+C;$$

$$\int\cos x\mathrm{d}x = \sin x+C;$$

$$\int \mathrm{e}^x\mathrm{d}x = \mathrm{e}^x+C;$$

$$\int\sin 2x\mathrm{d}x = -\frac{1}{2}\cos 2x+C.$$

例 4.1 求 $\int x^2\mathrm{d}x$.

解: 因为 $(\frac{x^3}{3})' = x^2$, 所以 $\frac{x^3}{3}$ 是 x^2 的一个原函数, 因此,

$$\int x^2\mathrm{d}x = \frac{x^3}{3}+C.$$

例 4.2 求 $\int\frac{1}{x}\mathrm{d}x$.

解: 当 $x>0$ 时, 由于 $(\ln x)' = \frac{1}{x}$, 所以 $\ln x$ 是 $\frac{1}{x}$ 在 $(0,+\infty)$ 内的一个原函数, 因此, 在 $(0,+\infty)$ 内有

$$\int\frac{1}{x}\mathrm{d}x = \ln x+C.$$

当 $x<0$ 时, 由于 $[\ln(-x)]' = \frac{1}{-x}(-1) = \frac{1}{x}$, 因此, 在 $(-\infty,0)$ 内有

$$\int\frac{1}{x}\mathrm{d}x = \ln(-x)+C.$$

将以上结果合并起来, 可写成:

$$\int\frac{1}{x}\mathrm{d}x = \ln|x|+C.$$

4.1.3 不定积分的几何意义

通常把函数 $f(x)$ 的一个原函数 $y=F(x)$ 的图形叫做 $f(x)$ 的一条积分曲线. 那么 $f(x)$ 的所有积分曲线构成的曲线族 $y=F(x)+C$ 称为 $f(x)$ 的积分曲线族, 如图 4-1 所示.

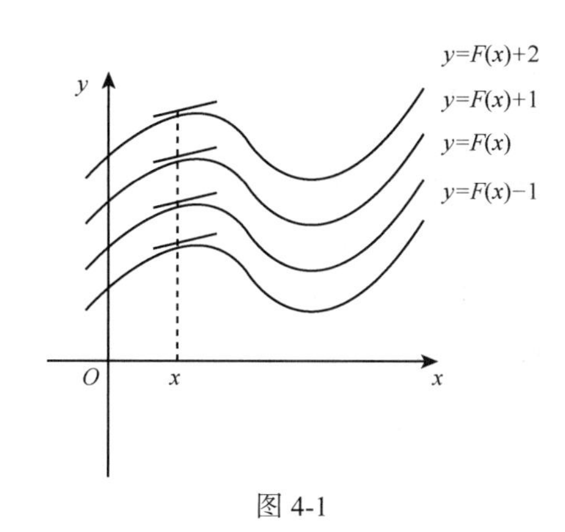

图 4-1

从几何意义看，函数 $f(x)$ 的不定积分 $\int f(x)\mathrm{d}x$ 表示 $f(x)$ 的积分曲线族. 由于 C 值不同，这些平行曲线都是由 $F(x)$ 经上下平移若干个单位而得到的. 若在每一条积分曲线的横坐标相同的点处作切线，则这些切线互相平行，即这一族曲线在横坐标相同点处的切线斜率都等于 $f(x)$.

如果求积分曲线族中某一特定的曲线，必须有附加条件，从曲线族中确定常数 C. 例如，要求例 4. 1 中通过点 $(1,2)$ 的那一条曲线，只要将点 $(1,2)$ 代入 $y=\dfrac{x^3}{3}+C$ 中得到 $C=\dfrac{5}{3}$，从而所求曲线方程为 $y=\dfrac{x^3}{3}+\dfrac{5}{3}$.

例 4.3 求经过点 $(1,3)$，且其切线的斜率为 $2x$ 的曲线方程.

解： 设所求曲线方程为 $y=F(x)$，由题意知 $y'=2x$，而

$$\int 2x\mathrm{d}x=x^2+C,$$

即 $2x$ 的积分曲线族为 $y=x^2+C$.

将 $x=1$，$y=3$ 代入，得 $C=2$.

故所求曲线方程为 $y=x^2+2$.

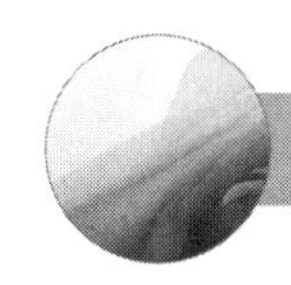

习题4.1

1. 选择题：

(1) 下列函数对中是同一函数的原函数的是(　　)；

A．$\dfrac{2^x}{\ln 2}$ 与 $\log_2 \mathrm{e}+2$　　B．$\arcsin x$ 与 $\arccos x$

C．$\arctan x$ 与 $-\mathrm{arccot}\, x$　　D．$\ln(5+x)$ 与 $\ln 5+\ln x$

(2) 函数 $\mathrm{e}^x\cos x$ 是下列函数(　　)的原函数；

A．$-\mathrm{e}^x\sin x$　　B．$\mathrm{e}^x(\cos x-\sin x)$

C．$\mathrm{e}^x\sin x$　　D．$\mathrm{e}^x(\cos x+\sin x)$

(3) 在积分曲线族 $\int x\cdot\sqrt{x}\mathrm{d}x$ 中，过点 $(0,1)$ 的积分曲线方程为(　　)；

A. $2\sqrt{x}+1$　　B. $\frac{2}{5}(\sqrt{x})^5+1$

C. $2\sqrt{x}$　　D. $\frac{5}{2}(\sqrt{x})^5+C$

(4) 若$F(x),G(x)$都是$f(x)$的原函数，那么必有(　　);

A. $F(x)=G(x)$　　B. $F(x)=CG(x)$

C. $F(x)=G(x)+C$　　D. $\frac{1}{C}G(x)$　$(C\neq 0)$

(5) 函数的不定积分是该函数的(　　)原函数.

A. 任一个　　B. 无穷多个

C. 有限多个　　D. 所有

2. 填空题:

(1) 若$f(x)$的一个原函数为$x^3-\mathrm{e}^x$，则$\int f(x)\,\mathrm{d}x=$______;

(2) 若$f(x)$的一个原函数为x^5，则$f(x)=$______;

(3) 若$\int f(x)\,\mathrm{d}x=3^x+\cos x+C$，则$f(x)=$______;

(4) 若$f(x)$的一个原函数为$\sin x$，则$\int f'(x)\mathrm{d}x=$______;

(5) 若$f(x)$的一个原函数为$\sin x$，则$\left[\int f(x)\mathrm{d}x\right]'=$______;

3. 设物体的运动速度为$v=\cos t$，当$t=\frac{\pi}{2}$秒时，物体所经过的路程$s=10$米，求物体运动规律.

4. 已知物体由静止开始作直线运动，经过t秒时速度为$360t-180$（米/秒）. 求:

(1) 3 秒末物体离开出发点的距离;

(2) 物体走完 360 米所需要的时间.

5. 一条曲线在任意点x处的切线斜率为$x+2$，且当$x=1$时，$y=0$. 求此曲线方程.

4.2　不定积分的运算

4.2.1　不定积分的基本公式

通过上一节的分析，我们知道积分运算是微分运算的逆运算. 但是不定积分的定义 4.2 中并没有给出积分运算的方法. 这与导数的定义不同，导数的定义

$$f'(x)=\lim_{\Delta x\to 0}\frac{f(x+\Delta x)-f(x)}{\Delta x}$$

是构造性的. 由这个定义我们可以推导出基本初等函数的导数公式、导数的四则运算法则及复合函数求导的链式法则，从而初等函数的求导问题圆满解决.

那么如何进行积分运算呢？由于不定积分的定义不像导数定义那样具有构造性，这就使得求原函数的问题就比求导数难得多. 因此，我们只能先按照微分的已知结果去试探. 我们根据基本导数公式可得出基本积分公式，将导数基本公式及相应的不定积分基本公式的对照列表给出，如表 4-1 所示.

积分运算的基本思想是：利用积分运算的性质和方法把被积函数化为基本积分表中所有的函数，然后再利用基本积分表求出被积函数的不定积分.

表 4-1 基本导数和积分公式表

序号	基本导数公式	基本积分公式
(1)	$(C)'=0$	$\int 0\mathrm{d}x=C$
(2)	$(x)'=1$	$\int 1\mathrm{d}x=\int \mathrm{d}x=x+C$
(3)	$(x^n)'=nx^{n-1}$	$\int x^n\mathrm{d}x=\frac{x^{n+1}}{n+1}+C \quad (n\neq -1)$
(4)	$(\ln\|x\|)'=\frac{1}{x}$	$\int \frac{1}{x}\mathrm{d}x=\ln\|x\|+C \quad (x\neq 0)$
(5)	$(\frac{1}{x})'=-\frac{1}{x^2}$	$\int \frac{1}{x^2}\mathrm{d}x=-\frac{1}{x}+C \quad (x\neq 0)$
(6)	$(\mathrm{e}^x)'=\mathrm{e}^x$	$\int \mathrm{e}^x\mathrm{d}x=\mathrm{e}^x+C$
(7)	$(a^x)'=a^x\ln a$	$\int a^x\mathrm{d}x=\frac{a^x}{\ln a}+C \quad (a>0,a\neq 1)$
(8)	$(\sin x)'=\cos x$	$\int \cos x\mathrm{d}x=\sin x+C$
(9)	$(\cos x)'=-\sin x$	$\int \sin x\mathrm{d}x=-\cos x+C$
(10)	$(\tan x)'=\sec^2 x$	$\int \sec^2 x\mathrm{d}x=\tan x+C$
(11)	$(\cot x)'=-\csc^2 x$	$\int \csc^2 x\mathrm{d}x=-\cot x+C$
(12)	$(\sec x)'=\sec x\tan x$	$\int \sec x\cdot\tan x\mathrm{d}x=\sec x+C$
(13)	$(\csc x)'=-\csc x\cot x$	$\int \csc x\cdot\cot x\mathrm{d}x=-\csc x+C$
(14)	$(\arcsin x)'=\frac{1}{\sqrt{1-x^2}}$	$\int \frac{\mathrm{d}x}{\sqrt{1-x^2}}=\arcsin x+C_1=-\arccos x+C_2$ (C_1,C_2 均为任意实数)
(15)	$(\arctan x)'=\frac{1}{1+x^2}$	$\int \frac{\mathrm{d}x}{1+x^2}=\arctan x+C_1=-\mathrm{arc}\cot x+C_2$ (C_1,C_2 均为任意实数)

注意: 上述基本积分公式是进行积分运算的基础, 不但要牢记, 还要做到灵活应用. 其他函数的不定积分经运算变形后, 最终归结为这些基本不定积分, 这种积分方法通常称为直接积分法. 另外, 要想求出更多函数的不定积分还须借助一些积分法则.

4.2.2 不定积分的性质

由不定积分的定义, 不定积分运算有如下性质:

设 $f(x)$, $g(x),\cdots,\psi(x)$ 可积, 则

性质 1 $[\int f(x)\mathrm{d}x]'=f(x)$ 或 $\mathrm{d}\int f(x)\mathrm{d}x=f(x)\mathrm{d}x$

性质 1 说明不定积分的导数(微分) 等于被积函数(被积表达式) .

性质 2 $\int F'(x)\mathrm{d}x=F(x)+C$ 或 $\int \mathrm{d}F(x)=F(x)+C$

性质 2 表明先微分(或求导) 后积分还原后需加上一个常数.

以上两条性质表达了积分与微分的互逆关系. 另外, 积分的这些性质说明了可以用微分的运算来检验积分结果的正确性.

性质 3 $\int[f(x)\pm g(x)\pm\cdots\pm\psi(x)]\mathrm{d}x=\int f(x)\mathrm{d}x\pm\int g(x)\mathrm{d}x\pm\cdots\pm\int\psi(x)\mathrm{d}x$

性质 3 说明函数代数和的积分等于各函数不定积分的代数和.

性质 4 $\int kf(x)\mathrm{d}x=k\int f(x)\mathrm{d}x$

性质 4 说明常数因子可以提到积分符号的外边.

以上两条性质表明不定积分运算具有线性性质. 性质证明略.

推论: $\int[\alpha f(x)\pm\beta g(x)]\mathrm{d}x=\alpha\int f(x)\mathrm{d}x\pm\beta\int g(x)\mathrm{d}x$ (α,β 均为常数, 且不为 0) .

例 4. 4 求 $\frac{\mathrm{d}}{\mathrm{d}x}\int x\sin x\mathrm{d}x$.

解: 由性质 1 得

$$\frac{\mathrm{d}}{\mathrm{d}x}\int x\sin x\mathrm{d}x=x\sin x .$$

例 4. 5 求 $\int(x\sin x)'\mathrm{d}x$.

解: 由性质 2 得

$$\int(x\sin x)'\mathrm{d}x=x\sin x+C .$$

例 4.6 计算 $\int(\mathrm{e}^x+2\cos x)\mathrm{d}x$.

解: 由性质 3 和基本积分表, 有

$$\int(\mathrm{e}^x+2\cos x)\mathrm{d}x=\int\mathrm{e}^x\mathrm{d}x+2\int\cos x\mathrm{d}x=\mathrm{e}^x+2\sin x+C .$$

例 4.7 求 $\int\frac{4}{x\sqrt{x}}\mathrm{d}x$.

解: 把被积函数改写成 $4x^{-\frac{3}{2}}$, 由性质 4 及积分公式(3)得

$$\int\frac{4}{x\sqrt{x}}\mathrm{d}x=4\int x^{-\frac{3}{2}}\mathrm{d}x=4\times\frac{1}{-\frac{1}{2}}x^{-\frac{1}{2}}+C=-\frac{8}{\sqrt{x}}+C .$$

例 4.8 求 $\int\frac{(x-x^{\frac{1}{2}})(1+x^{\frac{1}{2}})}{x^{\frac{1}{3}}}\mathrm{d}x$.

解: 由于

$$\frac{(x-x^{\frac{1}{2}})(1+x^{\frac{1}{2}})}{x^{\frac{1}{3}}}=x^{-\frac{1}{3}}(x+x^{\frac{3}{2}}-x^{\frac{1}{2}}-x)=x^{\frac{7}{6}}-x^{\frac{1}{6}} .$$

所以

$$\begin{aligned}\int\frac{(x-x^{\frac{1}{2}})(1+x^{\frac{1}{2}})}{x^{\frac{1}{3}}}\mathrm{d}x&=\int(x^{\frac{7}{6}}-x^{\frac{1}{6}})\,\mathrm{d}x=\int x^{\frac{7}{6}}\mathrm{d}x-\int x^{\frac{1}{6}}\mathrm{d}x\\&=\frac{6}{13}x^{\frac{13}{6}}+C_1-\frac{6}{7}x^{\frac{7}{6}}-C_2\\&=\frac{6}{13}x^{\frac{13}{6}}-\frac{6}{7}x^{\frac{7}{6}}+C\ \left(C=C_1-C_2\right).\end{aligned}$$

例 4.9 求 $\int\frac{\mathrm{d}x}{\sin^2 x\cos^2 x}$.

解: 利用三角恒等式 $1=\sin^2 x+\cos^2 x$, 有

$$\int\frac{dx}{\sin^2 x\cos^2 x}=\int\frac{\cos^2 x+\sin^2 x}{\sin^2 x\cos^2 x}dx=\int\frac{dx}{\sin^2 x}+\int\frac{dx}{\cos^2 x}$$
$$=\int\csc^2 xdx+\int\sec^2 xdx=-\cot x-C_1+\tan x+C_2$$
$$=-\cot x+\tan x+C\left(C=-C_1+C_2\right).$$

不定积分运算熟练后，不必每次积分都加上积分常数，只须在最终结果处加上积分常数 C 即可.

例 4.10 计算下列不定积分:

(1) $\int\frac{1+x+x^2}{x\left(1+x^2\right)}dx$； (2) $\int\left(\sin\frac{x}{2}+\cos\frac{x}{2}\right)^2dx$； (3) $\int\frac{dx}{x^2\left(1+x^2\right)}$；

(4) $\int\frac{x^4+1}{x^2+1}dx$； (5) $\int(10^x+\cot^2 x)dx$.

解: (1) $\int\frac{1+x+x^2}{x\left(1+x^2\right)}dx=\int\frac{x+\left(1+x^2\right)}{x\left(1+x^2\right)}dx=\int\frac{dx}{1+x^2}+\int\frac{1}{x}dx=\arctan x+\ln|x|+C$ ；

(2)
$$\int\left(\sin\frac{x}{2}+\cos\frac{x}{2}\right)^2dx=\int\left(\sin^2\frac{x}{2}+2\sin\frac{x}{2}\cos\frac{x}{2}+\cos^2\frac{x}{2}\right)dx$$
$$=\int\left(1+\sin x\right)dx=x-\cos x+C;$$

(3)
$$\int\frac{dx}{x^2\left(1+x^2\right)}=\int\frac{1+x^2-x^2}{x^2\left(1+x^2\right)}dx=\int\frac{1}{x^2}dx-\int\frac{1}{1+x^2}dx$$
$$=-\frac{1}{x}-\arctan x+C;$$

(4)
$$\int\frac{x^4+1}{x^2+1}dx=\int\frac{(x^4-1)+2}{x^2+1}dx=\int[(x^2-1)+\frac{2}{x^2+1}]dx$$
$$=\frac{x^3}{3}-x+2\arctan x+C;$$

(5)
$$\int(10^x+\cot^2 x)dx=\int 10^x dx+\int\cot^2 xdx=\frac{10^x}{\ln 10}+\int\frac{\cos^2 x}{\sin^2 x}dx$$
$$=\frac{10^x}{\ln 10}+\int\frac{1-\sin^2 x}{\sin^2 x}dx=\frac{10^x}{\ln 10}+\int\frac{1}{\sin^2 x}dx-\int dx$$
$$=\frac{10^x}{\ln 10}+\int\csc^2 xdx-x=\frac{10^x}{\ln 10}-\cot x-x+C.$$

说明: (1) 以上各例题中一些被积函数在基本积分公式中不能直接查到，但是只要把被积函数稍做变形，即可运用基本积分公式求得，所用方法归纳如下:

①将被积函数重新加以组合，如在例 4. 7 中把 $\frac{1}{x\sqrt{x}}$ 合并成 $x^{-\frac{3}{2}}$；

②对被积函数作代数或三角的恒等变形，如在例 4. 8 中把 $\frac{(x-x^{\frac{1}{2}})(1+x^{\frac{1}{2}})}{x^{\frac{1}{3}}}$ 的分子展开后再分别除以 $x^{\frac{1}{3}}$ 计算成幂函数代数和形式 $x^{\frac{7}{6}}-x^{\frac{1}{6}}$，在例 4. 9 中运用了三角恒等式 $1=\sin^2 x+\cos^2 x$ 等;

③将被积表达式做“加一项减一项”的恒等变形，如在例 4.10(4)中对$\dfrac{x^4+1}{x^2+1}$做了“加一减一”的恒等变形，从而等式右边的不定积分在基本积分表中能够找到.

以上处理办法是求不定积分常用的、基本的技巧，读者应注意学习总结.

(2) 不定积分$\int f(x)\,\mathrm{d}x$的计算结果中一定要有积分常数C．当被积函数$f(x)$是由几个函数的代数和构成时，不必每个积分都加积分常数，只须在运算结束时加上积分常数C.

事实上，用直接积分法所能计算的不定积分是非常有限的. 除了少量简单函数可以直接利用基本积分公式求出不定积分外，大量初等函数的原函数并不能利用公式直接求得. 因此，有必要进一步研究不定积分的求解方法. 在随后的小节中我们将介绍几种最基本、也是最常用的积分法. 熟练、灵活地运用这些方法，将有助于初等函数原函数的求解.

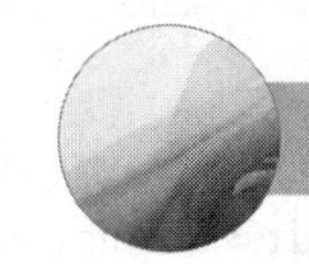

习题4.2

1. 选择题:

(1) 若$\int \mathrm{d}f(x)=\int \mathrm{d}g(x)$，那么必有(　　);

A. $f(x)=g(x)$　　B. $f'(x)=g(x)$　　C. $f(x)=g'(x)$　　D. $f'(x)=g'(x)$

(2) 导数$[\int f'(x)\mathrm{d}x]'=$(　　);

A. $f'(x)$　　B. $f'(x)+C$　　C. $f''(x)$　　D. $f''(x)+C$

(3) 设$a^x\mathrm{d}x=\mathrm{d}f(x)$，则$f(x)=$(　　);

A. $\dfrac{\ln a}{a^x}+C$　　B. $\dfrac{a^x}{\ln a}+C$　　C. $a^x\ln a+C$　　D. 以上都不对

(4) 若$f'(x)$连续，则下列等式正确的是(　　);

A. $\mathrm{d}f(x)=f(x)$　　B. $\int f'(x)\mathrm{d}x=f(x)$　　C. $[\int f(x)\mathrm{d}x]'=f(x)$　　D. $\mathrm{d}\int f(x)\mathrm{d}x=f(x)$

(5) 下列函数的原函数为$\ln 2x+C$(C为任意常数) 的数是(　　).

A. $\dfrac{1}{x}$　　B. $\dfrac{2}{x}$　　C. $\dfrac{1}{2^x}$　　D. $\dfrac{1}{x^2}$

2. 验证下列积分结果是否正确.

(1) $\int(1+x)\mathrm{d}x=x+\dfrac{1}{2}x^2+C$;

(2) $\int\cos^2x\mathrm{d}x=\dfrac{1}{2}x+\dfrac{1}{4}\sin 2x+C$;

(3) $\int\dfrac{x}{\sqrt{1+x^2}}\mathrm{d}x=\sqrt{1+x^2}+C$;

(4) $\int\mathrm{e}^{-x}\mathrm{d}x=\mathrm{e}^{-x}+C$.

3. 求下列不定积分:

(1) $\int\dfrac{\mathrm{d}x}{x^2}$;　　(2) $\int\dfrac{\mathrm{d}x}{\sqrt{x}}$;　　(3) $\int\dfrac{(1-x)^2}{\sqrt{x}}\mathrm{d}x$;　　(4) $\int\dfrac{3x^4+3x^2+1}{x^2+1}\mathrm{d}x$;

(5) $\int\dfrac{x^2}{1+x^2}\mathrm{d}x$;　　(6) $\int(2\mathrm{e}^x+\dfrac{3}{x})\mathrm{d}x$;　　(7) $\int\mathrm{e}^x(1-\dfrac{\mathrm{e}^{-x}}{\sqrt{x}})\mathrm{d}x$;　　(8) $\int\sec x(\sec x-\tan x)\mathrm{d}x$;

(9) $\int\cos^2\frac{x}{2}\mathrm{d}x$； (10) $\int\frac{\mathrm{d}x}{1+\cos 2x}$.

4. 一质点作直线运动，已知其运动速度为 $v=\sin t$，而且 $s\big|_{t=0}=s_0$，求时间为 t 时物体和原点间的距离 s.

5. 一质点作直线运动，已知其加速度为 $a=12t^2-3\sin t$，如果 $v(0)=5, s(0)=-3$. 求：(1) v 和 t 之间的函数关系；(2) s 和 t 之间的函数关系.

6. 在积分曲线族 $y=\int 5x^2\mathrm{d}x$ 中，求通过点 $\left(\sqrt{3},5\sqrt{3}\right)$ 的一条曲线.

7. 已知函数 $y=f(x)$ 的导数等于 $2x^3+1$，且当 $x=1$ 时，$y=\frac{3}{2}$，试求这个函数.

4.3 不定积分的求法

4.3.1 第一换元积分法(凑微分法)

换元积分法是将复合函数求导法则(或微分形式的不变性) 反过来用于求不定积分而得到的一种积分法，是对积分变量通过适当的变量代换，把某些不定积分化为积分表中所列积分形式，以便求出结果. 换元积分法分为两类：第一换元积分法和第二换元积分法. 下面介绍第一换元积分法.

由一阶微分不变性可知，当 u 为自变量时，若

$$\mathrm{d}F(u)=f(u)\mathrm{d}u,$$

则当 u 为 x 的函数 $u=\varphi(x)$ 时，有

$$\mathrm{d}F[\varphi(x)]=f[\varphi(x)]\mathrm{d}\varphi(x).$$

于是，有

定理 4.3 设 $f(u)$ 具有原函数 $F(u)$，$u=\varphi(x)$ 可导，则有

$$\int f[\varphi(x)]\varphi'(x)\mathrm{d}x=\int f(u)\mathrm{d}u=[F(u)]_{u=\varphi(x)}+C=F(\varphi(x))+C.$$

该方法的关键在于从被积函数 $f[\varphi(x)]\varphi'(x)$ 中成功地分出一个因子 $\varphi'(x)$ 与 $\mathrm{d}x$ 凑成微分 $\mathrm{d}\varphi(x)$，而剩下的部分正好能表示成 $\varphi(x)$ 的函数，然后令 $\varphi(x)=u$，将所要求的不定积分变为基本积分表中已有的形式. 通过上述变换计算积分的方法叫**第一换元积分法，也称凑微分法**.

第一换元积分法的解题步骤：

(1) **凑微分** 设法将原不定积分变形为 $\int f[\varphi(x)]\varphi'(x)\mathrm{d}x$ 的形式，从而可得

$$\int f[\varphi(x)]\varphi'(x)\mathrm{d}x=\int f[\varphi(x)]\mathrm{d}\varphi(x);$$

(2) **作变量代换** 作变量代换 $u=\varphi(x)$，则 $\mathrm{d}u=\varphi'(x)\mathrm{d}x=\mathrm{d}\varphi(x)$，从而将积分变为

$$\int f[\varphi(x)]\varphi'(x)\mathrm{d}x=\int f(u)\mathrm{d}u$$

并计算该积分.

(3) **将变量回代** 根据所作代换，用 $\varphi(x)$ 替换积分结果中的 u，从而求得原积分的结果，即

$$\int f(u)\mathrm{d}u=F(u)\Big|_{u=\varphi(x)}+C=F[\varphi(x)]+C.$$

例 4.11 求不定积分 $\int\cos 3x\mathrm{d}x$.

解法 1: 在基本积分公式表中有与它最接近的公式是 $\int\cos x\mathrm{d}x=\sin x+C$,

故 $\int\cos 3x\mathrm{d}x=\frac{1}{3}\int\cos(3x)\mathrm{d}(3x)\overset{u=3x}{=}\frac{1}{3}\int\cos u\mathrm{d}u=\frac{1}{3}\sin u+C=\frac{1}{3}\sin 3x+C$.

解法 2: $\int\cos 3x\mathrm{d}x\overset{u=3x}{=}\int\cos u\mathrm{d}\left(\frac{u}{3}\right)=\frac{1}{3}\int\cos u\mathrm{d}u=\frac{1}{3}\sin u+C\overset{u=3x}{=}\frac{1}{3}\sin 3x+C.$

解法 3: $\int\cos 3x\mathrm{d}x=\int\cos 3x\mathrm{d}\left(3x\times\frac{1}{3}\right)=\int\cos 3x\times\frac{1}{3}\mathrm{d}(3x)=\frac{1}{3}\int\cos 3x\mathrm{d}(3x)$

$$\overset{u=3x}{=}\frac{1}{3}\int\cos u\mathrm{d}u=\frac{1}{3}\sin u+C\overset{u=3x}{=}\frac{1}{3}\sin 3x+C.$$

本例说明, 凑微分法可使我们已有的基本积分公式表的使用范围扩大. 例如: 基本积分公式 $\int x^n\mathrm{d}x=\frac{x^{n+1}}{n+1}+C$ 可看成 $\int\square^n\mathrm{d}\square=\frac{\square^{n+1}}{n+1}+C$, 即将公式中的变量 x 理解为一个函数或代数式. 只要三个“□”完全一样, 则积分形式不变, 基本积分公式表仍然可以使用.

例 4.12 求下列不定积分:

(1) $\int\sqrt{\mathrm{e}^x}\mathrm{d}x$; (2) $\int\frac{\mathrm{d}x}{4+x^2}$.

解: (1) $\int\sqrt{\mathrm{e}^x}\mathrm{d}x=\int\mathrm{e}^{\frac{x}{2}}\mathrm{d}x=2\int\mathrm{e}^{\frac{x}{2}}\mathrm{d}\frac{x}{2}\overset{u=\frac{x}{2}}{=}2\int\mathrm{e}^u\mathrm{d}u=2\mathrm{e}^u+C=2\mathrm{e}^{\frac{x}{2}}+C$;

或 $\int\sqrt{\mathrm{e}^x}\mathrm{d}x=\int\mathrm{e}^{\frac{x}{2}}\mathrm{d}x\overset{u=\frac{x}{2}}{=}\int\mathrm{e}^u\mathrm{d}2u=2\int\mathrm{e}^u\mathrm{d}u=2\mathrm{e}^u+C\overset{u=\frac{x}{2}}{=}2\mathrm{e}^{\frac{x}{2}}+C$.

(2) $\int\frac{\mathrm{d}x}{4+x^2}=\frac{1}{2}\int\frac{\mathrm{d}\frac{x}{2}}{1+\left(\frac{x}{2}\right)^2}\overset{u=\frac{x}{2}}{=}\frac{1}{2}\int\frac{\mathrm{d}u}{1+u^2}=\frac{1}{2}\arctan u+C=\frac{1}{2}\arctan\frac{x}{2}+C$.

由上例可知, $u=\varphi(x)$ 的选择没有一定规律可遵循, 主要依赖于对基本积分公式和微分运算的熟练掌握及灵活运用. 因此, 做一定数量的练习题是必不可少的. 另外, 代换 $u=\varphi(x)$ 在熟悉这一规则后不必写出, 这样, 可大大加快解题的速度.

例 4.13 求下列不定积分:

(1) $\int\frac{\mathrm{e}^x}{1+\mathrm{e}^{2x}}\mathrm{d}x$; (2) $\int\frac{\mathrm{d}x}{x\ln x}$; (3) $\int\frac{x^2}{1+x}\mathrm{d}x$; (4) $\int\tan x\mathrm{d}x$; (5) $\int\frac{\mathrm{d}x}{x(1+\ln x)}$.

解: (1) $\int\frac{\mathrm{e}^x}{1+\mathrm{e}^{2x}}\mathrm{d}x=\int\frac{1}{1+\left(\mathrm{e}^x\right)^2}\mathrm{d}\mathrm{e}^x=\arctan\mathrm{e}^x+C$;

(2) $\int\frac{\mathrm{d}x}{x\ln x}=\int\frac{\mathrm{d}\ln x}{\ln x}=\ln|\ln x|+C$;

(3) $\int\frac{x^2}{1+x}\mathrm{d}x=\int\frac{x^2-1+1}{1+x}\mathrm{d}x=\int(x-1)\mathrm{d}x+\int\frac{1}{1+x}\mathrm{d}x=\frac{x^2}{2}-x+\ln|1+x|+C$;

(4) $\int\tan x\mathrm{d}x=\int\frac{\sin x}{\cos x}\mathrm{d}x=-\int\frac{1}{\cos x}\mathrm{d}\cos x=-\ln|\cos x|+C$;

(5) $\int\frac{dx}{x(1+\ln x)}=\int\frac{d(\ln x+1)}{1+\ln x}=\ln|1+\ln x|+C$.

有一些积分，需要先对被积函数进行恒等变形(如三角变换、代数变换等)，才能确定积分方法．

例 4.14 求下列不定积分：

(1) $\int\frac{1}{x^2+3x+2}dx$；(2) $\int\frac{x+3}{x^2+3x+2}dx$；(3) $\int\frac{x+2}{x^2+2x+2}dx$；(4) $\int\frac{x+1}{x^2+4x+4}dx$.

解：(1) $\int\frac{1}{x^2+3x+2}dx=\int\frac{1}{(x+1)(x+2)}dx=\int\left(\frac{1}{x+1}-\frac{1}{x+2}\right)dx=\int\frac{dx}{x+1}-\int\frac{dx}{x+2}$

$$=\ln|x+1|-\ln|x+2|+C=\ln\left|\frac{x+1}{x+2}\right|+C;$$

(2) $\int\frac{x+3}{x^2+3x+2}dx=\int\frac{x+3}{(x+2)(x+1)}dx=\int\left(\frac{2}{x+1}-\frac{1}{x+2}\right)dx$

$$=\int\frac{2}{x+1}dx-\int\frac{1}{x+2}dx=\ln(x+1)^2-\ln|x+2|+C$$

$$=\ln\frac{(x+1)^2}{|x+2|}+C;$$

(3) $\int\frac{x+2}{x^2+2x+2}dx=\frac{1}{2}\int\frac{d(x^2+2x+2)}{(x^2+2x+2)}+\int\frac{dx}{x^2+2x+2}$

$$=\frac{1}{2}\ln(x^2+2x+2)+\int\frac{d(x+1)}{(x+1)^2+1}$$

$$=\frac{1}{2}\ln(x^2+2x+2)+\arctan(x+1)+C;$$

(4) $\int\frac{x+1}{x^2+4x+4}dx=\int\frac{x+2-1}{(x+2)^2}dx=\int\frac{1}{x+2}dx-\int\frac{1}{(x+2)^2}dx$

$$=\ln|x+2|+\frac{1}{x+2}+C.$$

由此可知，形如 $\int\frac{cx+d}{x^2+ax+b}dx$ 的积分都可由此方法可得.

例 4.15 求下例不定积分：

(1) $\int\frac{\sin^3 x}{\cos^4 x}dx$；(2) $\int\tan^2 x dx$；(3) $\int\frac{\sin x}{1+\cos^2 x}dx$；

(4) $\int\sin^3 x dx$；(5) $\int\frac{dx}{\sin^2 x+2\sin x\cos x+2\cos^2 x}$.

解：(1) $\int\frac{\sin^3 x}{\cos^4 x}dx=-\int\frac{\sin^2 x}{\cos^4 x}d\cos x=\int\frac{\cos^2 x-1}{\cos^4 x}d\cos x$

$$=\int\frac{d\cos x}{\cos^2 x}-\int\frac{1}{\cos^4 x}d\cos x=-\frac{1}{\cos x}+\frac{1}{3\cos^3 x}+C;$$

(2) $\int\tan^2 x dx=\int\frac{\sin^2 x}{\cos^2 x}dx=\int\frac{1-\cos^2 x}{\cos^2 x}dx=\int\frac{dx}{\cos^2 x}-\int dx=\tan x-x+C$；

(3) $\int\frac{\sin x}{1+\cos^2 x}\mathrm{d}x=-\int\frac{\mathrm{d}\cos x}{1+\cos^2 x}=-\arctan\cos x+C$;

(4) $$\begin{aligned}\int\sin^3 x\mathrm{d}x&=\int\sin^2 x\cdot\sin x\mathrm{d}x=\int(1-\cos^2 x)\cdot(-\mathrm{d}\cos x)\\&=-\int(1-\cos^2 x)\mathrm{d}\cos x=\int\cos^2 x\mathrm{d}\cos x-\int\mathrm{d}\cos x\\&=\frac{1}{3}\cos^3 x-\cos x+C;\end{aligned}$$

(5) $$\begin{aligned}\int\frac{\mathrm{d}x}{\sin^2 x+2\sin x\cos x+2\cos^2 x}&=\int\frac{\mathrm{d}x}{(\sin x+\cos x)^2+\cos^2 x}=\int\frac{\frac{\mathrm{d}x}{\cos^2 x}}{(\tan x+1)^2+1}\\&=\int\frac{\mathrm{d}(\tan x+1)}{(\tan x+1)^2+1}=\arctan(\tan x+1)+C.\end{aligned}$$

对于形如 $\int f(\sin x)\cos x\mathrm{d}x$，$\int f(\cos x)\sin x\mathrm{d}x$，$\int f(\tan x)\frac{\mathrm{d}x}{\cos^2 x}$，$\int\frac{1}{x}f(\ln x)\mathrm{d}x$ 等的不定积分，通常可考虑将其变成 $\int f(\sin x)\mathrm{d}\sin x$，$\int f(\cos x)\mathrm{d}\cos x$，$\int f(\tan x)\mathrm{d}\tan x$，$\int f(\ln x)\mathrm{d}\ln x$ 后再进行计算.

4.3.2 第二换元积分法

在第一换元积分法中，我们通过引入中间变量 $\varphi(x)=u$，把被积表达式 $\varphi'(x)\mathrm{d}x$ 凑成某个已知函数的微分 $\mathrm{d}u$，从而使不定积分 $\int f(u)\mathrm{d}u$ 容易算出. 我们也遇到相反的情况，即适当地选择变量代换 $x=\varphi(t)$，将积分 $\int f(x)\mathrm{d}x$ 化成积分 $\int f(\varphi(t))\varphi'(t)\mathrm{d}t$，这便是另一种形式的变量代换，换元公式可表示成

$$\int f(x)\mathrm{d}x=\int f(\varphi(t))\varphi'(t)\mathrm{d}t.$$

如果该积分存在，那么再求出 $x=\varphi(t)$ 的反函数 $t=\varphi^{-1}(x)$ 代回去. 通过上述变换计算积分的方法即为**第二换元积分法.**

定理 4.4 设函数 $f(x)$ 连续，$x=\varphi(t)$ 及 $\varphi'(t)$ 连续且 $\varphi(t)\neq 0$，则

$$\int f(x)\mathrm{d}x=\int f(\varphi(t))\varphi'(t)\mathrm{d}t=G(t)+C=G(\varphi^{-1}(x))+C,$$

其中，$t=\varphi^{-1}(x)$ 是 $x=\varphi(t)$ 的反函数.

第一换元积分法是将被积函数的某一部分视为一个整体看作一个新的积分变量；而在第二换元积分法是用某一函数来代替其积分变量. 利用第二换元积分法化简不定积分的关键是选择适当的变换公式 $x=\varphi(t)$，我们用此方法主要是求无理函数的不定积分. 由于求解含有根式的积分比较困难，因此我们设法做变量代换消去根式，使之变成容易计算的积分.

第二换元积分法的解题步骤:

(1) **作变量代换** 根据被积函数的特点，选取适当的变换公式 $x=\varphi(t)$，把所求积分化成为

$$\int f(x)\mathrm{d}x=\int f(\varphi(t))\varphi'(t)\mathrm{d}t;$$

(2) **求积分**

$$\int f(\varphi(t))\varphi'(t)\mathrm{d}t=G(t)+C;$$

(3) **作变量回代** 把 $x=\varphi(t)$ 的反函数 $t=\varphi^{-1}(x)$ 代回.

例 4.16 求下列不定积分:

(1) $\int\frac{\mathrm{d}x}{\sqrt{3x+2}}$; (2) $\int\frac{1}{\sqrt{x}+\sqrt[3]{x}}\mathrm{d}x$; (3) $\int\frac{x-1}{\sqrt[3]{(3x-1)^2}}\mathrm{d}x$.

解: (1) 被积函数中含有根号, 为去掉根号, 可令 $\sqrt{3x+2}=t$, 则 $x=\frac{t^2-2}{3}$, $\mathrm{d}x=\frac{2}{3}t\mathrm{d}t$, 于是,

$$\int\frac{\mathrm{d}x}{\sqrt{3x+2}}=\int\frac{\frac{2}{3}t\mathrm{d}t}{t}=\frac{2}{3}\int\mathrm{d}t=\frac{2}{3}t+C=\frac{2\sqrt{3x+2}}{3}+C;$$

(2) 为同时消去两个根式, 可令 $\sqrt[6]{x}=t$, 则 $x=t^6$, $\mathrm{d}x=6t^5\mathrm{d}t$, 于是,

$$\begin{aligned}\int\frac{1}{\sqrt{x}+\sqrt[3]{x}}\mathrm{d}x&=\int\frac{6t^5}{t^3+t^2}\mathrm{d}t=6\int\frac{t^3}{t+1}\mathrm{d}t=6\int\frac{t^3+1-1}{t+1}\mathrm{d}t\\&=6\int(t^2-t+1)\mathrm{d}t-6\int\frac{\mathrm{d}t}{t+1}=2t^3-3t^2+6t-6\ln(1+t)+C\\&=2\sqrt{x}-3\sqrt[3]{x}+6\sqrt[6]{x}-6\ln(1+\sqrt[6]{x})+C;\end{aligned}$$

(3) 令 $\sqrt[3]{3x-1}=t$, 则 $x=\frac{t^3+1}{3}$, $\mathrm{d}x=t^2\mathrm{d}t$, 于是,

$$\begin{aligned}\int\frac{x-1}{\sqrt[3]{(3x-1)^2}}\mathrm{d}x&=\int\frac{\frac{t^3+1}{3}-1}{t^2}\cdot t^2\mathrm{d}t=\frac{1}{3}\int t^3\mathrm{d}t-\frac{2}{3}\int\mathrm{d}t\\&=\frac{1}{12}t^4-\frac{2}{3}t+C\\&=\frac{1}{12}\sqrt[3]{(3x-1)^4}-\frac{2}{3}\sqrt[3]{3x-1}+C.\end{aligned}$$

例 4.17 求下列不定积分:

(1) $\int\sqrt{a^2-x^2}\mathrm{d}x$ ($a>0$); (2) $\int\frac{\mathrm{d}x}{\sqrt{x^2-a^2}}$ ($a>0$); (3) $\int\frac{\mathrm{d}x}{\sqrt{a^2+x^2}}$ ($a>0$).

解: (1) 令 $x=a\sin t$ ($|t|<\frac{\pi}{2}$) 作代换, 则 $\mathrm{d}x=a\cos t\mathrm{d}t$, 于是

$$\sin t=\frac{x}{a},\quad t=\arcsin\frac{x}{a},\quad \cos t=\frac{\sqrt{a^2-x^2}}{a},$$

所以

$$\begin{aligned}\int\sqrt{a^2-x^2}\mathrm{d}x&=\int\sqrt{a^2-a^2\sin^2 t}\cdot a\cos t\mathrm{d}t\\&=\int a^2\cos^2 t\mathrm{d}t=a^2\int\frac{1+\cos 2t}{2}\mathrm{d}t=\frac{1}{2}a^2t+\frac{1}{4}a^2\sin 2t+C\\&=\frac{1}{2}a^2t+\frac{1}{2}a^2\sin t\cdot\cos t+C.\end{aligned}$$

将 $\sin t=\frac{x}{a}$, $\cos t=\frac{\sqrt{a^2-x^2}}{a}$ 代回上式, 得

$$\int\sqrt{a^2-x^2}\mathrm{d}x=\frac{1}{2}a^2\arcsin\frac{x}{a}+\frac{1}{2}x\sqrt{a^2-x^2}+C.$$

(2) 令 $x=a\sec t\ (0<t<\frac{\pi}{2})$ 作代换，则 $dx=a\sec t\tan t dt$，于是

$$\int\frac{dx}{\sqrt{x^2-a^2}}=\int\frac{a\sec t\tan t dt}{\sqrt{a^2\tan^2 t}}=\int\sec t dt$$

$$=\frac{1}{2}\ln\frac{1+\sin t}{1-\sin t}+C=\ln\sqrt{\frac{1+\sin t}{1-\sin t}}+C=\ln\frac{\sqrt{(1+\sin t)^2}}{\cos t}+C$$

$$=\ln\left|\frac{1+\sin t}{\cos t}\right|+C=\ln|\sec t+\tan t|+C,$$

将 $\sec t=\frac{x}{a}$，$\tan t=\sqrt{\sec^2 t-1}=\frac{\sqrt{x^2-a^2}}{a}$ 代回上式，有

$$\int\frac{dx}{\sqrt{x^2-a^2}}=\ln\left|\frac{x}{a}+\frac{\sqrt{x^2-a^2}}{a}\right|+C_0=\ln\left|x+\sqrt{x^2-a^2}\right|+C\quad(其中，C=C_0+\ln a).$$

(3) 令 $x=a\tan t\ (|t|<\frac{\pi}{2})$ 作代换，则 $dx=a\sec^2 t dt$，于是，

$$\int\frac{dx}{\sqrt{a^2+x^2}}=\int\frac{a\sec^2 t dt}{\sqrt{a^2\sec^2 t}}=\int\sec t dt=\ln|\sec t+\tan t|+C,$$

将 $\tan t=\frac{x}{a}$，$\sec t=\sqrt{1+\tan^2 t}=\frac{\sqrt{a^2+x^2}}{a}$ 代回上式，得

$$\int\frac{dx}{\sqrt{a^2+x^2}}=\ln\left|\frac{x}{a}+\frac{\sqrt{a^2+x^2}}{a}\right|+C_0=\ln\left|x+\sqrt{a^2+x^2}\right|+C\quad(其中，C=C_0+\ln a).$$

一般地，当被积函数含有根式 $\sqrt{a^2\pm x^2}$ 或 $\sqrt{x^2\pm a^2}$ 时，可作如下变换:

(1) 含有 $\sqrt{a^2-x^2}$ 时，可令 $x=a\sin t$ 或 $x=a\cos t$；

(2) 含有 $\sqrt{a^2+x^2}$ 时，可令 $x=a\tan t$ 或 $x=a\cot t$；

(3) 含有 $\sqrt{x^2-a^2}$ 时，可令 $x=a\sec t$ 或 $x=a\csc t$.

通常称此三种变换为三角换元法.

由以上例题可知，有些积分结果今后会经常用到，它们通常也被当作公式使用，顺延与表4-1中的基本积分公式如下:

(16) $\int\tan x dx=-\ln|\cos x|+C$；

(17) $\int\cot x dx=\ln|\sin x|+C$；

(18) $\int\sec x dx=-\ln|\sec x+\tan x|+C$；

(19) $\int\csc x dx=-\ln|\csc x-\cot x|+C$；

(20) $\int\frac{dx}{a^2+x^2}=\frac{1}{a}\arctan\frac{x}{a}+C$；

(21) $\int\frac{dx}{x^2-a^2}=\frac{1}{2a}\ln\left|\frac{x-a}{x+a}\right|+C$；

(22) $\int\frac{dx}{a^2-x^2}=\frac{1}{2a}\ln\left|\frac{a+x}{a-x}\right|+C$；

(23) $\int \frac{dx}{\sqrt{a^2 - x^2}} = \arcsin \frac{x}{a} + C \quad (a > 0)$;

(24) $\int \frac{dx}{\sqrt{x^2 \pm a^2}} = \ln | x + \sqrt{x^2 \pm a^2} | + C \quad (a > 0)$.

例 4.18 求下列不定积分:

(1) $\int \frac{dx}{x^2 + 2x + 3}$;　　(2) $\int \frac{dx}{\sqrt{4x^2 + 9}}$.

解: (1) $\int \frac{dx}{x^2 + 2x + 3} = \int \frac{d(x+1)}{(x+1)^2 + (\sqrt{2})^2} = \frac{1}{\sqrt{2}} \arctan \frac{x+1}{\sqrt{2}} + C$　　(利用公式 20)

(2) $\int \frac{dx}{\sqrt{4x^2 + 9}} = \int \frac{dx}{\sqrt{(2x)^2 + 3^2}} = \frac{1}{2} \int \frac{d(2x)}{\sqrt{(2x)^2 + 3^2}} = \frac{1}{2} \ln | 2x + \sqrt{4x^2 + 9} | + C$　　(利用公式 24)

4.3.3 分部积分法

前面介绍了换元积分法, 但对一些类型的积分, 换元积分法往往不能奏效, 如 $\int x \cos x dx$, $\int e^x \sin x dx$, $\int (x^2 + 1) \ln x dx$ 等, 为此我们引入分部积分法.

设函数 $u = u(x)$ 与 $v = v(x)$ 具有连续导函数, 则它们的乘积 $u(x) \cdot v(x)$ 也可导, 利用积函数的求导法则, 有

$$(uv)' = u'v + uv',$$

移项得

$$uv' = (uv)' - u'v,$$

对等式两边求积分, 得

$$\int uv' dx = uv - \int vu' dx \tag{4-1}$$

即

$$\int u dv = uv - \int v du \tag{4-2}$$

公式(4-1) 或公式(4-2) 称为不定积分的**分部积分公式**. 一般地, 利用分部积分公式求不定积分就是通过被积函数形式的转变, 把比较难求甚至无法求出的不定积分 $\int u dv$ 转变成易于求解的不定积分 $\int v dxu$, 从而实现化繁为简的目的.

例 4.19 求 $\int x e^x dx$.

解法 1: 令 $u = x$, $dv = e^x dx = de^x$, 则 $du = dx$, 于是

$$\int x e^x dx = \int x de^x = x e^x - \int e^x dx = x e^x - e^x + C.$$

解法 2: 令 $u = e^x$, 则 $dv = x dx = d\frac{x^2}{2}$, 于是

$$\int x e^x dx = \int e^x d\frac{x^2}{2} = \frac{x^2}{2} \cdot e^x - \int \frac{x^2}{2} \cdot e^x dx.$$

我们发现, $\int \frac{x^2}{2} e^x dx$ 比 $\int x e^x dx$ 更难以求解. 说明这样设 u 与 dv 是不合适的. 可见, 分部积分法的关键是恰当地选择好 u 与 dv, 一般需要考虑以下两点:

(1) v 要容易求得(可用凑微分法求出);

(2) $\int v\mathrm{d}u$ 要比 $\int u\mathrm{d}v$ 容易求解.

例 4.20 求下列不定积分:

(1) $\int x\arctan x\mathrm{d}x$; (2) $\int 2x\mathrm{e}^x\mathrm{d}x$; (3) $\int x\ln x\mathrm{d}x$; (4) $\int x\sin x\mathrm{d}x$.

解: (1) 幂函数与反三角函数结合在一起时, 将幂函数与 $\mathrm{d}x$ 结合为 $\mathrm{d}v$.

$$\int x\arctan x\mathrm{d}x=\int\arctan x\mathrm{d}\frac{x^2}{2}=\frac{x^2}{2}\arctan x-\int\frac{x^2}{2}\mathrm{d}\arctan x$$

$$=\frac{x^2}{2}\arctan x-\frac{1}{2}\int\frac{x^2}{1+x^2}\mathrm{d}x=\frac{x^2}{2}\arctan x-\frac{1}{2}x+\frac{1}{2}\arctan x+C.$$

(2) 幂函数与指数函数结合在一起时, 将指数函数与 $\mathrm{d}x$ 结合为 $\mathrm{d}v$.

$$\int 2x\mathrm{e}^x\mathrm{d}x=\int 2x\mathrm{d}\mathrm{e}^x=2x\mathrm{e}^x-2\int\mathrm{e}^x\mathrm{d}x=2x\mathrm{e}^x-2\mathrm{e}^x+C.$$

(3) 幂函数与对数函数结合在一起时, 将幂函数与 $\mathrm{d}x$ 结合为 $\mathrm{d}v$.

$$\int x\ln x\mathrm{d}x=\int\ln x\mathrm{d}\frac{x^2}{2}=\frac{1}{2}x^2\ln x-\int\frac{x^2}{2}\cdot\frac{1}{x}\mathrm{d}x=\frac{1}{2}x^2\ln x-\frac{1}{4}x^2+C.$$

(4) 幂函数与三角函数结合在一起时, 将三角函数与 $\mathrm{d}x$ 结合为 $\mathrm{d}v$.

$$\int x\sin x\mathrm{d}x=-\int x\mathrm{d}\cos x=-x\cos x+\int\cos x\mathrm{d}x=-x\cos x+\sin x+C.$$

由此, 我们可以大致得出这样的经验, 在与 $\mathrm{d}x$ 相结合的函数的选择中三角函数、指数函数优先于幂函数, 而幂函数优先于反三角函数、对数函数.

有时候, 要多次使用分部积分法才能求出结果. 下面例题又是一种情况, 经两次分部积分后, 出现了“循环现象”, 这时所求积分是通过解方程而求得的.

例 4.21 求不定积分 $\int\mathrm{e}^x\sin x\mathrm{d}x$.

解法 1: $$\int\mathrm{e}^x\sin x\mathrm{d}x\xlongequal{\mathrm{e}^x\text{与}\mathrm{d}x\text{结合}}\int\sin x\mathrm{d}\mathrm{e}^x=\mathrm{e}^x\sin x-\int\mathrm{e}^x\mathrm{d}\sin x=\mathrm{e}^x\sin x-\int\cos x\mathrm{d}\mathrm{e}^x$$

$$=\mathrm{e}^x\sin x-\mathrm{e}^x\cos x+\int\mathrm{e}^x\mathrm{d}\cos x=\mathrm{e}^x(\sin x-\cos x)-\int\mathrm{e}^x\sin x\mathrm{d}x.$$

移项并化简, 得

$$\int\mathrm{e}^x\sin x\mathrm{d}x=\frac{1}{2}\mathrm{e}^x(\sin x-\cos x)+C.$$

解法 2:

$$\int\mathrm{e}^x\sin x\mathrm{d}x\xlongequal{\sin x\text{与}\mathrm{d}x\text{结合}}-\int\mathrm{e}^x\mathrm{d}\cos x=-\mathrm{e}^x\cos x+\int\cos x\mathrm{d}\mathrm{e}^x=-\mathrm{e}^x\cos x+\int\mathrm{e}^x\cos x\mathrm{d}x$$

$$=-\mathrm{e}^x\cos x+\int\mathrm{e}^x\mathrm{d}\sin x$$

$$=\mathrm{e}^x(\sin x-\cos x)-\int\mathrm{e}^x\sin x\mathrm{d}x,$$

得

$$\int\mathrm{e}^x\sin x\mathrm{d}x=\frac{1}{2}\mathrm{e}^x(\sin x-\cos x)+C.$$

此例说明有时候函数 u 和 v 的选择也不是绝对的.

例 4. 22 求下列不定积分:

(1) $\int x^3\mathrm{e}^x\mathrm{d}x$; (2) $\int\mathrm{e}^{\sqrt[3]{x}}\mathrm{d}x$.

解: (1) $$\int x^3\mathrm{e}^x\mathrm{d}x=\int x^3\mathrm{d}\mathrm{e}^x=x^3\mathrm{e}^x-3\int x^2\mathrm{d}\mathrm{e}^x$$

$$=x^3\mathrm{e}^x-3x^2\mathrm{e}^x+3\int\mathrm{e}^x\mathrm{d}x^2=x^3\mathrm{e}^x-3x^2\mathrm{e}^x+6\int x\mathrm{e}^x\mathrm{d}x$$

$$=x^3\mathrm{e}^x-3x^2\mathrm{e}^x+6x\mathrm{e}^x-6\mathrm{e}^x+C.$$

此例表明，有些不定积分需连续几次使用分部积分法才能得到结果. 在运算过程中，u 和 dv 要始终保持选择同类函数.

(2) 设 $\sqrt[3]{x}=t$，则 $x=t^3$，$\mathrm{d}x=3t^2$，于是

$$\begin{aligned}\int \mathrm{e}^{\sqrt[3]{x}}\mathrm{d}x &= \int 3t^2\cdot \mathrm{e}^t\mathrm{d}t = 3\int t^2\mathrm{e}^t\mathrm{d}t = 3\int t^2\mathrm{d}\mathrm{e}^t \\ &= 3t^2\mathrm{e}^t - 6\int t\mathrm{e}^t\mathrm{d}t = 3t^2\mathrm{e}^t - 6t\mathrm{e}^t + 6\int \mathrm{e}^t\mathrm{d}t \\ &= 3t^2\mathrm{e}^t - 6t\mathrm{e}^t + 6\mathrm{e}^t + C \\ &= 3(\sqrt[3]{x^2} - 2\cdot\sqrt[3]{x} + 2)\mathrm{e}^{\sqrt[3]{x}} + C.\end{aligned}$$

有时，分部积分法还可与其他积分法结合起来运用，更加有效. 本例先用第二换元积分法，然后使用分部积分法求解.

需要指出的是，由于有一些初等函数的原函数虽然存在，但却不一定是初等函数，如 $\int \mathrm{e}^{-x^2}\mathrm{d}x$，$\int\frac{\sin x}{x}\mathrm{d}x$，$\int\frac{\mathrm{d}x}{\ln x}$ 等，它们的原函数都不能用初等函数来表达，因此我们通常称这样的积分“积不出来”.

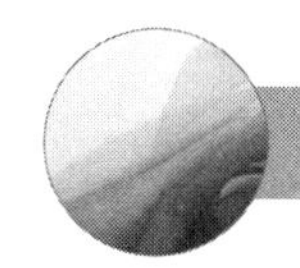

习题4.3

1. 选择题：

(1) $\int\left(\frac{1}{\cos^2 x}-1\right)\mathrm{d}(\cos x)=(\quad)$；

A. $\tan x - x + C$　B. $\tan x - \cos x + C$　C. $-\frac{1}{\cos x} - x + C$　D. $-\frac{1}{\cos x} - \cos x + C$

(2) $\int\frac{\ln x}{x}\mathrm{d}x=(\quad)$；

A. $2\ln|\ln x|$　B. $\frac{1}{2}(\ln x)^2 + C$　C. $2(\ln x)^2 + C$　D. $\frac{1}{2}\ln|\ln x| + C$

(3) $\int\frac{1}{\sqrt{1-2x}}\mathrm{d}x=(\quad)$；

A. $\sqrt{1-2x}+C$　B. $-\sqrt{1-2x}+C$　C. $-\frac{1}{2}\sqrt{1-2x}+C$　D. $-2\sqrt{1-2x}+C$

(4) $\int(1-2x)^2\mathrm{d}x=(\quad)$；

A. $-\frac{1}{6}(1-2x)^3+C$　B. $\frac{1}{6}(1-2x)^3+C$　C. $\frac{2}{3}(1-2x)^3+C$　D. $-\frac{2}{3}(1-2x)^3+C$

(5) $\int\frac{1}{\mathrm{e}^{x+1}}\mathrm{d}x=(\quad)$；

A. $\ln(x+1)+C$　B. $\frac{1}{\mathrm{e}^{x+1}}+C$　C. $-\frac{1}{\mathrm{e}^{x+1}}+C$　D. $-\mathrm{e}^{x+1}+C$

(6) $\int\frac{x}{4+x^2}\mathrm{d}x=(\quad)$；

A. $\frac{1}{2}\ln\left|4+x^2\right|+C$　B. $\ln\left|4+x^2\right|+C$　C. $\frac{1}{2}\arctan\frac{x}{2}+C$　D. $\frac{x}{2}\arctan\frac{x}{2}+C$

(7) $\int \sin\frac{2}{3}x\mathrm{d}x=($　　$)$;

A. $\frac{2}{3}\cos\frac{2}{3}x+C$　　B. $\frac{3}{2}\cos\frac{2}{3}x+C$　　C. $-\frac{2}{3}\cos\frac{2}{3}x+C$　　D. $-\frac{3}{2}\cos\frac{2}{3}x+C$

(8) $\int\frac{1}{3-4x}\mathrm{d}x=($　　$)$;

A. $-\frac{1}{4}\ln|3-4x|$　　B. $\ln|3-4x|+C$　　C. $\frac{1}{4}\ln|3-4x|+C$　　D. $-\frac{1}{4}\ln|3-4x|+C$

(9) $\int\frac{1}{\sqrt{1-25x^2}}\mathrm{d}x=($　　$)$;

A. $\frac{1}{5}\arcsin 5x+C$　　B. $\arcsin 5x+C$

C. $\ln\left|5x+\sqrt{1-25x^2}\right|+C$　　D. $\frac{1}{5}\ln\left|5x+\sqrt{1-25x^2}\right|+C$

(10) 求 $\int\sqrt{x^2-9}\mathrm{d}x$ 时，为使被积函数有理化，可作变换(　　);

A. $x=3\sin t$　　B. $x=3\tan t$　　C. $x=3\sec t$　　D. $x=\sqrt{x^2}$

(11) 在下列不定积分中，常用分部积分法求解的是(　　);

A. $\int\ln x\mathrm{d}x$　　B. $\int\frac{\arcsin x}{\sqrt{1-x^2}}\mathrm{d}x$　　C. $\int\sqrt{4-x^2}\mathrm{d}x$　　D. $\int\frac{1}{1+\sqrt{x-1}}\mathrm{d}x$

(12) 在下列利用分部积分法计算的积分中，$u,\mathrm{d}v$ 选择正确的是(　　);

A. $\int x\mathrm{e}^x\mathrm{d}x, u=\mathrm{e}^x, \mathrm{d}v=x\mathrm{d}x$

B. $\int x^2\ln(1+x)\mathrm{d}x, u=x^2,\ \mathrm{d}v=\ln(1+x)\mathrm{d}x$

C. $\int x\sin x\mathrm{d}x, u=\sin x,\ \mathrm{d}v=x\mathrm{d}x$

D. $\int\mathrm{e}^x\sin x\mathrm{d}x, u=\sin x, \mathrm{d}v=\mathrm{e}^x\mathrm{d}x$

(13) 在下列利用分部积分法计算的积分中，$u,\mathrm{d}v$ 选择错误的是(　　);

A. $\int x^2\sin 2x\mathrm{d}x, u=x^2, \mathrm{d}v=\sin 2x\mathrm{d}x$

B. $\int x^2\ln x\mathrm{d}x, u=x^2, \mathrm{d}v=\ln x\mathrm{d}x$

C. $\int x\ln x\mathrm{d}x, u=\ln x, \mathrm{d}v=x\mathrm{d}x$

D. $\int\mathrm{e}^x\cos x\mathrm{d}x, u=\mathrm{e}^x, \mathrm{d}v=\cos x\mathrm{d}x$

(14) $\int\ln x\mathrm{d}x=($　　$)$;

A. $x(\ln x-1)+C$　　B. $x\ln x+C$　　C. $\ln x+x+C$　　D. $\ln x-x+C$

(15) $\int x\mathrm{d}\cos x=($　　$)$.

A. $x\cos x-\sin x+C$　　B. $x\cos x+\sin x+C$

C. $x\cos x-\cos x+C$　　D. $x\cos x+\cos x+C$

2. 求下列不定积分：

(1) $\int\frac{1}{3+2x}\mathrm{d}x$;　(2) $\int 2x\mathrm{e}^{x^2}\mathrm{d}x$;　(3) $\int x\cdot\sqrt{1-x^2}\mathrm{d}x$;　(4) $\int\frac{\mathrm{d}x}{x(1+2\ln x)}$;

(5) $\int\frac{e^{3\sqrt{x}}}{\sqrt{x}}dx$; (6) $\int\sin^2x\cos^5xdx$; (7) $\int\sin^2xdx$; (8) $\int\cos^4xdx$;

(9) $\int\csc xdx$; (10) $\int e^{5x}dx$; (11) $\int\frac{\sin\sqrt{x}}{\sqrt{x}}dx$; (12) $\int\frac{dx}{x\ln x\ln\ln x}$;

(13) $\int\tan\sqrt{1+x^2}\cdot\frac{xdx}{\sqrt{1+x^2}}$; (14) $\int\frac{dx}{\sin x\cos x}$; (15) $\int\frac{dx}{e^x+e^{-x}}$;

(16) $\int xe^{-x^2}dx$; (17) $\int x\cos x^2dx$; (18) $\int\frac{x}{\sqrt{2-3x^2}}dx$;

(19) $\int\frac{3x^3}{1-x^4}dx$; (20) $\int x^2\cdot\sqrt{1+x^3}dx$; (21) $\int\frac{\sin x\cos x}{1+\sin^4x}dx$;

(22) $\int\cos^2(\omega x+\varphi)\sin(\omega x+\varphi)dx$; (23) $\int\frac{\sin x}{\cos^5x}dx$; (24) $\int\frac{x^3}{9+x^2}dx$;

(25) $\int\frac{2x-1}{\sqrt{1-x^2}}dx$; (26) $\int\frac{dx}{4-x^2}$; (27) $\int\frac{dx}{(x+1)(x-2)}$; (28) $\int\frac{10^{2\arccos x}}{\sqrt{1-x^2}}dx$;

(29) $\int\frac{1+\ln x}{(x\ln x)^2}dx$; (30) $\int\frac{dx}{(\arcsin x)^2\sqrt{1-x^2}}$; (31) $\int\sin5x\sin7xdx$; (32) $\int\frac{1-x}{\sqrt{9-4x^2}}dx$.

3. 求下列不定积分:

(1) $\int\frac{dx}{x^2\sqrt{4-x^2}}$; (2) $\int\frac{\sqrt{x^2+a^2}}{x^2}dx$; (3) $\int\frac{dx}{\sqrt{(x^2-a^2)^3}}$; (4) $\int\frac{x^3}{\sqrt{x^2+1}}dx$;

(5) $\int\frac{x+1}{1-x^2}dx$; (6) $\int\frac{x^2}{\sqrt{x^2-2}}dx$; (7) $\int\frac{x}{\sqrt{2x^2-4x}}dx$; (8) $\int\frac{dx}{\sqrt{1+e^x}}$;

(9) $\int\frac{dx}{\sqrt{3+2x-x^2}}$; (10) $\int\frac{x}{\sqrt{x^2+2x+3}}dx$; (11) $\int\frac{x^2}{\sqrt{3-x}}dx$; (12) $\int\frac{dx}{x+\sqrt{1-x^2}}$;

(13) $\int\cos^5x\sqrt{\sin x}dx$; (14) $\int\frac{\ln x}{x\cdot\sqrt{1+\ln x}}dx$; (15) $\int\frac{dx}{(1-x^2)^{\frac{3}{2}}}$; (16) $\int\frac{xdx}{\sqrt{2+4x-x^2}}$.

4. 求下列不定积分:

(1) $\int x\sin xdx$; (2) $\int xe^{-2x}dx$; (3) $\int x^2e^{3x}dx$; (4) $\int(x-1)\sin2xdx$;

(5) $\int\ln(1+x^2)dx$; (6) $\int x\cos\frac{x}{2}dx$; (7) $\int x^2\ln xdx$; (8) $\int e^{-x}\sin2xdx$;

(9) $\int x\sin^2xdx$; (10) $\int\cos(\ln x)dx$; (11) $\int x^2\arctan xdx$; (12) $\int(\arcsin x)^2dx$;

(13) $\int\frac{\ln x}{\sqrt{1+x^2}}dx$; (14) $\int x^2\cos nxdx$; (15) $\int\frac{x\arcsin x}{\sqrt{1-x^2}}dx$;

(16) $\int\ln(1+\sqrt{1+x^2})dx$; (17) $\int x\sin\sqrt{x}dx$; (18) $\int\frac{1}{\sqrt{x}}\arcsin\sqrt{x}dx$;

(19) $\int e^{\sqrt{x}}dx$.

4.4 积分表的应用

从前面几节可以看出，求不定积分的计算要比求导数更为灵活、复杂，被积函数形式稍有不同，相应的积分方法和结果就有很大差异. 在实践中，为了尽快地获得积分结果，我们编制了不定积分表以供查用. 本书附录 1 中给出了一个较简易的不定积分表，它是按照被积函数的类型来编排的. 读者在熟练掌握不定积分方法的基础上，也要学会使用积分表.

下面举例说明积分表的使用方法.

例 4.23 求 $\int\frac{dx}{x(3x+2)^2}$.

解： 被积函数含有 $ax+b$，属于积分表中(一)类的积分. 按照公式9，当 $a=3$，$b=2$ 时，有

$$\int\frac{dx}{x(3x+2)^2}=\frac{1}{2(2+3x)}-\frac{1}{4}\ln\left|\frac{2+3x}{x}\right|+C.$$

例 4.24 求 $\int\frac{dx}{x\sqrt{5x-2}}$.

解： 被积函数含有 $\sqrt{ax+b}$，属于积分表中(二)类的积分. 按照公式 15，当 $b=-2<0$，$a=5$ 时，有

$$\int\frac{dx}{x\sqrt{5x-2}}=\frac{2}{\sqrt{2}}\arctan\sqrt{\frac{5x+2}{2}}+C=\sqrt{2}\arctan\sqrt{\frac{5}{2}x-1}+C.$$

例 4.25 求 $\int\frac{dx}{2x^2+x+1}$.

解： 这个积分属于积分表(五)类含有 $\pm ax^2+bx+c\ (a>0)$ 的积分. 按照公式 29，当 $a=2$，$b=1$，$c=1$ 时，由于 $b^2-4ac=-7<0$，所以

$$\int\frac{dx}{2x^2+x+1}=\frac{2}{\sqrt{7}}\arctan\frac{4x+1}{\sqrt{7}}+C.$$

例 4.26 求 $\int\frac{dx}{5-4\cos x}$.

解： 被积函数含有三角函数，在积分表中(十一) 类，查得关于 $\int\frac{dx}{a+b\cos x}$ 的公式 105 和 106，要根据 $a^2>b^2$ 或 $a^2<b^2$ 来决定用哪一个.

现在 $a=5$，$b=-4$，$a^2>b^2$，所以选用公式 105，得

$$\int\frac{dx}{5-4\cos x}=\frac{2}{5+(-4)}\sqrt{\frac{5+(-4)}{5-(-4)}}\arctan\left(\sqrt{\frac{5-(-4)}{5+(-4)}}\tan\frac{x}{2}\right)+C$$

$$=\frac{2}{3}\arctan(3\tan\frac{x}{2})+C.$$

例 4.27 求 $\int\frac{\sqrt{x-1}}{x}dx$.

解： 由积分表(二) 的公式 17，这里取 $a=1$，$b=-1$，得

$$\int\frac{\sqrt{x-1}}{x}dx=2\sqrt{x-1}-\int\frac{dx}{x\sqrt{x-1}},$$

等式右端还有一个积分 $\int\frac{\mathrm{d}x}{x\sqrt{x-1}}$，再由积分表(二) 中的公式 15，得

$$\int\frac{\mathrm{d}x}{x\sqrt{x-1}}=2\arctan\sqrt{x-1}+C.$$

故 $\int\frac{\sqrt{x-1}}{x}\mathrm{d}x=2\sqrt{x-1}-2\arctan\sqrt{x-1}+C$.

例 4.28 求 $\int\sqrt{4x^2+9}\mathrm{d}x$.

解： 这个积分在积分表中不能直接查到，若令 $2x=u$ ，则有

$$\sqrt{4x^2+9}=\sqrt{u^2+3^2}\ ,\ \mathrm{d}x=\frac{1}{2}\mathrm{d}u\ ,$$

于是

$$\int\sqrt{4x^2+9}\mathrm{d}x=\frac{1}{2}\int\sqrt{u^2+3^2}\mathrm{d}u\ ;$$

被积函数含有 $\sqrt{u^2+3^2}$ ，在积分表(六) 类中查到公式 39，现在 $a=3$，于是

$$\int\sqrt{4x^2+9}\mathrm{d}x=\frac{1}{2}\int\sqrt{u^2+3^2}\mathrm{d}u=\frac{1}{2}[\frac{u}{2}\sqrt{u^2+9}+\frac{9}{2}\ln(u+\sqrt{u^2+9})]+C$$

$$\underline{\underline{\text{回代}u=2x}}\ \frac{x}{2}\sqrt{4x^2+9}+\frac{9}{4}\ln(2x+\sqrt{4x^2+9})+C\ .$$

例 4.29 求 $\int\cos^4 x\mathrm{d}x$.

解： 在积分表(十一) 类中查到公式 96，现在 $n=4$，于是

$$\int\cos^4 x\mathrm{d}x=\frac{1}{4}\cos^3\sin x+\frac{3}{4}\int\cos^2 x\mathrm{d}x\ ,$$

对积分 $\int\cos^2 x\mathrm{d}x$ 再用公式 94，可得

$$\int\cos^4 x\mathrm{d}x=\frac{1}{4}\cos^3\sin x+\frac{3}{8}x+\frac{3}{16}\sin 2x+C\ .$$

例 4.30 计算 $\int\sin^7 x\cos^3 x\mathrm{d}x$.

解： 查表知，可利用表(十一) 中公式 99，但非常繁琐，故直接计算，得

$$\int\sin^7 x\cos^3 x\mathrm{d}x=\int\sin^7 x\cos^2 x\mathrm{d}\sin x=\int\sin^7 x\left(1-\sin^2 x\right)\mathrm{dsinx}$$

$$=\int\sin^7 x\mathrm{dsin}x-\int\sin^9 x\mathrm{d}\sin x=\frac{1}{8}\sin^8 x-\frac{1}{10}\sin^{10} x+C.$$

一般说来，查积分表可以节省计算积分的时间，但是，只有掌握了前面学过的基本积分方法后才能灵活地使用积分表. 对一些比较简单的积分，可应用基本积分方法来计算. 所以，求积分时究竟是直接计算，还是查表，或是两者结合使用，应该作具体分析，不能一概而论.

复习题4

1. 选择题:

(1) 若 $F'(x)=f(x)$，则 $\int\mathrm{d}F(x)=($　　$)$;

A. $f(x)$　　B. $F(x)$　　C. $f(x)+C$　　D. $F(x)+C$

(2) 下列函数中不是 $f(x)=\dfrac{1}{1+x^2}$ 的原函数的是(　　);

A. $F(x)=\operatorname{arccot}\dfrac{1}{x}+C$　　B. $F(x)=\arctan\dfrac{1}{x}+C$

C. $F(x)=\arctan x+C$　　D. $F(x)=-\operatorname{arccot}x+C$

(3) 设 $f(x)$ 为可导函数，则下列各式中正确的是(　　);

A. $\left[\int f'(x)\mathrm{d}x\right]'=f(x)$　　B. $\int f'(x)\,\mathrm{d}x=f(x)$

C. $\left[\int f(x)\mathrm{d}x\right]'=f(x)$　　D. $\left[\int f(x)\mathrm{d}x\right]'=f(x)+C$

(4) 若 $\int f(x)\,\mathrm{d}x=2\sin\dfrac{x}{2}+C$，则 $f(x)=($　　$)$;

A. $\cos\dfrac{x}{2}+C$　　B. $\cos\dfrac{x}{2}$　　C. $2\cos\dfrac{x}{2}+C$　　D. $2\sin\dfrac{x}{2}$

(5) 下列不定积分中正确的是(　　);

A. $\int\arctan x\mathrm{d}x=\dfrac{1}{1+x^2}+C$　　B. $\int\dfrac{1}{\sqrt{1-x^2}}\mathrm{d}x=-\arccos x+C$

C. $\int\sin(-x)\mathrm{d}x=-\cos(-x)+C$　　D. $\int x\mathrm{d}x=\dfrac{1}{2}x^2$

(6) 设 $f'(x)$ 连续，则下列各式中正确的是(　　);

A. $\int f'(x)\,\mathrm{d}x=f(x)$　　B. $\dfrac{\mathrm{d}}{\mathrm{d}x}\left[\int f(x)\,\mathrm{d}x\right]=f(x)+C$

C. $\int f'(2x)\,\mathrm{d}x=f(2x)+C$　　D. $\dfrac{\mathrm{d}}{\mathrm{d}x}\left[\int f(2x)\,\mathrm{d}x\right]=f(2x)$

(7) $\int\mathrm{d}\left[\sin(1-2x)\right]=($　　$)$;

A. $\sin(1-2x)$　　B. $-2\cos(1-2x)$

C. $\sin(1-2x)+C$　　D. $-2\cos(1-2x)+C$

(8) 设 $\int f(x)\,\mathrm{d}x=F(x)+C$，则 $\int\mathrm{e}^{-x}f\left(\mathrm{e}^{-x}\right)\mathrm{d}x=($　　$)$;

A. $F\left(\mathrm{e}^{x}\right)+C$　　B. $-F\left(\mathrm{e}^{-x}\right)+C$　　C. $F\left(\mathrm{e}^{-x}\right)+C$　　D. $\dfrac{F\left(\mathrm{e}^{-x}\right)}{x}+C$

(9) $\int\dfrac{x}{2}\mathrm{d}x^2=($　　$)$;

A. x^2+C　　B. $2x^2+C$　　C. $\dfrac{1}{3}x^3+C$　　D. $\dfrac{3}{2}x^3+C$

(10) $\int\cos(1-2x)\mathrm{d}x=($　　$)$;

A. $-\dfrac{1}{2}\sin(1-2x)\mathrm{d}x$　　B. $-\dfrac{1}{2}\sin(1-2x)+C$　　C. $-\sin(1-2x)+C$　　D. $2\sin(1-2x)+C$

(11) 设 $f(x)=\mathrm{e}^{-x}$，则 $\int\dfrac{f'(\ln x)}{x}\mathrm{d}x=($　　$)$;

A. $-\frac{1}{x}+C$ B. $-\ln x+C$ C. $\frac{1}{x}+C$ D. $\ln x+C$

(12) $\int \sin x\cos^2 x\mathrm{d}x=($ $)$;

A. $\cos x-\frac{1}{3}\cos^3 x+C$ B. $-\frac{1}{3}\cos^3 x+C$ C. $-\frac{1}{3}\sin^3 x+C$ D. $\frac{1}{3}\cos^3 x+C$

(13) $\int\frac{1}{4x^2-4x+5}\mathrm{d}x=($ $)$;

A. $\frac{1}{2}\arctan\frac{2x-1}{2}+C$ B. $\frac{1}{8}\arctan\frac{2x-1}{4}+C$ C. $\frac{1}{2}\arctan\frac{2x-1}{4}+C$ D. $\frac{1}{4}\arctan\frac{2x-1}{2}+C$

(14) $\int\frac{x}{\sqrt{1+x^2}}\mathrm{d}x=($ $)$;

A. $\arctan x+C$ B. $\ln\left|x+\sqrt{1+x^2}\right|+C$ C. $\sqrt{1+x^2}+C$ D. $\frac{1}{2}\ln\left|1+x^2\right|+C$

(15) $\int\frac{2x}{x^2-2x+5}\mathrm{d}x=($ $)$;

A. $\ln\left|x^2-2x+5\right|+C$ B. $\ln\left|x^2-2x+5\right|+\arctan\frac{x-1}{2}+C$

C. $\ln\left|x^2-2x+5\right|+2\arctan\frac{x-1}{4}+C$ D. $\ln\left|x^2-2x+5\right|+\frac{1}{2}\arctan\frac{x-1}{4}+C$

(16) 已知 $f'(x)=2, f(0)=1$，则 $\int f(x)f'(x)\mathrm{d}x=($ $)$;

A. $2x+1$ B. $2x^2+3x+C$ C. $(2x+1)^2+C$ D. $\frac{1}{2}(2x+1)^2+C$

(17) 已知 $F'(x)=f(x)$，则 $\int f(2x)\mathrm{d}x=($ $)$;

A. $F(2x)+C$ B. $F\left(\frac{x}{2}\right)+C$ C. $\frac{1}{2}F(2x)+C$ D. $2F\left(\frac{x}{2}\right)+C$

(18) $f(x)=\mathrm{e}^{2x}$ 的积分曲线中经过点 $(0,0)$ 的曲线方程是( );

A. $y=\mathrm{e}^{2x}+1$ B. $y=\mathrm{e}^{2x}+\frac{1}{2}$ C. $y=\frac{1}{2}\mathrm{e}^{2x}+1$ D. $y=\frac{1}{2}\mathrm{e}^{2x}-\frac{1}{2}$

(19) $\int f(\mathrm{e}^x)\mathrm{e}^x\mathrm{d}x=($ $)$;

A. $f(x)+C$ B. $F(x)+C$ C. $F(\mathrm{e}^x)+C$ D. $f(\mathrm{e}^x)+C$

(20) 若 $\int f(x)\mathrm{d}x=x+C$，则 $\int f(1-x)\mathrm{d}x=$ ( );

A. $1-x+C$ B. $-x+C$ C. $x+C$ D. $\frac{1}{2}(1-x)^2+C$

(21) $\int \mathrm{e}^x\sin\mathrm{e}^x\mathrm{d}x=($ $)$;

A. $\sin\mathrm{e}^x+C$ B. $-\sin\mathrm{e}^x+C$ C. $\cos\mathrm{e}^x+C$ D. $-\cos\mathrm{e}^x+C$

(22) $\int\ln\frac{x}{2}\mathrm{d}x=($ $)$;

A. $x\ln\frac{x}{2}-2x+C$ B. $x\ln\frac{x}{2}-4x+C$ C. $x\ln\frac{x}{2}-x+C$ D. $x\ln\frac{x}{2}+x+C$

(23) $\int\mathrm{e}^{\sqrt{x}}\mathrm{d}x=($ $)$;

A. $e^{\sqrt{x}}+C$　B. $\sqrt{x}e^{\sqrt{x}}+C$　C. $e^{\sqrt{x}}\left(\sqrt{x}-1\right)+C$　D. $2e^{\sqrt{x}}\left(\sqrt{x}-1\right)+C$

(24) $\int xe^{-x}dx=($　　);

A. $(1-x)e^{-x}+C$　B. $-(1+x)e^{-x}+C$　C. $xe^{-x}+C$　D. $(x-1)e^{-x}+C$

(25) 在下列不定积分中，常用分部积分法求解的是(　　);

A. $\int\sin(2x+1)dx$　B. $\int\frac{1}{4x^2+9}dx$　C. $\int x\ln xdx$　D. $\int xe^{x^2}dx$

(26) 在下列不定积分中，常用分部积分法求解的是(　　);

A. $\int\cos(2x+1)dx$　B. $\int x\sqrt{1-x^2}dx$　C. $\int x\sin^2 xdx$　D. $\int\frac{x^2}{1+x^2}dx$

(27) $\int\frac{\ln x}{x^2}dx=($　　);

A. $\frac{1}{x}\ln x+\frac{1}{x}+C$　B. $-\frac{1}{x}\ln x+\frac{1}{x}+C$　C. $\frac{1}{x}\ln x-\frac{1}{x}+C$　D. $-\frac{1}{x}\ln x-\frac{1}{x}+C$

(28) 设 e^{-x} 是 $f(x)$ 的一个原函数，则 $\int xf(x)dx=($　　);

A. $(1-x)e^{-x}+C$　B. $(x+1)e^{-x}+C$　C. $(x-1)e^{-x}+C$　D. $-(1+x)e^{-x}+C$

(29) $\int xde^{-x}=($　　);

A. $xe^{-x}+C$　B. $-xe^{-x}+C$　C. $xe^{-x}+e^{-x}+C$　D. $xe^{-x}-e^{-x}+C$

(30) 在下列利用分部积分法计算的积分中，u,dv 选择正确的有(　　);

A. $\int x^2e^xdx, u=x^2, dv=e^xdx$

B. $\int x^2\cos xdx, u=\cos x, dv=x^2dx$

C. $\int x^2\arctan xdx, u=x^2, dv=\arctan xdx$

D. $\int\frac{1}{x^2}\ln xdx, u=\frac{1}{x^2}, dv=\ln xdx$

(31) 下列计算正确的是(　　);

A. $\int xe^{-x}dx=-\int xde^{-x}=-xe^{-x}-\int e^{-x}dx$

B. $\int x\cos xdx=\int xd\sin x=x\sin x-\int\sin xdx$

C. $\int x\ln xdx=\frac{1}{2}\int\ln xd\frac{x^2}{2}=\frac{1}{2}x^2\ln x-\int x^2d\ln x$

D. $\int xe^xdx=\frac{1}{2}\int e^xdx^2=\frac{1}{2}x^2e^x-\frac{1}{2}\int x^2de^x$

2. 填空题:

(1) 若任取 $x\in I$，有 $F'(x)=f(x)$，则______是______的原函数;

(2) 设 $f(x)=a$ (a 为任意常数)，则 $\int f(x)dx=$______;

(3) 函数 $f(x)$ 的______称为 $f(x)$ 的不定积分;

(4) 若 $\int f(x)dx=3e^{2x}+C$，则 $f(x)=$______;

(5) $\int(\sin x)'dx=$______;

(6) 函数 $y=\arccos x$ 是函数 $f(x)=$______的一个原函数;

(7) $\int x^2\sqrt{x}\mathrm{d}x=$______;

(8) 设 $x\mathrm{e}^{-x}$ 是 $f(x)$ 的一个原函数，则 $\int xf(x)\,\mathrm{d}x=$______.

3. 求下列不定积分:

(1) $\int\frac{\mathrm{d}x}{\mathrm{e}^x-\mathrm{e}^{-x}}$;　(2) $\int\frac{x}{(1-x)^3}\mathrm{d}x$;　(3) $\int\frac{x^2}{a^6-x^6}\mathrm{d}x$;　(4) $\int\frac{1+\cos x}{x+\sin x}\mathrm{d}x$;

(5) $\int\frac{\ln(\ln x)}{x}\mathrm{d}x$;　(6) $\int\frac{\mathrm{d}x}{(a^2-x^2)^{\frac{5}{2}}}$;　(7) $\int\frac{\mathrm{d}x}{x^4\sqrt{1+x^2}}$;　(8) $\int\sqrt{x}\sin\sqrt{x}\mathrm{d}x$;

(9) $\int\ln(1+x^2)\mathrm{d}x$;　(10) $\int\frac{\sin^2 x}{\cos^3 x}\mathrm{d}x$;　(11) $\int\arctan\sqrt{x}\mathrm{d}x$;　(12) $\int\frac{\sqrt{1+\cos x}}{\sin x}\mathrm{d}x$;

(13) $\int\frac{x^3}{(1+x^8)^2}\mathrm{d}x$;　(14) $\int\frac{x^{11}}{x^8+3x^4+2}\mathrm{d}x$;　(15) $\int\frac{\mathrm{d}x}{16-x^4}$;　(16) $\int\frac{\sin x}{1+\sin x}\mathrm{d}x$;

(17) $\int\frac{x+\sin}{1+\sin x}\mathrm{d}x$;　(18) $\int\mathrm{e}^{3\ln x}\frac{x\cos^3 x-\sin x}{\cos^2 x}\mathrm{d}x$　(19) $\int\frac{\sqrt[3]{x}}{x(\sqrt{x}+\sqrt[3]{x})}\mathrm{d}x$;

(20) $\int\frac{\mathrm{d}x}{(1+\mathrm{e}^x)^2}$;　(21) $\int\frac{\mathrm{e}^{3x}+\mathrm{e}^x}{\mathrm{e}^{4x}-\mathrm{e}^{2x}+1}\mathrm{d}x$;　(22) $\int\frac{x\mathrm{e}^x}{(\mathrm{e}^x+1)^2}\mathrm{d}x$;

(23) $\int[\ln(x+\sqrt{1+x^2})]^2\mathrm{d}x$;　(24) $\int\frac{\ln x}{(1+x^2)^{\frac{3}{2}}}\mathrm{d}x$;　(25) $\int\sqrt{1-x^2}\arcsin x\mathrm{d}x$;

(26) $\int\frac{x^3\arccos x}{\sqrt{1-x^2}}\mathrm{d}x$;　(27) $\int\frac{\cot x}{1+\sin x}\mathrm{d}x$;　(28) $\int\frac{\mathrm{d}x}{\sin^3 x\cos x}$;

(29) $\int\frac{\mathrm{d}x}{(2+\cos x)\sin x}$;　(30) $\int\frac{\sin x\cos x}{\sin x+\cos x}\mathrm{d}x$.

阅读材料

莱布尼茨

莱布尼茨(Leibniz, 1646～1716), 德国数学家、自然科学家、哲学家, 微积分学的创始人之一. 他的研究涉及逻辑学、数学、力学、地质学、法学、语言学等多种领域. 他创设的数学符号对微积分的发展有着极大的影响. 他说dx 和 x 相比, 如同点和地球或地球半径与宇宙半径相比. 他从求解曲线所围面积引出积分的概念, 把积分看做是无穷小的和, 并引入积分符号“$\int$”，它是把拉丁文 summa 的首字母 s 的拉伸.

莱布尼茨在数学方面以独立创立微积分学而著称. 1684 年, 他发表了《一种求极大、极小值和切线的新方法》. 文章从几何学的角度论述微分法则, 得到微分学的一系列基本结果, 是较早的微积分文献. 1686 年, 他又发表了第一篇积分学方面的论文, 给出原函数的求解方法. 这两篇文章均早于牛顿首次发表的微积分结果, 但他开始从事研究的时间要比牛顿晚了近 10 年, 因此数学史上将他二人并列作为微积分的创立者.

第5章　定积分及其应用

定积分是积分学的一个重要概念，在科学研究和生产实践中应用十分广泛，如求平面图形面积、变力所做的功等都可以归结为定积分问题.定积分和不定积分有着密切的内在联系，这种联系的基础是牛顿-莱布尼兹公式.在这一章里，我们将从实际问题出发引出定积分的概念，然后讨论它的性质及计算方法.作为定积分的推广，本章还将介绍广义积分的概念以及一些应用实例.

5.1　定积分的概念

5.1.1　引例

1. 曲边梯形的面积

所谓曲边梯形是指在直角坐标系中，由区间$[a,b]$上的连续曲线$y=f(x)$ ($f(x)\geqslant 0$)，直线$x=a$和$x=b$与x轴围成的平面图形(见图 5-1)，其中的曲线弧称为曲边，x轴上对应区间$[a,b]$的线段称为底边.那么该如何计算此曲边梯形的面积A呢？

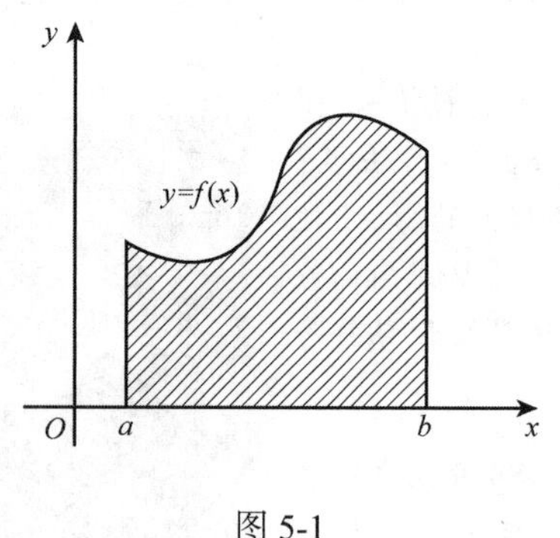

图 5-1

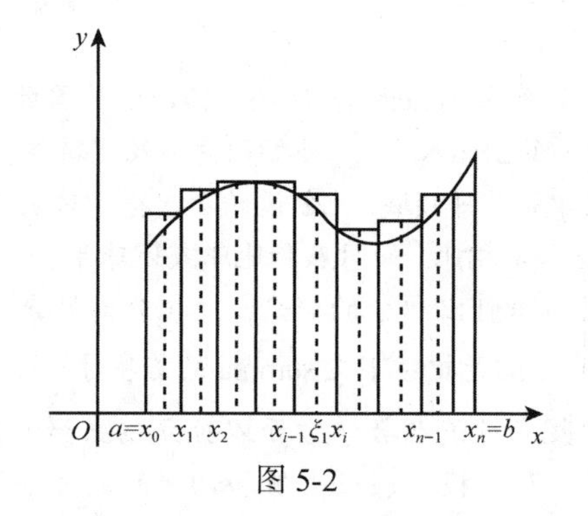

图 5-2

我们知道，矩形的面积=底×高.因此，为了计算曲边梯形的面积A，可以先将它分割成若干个小曲边梯形，每个小曲边梯形用相应的小矩形近似代替，把这些小矩形的面积累加起来，就得到曲边梯形面积A的近似值. 当分割无限变细时，这个近似值就无限接近于所求的曲边梯形面积.

根据上述分析，可按照以下四个步骤求曲线梯形A的面积. 设$f(x)\geqslant 0, a<b$，如图 5-2 所示.

(1) **分割**　将曲边梯形分割为n个小曲边梯形.

用分点 $a = x_0 < x_1 < x_2 < \cdots < x_{n-1} < x_n = b$，把区间 $[a,b]$ 任意划分成 n 个小区间：$[x_0,x_1],[x_1,x_2],\cdots,[x_{i-1},x_i],\cdots,[x_{n-1},x_n]$，每个小区间的长度记为 $\Delta x_1 = x_1 - x_0, \Delta x_2 = x_2 - x_1,\cdots, \Delta x_n = x_n - x_{n-1}$，记 $\lambda = \max\{\Delta x_1, \Delta x_2, \cdots, \Delta x_n\}$.

过每一个分点作平行于 y 轴的直线，把曲边梯形分成 n 个小曲边梯形，它们的面积分别记为 $\Delta A_1, \Delta A_2, \cdots, \Delta A_n$.

(2) **近似** 用小矩形面积近似代替小曲边梯形面积.

在小区间 $[x_{i-1},x_i]$ 上任取一点 $\xi_i (i = 1,2,\cdots,n)$，可近似地用 $f(\xi_i)$ 为高，Δx_i 为底的小矩形面积代替相应的小曲边梯形面积 ΔA_i，即

$$\Delta A_i \approx f(\xi_i)\Delta x_i \ (i = 1,2,\cdots,n).$$

(3) **求和** 把各个小矩形的面积相加即可求得整个曲边梯形面积 A 的近似值，即

$$A = \sum_{i=1}^{n} \Delta A_i \approx \sum_{i=1}^{n} f(\xi_i)\Delta x_i .$$

(4) **取极限** 使曲边梯形的面积的近似值转化为精确值.

若 $\lambda \to 0$，表示每个小区间长度趋于零，则曲边梯形面积 A 的精确值为

$$A = \lim_{\lambda \to 0} \sum_{i=1}^{n} f(\xi_i)\Delta x_i .$$

2. 变速直线运动的路程

设某物体作变速直线运动，它的速度 $v = v(t)\ (v \geqslant 0)$ 是时间间隔 $[T_1,T_2]$ 上的连续函数，求物体在这段时间所经过的路程 s.

我们知道，匀速直线运动的路程 $s=v \cdot t$，现在我们研究的是非匀速直线运动，因此不能直接运用上面的公式来求路程.但是，当时间间隔很短，速度变化很小时，可以近似地认为速度是不变的，从而在这段很短的时间间隔内可以近似运用匀速直线运动的路程公式.为此，我们采用与求曲边梯形面积相同的思路来解决这个问题.

(1) **分割** 用分点 $T_1 = t_0 < t_1 < t_2 < \cdots < t_i < \cdots < t_{n-1} < t_n = T_2$ 将时间间隔 $[T_1,T_2]$ 任意分成 n 个小段时间 $[t_0,t_1],[t_1,t_2],\cdots,[t_{n-1},t_n]$，各段时间长度为 $\Delta t_i = t_i - t_{i-1}, (i = 1,2,\cdots,n)$，记 $\lambda = \max\{\Delta t_1, \Delta t_2, \cdots, \Delta t_n\}$. 相应地，在各段时间内物体走过的路程为 $\Delta s_1, \Delta s_2, \cdots, \Delta s_n$.

(2) **近似** 在时间间隔 $[t_{i-1},t_i]$ 上任取一个时刻 $a_i \in [t_{i-1},t_i]$，以 a_i 时刻的速度 $v(a_i)$ 近似代替 $[t_{i-1},t_i]$ 上各个时刻的速度，于是得到部分路程 Δs_i 的近似值，即

$$\Delta s_i \approx v(a_i)\Delta t_i, i = 1,2,\cdots,n.$$

(3) **求和** 求出总路程的近似值.

$$s = \sum_{i=1}^{n} \Delta s_i \approx \sum_{i=1}^{n} v(a_i)\Delta t_i .$$

(4) **取极限** 当 $\lambda \to 0$ 时，得到总路程的精确值

$$s = \lim_{\lambda \to 0} \sum_{i=1}^{n} v(a_i)\Delta t_i .$$

5.1.2 定积分的定义与几何意义

1. 定积分的定义

以上两例分别讨论了几何量面积和物理量速度，尽管背景不同，但是处理的方式是相同的，采用的都是化整为零、以直代曲、以不变代变、逐渐逼近的方式，并归结为求一个具有完全相

同的数学结构“和式的极限”. 下面, 我们舍弃实际背景, 抽象出下列定积分的定义.

定义 5.1 设函数 $y=f(x)$ 在 $[a,b]$ 上有定义, 任取分点 $a=x_0<x_1<x_2<\cdots<x_{n-1}<x_n=b$, 将 $[a,b]$ 分成 n 个小区间 $[x_{i-1},x_i](i=1,2,\cdots,n)$, 记 $\Delta x_i=x_i-x_{i-1}(i=1,2,\cdots,n)$, $\lambda=\max\limits_{1\leqslant i\leqslant n}\{\Delta x_i\}$. 再在每一个小区间 $[x_{i-1},x_i]$ 上任取一点 ξ_i $(x_{i-1}\leqslant\xi_i\leqslant x_i)$, 作乘积 $f(\xi_i)\Delta x_i$ 的和式 $\sum\limits_{i=1}^{n}f(\xi_i)\Delta x_i$. 若 $\lambda\to 0$ 时上述和式极限存在(这个极限与 $[a,b]$ 的分割及点 ξ_i 的取法均无关), 则称此极限值为函数 $f(x)$ 在区间 $[a,b]$ 上的定积分, 记为

$$\int_a^b f(x)\mathrm{d}x=\lim_{\lambda\to 0}\sum_{i=1}^{n}f(\xi_i)\Delta x_i.$$

其中, x 称为**积分变量**, $f(x)$ 称为**被积函数**, $f(x)\mathrm{d}x$ 称为**被积表达式**, a 称为**积分下限**, b 称为**积分上限**, 区间 $[a,b]$ 称为**积分区间**, 函数 $f(x)$ 在区间 $[a,b]$ 上的定积分存在, 也称 $f(x)$ 在区间 $[a,b]$ 上可积.

根据定义, 在引例中的曲边梯形的面积可以用定积分表示为 $A=\int_a^b f(x)\mathrm{d}x$; 变速直线运动的路程可以表示为 $s=\int_{T_1}^{T_2}v(t)\mathrm{d}t$.

注意: (1) 定积分定义中的两个任意性, 意味着极限值与对区间的分割方式及在区间 $[x_i,x_{i+1}]$ 上点 ξ_i 的取法无关;

(2) 定积分是一个数值, 这个值取决于被积函数和积分区间, 而与积分变量用什么字母无关, 即 $\int_a^b f(x)\mathrm{d}x=\int_a^b f(t)\mathrm{d}t=\int_a^b f(u)\mathrm{d}u$.

(3) 当 $a=b$ 时, $\int_a^b f(x)\mathrm{d}x=0$; 当 $a>b$ 时 $\int_a^b f(x)\mathrm{d}x=-\int_b^a f(x)\mathrm{d}x$.

2. 定积分存在的条件

(1) 闭区间上的连续函数一定可积;

(2) 在闭区间上存在有限个第一类间断点的函数也可积.

3. 定积分的几何意义

在求曲边梯形面积问题中, 我们看到, 如果 $f(x)>0$, 图形在 x 轴之上, 积分值为正, 有 $\int_a^b f(x)\mathrm{d}x=A$.

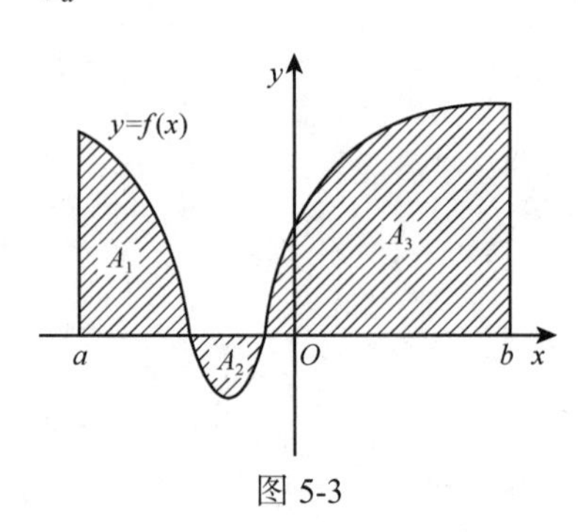

图 5-3

如果 $f(x)\leqslant 0$, 则图形位于 x 轴下方, 从而定积分 $\int_a^b f(x)\mathrm{d}x$ 代表该面积的负值, 即 $\int_a^b f(x)\mathrm{d}x=-A$.

由此, 我们得到定积分 $\int_a^b f(x)\mathrm{d}x$ 的几何意义: 如果 $f(x)$ 在 $[a,b]$ 上有正有负时, 则积分值就等于曲线 $y=f(x)$ 在 x 轴上方部分与下方部分面积的代数和, 如图 5-3 所示, 有

$$\int_a^b f(x)\mathrm{d}x=A_1-A_2+A_3.$$

例 5.1 用定积分定义计算 $\int_0^1 x^2\mathrm{d}x$.

解: 因为被积函数 $f(x)=x^2$ 在 $[0,1]$ 连续, 故可积.由于定积分与区间的分割及点 ξ_i 的取

法无关，我们不妨把区间$[0,1]$分成n等分，每个小区间的长度$\Delta x_i=\frac{1}{n}(i=1,2,\cdots,n)$，分点为$x_0=0,x_1=\frac{1}{n},x_2=\frac{2}{n},\cdots,x_{n-1}=\frac{n-1}{n},x_n=1$，取$\xi_i=x_i=\frac{i}{n}(i=1,2,\cdots,n)$，则

$$\begin{aligned}\sum_{i=1}^{n}f(\xi_i)\Delta x_i&=\sum_{i=1}^{n}(\frac{i}{n})^2\frac{1}{n}=\frac{1}{n^3}\sum_{i=1}^{n}i^2=\frac{1}{n^3}(1^2+2^2+\cdots+n^2)\\&=\frac{1}{n^3}\frac{1}{6}n(n+1)(2n+1)=\frac{1}{6}(1+\frac{1}{n})(2+\frac{1}{n}).\end{aligned}$$

当$\lambda=\frac{1}{n}\to 0$时，得$\int_0^1 x^2\mathrm{d}x=\lim\limits_{n\to\infty}\frac{1}{6}(1+\frac{1}{n})(2+\frac{1}{n})=\frac{1}{3}$.

例 5.2　如图 5-4 至图 5-6 所示，根据定积分的几何意义，直接写出下列积分的值.

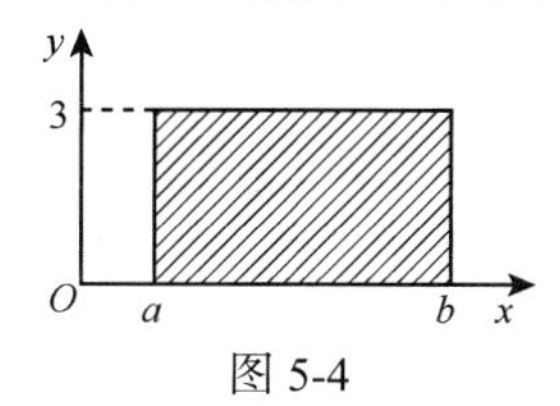

图 5-4

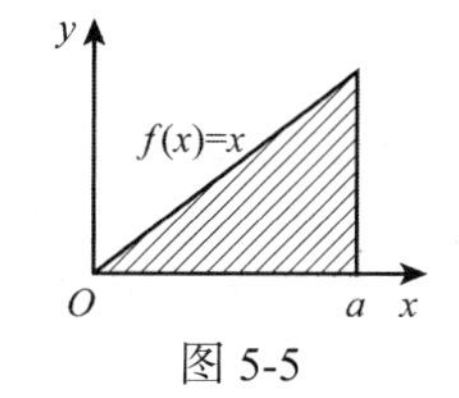

图 5-5

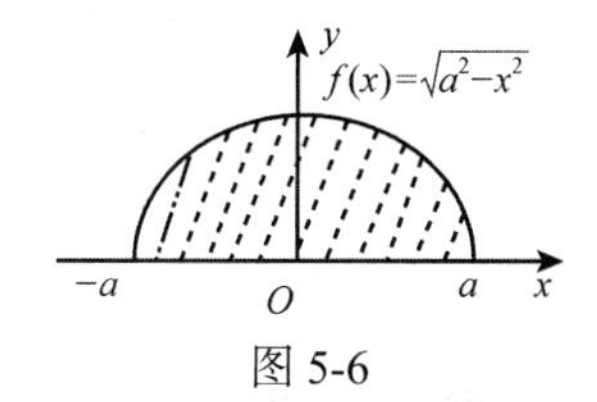

图 5-6

解：$\int_a^b 3\mathrm{d}x=3(b-a)$；$\int_0^a x\mathrm{d}x=\frac{a^2}{2}$；$\int_{-a}^{a}\sqrt{a^2-x^2}\mathrm{d}x=\frac{1}{2}\pi a^2$.

5.1.3　定积分的性质

设$f(x)$，$g(x)$在区间$[a,b]$上可积，则定积分具有以下性质：

性质 1　$\int_a^b\mathrm{d}x=b-a$.

性质 2　$\int_a^b[mf(x)+ng(x)]\mathrm{d}x=m\int_a^b f(x)\mathrm{d}x+n\int_a^b g(x)\mathrm{d}x$.

性质 3　若$a<c<b$，则$\int_a^b f(x)\mathrm{d}x=\int_a^c f(x)\mathrm{d}x+\int_c^b f(x)\mathrm{d}x$.

注意：如果c是区间$[a,b]$的外分点，且$b<c$，$f(x)$在$[a,c]$上可积，则等式

$$\int_a^b f(x)\mathrm{d}x=\int_a^c f(x)\mathrm{d}x+\int_c^b f(x)\mathrm{d}x$$

仍成立. 即不论a，b，c之间是否有大小关系，上述等式均成立.

性质 4　对于任意的$x\in[a,b]$，若$f(x)\geqslant g(x)$，则$\int_a^b f(x)\mathrm{d}x\geqslant\int_a^b g(x)\mathrm{d}x$.

推论 1　若在区间$[a,b]$上$f(x)\geqslant 0$，则$\int_a^b f(x)\mathrm{d}x\geqslant 0$.

推论 2　若函数$f(x)$在区间$[a,b]$上可积，则$|f(x)|$也可积，且$|\int_a^b f(x)\mathrm{d}x|\leqslant\int_a^b|f(x)|\mathrm{d}x$；若$|f(x)|\leqslant M$，则$|\int_a^b f(x)\mathrm{d}x|\leqslant M(b-a)$.

例 5.3　比较积分$\int_0^1 x\mathrm{d}x$和$\int_0^1\ln(1+x)\mathrm{d}x$的大小.

解：　设$f(x)=x-\ln(1+x)$，$x\in[0,1]$，$f'(x)=1-\frac{1}{1+x}=\frac{x}{1+x}>0$.故$f(x)$单调增加，且

$f(0)=0$，从而 $f(x)>0$，即 $x>\ln(1+x)$，证得 $\int_0^1 x\mathrm{d}x > \int_0^1 \ln(1+x)\mathrm{d}x$.

性质 5 (估值定理) 若函数 $f(x)$ 在区间 $[a,b]$ 上可积，且 $m \leqslant f(x) \leqslant M$，则

$$m(b-a) \leqslant \int_a^b f(x)\mathrm{d}x \leqslant M(b-a).$$

证明: 因为 $m \leqslant f(x) \leqslant M$，由性质 4 可知

$$\int_a^b m\mathrm{d}x \leqslant \int_a^b f(x)\mathrm{d}x \leqslant \int_a^b M\mathrm{d}x.$$

再由性质 1 和性质 2，可得

$$m(b-a) \leqslant \int_a^b f(x)\mathrm{d}x \leqslant M(b-a).$$

例 5.4 估计积分值 $\int_{\frac{\pi}{4}}^{\frac{5\pi}{4}}(1+\sin^2 x)\mathrm{d}x$.

解: 在区间 $[\frac{\pi}{4},\frac{5\pi}{4}]$ 上，$1 \leqslant 1+\sin^2 x \leqslant 2$，$b-a=\frac{5\pi}{4}-\frac{\pi}{4}=\pi$，所以，

$$\pi \leqslant \int_{\frac{\pi}{4}}^{\frac{5\pi}{4}}(1+\sin^2 x)\mathrm{d}x \leqslant 2\pi.$$

性质 6 (中值定理) 设 $f(x)$ 在区间 $[a,b]$ 上连续，则存在 $\xi \in [a,b]$，使得

$$\int_a^b f(x)\mathrm{d}x = f(\xi)(b-a).$$

证明: 将性质 5 中的不等式除以区间长度 $b-a$，得

$$m \leqslant \frac{1}{b-a}\int_a^b f(x)\mathrm{d}x \leqslant M.$$

这表明数值 $\frac{1}{b-a}\int_a^b f(x)\mathrm{d}x$ 介于函数 $f(x)$ 的最小值与最大值之间. 由闭区间上连续函数的介值定理知，在闭区间 $[a,b]$ 上至少存在一个点 ξ，使得 $\frac{1}{b-a}\int_a^b f(x)\mathrm{d}x = f(\xi)$，即

$$\int_a^b f(x)\mathrm{d}x = f(\xi)(b-a) \quad (a \leqslant \xi \leqslant b).$$

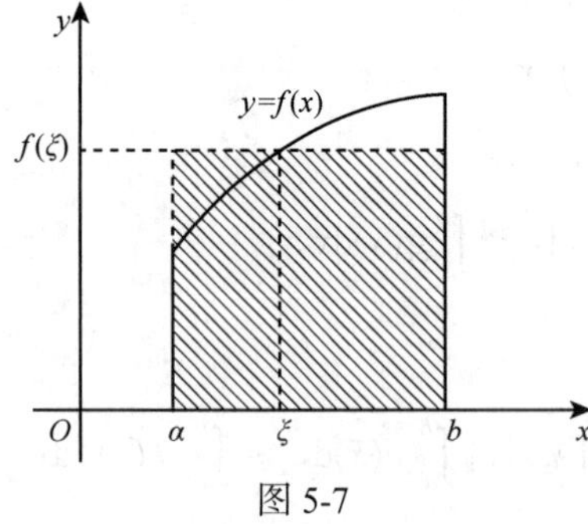

图 5-7

中值定理的几何解释如图 5-7 所示. 从图中可以看出，若 $f(x)$ 在 $[a,b]$ 上连续，则在 $[a,b]$ 内至少可以找到一点 ξ，使得用它所对应的函数值 $f(\xi)$ 作为高，以区间 $[a,b]$ 的长度 $b-a$ 作为底的矩形面积 $f(\xi)\cdot(b-a)$ 恰好等于同一底上以曲线 $y=f(x)$ 为曲边的曲边梯形的面积.

通常称 $\frac{1}{b-a}\int_a^b f(x)\mathrm{d}x$ 为连续函数 $y=f(x)$ 在闭区间 $[a,b]$ 上的平均值.例如，在药物动力学中计算平均血药浓度，物理学中计算平均速度、平均功率等.

例 5.5 求函数 $y=f(x)=2x$ 在区间 $[0,1]$ 上的平均值及在该区间上 $f(x)$ 恰取这个值的点.

解: 根据定积分的几何意义，函数 $y=2x$ 在区间 $[0,1]$ 上的平均值为

$$\overline{y}=\frac{1}{1-0}\int_0^1 2x\mathrm{d}x = 2\int_0^1 x\mathrm{d}x = 2\times\frac{1}{2}=1.$$

当 $2x=1$ 时，得 $x=\frac{1}{2}$.

即函数在 $x=\frac{1}{2}$ 处的值等于它在区间 $[0,1]$ 上的平均值.

例 5.6 证明：$\lim\limits_{t\to 0}\int_a^b \sqrt{1+\cos^3 tx}\,\mathrm{d}x=\sqrt{2}(b-a)$.

证明： $\lim\limits_{t\to 0}\int_a^b \sqrt{1+\cos^3 tx}\,\mathrm{d}x=\lim\limits_{t\to 0}\sqrt{1+\cos^3(t\xi)}(b-a)=\sqrt{2}(b-a)$.

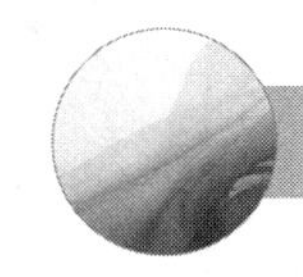

习题5.1

1. $\left(\int_{-1}^0 f(x)\mathrm{d}x\right)'=$______.

2. 试用定积分表示下列几何量或物理量：

(1) 由曲线 $y=\frac{1}{1+x^2}$，直线 $x=-1, x=1$ 及 x 轴所围成的曲边梯形的面积 $A=$______；

(2) 一质点作直线运动，其速率为 $v=t^2-t+2$，则从 $t=0$ 到 $t=4$ 的时间间隔内，该质点所走的路程 $s=$______.

3. 用定积分的定义计算 $\int_a^b k\mathrm{d}x$，其中 k 为常数.

4. 求函数 $f(x)=x^2-x+1$ 在闭区间 $[-1,1]$ 上的平均值.

5. 不计算定积分，利用定积分的性质和几何意义比较下列各组积分值的大小：

(1) $\int_2^3 x^2\mathrm{d}x$ 和 $\int_2^3 x^3\mathrm{d}x$；　　(2) $\int_1^2 \ln x\mathrm{d}x$ 和 $\int_1^2 \ln^2 x\mathrm{d}x$.

6. 若 $f(x)$ 在区间 $[3,5]$ 上是连续的，且 $\int_3^4 f(x)\mathrm{d}x=2$ 和 $\int_3^5 f(x)\mathrm{d}x=6$，求 $\int_4^5 f(x)\mathrm{d}x$ 的值.

7. 用定积分的几何意义求下列积分：

(1) $\int_{-2}^2 \sqrt{4-x^2}\mathrm{d}x$；　　(2) $\int_0^\pi \cos x\mathrm{d}x$.

5.2 牛顿–莱布尼茨公式

理论上讲，用定积分的定义可以计算定积分，但在实际问题解决过程中，我们发现仅有少数几种特殊的被积函数可以计算，且计算过程较为繁杂. 那么对于普通的被积函数该如何计算其定积分呢？本节将给出计算定积分的一般方法.

5.2.1 变上限函数及导数

设函数 $f(x)$ 在区间 $[a,b]$ 上连续，则对 $[a,b]$ 上的任意一点 x，$f(x)$ 在 $[a,x]$ 上连续，因此 $f(x)$ 在 $[a,x]$ 上可积，即积分 $\int_a^x f(x)\mathrm{d}x$ 存在，为了区别积分上限与积分变量，用 t 表示积分变量，于是这个积分就表示为 $\int_a^x f(t)\mathrm{d}t$.

当 x 在 $[a,b]$ 上变动时，对应于每一个取定的 x 值，积分 $\int_a^x f(t)\mathrm{d}t$ 必有唯一确定的对应值，因此它是一个定义在$[a,b]$上的函数，记作$\varphi(x)$，即$\varphi(x)=\int_a^x f(t)\mathrm{d}t$（$a\leqslant x\leqslant b$）.

通常称函数$\varphi(x)$为变上限函数，其几何意义如图 5-8 所示. 对x的每一个取值，都表示一块平面区域的面积，所以又叫作面积函数.

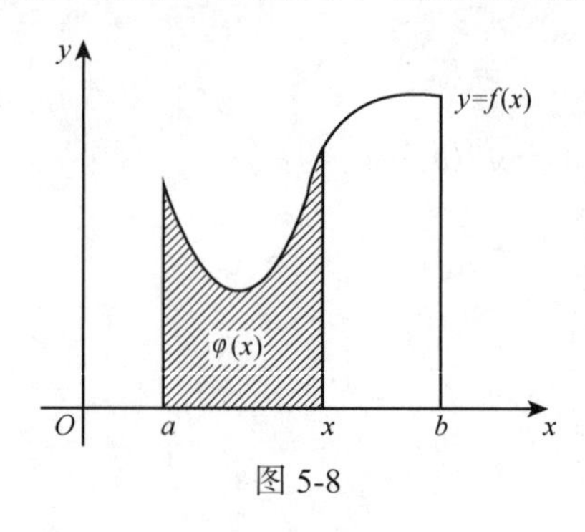

图 5-8

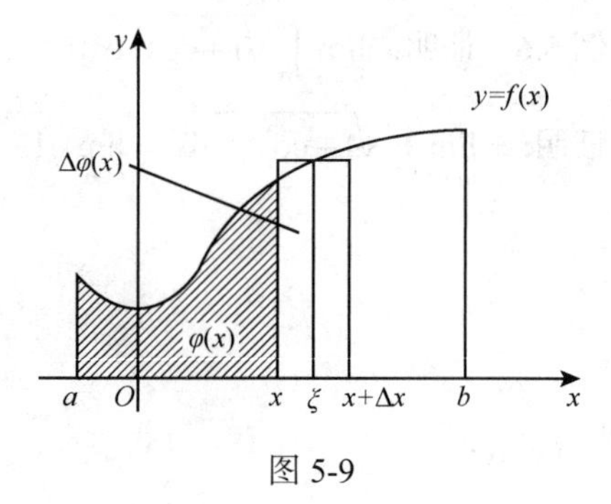

图 5-9

定理 5.1 如果函数$f(x)$在区间$[a,b]$上连续，则变上限函数$\varphi(x)=\int_a^x f(t)\mathrm{d}t$在$[a,b]$上可导，且其导数是$\varphi'(x)=\dfrac{\mathrm{d}}{\mathrm{d}x}\int_a^x f(t)\mathrm{d}t=f(x)$（$a\leqslant x\leqslant b$）.

证明： 当上限x获改变量Δx时，函数$\varphi(x)$获得改变量$\Delta\varphi$，由图 5-9 知，

$$\Delta\varphi=\varphi(x+\Delta x)-\varphi(x)=\int_a^{x+\Delta x}f(t)\mathrm{d}t-\int_a^x f(t)\mathrm{d}t$$

$$=\int_a^{x+\Delta x}f(t)\mathrm{d}t+\int_x^a f(t)\mathrm{d}t=\int_x^{x+\Delta x}f(t)\mathrm{d}t.$$

由积分中值定理，得$\Delta\varphi=f(\xi)\Delta x$　（其中，$\xi\in[x,x+\Delta x]$）

$$\varphi'(x)=\lim_{\Delta x\to 0}\frac{\Delta\varphi}{\Delta x}=\lim_{\Delta x\to 0}\frac{f(\xi)\Delta x}{\Delta x}=\lim_{\Delta x\to 0}f(\xi)=\lim_{\xi\to x}f(\xi)=f(x).$$

注意： (1) 由$\varphi'(x)=f(x)$知，$\varphi(x)$是$f(x)$的一个原函数. 也就是说，连续函数的原函数一定存在的.这个定理同时揭示了定积分与不定分之间的内在联系.

(2) $\varphi'(x)=f(x)$或$\dfrac{\mathrm{d}\varphi(x)}{\mathrm{d}x}=f(x)$，即$(\int_a^x f(t)\mathrm{d}t)'=f(x)$或$\dfrac{\mathrm{d}}{\mathrm{d}x}\int_a^x f(t)\mathrm{d}t=f(x)$.

例 5.7 设$\varphi(x)=\int_x^1\sqrt[3]{\sin t^2}\mathrm{d}t$，求$\varphi'(x)$，$\varphi'(\frac{\pi}{2})$.

解： $\varphi(x)=\int_x^1\sqrt[3]{\sin t^2}\mathrm{d}t=-\int_1^x\sqrt[3]{\sin t^2}\mathrm{d}t$，故$\varphi'(x)=-\sqrt[3]{\sin x^2}$，$\varphi'\left(\dfrac{\pi}{2}\right)=-1$.

例 5.8 设函数$\varphi(x)=\int_0^{\mathrm{e}^x}\dfrac{\ln t}{t}\mathrm{d}t$　($t>0$)，求$\varphi'(x)$.

解： 这里$\varphi(x)$是一个复合函数，其中中间变量$u=\mathrm{e}^x$，所以根据复合函数求导法则有

$$\frac{\mathrm{d}\varphi}{\mathrm{d}x}=\frac{\mathrm{d}\varphi}{\mathrm{d}u}\cdot\frac{\mathrm{d}u}{\mathrm{d}x}=\frac{\mathrm{d}}{\mathrm{d}u}(\int_a^u\frac{\ln t}{t}\mathrm{d}t)\frac{\mathrm{d}(\mathrm{e}^x)}{\mathrm{d}x}=\frac{\ln u}{u}\mathrm{e}^x=\frac{\ln\mathrm{e}^x}{\mathrm{e}^x}\mathrm{e}^x=x.$$

例 5.9 求极限$\lim\limits_{x\to 0}\dfrac{\int_1^{\cos x}\mathrm{e}^{-t^2}\mathrm{d}t}{x^2}$.

解： 当$x\to 0$时，$\lim\limits_{x\to 0}\dfrac{\int_1^{\cos x}\mathrm{e}^{-t^2}\mathrm{d}t}{x^2}$是$\dfrac{0}{0}$型不定式，由洛必达法则和定理 5.1，得

$$\lim_{x\to 0}\frac{\int_1^{\cos x}\mathrm{e}^{-t^2}\mathrm{d}t}{x^2}=\lim_{x\to 0}\frac{\frac{\mathrm{d}}{\mathrm{d}x}(\int_1^{\cos x}\mathrm{e}^{-t^2}\mathrm{d}t)}{\frac{\mathrm{d}}{\mathrm{d}x}(x^2)}=\lim_{x\to 0}\frac{\mathrm{e}^{-\cos^2 x}(-\sin x)}{2x}=-\frac{1}{2\mathrm{e}}.$$

5.2.2 牛顿—莱布尼茨公式

定理 5.2 设函数 $f(x)$ 在闭区间 $[a,b]$ 上连续，$F(x)$ 是 $f(x)$ 的一个原函数，则

$$\int_a^b f(x)\mathrm{d}x=F(b)-F(a).$$

证明： 因为函数 $f(x)$ 在闭区间 $[a,b]$ 上连续，根据定理 5.1 知，$\varphi(x)=\int_a^x f(t)\mathrm{d}t$ 是 $f(x)$ 的一个原函数，又因为 $F(x)$ 是 $f(x)$ 的一个原函数，故 $\varphi(x)=F(x)+C$，即

$$\int_a^x f(t)\mathrm{d}t=F(x)+C.$$

取 $x=a$，则 $\int_a^a f(t)\mathrm{d}t=F(a)+c$，即 $F(a)+c=0$，$c=-F(a)$；

取 $x=b$，则 $\int_a^b f(t)\mathrm{d}t=F(b)+c$，即 $\int_a^b f(t)\mathrm{d}t=F(b)+c=F(b)-F(a)$.

一般常写成如下形式

$$\int_a^b f(x)\mathrm{d}x=F(x)\Big|_a^b=F(b)-F(a).$$

这就是著名的**牛顿—莱布尼茨公式**，它是微积分学的基本公式.此公式表明在闭区间 $[a,b]$ 上的连续函数 $f(x)$ 的定积分等于它的任一个原函数在区间 $[a,b]$ 上的增量，揭示了定积分与不定积分之间的内在关系，即连续函数定积分的计算可转化为不定积的计算.此公式极大地简化了定积分的烦琐计算，在数学发展史上具有里程碑式的意义.

例 5.10 $\int_0^1 x^2\mathrm{d}x$.

解： 因为被积函数 x^2 在闭区间 $[0,1]$ 上连续，满足定理 5.2 的条件，由牛顿——莱布尼茨公式，得

$$\int_0^1 x^2\mathrm{d}x=\frac{1}{3}x^3\Big|_0^1=\frac{1}{3}\times 1^3-\frac{1}{3}\times 0^3=\frac{1}{3}.$$

例 5.11 求 $\int_1^2(2x+\frac{1}{x})\mathrm{d}x$.

解： $\int_1^2(2x+\frac{1}{x})\mathrm{d}x=(x^2+\ln|x|)\Big|_1^2=4+\ln 2-(1+\ln 1)=3+\ln 2$.

例 5.12 设 $f(x)=\begin{cases}x, & 0\leqslant x<1\\ 3-x, & 1\leqslant x\leqslant 2\end{cases}$，计算 $\int_0^2 f(x)\mathrm{d}x$.

解： 由定积分的区间可加性，有

$$\int_0^2 f(x)\mathrm{d}x=\int_0^1 x\mathrm{d}x+\int_1^2(3-x)\mathrm{d}x=\frac{1}{2}x^2\Big|_0^1-\frac{1}{2}(3-x)^2\Big|_1^2=\frac{1}{2}+\frac{3}{2}=2.$$

例 5.13 设 $f(x)$ 为在闭区间 $[1,\mathrm{e}]$ 连续函数，且 $f(x)=\frac{1}{x}+\int_1^{\mathrm{e}}f(x)\mathrm{d}x$，求 $f(x)$.

解： 依题意，设 $f(x)=\frac{1}{x}+A$，则

$$\begin{aligned}\int_1^e f(x)dx &= \int_1^e (\frac{1}{x}+A)dx = \int_1^e \frac{1}{x}dx + \int_1^e Adx \\ &= \ln|x|\Big|_1^e + A(e-1) \\ &= \ln e - \ln 1 + A(e-1) \\ &= 1 + A(e-1).\end{aligned}$$

因为 $f(x)=\frac{1}{x}+A$，且 $f(x)=\frac{1}{x}+\int_1^e f(x)dx=\frac{1}{x}+1+A(e-1)$，

所以，有 $\frac{1}{x}+A=\frac{1}{x}+1+A(e-1)$， $A=\frac{1}{2-e}$，

即 $f(x)=\frac{1}{x}+\frac{1}{2-e}$.

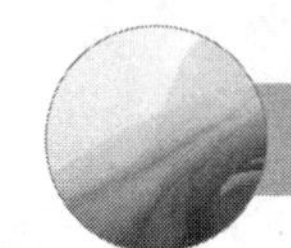

习题5.2

1. 设 $\varphi(x)=\int_0^x \sin t dt$，求 $\varphi'(0),\varphi'(\frac{\pi}{4})$.

2. 计算下列各导数:

(1) $\frac{d}{dx}(\int_x^0 \cos t^2 dt)$； (2) $\frac{d}{dx}(\int_{x^2}^1 \sqrt{1+t^2}dt)$； (3) 设 $\begin{cases} x=\int_0^t \sin u du \\ y=\int_t^0 \cos u du \end{cases}$，求 $\frac{dy}{dx}$.

3. 求下列极限:

(1) $\lim\limits_{x\to 0}\frac{\int_0^x \ln(t+1)dt}{x^2}$； (2) $\lim\limits_{x\to 0}\frac{\int_0^x (t-\sin t)dt}{x^4}$.

4. 设 $50x^3+40=\int_c^x f(t)dt$，求 $f(x)$ 及 c.

5. 设 $f(x)$ 为连续函数，且 $f(x)=x+\int_0^1 f(x)dx$，求 $f(x)$.

6. 计算下列定积分:

(1) $\int_0^2 (3x^2-x+1)dx$； (2) $\int_{\frac{1}{\sqrt{3}}}^{\sqrt{3}} \frac{1}{1+x^2}dx$； (3) $\int_{-\frac{1}{2}}^{\frac{1}{2}} \frac{1}{\sqrt{1-x^2}}dx$； (4) $\int_0^2 |1-x|dx$；

(5) $\int_{-2}^1 x^2|x|dx$； (6) $\int_0^2 f(x)dx$，其中 $f(x)=\begin{cases}\sqrt{x}, 0\leqslant x\leqslant 1 \\ e^x, 1<x\leqslant 2\end{cases}$.

5.3 定积分的计算

由牛顿—莱布尼茨公式可知，连续函数的定积分的计算可转化为不定积分的计算，在不定积分的计算中有换元法与分部积分法，因此，在一定条件下，定积分的计算也可应用换元法与分部积分法.

5.3.1 定积分的换元积分法

定理 5.3 设函数 $y=f(x)$ 在区间 $[a,b]$ 上连续，令 $x=\varphi(t)$，若

(1) $x=\varphi(t)$ 在区间 $[\alpha,\beta]$ 上单调且有连续导数 $\varphi'(t)$；

(2) 当 t 从 α 变到 β 时，$\varphi(t)$ 从 $\varphi(\alpha)=a$ 单调地变到 $\varphi(\beta)=b$，则

$$\int_a^b f(x)\mathrm{d}x=\int_\alpha^\beta f[\varphi(t)]\varphi'(t)\mathrm{d}t.$$

注意: (1) $\int_a^b f(x)\mathrm{d}x \xlongequal{x=\varphi(t)} \int_\alpha^\beta f(\varphi(t))\varphi'(t)\mathrm{d}t$，故称为定积分的换元法;

(2) 换元要注意换积分上、下限; 用替换关系 $x=\varphi(t)$ 将积分变量 x 换成 t 时，原来的积分限 $[a,b]$ 要相应地换成新变量 t 的积分限 $[\alpha,\beta]$，其中 $\varphi(\alpha)=a$，$\varphi(\beta)=b$.换元后，不一定有 $\beta>\alpha$，要注意上下限对应关系 $a\to\alpha$，$b\to\beta$.

(3) 在新的被积函数 $f[\varphi(t)]\varphi'(t)$ 的原函数求出后，不进行变量还原，而是将新变量的积分上、下限代入，求出差值即可.

(4) 定理5.3 称为定积分的第二换元法，将 $\int_a^b f(x)\mathrm{d}x=\int_\alpha^\beta f[\varphi(t)]\varphi'(t)\mathrm{d}t$ 反过来写，可改写为如下形式:

$$\int_a^b f[\varphi(t)]\varphi'(t)\mathrm{d}t=\int_\alpha^\chi f(t)\mathrm{d}t,$$

则对应的是定积分的第一换元法，即为凑微分法.

例 5.14 计算定积分 $\int_{-1}^0\frac{1}{\sqrt{1+x^2}}$.

解: 令 $x=\tan u$，则 $\mathrm{d}x=\sec^2u\mathrm{d}u$，当 $x=0$ 时，$u=0$；当 $x=-1$ 时，$u=-\frac{\pi}{4}$.所以,

$$\int_{-1}^0\frac{1}{\sqrt{1+x^2}} \xlongequal{x=\tan u} \int_{-\frac{\pi}{4}}^0\frac{1}{|\sec u|}\sec^2u\mathrm{d}u$$
$$=\int_{-\frac{\pi}{4}}^0\sec u\mathrm{d}u=\ln|\sec u+\tan u|\Big|_{-\frac{\pi}{4}}^0=0-\ln|\sqrt{2}-1|=-\ln(\sqrt{2}-1).$$

不定积分的换元法最后要代回原变量 x，而定积分的换元法由于改变了上下限，积分后就无需再代回了.

例 5.15 计算定积分 $\int_1^{\mathrm{e}}\frac{2+\ln x}{x}\mathrm{d}x$.

解法 1: $\int_1^{\mathrm{e}}\frac{2+\ln x}{x}\mathrm{d}x \xlongequal{u=\ln x} \int_0^1\frac{2+u}{\mathrm{e}^u}\mathrm{e}^u\mathrm{d}u=\int_0^1(2+u)\mathrm{d}u=2+\frac{1}{2}=\frac{5}{2}$.

解法 2: $\int_1^{\mathrm{e}}\frac{2+\ln x}{x}\mathrm{d}x=\int_1^{\mathrm{e}}(2+\ln x)\mathrm{d}(2+\ln x)=\frac{1}{2}(2+\ln x)^2\Big|_1^{\mathrm{e}}=\frac{1}{2}(9-4)=\frac{5}{2}$.

注意: (1) 换元的同时注意换积分限;

(2) 如果采用凑微分法，则不需要换积分限.

例 5.16 计算定积分 $\int_{-2}^{-\sqrt{2}}\frac{1}{x\sqrt{x^2-1}}\mathrm{d}x$.

解法 1: 令 $x=\sec t$，则 $\mathrm{d}x=\sec t\tan t\mathrm{d}t$. 当 $x=-2$ 时，$t=\frac{2\pi}{3}$；当 $x=-\sqrt{2}$ 时，$t=\frac{3\pi}{4}$.

所以，$\int_{-2}^{-\sqrt{2}}\frac{1}{x\sqrt{x^2-1}}\mathrm{d}x \xlongequal{x=\sec t} \int_{\frac{2\pi}{3}}^{\frac{3\pi}{4}}\frac{1}{\sec t\,|\tan t|}\sec t\tan t\mathrm{d}t \xlongequal{x=\sec t} -\int_{\frac{2\pi}{3}}^{\frac{3\pi}{4}}\mathrm{d}t=-\frac{\pi}{12}$.

解法 2:

$$\int_{-2}^{-\sqrt{2}}\frac{1}{x\sqrt{x^2-1}}\mathrm{d}x=\int_{-2}^{-\sqrt{2}}\frac{1}{-x^2\sqrt{1-\frac{1}{x^2}}}\mathrm{d}x=\int_{-2}^{-\sqrt{2}}\frac{1}{\sqrt{1-\frac{1}{x^2}}}\mathrm{d}(\frac{1}{x})$$

$$=\arcsin\frac{1}{x}\Big|_{-2}^{-\sqrt{2}}=\arcsin(\frac{1}{-\sqrt{2}})-\arcsin(\frac{1}{-2})=-\frac{\pi}{4}+\frac{\pi}{6}=-\frac{\pi}{12}.$$

例 5.17 计算定积分 $\int_0^{\ln 2}\sqrt{\mathrm{e}^x-1}\mathrm{d}x$.

解: 令 $\sqrt{\mathrm{e}^x-1}=t$，则 $x=\ln(t^2+1),\mathrm{d}x=\frac{2t}{t^2+1}\mathrm{d}t$. 当 $x=0$ 时，$t=0$；当 $x=\ln 2$ 时，$t=1$.

所以，

$$\int_0^{\ln 2}\sqrt{\mathrm{e}^x-1}\mathrm{d}x=\int_0^1 t\cdot\frac{2t}{t^2+1}\mathrm{d}t=2\int_0^1\frac{t^2}{t^2+1}\mathrm{d}t=2\int_0^1\frac{t^2+1-1}{t^2+1}\mathrm{d}t$$

$$=2\int_0^1(1-\frac{1}{t^2+1})\mathrm{d}t=2(\int_0^1\mathrm{d}t-\int_0^1\frac{1}{t^2+1}\mathrm{d}t)$$

$$=2(t\Big|_0^1-\arctan t\Big|_0^1)=2-\frac{\pi}{2}.$$

例 5.18 设函数 $f(x)$ 在闭区间 $[-a,a]$ 上连续，证明:

(1) 若函数 $f(x)$ 为奇函数，则 $\int_{-a}^{a}f(x)\,\mathrm{d}x=0$；

(2) 若函数 $f(x)$ 为偶函数，则 $\int_{-a}^{a}f(x)\mathrm{d}x=2\int_0^a f(x)\mathrm{d}x$.

证明: $\int_{-a}^{a}f(x)\mathrm{d}x=\int_{-a}^{0}f(x)\mathrm{d}x+\int_0^a f(x)\mathrm{d}x$，

对等式右边第一个积分作代换，令 $x=-t$，则

$$\int_{-a}^{0}f(x)\mathrm{d}x=\int_a^0 f(-t)\mathrm{d}(-t)=-\int_0^a f(-t)(-\mathrm{d}t)$$

$$=\int_0^a f(-t)\mathrm{d}t=\int_0^a f(-x)\mathrm{d}x.$$

(1) 当 $f(x)$ 为奇函数时，有 $f(x)=-f(-x)$，从而

$$\int_{-a}^{a}f(x)\mathrm{d}x=\int_0^a f(-x)\mathrm{d}x+\int_0^a f(x)\mathrm{d}x=0.$$

(2) 当 $f(x)$ 为偶函数时，有 $f(x)=f(-x)$，从而

$$\int_{-a}^{a}f(x)\mathrm{d}x=\int_0^a f(-x)\mathrm{d}x+\int_0^a f(x)\mathrm{d}x=2\int_0^a f(x)\mathrm{d}x.$$

例 5.19 计算定积分 $\int_{-1}^{1}\frac{\sin x+(\arctan x)^2}{1+x^2}\mathrm{d}x$.

解: 因为 $\frac{\sin x}{1+x^2}$ 在区间 $[-1,1]$ 上为奇函数，$\frac{(\arctan x)^2}{1+x^2}$ 在区间 $[-1,1]$ 上为偶函数. 所以有

$$\int_{-1}^{1}\frac{\sin x+(\arctan x)^2}{1+x^2}\mathrm{d}x=\int_{-1}^{1}\frac{\sin x}{1+x^2}\mathrm{d}x+\int_{-1}^{1}\frac{(\arctan x)^2}{1+x^2}\mathrm{d}x$$
$$=0+2\int_0^1\frac{(\arctan x)^2}{1+x^2}\mathrm{d}x$$
$$=2\int_0^1(\arctan x)^2\mathrm{d}(\arctan x)$$
$$=\frac{2}{3}(\arctan x)^3\Big|_0^1=\frac{\pi^3}{96}.$$

例 5.20 求下列定积分:

(1) $\int_{-\frac{1}{2}}^{\frac{1}{2}}x^4\sin x\mathrm{d}x$；(2) $\int_{-\frac{\pi}{2}}^{\frac{\pi}{2}}\sqrt{\cos x-\cos^3 x}\mathrm{d}x$.

解: (1) 因为被积函数是连续的奇函数, 所以有

$$\int_{-\frac{1}{2}}^{\frac{1}{2}}x^4\sin x\mathrm{d}x=0.$$

(2) 因为被积函数是连续的偶函数, 所以有

$$\int_{-\frac{\pi}{2}}^{\frac{\pi}{2}}\sqrt{\cos x-\cos^3 x}\mathrm{d}x=2\int_0^{\frac{\pi}{2}}\sqrt{\cos x(1-\cos^2 x)}\mathrm{d}x=2\int_0^{\frac{\pi}{2}}\sqrt{\cos x}\sin x\mathrm{d}x=-2\int_0^{\frac{\pi}{2}}(\cos x)^{\frac{1}{2}}\mathrm{d}\cos x$$
$$=-2\cdot\frac{2}{3}\cos^{\frac{3}{2}}x\Big|_0^{\frac{\pi}{2}}=\frac{4}{3}.$$

例 5.21 设函数 $f(x)$ 在闭区间 $[0,1]$ 上连续, 求证: $\int_0^{\pi}f(\sin x)\mathrm{d}x=\int_0^{\pi}f(\cos x)\mathrm{d}x$.

证明: $\int_0^{\pi}f(\sin x)\mathrm{d}x\overset{x=\pi-t}{=\!=\!=}\int_{\pi}^{0}f(\sin(\pi-t))(-\mathrm{d}t)=\int_0^{\pi}f(\cos t)\mathrm{d}t=\int_0^{\pi}f(\cos x)\mathrm{d}x$.

5.3.2 定积分的分部积分法

定理 5.4 设 $u=u(x)$, $v=v(x)$ 在闭区间 $[a,b]$ 上具有连续的导数 $u'(x)$ 和 $v'(x)$, 则有

$$\int_a^b u(x)v'(x)\mathrm{d}x=u(x)v(x)\Big|_b^a-\int_a^b v(x)u'(x)\mathrm{d}x.$$

这个公式叫作定积分的**分部积分公式**.

例 5.22 计算定积分 $\int_0^1 x\mathrm{e}^{-x}\mathrm{d}x$.

解: 设 $u=x$, $\mathrm{d}v=\mathrm{e}^{-x}\mathrm{d}x$, 则 $\mathrm{d}u=\mathrm{d}x$, $v=-\mathrm{e}^{-x}$.

$$\int_0^1 x\mathrm{e}^{-x}\mathrm{d}x=\int_0^1 x\mathrm{d}(-\mathrm{e}^{-x})=(-x\mathrm{e}^{-x})\Big|_0^1-\int_0^1(-\mathrm{e}^{-x})\mathrm{d}x$$
$$=-\mathrm{e}^{-1}+\int_0^1\mathrm{e}^{-x}\mathrm{d}x=-\mathrm{e}^{-1}+(-\mathrm{e}^{-x})\Big|_0^1=1-\frac{2}{\mathrm{e}}.$$

例 5.23 计算定积分 $\int_0^{\frac{1}{2}}\arcsin x\mathrm{d}x$.

解: 设 $u=\arcsin x$, $v=x$, 则 $\mathrm{d}u=\frac{1}{\sqrt{1-x^2}}\mathrm{d}x$, $\mathrm{d}v=\mathrm{d}x$.

$$\int_0^{\frac{1}{2}}\arcsin x\mathrm{d}x=(x\arcsin x)\Big|_0^{\frac{1}{2}}-\int_0^{\frac{1}{2}}x\cdot\frac{1}{\sqrt{1-x^2}}\mathrm{d}x$$

$$=\frac{\pi}{12}-\int_0^{\frac{1}{2}}\frac{x}{\sqrt{1-x^2}}\mathrm{d}x=\frac{\pi}{12}+\frac{1}{2}\int_0^{\frac{1}{2}}\frac{1}{\sqrt{1-x^2}}\mathrm{d}(1-x^2)$$

$$=\frac{\pi}{12}+\sqrt{1-x^2}\Big|_0^{\frac{1}{2}}=\frac{\pi}{12}+\frac{\sqrt{3}}{2}-1.$$

对计算很熟悉之后，可以不写出u，v，直接应用分部积分公式.

例 5.24 计算定积分 $\int_0^1 x\arctan x\mathrm{d}x$.

解： $\int_0^1 x\arctan x\mathrm{d}x=\frac{1}{2}\int_0^1\arctan x\mathrm{d}\left(x^2+1\right)=\frac{1}{2}[(x^2+1)\arctan x\Big|_0^1-\int_0^1\frac{x^2+1}{1+x^2}\mathrm{d}x]$

$$=\frac{1}{2}[(\frac{\pi}{2}-0)-1]=\frac{1}{2}(\frac{\pi}{2}-1)=\frac{\pi}{4}-\frac{1}{2}.$$

例 5.25 计算定积分 $\int_0^{\frac{\pi}{2}}x^2\sin x\mathrm{d}x$.

解： $\int_0^{\frac{\pi}{2}}x^2\sin x\mathrm{d}x=\int_0^{\frac{\pi}{2}}x^2\mathrm{d}(-\cos x)$

$$=(-x^2\cos x)\Big|_0^{\frac{\pi}{2}}-\int_0^{\frac{\pi}{2}}(-\cos x)\mathrm{d}(x^2)$$

$$=2\int_0^{\frac{\pi}{2}}x\cos x\mathrm{d}x=2\int_0^{\frac{\pi}{2}}x\mathrm{d}(\sin x)$$

$$=2(x\sin x)\Big|_0^{\frac{\pi}{2}}-2\int_0^{\frac{\pi}{2}}\sin x\mathrm{d}x$$

$$=\pi-2(-\cos x)\Big|_0^{\frac{\pi}{2}}=\pi-2.$$

例 5.26 计算定积分 $\int_0^{\frac{\pi}{2}}\mathrm{e}^{2x}\cos x\mathrm{d}x$.

解： $\int_0^{\frac{\pi}{2}}\mathrm{e}^{2x}\cos x\mathrm{d}x=\int_0^{\frac{\pi}{2}}\mathrm{e}^{2x}\mathrm{d}(\sin x)$

$$=(\mathrm{e}^{2x}\sin x)\Big|_0^{\frac{\pi}{2}}-\int_0^{\frac{\pi}{2}}\sin x\mathrm{d}(\mathrm{e}^{2x})$$

$$=\mathrm{e}^{\pi}-2\int_0^{\frac{\pi}{2}}\mathrm{e}^{2x}\sin x\mathrm{d}x=\mathrm{e}^{\pi}-2\int_0^{\frac{\pi}{2}}\mathrm{e}^{2x}\mathrm{d}(-\cos x)$$

$$=\mathrm{e}^{\pi}-2[(-\mathrm{e}^{2x}\cos x)\Big|_0^{\frac{\pi}{2}}-2\int_0^{\frac{\pi}{2}}(-\cos x)\cdot\mathrm{e}^{2x}\mathrm{d}x]$$

$$=\mathrm{e}^{\pi}-2-4\int_0^{\frac{\pi}{2}}\mathrm{e}^{2x}\cdot\cos x\mathrm{d}x,$$

故 $$5\int_0^{\frac{\pi}{2}}\mathrm{e}^{2x}\cos x\mathrm{d}x=\mathrm{e}^{\pi}-2,$$

所以 $\int_0^{\frac{\pi}{2}} e^{2x}\cos x dx=\frac{1}{5}(e^{\pi}-2)$.

例 5.27 药物从患者的尿液中排出，一种典型的排泄速率函数是 $r(t)=te^{-kt}$，其中 k 是常数. 求在时间间隔 $[0,T]$ 内，排出药物的量 D.

解: $D=\int_0^T r(t)dt=\int_0^T te^{-kt}dt=-\frac{1}{k}(te^{-kt}\Big|_0^T-\int_0^T e^{-kt}dt)$

$$=-\frac{T}{k}e^{-kT}-\frac{1}{k^2}e^{-kt}\Big|_0^T=\frac{1}{k^2}-e^{-kT}(\frac{T}{k}+\frac{1}{k^2}).$$

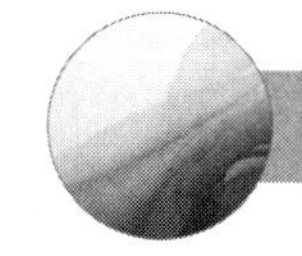

习题5.3

1. 用换元法求下列定积分:

(1) $\int_0^1(4x+1)^{\frac{1}{2}}dx$; (2) $\int_0^1 2xe^{x^2}dx$; (3) $\int_0^{\frac{\pi}{2}}\sin x\cos^2 xdx$; (4) $\int_{-2}^0\frac{1}{(2+5x)^2}dx$;

(5) $\int_1^2\frac{e^{\frac{1}{x}}}{x^2}dx$; (6) $\int_{-1}^1\frac{e^x}{e^x+1}dx$; (7) $\int_0^1\frac{1}{e^x+e^{-x}}dx$; (8) $\int_1^e\frac{1}{x\sqrt{2-\ln x}}dx$;

(9) $\int_0^1\frac{\sqrt{x}}{\sqrt{x}+1}dx$; (10) $\int_{-1}^1\frac{x}{\sqrt{5-4x}}dx$; (11) $\int_0^2\frac{1}{\sqrt{4+x^2}}dx$; (12) $\int_1^{64}\frac{1}{\sqrt{x}(1+\sqrt[3]{x})}dx$;

(13) $\int_0^4\sqrt{16-x^2}dx$; (14) $\int_3^5 f(x-2)dx$，其中 $f(x)=\begin{cases}1+x,0\leqslant x\leqslant 2\\ x^2-1,2<x\leqslant 4\end{cases}$.

2. 用分部积分法求下列定积分:

(1) $\int_0^1 xe^x dx$; (2) $\int_0^{2e}\ln(2x+1)dx$; (3) $\int_1^e\ln xdx$; (4) $\int_1^e\frac{\ln x}{x^2}dx$;

(5) $\int_0^{\frac{\pi}{2}}e^{2x}\cos xdx$; (6) $\int_0^{\frac{\pi}{2}}x\sin xdx$.

3. 利用函数的奇偶性计算下列定积分:

(1) $\int_{-1}^1\frac{x+1}{1+x^2}dx$; (2) $\int_{-\sqrt{3}}^{\sqrt{3}}|\arctan x|dx$; (3) $\int_{-1}^1\ln(x+\sqrt{1+x^2})dx$; (4) $\int_{-2}^2\frac{x+|x|}{2+x^2}dx$.

4. 已知 $f(x)$ 是连续函数，证明: $\int_a^b f(x)dx=(b-a)\int_0^1 f[a+(b-a)x]dx$.

5. 设函数 $f(x)$ 连续，且 $F(x)=\int_0^x f(t)dt$，证明: $\int_0^1 F(x)dx=\int_0^1(1-x)f(x)dx$.

6. 设 $f(x)$ 是周期为 T 的连续函数，证明: $\int_a^{a+T}f(x)dx$ 的值与 a 无关.

7. 设 $f(x)$ 是连续函数，又 $F(x)=\int_0^x f(t)dt$. 证明:

(1) 若 $f(x)$ 是奇函数，则 $F(x)$ 是偶函数.

(2) 若 $f(x)$ 是偶函数，则 $F(x)$ 是奇函数.

5.4 无限区间上的广义积分

定积分是以积分区间为有限区间和被积函数为有界函数为前提的，通常称这类积分为常义积分.但在实际问题中，常常会遇到积分区间无限或被积函数在积分区间上无界的情形，这两类积分统称为广义积分.

5.4.1 无限区间上的广义积分

由例 5.27 可知，在时间间隔$[0,T]$内，从患者尿液中排出药物的量为

$$D=\int_0^T r(t)\mathrm{d}t=\frac{1}{k^2}-\mathrm{e}^{-kT}(\frac{T}{k}+\frac{1}{k^2}).$$

如果所求的是排出药物的总量，那么时间上限T应当趋于$+\infty$，即

$$D=\lim_{T\to+\infty}\int_0^T r(t)\mathrm{d}t=\lim_{T\to+\infty}[\frac{1}{k^2}-\mathrm{e}^{-kT}(\frac{T}{k}+\frac{1}{k^2})]=\frac{1}{k^2}.$$

定义 5.2 设函数$f(x)$在区间$[a,+\infty)$上连续，任取一有限数$b(a<b<+\infty)$，积分$\int_a^b f(x)\mathrm{d}x$存在，我们称极限$\lim\limits_{b\to+\infty}\int_a^b f(x)\mathrm{d}x$为函数$f(x)$在区间$[a,+\infty)$上的广义积分，记作$\int_a^{+\infty}f(x)\mathrm{d}x$.即

$$\int_a^{+\infty}f(x)\mathrm{d}x=\lim_{b\to+\infty}\int_a^b f(x)\mathrm{d}x.$$

如果极限$\lim\limits_{b\to+\infty}\int_a^b f(x)\mathrm{d}x$存在，则称广义积分$\int_a^{+\infty}f(x)\mathrm{d}x$存在或收敛；如果极限不存在，则称此广义积分不存在或发散 .

例 5.28 计算广义积分$\int_0^{+\infty}\frac{1}{1+x^2}\mathrm{d}x$.

解： 任取$b\in(0,+\infty)$，则

$$\int_0^b\frac{1}{1+x^2}\mathrm{d}x=\arctan x\Big|_0^b=\arctan b,$$

从而$\int_0^{+\infty}\frac{1}{1+x^2}\mathrm{d}x=\lim\limits_{b\to+\infty}\int_0^b\frac{1}{1+x^2}\mathrm{d}x=\lim\limits_{b\to+\infty}\arctan b=\frac{\pi}{2}$.

因为极限存在，所以广义积分$\int_0^{+\infty}\frac{1}{1+x^2}\mathrm{d}x$收敛.

例 5.29 计算广义积分$\int_1^{+\infty}\frac{1}{x}\mathrm{d}x$.

解： 任取$b\in(1,+\infty)$，则

$$\int_1^b\frac{1}{x}\mathrm{d}x=\ln|x|\Big|_1^b=\ln b,$$

从而

$$\int_1^{+\infty}\frac{1}{x}\mathrm{d}x=\lim_{b\to+\infty}\int_1^b\frac{1}{x}\mathrm{d}x=\lim_{b\to+\infty}\ln b=+\infty.$$

因为极限不存在，所以广义积分$\int_1^{+\infty}\frac{1}{x}\mathrm{d}x$发散.

类似地，可以定义函数$f(x)$在无限区间$(-\infty,b]$及$(-\infty,+\infty)$上的广义积分:

$$\int_{-\infty}^{b} f(x)\mathrm{d}x = \lim_{a\to-\infty}\int_{a}^{b} f(x)\mathrm{d}x;$$

$$\int_{-\infty}^{+\infty} f(x)\mathrm{d}x = \int_{-\infty}^{c} f(x)\mathrm{d}x + \int_{c}^{+\infty} f(x)\mathrm{d}x,\quad c\in(-\infty,+\infty).$$

广义积分 $\int_{-\infty}^{+\infty} f(x)\mathrm{d}x$ 收敛的含义是: $\int_{-\infty}^{c} f(x)\mathrm{d}x$ 与 $\int_{c}^{+\infty} f(x)\mathrm{d}x$ 同时收敛, 否则认为它发散.

若 $F'(x)=f(x)$, 可记

$$F(x)\Big|_{a}^{+\infty} = \lim_{x\to+\infty} F(x) - F(a),$$

$$F(x)\Big|_{-\infty}^{b} = F(b) - \lim_{x\to-\infty} F(x),$$

$$F(x)\Big|_{-\infty}^{+\infty} = \lim_{x\to+\infty} F(x) - \lim_{x\to-\infty} F(x),$$

则 $\int_{a}^{+\infty} f(x)\mathrm{d}x = F(x)\Big|_{a}^{+\infty} = \lim_{x\to+\infty} F(x) - F(a),$

$$\int_{-\infty}^{b} f(x)\mathrm{d}x = F(x)\Big|_{-\infty}^{b} = F(b) - \lim_{x\to-\infty} F(x),$$

$$\int_{-\infty}^{+\infty} f(x)\mathrm{d}x = F(x)\Big|_{-\infty}^{+\infty} = \lim_{x\to+\infty} F(x) - \lim_{x\to-\infty} F(x).$$

例 5.30 计算广义积分 $\int_{-\infty}^{0} \frac{x}{1+x^2}\mathrm{d}x$.

解: 任取 $a\in(-\infty,0)$, 则

$$\int_{a}^{0} \frac{x}{1+x^2}\mathrm{d}x = \frac{1}{2}\ln(1+x^2)\Big|_{a}^{0} = -\frac{1}{2}\ln(1+a^2),$$

从而 $\int_{-\infty}^{0} \frac{x}{1+x^2}\mathrm{d}x = \lim_{a\to-\infty}\int_{a}^{0} \frac{x}{1+x^2}\mathrm{d}x = \lim_{a\to-\infty}[-\frac{1}{2}\ln(1+a^2)] = -\infty$.

因此, 极限不存在, 所以广义积分 $\int_{-\infty}^{0} \frac{x}{1+x^2}\mathrm{d}x$ 发散.

例 5.31 计算广义积分 $\int_{-\infty}^{+\infty} \frac{1}{1+x^2}\mathrm{d}x$.

解: 取 $c=0$, 则

$$\begin{aligned}
\int_{-\infty}^{+\infty} \frac{1}{1+x^2}\mathrm{d}x &= \int_{-\infty}^{0} \frac{1}{1+x^2}\mathrm{d}x + \int_{0}^{+\infty} \frac{1}{1+x^2}\mathrm{d}x \\
&= \lim_{a\to-\infty}\int_{a}^{0} \frac{1}{1+x^2}\mathrm{d}x + \lim_{b\to+\infty}\frac{1}{1+x^2}\mathrm{d}x \\
&= \lim_{a\to-\infty}\arctan x\Big|_{a}^{0} + \lim_{b\to+\infty}\arctan x\Big|_{0}^{b} \\
&= -\lim_{a\to-\infty}\arctan a + \lim_{b\to+\infty}\arctan b \\
&= \frac{\pi}{2}+\frac{\pi}{2} = \pi.
\end{aligned}$$

所以广义积分 $\int_{-\infty}^{+\infty} \frac{1}{1+x^2}\mathrm{d}x$ 收敛.

5.4.2 无界函数的广义积分

定义 5.3 设函数 $f(x)$ 在区间 $[a,b)$ 上连续, 且 $\lim_{x\to b^-} f(x)=\infty$.若极限 $\lim_{t\to b^-}\int_{a}^{t} f(x)\mathrm{d}x$ 存在,

则称此极限值为函数 $f(x)$ 在区间 $[a,b)$ 上的广义积分，记作 $\int_a^b f(x)\mathrm{d}x$，即

$$\int_a^b f(x)\mathrm{d}x = \lim_{t\to b^-}\int_a^t f(x)\mathrm{d}x .$$

如果极限 $\lim\limits_{t\to b^-}\int_a^t f(x)\mathrm{d}x$ 存在，则称广义积分 $\int_a^b f(x)\mathrm{d}x$ 存在或收敛；如果极限不存在，则称此广义积分不存在或发散.

类似地，可以定义：

(1) 若 $\lim\limits_{x\to a^+} f(x)=\infty$，则 $\int_a^b f(x)\mathrm{d}x = \lim\limits_{t\to a^+}\int_t^b f(x)\mathrm{d}x$；

(2) 若 $\lim\limits_{x\to a^+} f(x)=\infty$，$\lim\limits_{x\to b^-} f(x)=\infty$，则

$$\int_a^b f(x)\mathrm{d}x = \int_a^c f(x)\mathrm{d}x + \int_c^b f(x)\mathrm{d}x = \lim_{t\to a^+}\int_t^c f(x)\mathrm{d}x + \lim_{t\to b^-}\int_c^t f(x)\mathrm{d}x,\quad c\in(a,b).$$

若 $F'(x)=f(x)$，记

$$F(x)\Big|_a^{b^-} = \lim_{x\to b^-} F(x) - F(a),$$

$$F(x)\Big|_{a^+}^{b} = F(b) - \lim_{x\to a^+} F(x),$$

$$F(x)\Big|_{a^+}^{b^-} = \lim_{x\to b^-} F(x) - \lim_{x\to a^+} F(a),$$

则 $\int_a^{b^-} f(x)\mathrm{d}x = F(x)\Big|_a^{b^-} = \lim\limits_{x\to b^-} F(x) - F(a)$，

$\int_{a^+}^{b} f(x)\mathrm{d}x = F(x)\Big|_{a^+}^{b} = F(b) - \lim\limits_{x\to a^+} F(x)$，

$\int_{a^+}^{b^-} f(x)\mathrm{d}x = F(x)\Big|_{a^+}^{b^-} = \lim\limits_{x\to b^-} F(x) - \lim\limits_{x\to a^+} F(a)$.

例 5.32 计算广义积分 $\int_0^1 \frac{1}{\sqrt{1-x^2}}\mathrm{d}x$.

解： 因为 $\lim\limits_{x\to 1^-}\frac{1}{\sqrt{1-x^2}}=\infty$，所以

$$\int_0^1 \frac{1}{\sqrt{1-x^2}}\mathrm{d}x = \arcsin x\Big|_0^{1^-} = \lim_{x\to 1^-}\arcsin x - 0 = \frac{\pi}{2}.$$

例 5.33 计算广义积分 $\int_{-1}^1 \frac{1}{x^2}\mathrm{d}x$.

解： 因为 $\lim\limits_{x\to 0}\frac{1}{x^2}=\infty$，所以

$$\int_{-1}^1 \frac{1}{x^2}\mathrm{d}x = \int_{-1}^0 \frac{1}{x^2}\mathrm{d}x + \int_0^1 \frac{1}{x^2}\mathrm{d}x = \lim_{x\to 0^-}\int_{-1}^{0^-}\frac{1}{x^2}\mathrm{d}x + \lim_{x\to 0^+}\int_{0^+}^1 \frac{1}{x^2}\mathrm{d}x .$$

而 $\lim\limits_{x\to 0^-}\int_{-1}^{0^-}\frac{1}{x^2}\mathrm{d}x = \lim\limits_{x\to 0^-}(-\frac{1}{x})\Big|_{-1}^{0^-} = +\infty$，故广义积分 $\int_{-1}^0 \frac{1}{x^2}\mathrm{d}x$ 发散，从而广义积分 $\int_{-1}^1 \frac{1}{x^2}\mathrm{d}x$ 发散.

本题中如果疏忽了 $x=0$ 是函数 $f(x)=\frac{1}{x^2}$ 在 $[-1,1]$ 上无穷间断点，容易得出如下的错误结果 $\int_{-1}^1 \frac{1}{x^2}\mathrm{d}x = -\frac{1}{x}\Big|_{-1}^1 = -1-1=-2$.

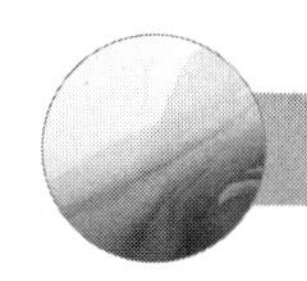

习题5.4

1. 判断下列各广义积分的敛散性，若收敛，计算其值：

(1) $\int_0^{+\infty}\frac{1}{x^3}\mathrm{d}x\ (a>0)$； (2) $\int_0^{+\infty}\mathrm{e}^{-3x}\mathrm{d}x$； (3) $\int_{-\infty}^{+\infty}\frac{2x}{1+x^2}\mathrm{d}x$； (4) $\int_0^{\pi}\tan x\mathrm{d}x$；

(5) $\int_0^{2}\frac{1}{(1-x)^2}\mathrm{d}x$； (6) $\int_0^{1}\frac{x}{\sqrt{1-x^2}}\mathrm{d}x$.

2. 当 k 为何值时，积分 $\int_2^{+\infty}\frac{1}{x(\ln x)^k}\mathrm{d}x$ 收敛？又为何值时发散？

5.5 定积分的应用

定积分是从实际问题中抽象出来的，反之又在实践中有着极其广泛的应用. 本节先介绍定积分解决实际问题采用的重要方法——微元法. 更重要的是，通过学习定积分在几何、物理和医药学方面的应用，掌握运用微元法将一个所求量表达成为定积分的分析方法.

5.5.1 微元法

求曲边梯形面积及变速直线运动的路程的基本方法可归纳为：分割、近似、求和，取极限这四个步骤. 在定积分的应用中，我们经常采用类似的方法来求定积分.

定义 5.4 通过将待求量“微元”(待求量 F 分布在代表性小区间 $[x,x+\Delta x]$ 上的部分量 ΔF 的近似值 $\mathrm{d}F=f(x)\mathrm{d}x$) 作为被积式，把待求量表示成定积分的方法称为**微元法**. $\mathrm{d}F=f(x)\mathrm{d}x$ 称为量 F 的微元(或积分微元).

利用“微元法”把一个不均匀分布在区间 $[a,b]$ 上的量 F 表示成定积分，一般需要以下步骤：

第一步：根据问题的具体情况，选取一个变量作为积分变量(x 或 s)，并确定它的变化区间 $[a,b]$；

第二步：将量 F 的区间任意分成 n 个小区间，取其中任一小区间记作 $[x,x+\Delta x]$，求出相对于这个区间的部分量 ΔF_i 的近似值，$\Delta F_i=f(\xi)\Delta x_i\Rightarrow \mathrm{d}F=f(x)\mathrm{d}x$；

第三步：求出整体量 F 的近似值，$F=\sum_{i=1}^{n}\Delta F_i\approx\sum_{i=1}^{n}f(\xi)\Delta x_i$；

第四步：取极限($\lambda=\max\{\Delta x_i\}\to 0$)，得 $F=\lim_{\lambda\to 0}\sum_{i=1}^{n}f(\xi)\Delta x_i=\int_a^b f(x)\mathrm{d}x$.

5.5.2 定积分在几何中的应用

1. 求平面图形的面积

如图 5-10 所示，设平面图形是由两条连续曲线 $y=f_1(x)$，$y=f_2(x)$(其中 $f_2(x)>f_1(x)$，$x\in[a,b]$)及曲线 $x=a, x=b$ 所围成的，若求此图形的面积 A，则

(1) 所求面积 A 视为变量 x 的函数，则 $x\in[a,b]$；

(2) 任取 $[x,x+\mathrm{d}x]\subset[a,b]$，对应的微小面积 ΔA 的近似值即面积微元

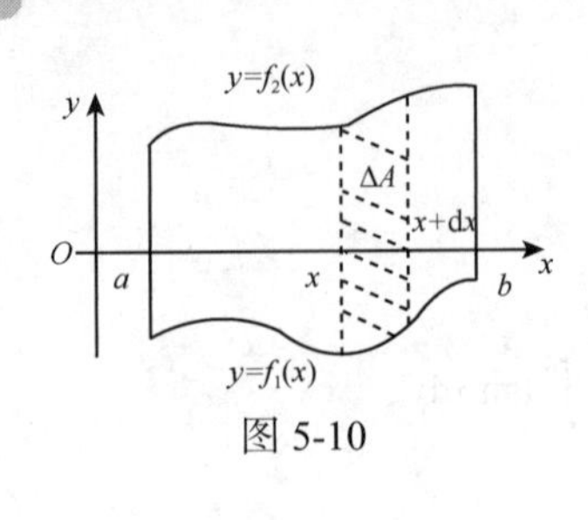

图 5-10

$$\Delta A \approx \mathrm{d}A = \left[f_2(x) - f_1(x)\right]\mathrm{d}x;$$

(3) $A = \int_a^b \mathrm{d}A = \int_a^b \left[f_2(x) - f_1(x)\right]\mathrm{d}x$.

例 5.34 求曲线 $x - y = 0$，$y = x^2 - 2x$ 所围成图形的面积.

解: 如图 5-11 所示, 曲线 $x - y = 0$，$y = x^2 - 2x$ 的交点为方程组 $\begin{cases} x - y = 0, \\ y = x^2 - 2x \end{cases}$ 的解 $(0,0)$，$(3,3)$.

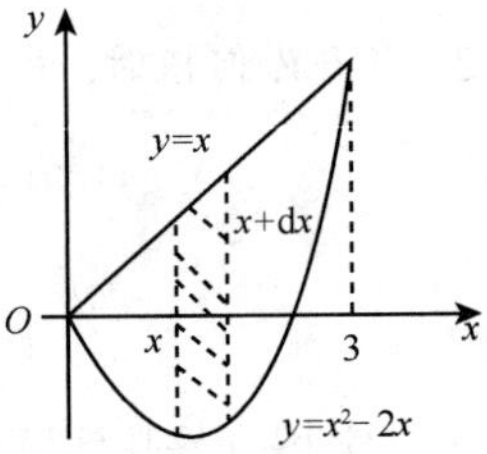

$\Delta A \approx \mathrm{d}A = [x - (x^2 - 2x)]\mathrm{d}x = (3x - x^2)\mathrm{d}x$，且 $x \in [0,3]$，

$$A = \int_a^b \mathrm{d}A = \int_0^3 \left(3x - x^2\right)\mathrm{d}x = \frac{9}{2}.$$

图 5-11

或者直接利用公式, 此时 $f_2(x) = x$，$f_1(x) = x^2 - 2x$，$x \in [0,3]$，则

$$A = \int_a^b \mathrm{d}A = \int_a^b \left[f_2(x) - f_1(x)\right]\mathrm{d}x = \int_0^3 (3x - x^2)\mathrm{d}x = \frac{9}{2}.$$

若求如图 5-12 所示的平面图形面积, 则

(1) 选取积分变量为 y，$y \in [c,d]$；

(2) 任取 $[y, y+\mathrm{d}y] \subset [c,d]$，对应微小面积的近似值, 即面积微元为 $\mathrm{d}A = [\varphi_2(y) - \varphi_1(y)]\mathrm{d}y$；

(3) $A = \int_c^d \mathrm{d}A = \int_c^d [\varphi_2(y) - \varphi_1(y)]\mathrm{d}y$.

如果将例 5.34 中所求面积视为变量 y 的函数, 如图 5-13 所示, 则

(1) 面积为变量 y 的函数, 且 $y \in [-1,3] = [-1,0] \cup [0,3]$；

(2) 分别考虑: 任取 $[y, y+\mathrm{d}y] \subset [-1,0]$，任取 $[y, y+\mathrm{d}y] \subset [0,3]$，对应的面积的近似值, 即面积微元

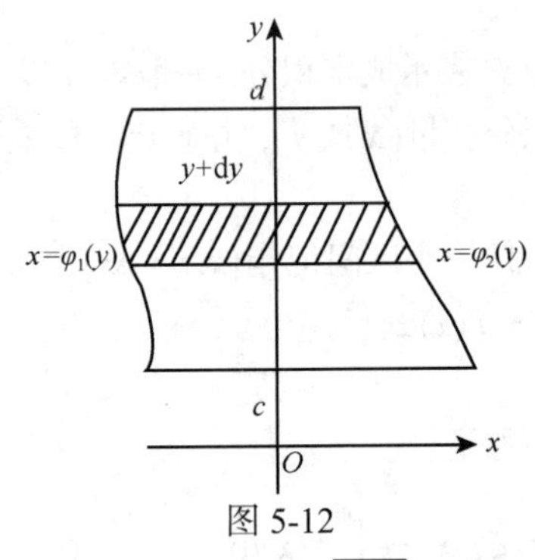

图 5-12

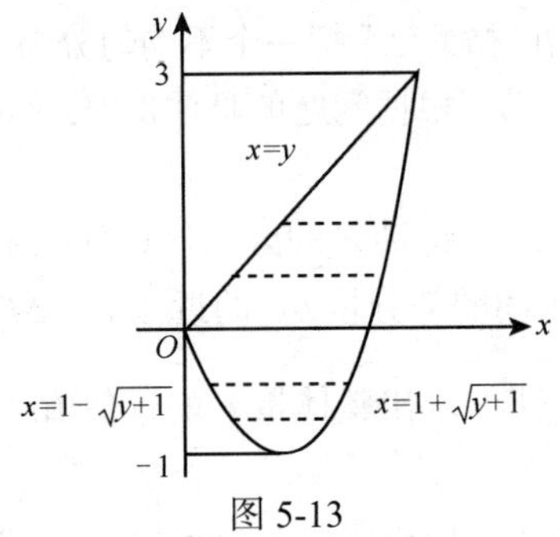

图 5-13

$$\Delta A_1 \approx \mathrm{d}A_1 = (1 + \sqrt{y+1} - y)\mathrm{d}y,\quad y \in [0,3],$$

$$\Delta A_2 \approx \mathrm{d}A_2 = [(1 + \sqrt{y+1}) - (1 - \sqrt{y+1})]\mathrm{d}y,\quad y \in [-1,0],$$

(3) $A_1 = \int_0^3 \mathrm{d}A_1 = \int_0^3 \left(1 + \sqrt{y+1} - y\right)\mathrm{d}y = \dfrac{19}{6}$，

$$A_2 = \int_{-1}^0 \mathrm{d}A_2 = \int_{-1}^0 \left(2\sqrt{y+1}\right)\mathrm{d}y = \frac{4}{3}.$$

因此, 所求图形的面积为 $A = A_1 + A_2 = \dfrac{9}{2}$.

注意: (1) 积分变量的选择(x 或 y) 直接影响到积分的计算, 应根据具体情况适当地选择

积分变量;

(2) 公式 $A=\int_a^b \mathrm{d}A=\int_a^b\left[f_2(x)-f_1(x)\right]\mathrm{d}x=\int_a^b f_2(x)\mathrm{d}x-\int_a^b f_1(x)\mathrm{d}x$，与定积分几何意义的结果一致.

例 5.35 求曲线 $y^2=2x$ 及直线 $y=x-4$ 所围成的图形的面积.

解法1: 解方程组 $\begin{cases}y^2=2x,\\ y=x-4\end{cases}$ 得两曲线交点为 $(2,-2)$，$(8,4)$. 取 x 为积分变量，如图 5-14 所示，则

$$A=\int_0^2[\sqrt{2x}-(-\sqrt{2x})]\mathrm{d}x+\int_2^8[\sqrt{2x}-(x-4)]\mathrm{d}x=\frac{4\sqrt{2}}{3}x^{\frac{3}{2}}\Big|_0^2+(\frac{2\sqrt{2}}{3}x^{\frac{3}{2}}-\frac{x^2}{2}+4x)\Big|_2^8=18.$$

解法 2: 如图 5-15 所示，取 y 为积分变量，则

$$A=\int_{-2}^4(y+4-\frac{y^2}{2})\mathrm{d}y=(\frac{y^2}{2}+4y-\frac{y^3}{6})\Big|_{-2}^4=18.$$

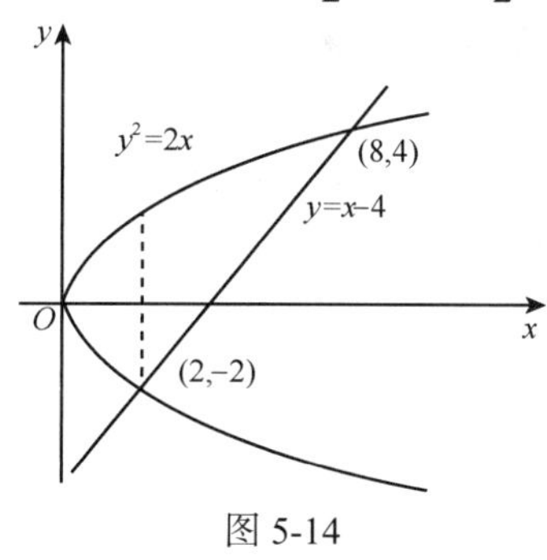

图 5-14

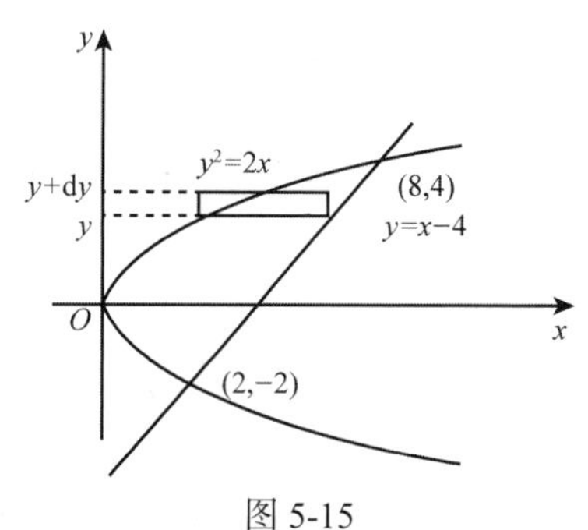

图 5-15

2. 求旋转体的体积

旋转体是由一个平面图形绕这平面内一条直线旋转一周而成的体，这条直线叫作旋转轴. 如矩形绕它一条边旋转便得到圆柱体，直角三角形绕它的一条直角边旋转便得到圆锥体等. 下面讨论由曲线 $y=f(x)$，直线 $x=a$，$x=b(a<b)$ 及 x 轴所围成的曲边梯形绕 x 轴旋转所成的旋转体体积 V，如图 5-16 所示.

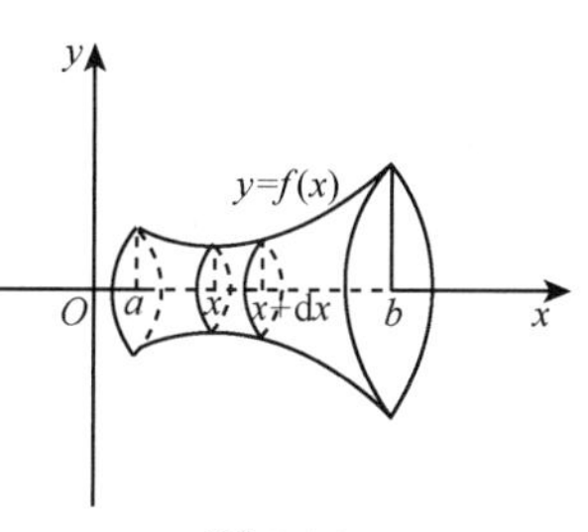

图 5-16

以 x 为积分变量，$x\in[a,b]$，任取子区间 $[x,x+\mathrm{d}x]$，得

$$V_i=\pi f^2(x)\mathrm{d}x,$$

$\pi f(x)^2\mathrm{d}x$ 称为体积微元，记作 $\mathrm{d}V$，即

$$\mathrm{d}V=\pi f(x)^2\mathrm{d}x.$$

以 $\mathrm{d}V$ 为被积式，在 $[a,b]$ 上求定积分，得整个旋转体的体积为

$$V=\int_a^b\mathrm{d}V=\int_a^b\pi f^2(x)\mathrm{d}x.$$

同理，我们可以推出由连续曲线 $x=\varphi(y)$，直线 $y=c,y=d(c<d),x=0$ 所围成的曲边梯形绕 y 轴旋转一周形成的旋转体的体积 V 为

$$V=\int_c^d\pi\varphi^2(y)\mathrm{d}y.$$

例 5.36 曲线 $y=x^2$，直线 $x=2$ 及 x 轴所围成的平面图形，求绕 y 轴旋转一周所得的旋转体的体积.

解： 如图 5-17 所示，所求体积为圆柱体的体积减去中间杯状体的体积，则

$$V=\int_0^4 \pi 2^2 \mathrm{d}y-\int_0^4 \pi(\sqrt{y})^2 \mathrm{d}y=\int_0^4 \pi(4-y)\mathrm{d}y=8\pi .$$

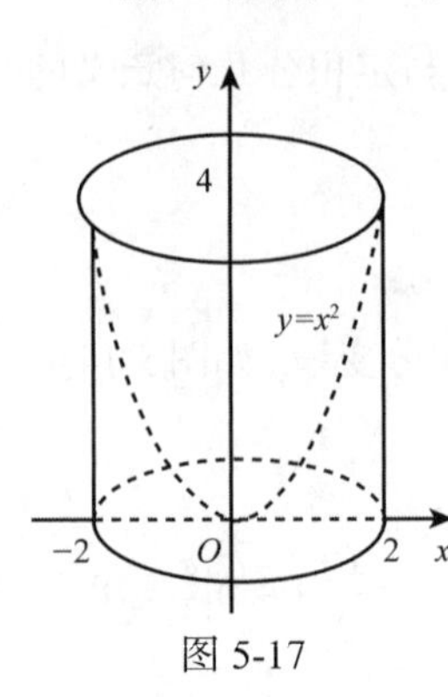

图 5-17

例 5.37 求由椭圆 $\dfrac{x^2}{a^2}+\dfrac{y^2}{b^2}=1\ (a>b>0)$ 分别绕 x 轴，y 轴旋转而成的椭球体的体积.

解： 根据微元法，选 x 为积分变量，且 $-a\leqslant x\leqslant a$，在区间 $[-a,a]$ 上任取一个小区间 $[x,x+\mathrm{d}x]$，其对应的小扁平圆柱的体积近似等于以 $\dfrac{b}{a}\sqrt{a^2-x^2}$ 为底、$\mathrm{d}x$ 为高的扁圆柱体的体积. 故绕 x 轴旋转所得旋转体的体积微元为 $\mathrm{d}V=\dfrac{\pi b^2}{a^2}(a^2-x^2)\mathrm{d}x$，所以绕 x 轴旋转所得旋转体的体积为

$$V_x=\pi\int_{-a}^{a}\frac{b^2}{a^2}(a^2-x^2)\mathrm{d}x=\pi\frac{b^2}{a^2}\left(a^2x-\frac{x^3}{3}\right)\Big|_{-a}^{a}=\frac{4}{3}\pi ab^2 .$$

同理，绕 y 轴旋转所得旋转体的体积微元为 $\mathrm{d}V=\dfrac{\pi b^2}{a^2}(b^2-y^2)\mathrm{d}y$，所以绕 y 轴旋转所得旋转体的体积为

$$V_y=\pi\int_{-b}^{b}\frac{a^2}{b^2}(b^2-y^2)\mathrm{d}y=\pi\frac{a^2}{b^2}\left(b^2y-\frac{y^3}{3}\right)\Big|_{-b}^{b}=\frac{4}{3}\pi ab^2 .$$

5.5.3 定积分在物理上的应用

1. 求变力做功

例 5.38 (抽水作功问题) 有一个半径为 $R=2\mathrm{m}$ 的半球形水池，其中盛满了水，求将水全部从上口抽尽，需作的功.

解： 以球心为坐标原点，铅直向下为 x 轴正向，建立坐标轴如图 5-18 所示，任取 $(x,x+\mathrm{d}x)\subset(0,2)$，对应于该小区间的体积元素为

$$\mathrm{d}V=\pi(R^2-x^2)\mathrm{d}x=\pi(4-x^2)\mathrm{d}x,$$

质量元素和重力元素分别为

$$\mathrm{d}m=\rho\mathrm{d}V=\rho\pi(4-x^2)\mathrm{d}x ,$$

$$\mathrm{d}F=g\mathrm{d}m=\pi\rho g(4-x^2)\mathrm{d}x ,$$

图 5-18

抽出这一层水所作的位移为 x，所以对应的元素为

$$\mathrm{d}W=x\mathrm{d}F=\pi\rho gx(4-x^2)\mathrm{d}x .$$

要将池中的水全部抽尽，需作功为 $W=\pi\rho g\int_0^2 x(4-x^2)\mathrm{d}x=123.276(\mathrm{KJ})$.

2. 求液体的压力

水库大坝的一个侧面由于水深的不同所受压力也不同，出于安全的考虑，有必要计算大坝一侧所承受的压力的总和.

例 5.39 如图 5-19 所示，水库大坝的一面为等腰梯形，上底为 50 米，下底为 30 米，高为

20 米，水面至坝顶 4 米，试计算水对大坝的压力.

解: 由物理学的知识可知，水面下某处的压力与压强及受力面积有关，而压强又与水的深度有关，现水深及受力面积都是变化的，大坝在不同水深所受的压力也是不同的. 我们可以用定积分加以解决.

如图 5-20 所示，建立坐标系，设水的深度为 x 米，$x\in[0,16]$，此处压强 $p=\rho gx$. 由于 $\frac{a}{10}=\frac{16-x}{20}$，所以 $a=8-\frac{x}{2}$. 在 x 点处给一小增量 $\mathrm{d}x$，则长为 $2(15+a)$，宽为 $\mathrm{d}x$ 的小矩形的面积为 $s=(46-x)\mathrm{d}x$. 此小矩形所受到的压力

$$\mathrm{d}F=ps=\rho gx(46-x)\mathrm{d}x=1000g(46x-x^2)\mathrm{d}x.$$

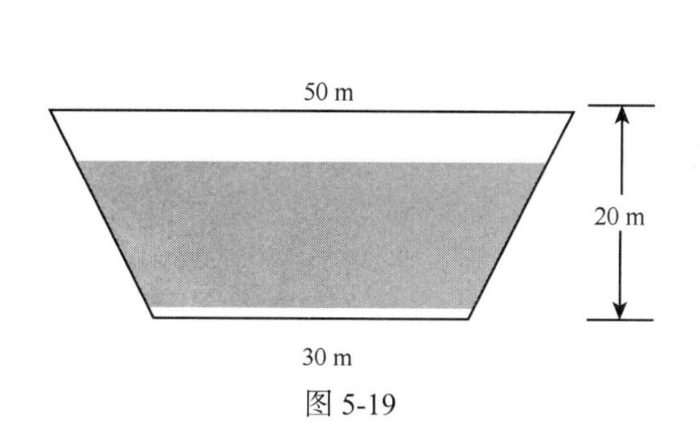

图 5-19

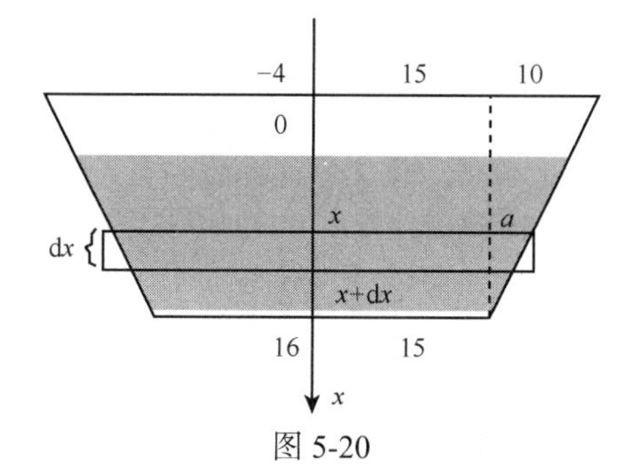

图 5-20

所以，大坝所受的总压力为

$$F=\int_0^{16}1000g(46x-x^2)\mathrm{d}x=1000\times9.8\times(23x^2-\frac{x^3}{3})\Big|_0^{16}\approx4.43\times10^7(\mathrm{N}).$$

5.5.4 定积分在医药上的应用

例 5.40 设有半径为 R，长为 L 的一段刚性血管，两端的血压分别是 p_1 和 $p_2(p_1>p_2)$. 已知在血管的横截面上离血管中心 r 处的血液速度为

$$V(r)=\frac{p_1-p_2}{4\eta L}(R^2-r^2),$$

其中 η 为血液黏滞系数. 求在单位时间流过横截面的血液量 Q.

解: 将半径为 R 的截面圆分为 n 个圆环，使每个圆环的厚度为 $\Delta r=\frac{R}{n}$. 所以在单位时间流过第 i 个圆环的血流量 ΔQ_i 的近似值为

$$\Delta Q_i=V(\xi_i)\cdot2\pi r_i\cdot\Delta r,$$

其中 $\xi_i\in[r_i,r_i+\Delta r]$.

所以，
$$Q=\lim_{n\to\infty}\sum_{i=1}^{n}V(\xi_i)\cdot2\pi r_i\cdot\Delta r=\int_0^R V(r)2\pi r\mathrm{d}r$$
$$=\int_0^R\frac{p_1-p_2}{4\eta L}(R^2-r^2)2\pi r\mathrm{d}r$$
$$=\frac{\pi(p_1-p_2)}{2\eta L}\int_0^R(R^2r-r^3)\mathrm{d}r$$

$$=\frac{\pi(p_1-p_2)R^4}{8\eta L}.$$

例 5.41 口服药物被吸收进入血液系统的药量称为有效药量. 若某种药物的吸收率为 $r(t)=0.01t(t-6)^2(0\leqslant t\leqslant 6)$. 试求该药物的有效药量.

解: 有效药量

$$D=\int_0^6 r(t)\mathrm{d}t=\int_0^6 0.01t(t-6)^2\mathrm{d}t$$
$$=0.01\int_0^6(t^3-12t^2+36t)\mathrm{d}t$$
$$=0.01(\frac{1}{4}t^4-4t^3+18t^2)\Big|_0^6$$
$$=1.08.$$

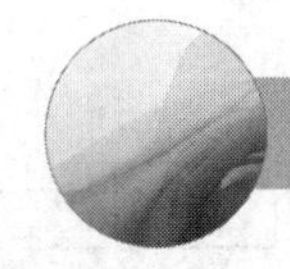

习题5.5

1. 求下列曲线所围成的平面图形的面积:

(1) 抛物线 $x=y^2$ 与直线 $y=x$;

(2) 两抛物线 $y^2=4(x+1), y^2=4(1-x)$.

2. 求下列曲线所围成的平面图形分别绕指定轴旋转而成的旋转体体积:

(1) $y=x^2$ 与 $y=2x$, 分别绕 x 轴和 y 轴;

(2) $(x-5)^2+y^2=16$, 绕 y 轴.

3. 求双曲线 $\frac{x^2}{9}-\frac{y^2}{4}=1$ 与 $y=\pm b, x=0$ 所围成的平面图形绕 y 轴旋转一周而成的旋转体的体积.

4. 在底面积为 S 的圆形容器中盛有一定量的气体. 在等温条件下, 由于气体的膨胀, 把容器中一个面积为 S 的活塞从点 a 处推移到 b 处, 计算在移动过程中, 气体压力所做的功?

5. 某种类型的阿司匹林药物进入血液系统的量称为有效药量. 其进入速率可表示为函数

$$f(t)=0.15t(t-3)^2 \quad (0\leqslant t\leqslant 3)$$

试求: (1) 何时的速率最大? 这时的速率是多少? (2) 有效药量是多少?

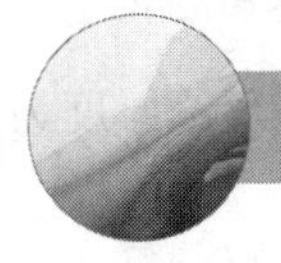

复习题 5

1. 选择题:

(1) $\frac{\mathrm{d}}{\mathrm{d}x}\int_a^b \arcsin x\mathrm{d}x=(\quad)$;

A. $\arcsin x$　　B. $\frac{1}{\sqrt{1-x^2}}$　　C. $\arcsin b-\arcsin a$　　D. 0

(2) 设函数 $f(x)=\int_x^2\sqrt{3+t^2}\mathrm{d}t$, 则 $f'(1)=(\quad)$;

A. $\sqrt{7}-2$　　B. $2-\sqrt{7}$　　C. 2　　D. -2

(3) 若 $\int_0^x f(t)\mathrm{d}t=(2x)^3$, 则 $f(x)=(\quad)$;

A. $3(2x)^2$　　B. $6(2x)^2$　　C. $(2x)^3\ln 2$　　D. $(2x)^3\ln 2x$

(4) $\int_1^e \frac{\ln t}{t}\mathrm{d}t=(\quad)$;

A. $\frac{1}{2}$　　B. $\frac{e^2}{2}-\frac{1}{2}$　　C. $\frac{1}{2e^2}-\frac{1}{2}$　　D. -1

(5) 设 $f(x)=\int_0^x (t-1)\mathrm{d}t$，则 $f(x)$ 有(　　);

A. 极小值 $\frac{1}{2}$　　B. 极小值 $-\frac{1}{2}$　　C. 极大值 $\frac{1}{2}$　　D. 极大值 $-\frac{1}{2}$

(6) $\lim\limits_{x\to 0}\frac{\int_0^x \sin t\mathrm{d}t}{\int_0^x t\mathrm{d}t}=(\quad)$;

A. -1　　B. 0　　C. 1　　D.不存在

(7) 若 $\int_0^1 (2x+k)\mathrm{d}x=2$，则 $k=(\quad)$;

A. 0　　B. -1　　C. $\frac{1}{2}$　　D. 1

(8) 若 $\int_0^1 e^x f(e^x)\mathrm{d}x=\int_a^b f(u)\mathrm{d}u$，则(　　);

A. $a=0,b=1$　　B. $a=0,b=e$　　C. $a=1,b=10$　　D. $a=1,b=e$

(9) 设函数 $\Phi(x)=\int_0^{x^2} te^{-t}\mathrm{d}t$，则 $\Phi'(x)=(\quad)$;

A. xe^{-x}　　B. $-xe^{-x}$　　C. $2x^3e^{-x^2}$　　D. $-2x^3e^{-x^2}$

(10) 下列广义积分中收敛的是(　　).

A. $\int_e^{+\infty}\frac{\ln x}{x}\mathrm{d}x$　　B. $\int_e^{+\infty}\frac{1}{x\ln x}\mathrm{d}x$　　C. $\int_e^{+\infty}\frac{1}{x(\ln x)^2}\mathrm{d}x$　　D. $\int_e^{+\infty}\frac{1}{x\sqrt[3]{\ln x}}\mathrm{d}x$

2. 填空题:

(1) 函数 $y=\frac{1}{\sqrt[3]{x}}$ 在区间 $[1,8]$ 上的平均值是______;

(2) $[\int_{x^2}^a f(t)\mathrm{d}t]'=$______;

(3) $\int_0^x (e^{t^2})'\mathrm{d}t=$______;

(4) $\lim\limits_{x\to 0}\frac{\int_0^x \cos^2 t\mathrm{d}t}{x}=$______;

(5) 若 $\int_0^a x^2\mathrm{d}x=9$，则 $a=$______;

(6) $\int_{-\frac{\pi}{2}}^{\frac{\pi}{2}}\frac{\sin x}{2+\cos x}\mathrm{d}x=$______;

(7) $\int_0^2 \sqrt{4-x^2}\mathrm{d}x=$______;

(8) 若广义积分 $\int_{-\infty}^{+\infty}\frac{A}{1+x^2}\mathrm{d}x=1$，则 $A=$______;

(9) 设 $f(x)=\begin{cases}x,x\geqslant 0\\1,x<0\end{cases}$,则 $\int_{-1}^{2}f(x)\mathrm{d}x=$______;

(10) 已知 $f(0)=1,f(3)=2,f'(3)=3$, 则 $\int_{0}^{3}xf''(x)\mathrm{d}x=$______.

3. 求下列定积分:

(1) $\int_{1}^{4}\frac{\mathrm{d}x}{x(1+\sqrt{x})}$;　(2) $\int_{0}^{a}\frac{\mathrm{d}x}{x+\sqrt{a^2-x^2}}$;　(3) $\int_{0}^{3}\arcsin\sqrt{\frac{x}{1+x}}\mathrm{d}x$;

(4) $\int_{-2}^{5}\left|x^2-2x-3\right|\mathrm{d}x$;　(5) $\int_{-1}^{1}\frac{\mathrm{d}x}{1+2^{\frac{1}{x}}}$;　(6) $\int_{-\infty}^{+\infty}\frac{\mathrm{d}x}{x^2+4x+9}$;

(7) $\int_{1}^{2}\frac{\mathrm{d}x}{x\sqrt{3x^2-2x-1}}$;　(8) $\int_{1}^{+\infty}\frac{1}{x\sqrt{x-1}}\mathrm{d}x$.

4. 求函数 $f(x)=\int_{0}^{x}t(t-4)\mathrm{d}t$ 在区间 $[-1,5]$ 上的最大值与最小值.

5. 证明广义积分 $\int_{1}^{+\infty}\frac{1}{x^p}\mathrm{d}x$ 当 $p>1$ 时收敛, 当 $p\leqslant 1$ 时发散.

6. 计算下列曲线所围成的图形的面积:

(1) $y=\frac{1}{x}$ 与直线 $y=x$ 及 $x=2$;

(2) $y=x^2$ 与直线 $y=x$ 及 $y=2x$.

7. 设函数 $f(x)=\begin{cases}x\sqrt{1-x^2},|x|\leqslant 1\\ \frac{1}{1+x^2},|x|>1\end{cases}$, 计算 $\int_{-\sqrt{3}}^{\sqrt{3}}f(x)\mathrm{d}x$.

8. 求由 $y=x^2$, $x=y^2$ 所围平面图形绕 x 轴旋转所成旋转体的体积.

9. 半径为 r 的球沉入水中, 球的上部与水面相切, 球的比重与水相同. 现将球从水中取出, 需要作多少功?

10. 口服药物必须先被吸收进入血液循环, 然后才能在机体的不同部位发挥作用.一种典型的吸收率函数具有以下形式:

$$f(t)=kt(t-b)^2,\ 0\leqslant t\leqslant b.$$

其中 k 和 b 是常数.求药物吸收的总量.

阅读材料

十七世纪下半叶, 在前人工作的基础上, 英国大科学家牛顿和德国数学家莱布尼茨分别在自己的国度里独自研究并完成了微积分的创立工作, 虽然这只是十分初步的工作. 他们的最大功绩是把两个貌似毫不相关的问题联系在一起, 一个是切线问题（微分学的中心问题）, 一个是求积问题（积分学的中心问题）.

牛顿和莱布尼茨建立微积分的出发点是直观的无穷小量, 因此这门学科早期也被称为无穷小分析, 这正是现在数学中分析学这一大分支名称的来源. 牛顿研究微积分着重从运动学来考虑, 而莱布尼茨却是侧重于从几何学角度来考虑.

牛顿在 1671 年写了《流数法和无穷级数》, 这本书直到 1736 年才出版. 他在这本书里指出, 变量是由点、线、面的连续运动产生的, 否定了以前自己认为的变量是无穷小元素的静止集合. 他把连续变量叫作流动量, 把这些流动量的导数叫作流数. 牛顿在流数术中所提出的中心问题是: 已知连续运动的路径, 求给定时刻的速度 (微分法); 已知运动的速度求给定时间内经过的路程(积分法).

德国的莱布尼茨是一位博学多才的学者. 1684 年, 他发表了现今认为是最早的微积分文献. 这篇文章有一个很长而且很古怪的名字《一种求极大极小和切线的新方法, 它也适用于分式和无理量, 以及这种新方法的奇妙类型的计算》. 就是这样一篇说理也颇含糊的文章, 却具有划时代的意义, 因为它已包含了现代的微分符号和基本微分法则. 1686 年, 莱布尼茨发表了第一篇积分学的文献. 他是历史上最伟大的符号学者之一, 他所创设的微积分符号, 远远优于牛顿的符号, 对微积分的发展有着极大的影响. 现在我们使用的微积分通用符号就是当时莱布尼茨精心创设的.

受当时历史条件的限制, 牛顿和莱布尼茨建立的微积分的理论基础还不十分牢靠, 有些概念比较模糊, 因此引发了长期关于微积分的逻辑基础的争论和探讨. 经过 18、19 世纪一大批数学家的努力, 特别是在法国数学家柯西首先成功地建立了极限理论之后, 以极限的观点定义了微积分的基本概念, 并简洁而严格地证明了微积分基本定理, 即牛顿——莱布尼茨公式, 才给微积分建立了一个基本严格的完整体系.

微积分学的创立, 极大地推动了数学的发展, 很多初等数学无法解决的问题, 运用微积分, 往往迎刃而解, 显示出其非凡的威力.

第6章 多元函数微积分

前面我们讨论的函数都只含一个自变量，这类函数称为一元函数．但是在自然科学和工程技术中常常遇到一个变量依赖于两个或两个以上变量的问题，这种含有两个或两个以上自变量的函数统称为多元函数．本章将在一元函数的基础上，进一步讨论二元函数的相关问题，同时其研究方法可以推广到多元函数．

6.1 偏 导 数

6.1.1 多元函数

1. 多元函数的概念

定义 6.1 设有三个变量 x, y, z, 如果对于变量 x, y 在它们的变化范围内所取的每一对值，变量 z 按照某种对应法则 f 都有唯一确定的值与之对应，则称 z 为 x, y 的二元函数，记作 $z=f(x, y)$. 其中, x, y 称为自变量, z 称为函数.

类似的，可以定义三元函数 $u=f(x, y, z)$ 以及三元以上的函数．二元以及二元以上的函数统称为多元函数.

与一元函数类似，函数的定义域和对应法则是构成二元函数的两个基本要素．二元函数的定义域的求法与一元函数类似，即使函数的解析表达式有意义或函数所表示的实际问题有意义的 x, y 的变化范围.

例 6.1 确定下列二元函数的定义域:

(1) $z=\ln(x+y)$；　　　　(2) $z=\ln(y-x)+\dfrac{1}{\sqrt{1-x^2-y^2}}$.

解: (1) 因为对数的真数要求大于零，即 $x+y>0$，所以函数的定义域 $D=\{(x,y)|x+y>0\}$. 定义域为直线 $y=-x$ 上方平面区域，如图 6-1 所示阴影部分.

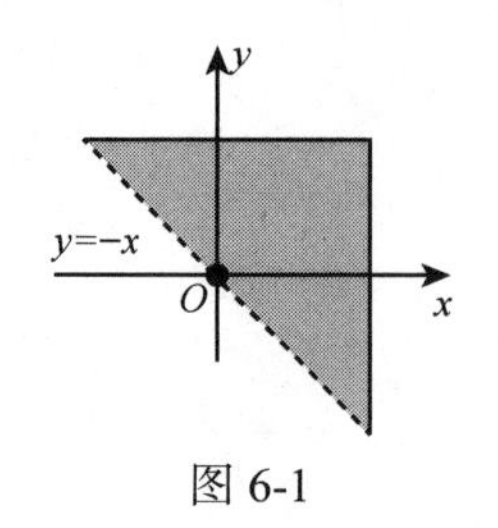

图 6-1

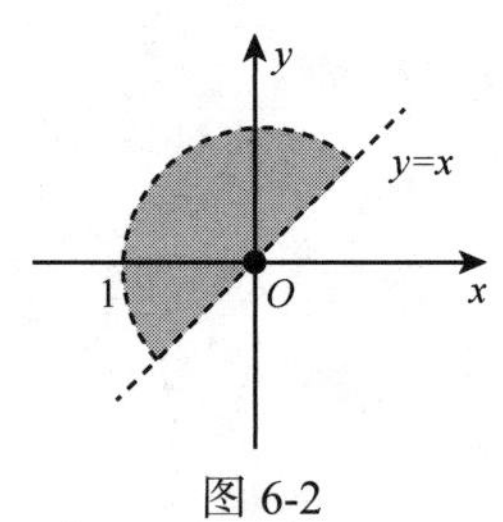

图 6-2

(2) 因为对数的真数要求大于零，即 $y-x>0$，并且被开方数在分母的位置要求大于零，故有 $x^2+y^2<1$，所以函数的定义域 $D=\{(x,y)|y-x>0,x^2+y^2<1\}$．定义域为图中虚线上方与圆的内部围成的平面区域，如图 6-2 所示阴影部分.

例 6.2 已知函数 $f(x,y)=4x-y+\dfrac{1}{\sqrt{1-x^2-y^2}}$，求 $f(0,0)$， $f\left(\dfrac{1}{2},\dfrac{1}{2}\right)$.

解: $f(0,0)=4\times 0-0+\dfrac{1}{\sqrt{1-0^2-0^2}}=1$;

$$f\left(\frac{1}{2},\frac{1}{2}\right)=4\times\frac{1}{2}-\frac{1}{2}+\frac{1}{\sqrt{1-\left(\frac{1}{2}\right)^2-\left(\frac{1}{2}\right)^2}}=\frac{3}{2}+\sqrt{2}.$$

2. 二元函数的极限

由一元函数极限可知，研究函数的极限就是研究自变量在某个变化趋势过程中，函数的变化趋势. 二元函数 $z=f(x,y)$ 的极限就是研究动点 $P(x,y)$ 无限趋近于定点 $P_0(x_0,y_0)$ 过程中，函数值 $f(x,y)$ 的变化趋势.

动点 $P(x,y)$ 无限趋近于定点 $P_0(x_0,y_0)$，记作 $P\to P_0$ 或者 $(x,y)\to(x_0,y_0)$．下面讨论二元函数 $z=f(x,y)$ 当 $(x,y)\to(x_0,y_0)$ 时的极限.

定义 6.2 设函数 $z=f(x,y)$ 在点 $P_0(x_0,y_0)$ 的某一邻域内有定义（点 P_0 可以除外），点 $P(x,y)$ 是该邻域内异于 P_0 的任一点. 如果当动点 $P(x,y)$ 以任意方式无限趋近于点 $P_0(x_0,y_0)$ 时，其对应的函数值 $z=f(x,y)$ 总是无限趋近于一个确定的常数 A，则称常数 A 为函数 $z=f(x,y)$ 当 $(x,y)\to(x_0,y_0)$ 时的极限，记作

$$\lim_{\substack{x\to x_0\\ y\to y_0}} f(x,y)A.$$

注意: (1) 在求二元函数的极限时，只有当点 $P(x,y)$ 沿任何路径趋近于点 $P_0(x_0,y_0)$ 时，对应的函数值 $z=f(x,y)$ 都趋近于常数 A，才能确定 A 是所求函数 $f(x,y)$ 的极限.

(2) 如果只选择几个特殊的路径使点 $P(x,y)$ 趋近于点 $P_0(x_0,y_0)$，其对应的函数值都趋近于常数 A，还不能断定函数的极限存在；而点 $P(x,y)$ 沿不同的方式趋近于点 $P_0(x_0,y_0)$ 时，函数值 $f(x,y)$ 趋近于不同的值，则极限 $\lim\limits_{\substack{x\to x_0\\ y\to y_0}} f(x,y)$ 不存在.

例 6.3 求 $\lim\limits_{\substack{x\to 0\\ y\to 0}}\dfrac{\sin xy}{xy}$.

解: 设 $t=xy$，当 $x\to 0,y\to 0$ 时，$t\to 0$，于是

$$\lim_{\substack{x\to 0\\ y\to 0}}\frac{\sin xy}{xy}=\lim_{t\to 0}\frac{\sin t}{t}=1.$$

例 6.4 求 $\lim\limits_{\substack{x\to 0\\ y\to 0}}\dfrac{2-\sqrt{xy+4}}{xy}$.

解: $\lim\limits_{\substack{x\to 0\\ y\to 0}}\dfrac{2-\sqrt{xy+4}}{xy}=\lim\limits_{\substack{x\to 0\\ y\to 0}}\dfrac{4-(xy+4)}{xy(2+\sqrt{xy+4})}$

$$= \lim_{\substack{x \to 0 \\ y \to 0}} \frac{-1}{2+\sqrt{xy+4}} = \frac{-1}{2+\sqrt{0+4}} = -\frac{1}{4}$$

例 6.5 讨论二元函数 $f(x,y)=\begin{cases} \dfrac{xy}{x^2+y^2}, & x^2+y^2 \neq 0 \\ 0, & x^2+y^2=0 \end{cases}$，当 $P(x,y) \to O(0,0)$ 时的极限.

解: 当动点 $P(x,y)$ 沿直线 $y=kx$ 趋近于 $O(0,0)$ 时,

$$f(x,y)=f(x,kx)=\frac{kx^2}{x^2+(kx)^2}=\frac{k}{1+k^2}\ (x \neq 0),$$

所以

$$\lim_{\substack{x \to 0 \\ y \to 0}} f(x,y) = \lim_{\substack{x \to 0 \\ y \to 0}} \frac{k}{1+k^2} = \frac{k}{1+k^2}.$$

由上式可知, 当直线斜率 k 取不同值时, $\dfrac{k}{1+k^2}$ 的值也不同, 即函数的极限值不同. 所以 $\lim\limits_{\substack{x \to 0 \\ y \to 0}} f(x,y)$ 不存在.

二元函数极限的概念, 可以推广到二元以上的多元函数. 类似于一元函数, 由二元函数极限的概念, 可以得到二元函数在点 $P_0(x_0,y_0)$ 处连续性的定义.

3. 二元函数的连续性

定义 6.3 设函数 $z=f(x,y)$ 在点 $P_0(x_0,y_0)$ 的某一邻域内有定义 (点 P_0 含在内), 如果 $\lim\limits_{\substack{x \to x_0 \\ y \to y_0}} f(x,y)=f(x_0,y_0)$，则称函数 $z=f(x,y)$ 在点 $P_0(x_0,y_0)$ 处连续, 并称点 $P_0(x_0,y_0)$ 是函数的连续点.

如果二元函数 $z=f(x,y)$ 在 $P_0(x_0,y_0)$ 处不连续, 则称点 $P_0(x_0,y_0)$ 为函数 $z=f(x,y)$ 的不连续点 (或间断点).

由极限与连续的定义可知, 二元函数 $z=f(x,y)$ 在点 $P_0(x_0,y_0)$ 处连续必须同时具备三个条件:

(1) 二元函数 $z=f(x,y)$ 在点 $P_0(x_0,y_0)$ 处有定义, 即 $f(x_0,y_0)$ 存在;

(2) 二元函数 $z=f(x,y)$ 在点 $P_0(x_0,y_0)$ 处极限存在, 即 $\lim\limits_{\substack{x \to x_0 \\ y \to y_0}} f(x,y)$ 存在;

(3) 函数值和极限值两者相等, 即 $\lim\limits_{\substack{x \to x_0 \\ y \to y_0}} f(x,y)=f(x_0,y_0)$.

所以, 当二元函数 $z=f(x,y)$ 在点 $P_0(x_0,y_0)$ 处无定义; 或虽有定义, 但在点 $P_0(x_0,y_0)$ 处的极限不存在; 或即使点 $P_0(x_0,y_0)$ 处的极限和函数值都存在, 但它们不相等时, 函数 $z=f(x,y)$ 在点 $P_0(x_0,y_0)$ 处均不连续.

由例 6.5 可知, 二元函数 $f(x,y)=\begin{cases} \dfrac{xy}{x^2+y^2} & x^2+y^2 \neq 0 \\ 0 & x^2+y^2=0 \end{cases}$，当 $P(x,y) \to O(0,0)$ 时, 极限不存在, 所以原点是此函数的间断点.

如果二元函数 $z=f(x,y)$ 在区域 D 内每一点都连续, 则称该函数在区域 D 上连续.

利用二元函数的极限和连续定义可以证明，二元连续函数的和、差、积、商以及复合函数仍为连续函数. 由此可得出"二元初等函数在其定义域内是连续函数"的结论.

例 6.6 求 $\lim\limits_{\substack{x\to 1\\ y\to 2}}\dfrac{xy}{x+y}$.

解： 因为函数 $f(x,y)=\dfrac{xy}{x+y}$ 是二元初等函数，且点 $(1,2)$ 在其定义域内，所以函数在该点是连续的，且 $\lim\limits_{\substack{x\to 1\\ y\to 2}}\dfrac{xy}{x+y}=\dfrac{1\times 2}{1+2}=\dfrac{2}{3}$.

例 6.7 求 $\lim\limits_{\substack{x\to 2\\ y\to 1}}\dfrac{\ln(1+xy)}{3x^2-2xy+4y^3}$.

解： 由于函数 $f(x,y)=\dfrac{\ln(1+xy)}{3x^2-2xy+4y^3}$ 是初等函数，且在点 (2, 1) 处是连续的，所以 $\lim\limits_{\substack{x\to 2\\ y\to 1}}\dfrac{\ln(1+xy)}{3x^2-2xy+4y^3}=\dfrac{\ln(1+2\times 1)}{3\times 2^2-2\times 2\times 1+4\times 1^3}=\dfrac{\ln 3}{12}$.

6.1.2 偏导数

1. 偏导数的定义

在一元函数中，我们从研究函数增量与自变量增量之比当自变量增量趋于零时的极限引入了导数的概念，它刻画了函数在某一点处的变化率. 对于多元函数，我们同样需要讨论它在某点处的变化率，但多元函数的自变量不止一个，与自变量的关系要比一元函数复杂得多，由此，我们可以先考虑多元函数对其中某一个自变量的变化率，即在某个自变量发生变化，其余自变量保持不变的情况下，考虑函数对于该自变量的变化率. 以二元函数 $z=f(x,y)$ 为例，如果自变量 x 变化，而自变量 y 保持不变（看作常量），这时函数 z 可看成 x 的一元函数，此时对 x 求导，就称为二元函数 z 对 x 的偏导数.

定义 6.4 设函数 $z=f(x,y)$ 在点 (x_0,y_0) 的某一邻域内有定义，当 y 固定在 y_0，而 x 在 x_0 处有增量 Δx 时，相应函数有增量 $f(x_0+\Delta x,y_0)-f(x_0,y_0)$，如果

$$\lim_{\Delta x\to 0}\frac{f(x_0+\Delta x,y_0)-f(x_0,y_0)}{\Delta x}$$

存在，则称此极限为函数 $z=f(x,y)$ 在点 (x_0,y_0) 处对 x 的偏导数，记作

$$\left.\frac{\partial z}{\partial x}\right|_{(x_0,y_0)},\quad \left.\frac{\partial f}{\partial x}\right|_{(x_0,y_0)},\quad z_x(x_0,y_0)\text{ 或 }f_x(x_0,y_0),$$

即

$$\left.\frac{\partial z}{\partial x}\right|_{(x_0,y_0)}=\lim_{\Delta x\to 0}\frac{f(x_0+\Delta x,y_0)-f(x_0,y_0)}{\Delta x}.$$

类似地，函数 $z=f(x,y)$ 在点 (x_0,y_0) 处对 y 的偏导数可定义为

$$\left.\frac{\partial z}{\partial y}\right|_{(x_0,y_0)}=\lim_{\Delta y\to 0}\frac{f(x_0,y_0+\Delta y)-f(x_0,y_0)}{\Delta y},$$

记作

$$\left.\frac{\partial z}{\partial y}\right|_{(x_0,y_0)}，\left.\frac{\partial f}{\partial y}\right|_{(x_0,y_0)}，z_y(x_0,y_0) \text{或} f_y(x_0,y_0).$$

如果函数 $z=f(x,y)$ 在区域 D 内每一点 (x,y) 处对 x 的偏导数都存在，那么这个偏导数就是 x 的函数，称它为函数 $z=f(x,y)$ 对自变量 x 的偏导函数，记作

$$\frac{\partial z}{\partial x}，\frac{\partial f}{\partial x}，z_x(x,y) \text{或} f_x(x,y).$$

类似地，可以定义函数 $z=f(x,y)$ 对自变量 y 的偏导函数，记作

$$\frac{\partial z}{\partial y}，\frac{\partial f}{\partial y}，z_y(x,y) \text{或} f_y(x,y).$$

函数 $z=f(x,y)$ 在点 (x_0,y_0) 对 x 的偏导数 $f_x(x_0,y_0)$，就是偏导函数 $f_x(x,y)$ 在点 (x_0,y_0) 的函数值；函数 $z=f(x,y)$ 在点 (x_0,y_0) 对 y 的偏导数 $f_y(x_0,y_0)$，就是偏导函数 $f_y(x,y)$ 在点 (x_0,y_0) 的函数值. 在不发生混淆的情况下，偏导函数也简称为偏导数.

偏导数的概念还可以推广到二元以上的函数，如三元函数 $u=f(x,y,z)$ 在 (x_0,y_0,z_0) 处对 x 的偏导数为

$$f_x(x_0,y_0,z_0)=\lim_{\Delta x\to 0}\frac{f(x_0+\Delta x,y_0,z_0)-f(x_0,y_0,z_0)}{\Delta x}.$$

2. 偏导数的求法

由多元函数的偏导数的定义可知，多元函数 f 对哪一个自变量求偏导数，先把其他自变量都看作常数，从而变成一元函数的求导问题. 所以求多元函数的偏导数就相当于求一元函数的导数. 一元函数的求导法则和求导公式对多元函数求偏导数也适用.

例如，求给定的二元函数 $z=f(x,y)$ 在点 (x_0,y_0) 处对 x 的偏导数，有两种方法: (1) 将自变量 y 看成常数，函数 z 对 x 求导，先求出 $f_x(x,y)$，然后再求 $f_x(x,y)$ 在点 (x_0,y_0) 处的函数值 $f_x(x,y)\big|_{(x_0,y_0)}=f_x(x_0,y_0)$，就得到函数 $z=f(x,y)$ 在点 (x_0,y_0) 处对 x 的偏导数; (2) 可以先将 $y=y_0$ 代入 $z=f(x,y)$，得到 $z=f(x,y_0)$，然后对 x 求导得到 $f_x(x,y_0)$，再代入 $x=x_0$. 同理，也可以求出函数 $z=f(x,y)$ 在点 (x_0,y_0) 处对 y 的偏导数.

例 6.8 求函数 $f(x,y)=x^3+2x^2y-y^3$ 在点 $(1,3)$ 处对 x 和 y 的偏导数.

解: 把 y 看作常量，对 x 求导数，得 $\dfrac{\partial f}{\partial x}=3x^2+4xy$，

把 x 看作常量，对 y 求导数，得 $\dfrac{\partial f}{\partial y}=2x^2-3y^2$.

将点 $(1,3)$ 代入上面两式，就得 $\left.\dfrac{\partial f}{\partial x}\right|_{(1,3)}=15$，$\left.\dfrac{\partial f}{\partial y}\right|_{(1,3)}=-25$.

例 6.9 求函数 $f(x,y)=x^y\ (x>0)$ 的偏导数.

解: $\dfrac{\partial f}{\partial x}=y\cdot x^{y-1}$；$\dfrac{\partial f}{\partial y}=x^y\ln x$.

例 6.10 求函数 $z=(\sin x+\sin y)(\mathrm{e}^x+\mathrm{e}^y)$ 的偏导数.

解: 利用函数乘积的求导法则，得

$$\frac{\partial z}{\partial x}=\left[\frac{\partial}{\partial x}(\sin x+\sin y)\right](\mathrm{e}^x+\mathrm{e}^y)+(\sin x+\sin y)\left[\frac{\partial}{\partial x}(\mathrm{e}^x+\mathrm{e}^y)\right]$$

$$= \cos x \cdot (e^x + e^y) + (\sin x + \sin y) \cdot e^x;$$

$$\frac{\partial z}{\partial y} = \left[\frac{\partial}{\partial y}(\sin x + \sin y)\right](e^x + e^y) + (\sin x + \sin y)\left[\frac{\partial}{\partial y}(e^x + e^y)\right]$$

$$= \cos y \cdot (e^x + e^y) + (\sin x + \sin y) \cdot e^y.$$

例 6.11 求函数 $z = e^{x^2+y^2}$ 的偏导数.

解: $\frac{\partial z}{\partial x} = e^{x^2+y^2} \cdot \frac{\partial}{\partial x}(x^2 + y^2) = e^{x^2+y^2} \cdot 2x$;

$$\frac{\partial z}{\partial y} = e^{x^2+y^2} \cdot \frac{\partial}{\partial y}(x^2 + y^2) = e^{x^2+y^2} \cdot 2y.$$

例 6.12 求三元函数 $u = \sin(x + y^2 - e^z)$ 的偏导数.

解: 将 y 和 z 看作常数, 求对 x 的偏导数

$$\frac{\partial u}{\partial x} = \cos(x + y^2 - e^z) \cdot \frac{\partial}{\partial x}(x + y^2 - e^z) = \cos(x + y^2 - e^z);$$

将 x 和 z 看作常数, 求对 y 的偏导数

$$\frac{\partial u}{\partial y} = \cos(x + y^2 - e^z) \cdot \frac{\partial}{\partial y}(x + y^2 - e^z) = 2y\cos(x + y^2 - e^z);$$

将 x 和 y 看作常数, 求对 z 的偏导数

$$\frac{\partial u}{\partial z} = \cos(x + y^2 - e^z) \cdot \frac{\partial}{\partial z}(x + y^2 - e^z) = -e^z\cos(x + y^2 - e^z).$$

例 6.13 已知理想气体的状态方程 $pV = RT$ (R 为常量), 求证: $\frac{\partial p}{\partial V} \cdot \frac{\partial V}{\partial T} \cdot \frac{\partial T}{\partial p} = -1$.

证明: 因为 $p = \frac{RT}{V}$, $\frac{\partial p}{\partial V} = -\frac{RT}{V^2}$,

$$V = \frac{RT}{p}, \quad \frac{\partial V}{\partial T} = \frac{R}{p},$$

$$T = \frac{pV}{R}, \quad \frac{\partial T}{\partial p} = \frac{V}{R}.$$

所以

$$\frac{\partial p}{\partial V} \cdot \frac{\partial V}{\partial T} \cdot \frac{\partial T}{\partial p} = -\frac{RT}{V^2} \cdot \frac{R}{p} \cdot \frac{V}{R} = -\frac{RT}{pV} = -1.$$

由例 6.13 可知, 偏导数的记号是个整体记号, 不能看作分子与分母之商. 这与一元函数导数的记号 $\frac{dy}{dx}$ 不同, $\frac{dy}{dx}$ 可看作函数的微分 dy 与自变量的微分 dx 之商.

我们知道, 如果一元函数在某点具有导数, 则它在该点一定连续, 但对于多元函数, 即使函数在某点的偏导数都存在, 也不能保证函数在该点连续. 例如, 例 6.5 中函数

$$f(x, y) = \begin{cases} \frac{xy}{x^2 + y^2}, & x^2 + y^2 \neq 0 \\ 0, & x^2 + y^2 = 0 \end{cases}$$

在点 $(0, 0)$ 处对 x 的偏导数为

$$f_x(0, 0) = \lim_{\Delta x \to 0} \frac{f(0 + \Delta x, 0) - f(0, 0)}{\Delta x} = \lim_{\Delta x \to 0} 0 = 0,$$

$$f_y(0,0)=\lim_{\Delta y\to 0}\frac{f(0,0+\Delta y)-f(0,0)}{\Delta y}=\lim_{\Delta y\to 0}0=0,$$

而由例 6.5 可知，函数在点 $(0,0)$ 处不连续.

同样，如果多元函数在某点连续，也不能保证此函数在该点的偏导数都存在. 例如，函数 $f(x,y)=\sqrt{x^2+y^2}$ 在点 $(0,0)$ 处连续，但是在该点的偏导数不存在. 考察在 $(0,0)$ 处对 x 的偏导数，$f(x,0)=|x|$，在 $x=0$ 处不可导，即 $f(x,y)=\sqrt{x^2+y^2}$ 在点 $(0,0)$ 处对 x 的偏导数不存在. 同理可证明 $f(x,y)=\sqrt{x^2+y^2}$ 在点 $(0,0)$ 对 y 的偏导数不存在.

3. 高阶偏导数

设二元函数 $z=f(x,y)$ 在区域 D 内具有偏导数 $\frac{\partial f}{\partial x}=f_x(x,y)$，$\frac{\partial f}{\partial y}=f_y(x,y)$，则偏导数 $f_x(x,y)$，$f_y(x,y)$ 都是区域 D 内关于 x，y 的函数. 如果这两个函数的偏导数也存在，则称它们是函数 $z=f(x,y)$ 的二阶偏导数. 二元函数的二阶偏导数有如下四种情形:

$$\frac{\partial}{\partial x}\left(\frac{\partial z}{\partial x}\right)=\frac{\partial^2 z}{\partial x^2}=f_{xx}(x,y),\quad \frac{\partial}{\partial y}\left(\frac{\partial z}{\partial x}\right)=\frac{\partial^2 z}{\partial x\partial y}=f_{xy}(x,y),$$

$$\frac{\partial}{\partial x}\left(\frac{\partial z}{\partial y}\right)=\frac{\partial^2 z}{\partial y\partial x}=f_{yx}(x,y),\quad \frac{\partial}{\partial y}\left(\frac{\partial z}{\partial y}\right)=\frac{\partial^2 z}{\partial y^2}=f_{yy}(x,y).$$

其中既有关于 x 又有关于 y 的高阶偏导数称为混合偏导数. 同样可得三阶，四阶，…以及 n 阶偏导数. 二阶及二阶以上的偏导数统称为高阶偏导数.

例 6.14 设 $z=x^4+y^4-4x^2y^2$，求 $\frac{\partial^2 z}{\partial x^2}$，$\frac{\partial^2 z}{\partial y^2}$，$\frac{\partial^2 z}{\partial x\partial y}$ 和 $\frac{\partial^2 z}{\partial y\partial x}$.

解: 函数 $z=x^4+y^4-4x^2y^2$ 的一阶偏导数分别为

$$\frac{\partial z}{\partial x}=4x^3-8xy^2,\quad \frac{\partial z}{\partial y}=4y^3-8x^2y.$$

所以二阶偏导数为

$$\frac{\partial^2 z}{\partial x^2}=\frac{\partial}{\partial x}(4x^3-8xy^2)=12x^2-8y^2,\quad \frac{\partial^2 z}{\partial y^2}=\frac{\partial}{\partial y}(4y^3-8x^2y)=12y^2-8x^2,$$

$$\frac{\partial^2 z}{\partial x\partial y}=\frac{\partial}{\partial y}(4x^3-8xy^2)=-16xy,\quad \frac{\partial^2 z}{\partial y\partial x}=\frac{\partial}{\partial x}(4y^3-8x^2y)=-16xy.$$

例 6.14 中两个二阶混合偏导数 $\frac{\partial^2 z}{\partial x\partial y}$，$\frac{\partial^2 z}{\partial y\partial x}$ 相等，这不是偶然的，事实上，有下述定理.

定理 6.1 如果函数 $z=f(x,y)$ 的两个二阶混合偏导数 $\frac{\partial^2 z}{\partial x\partial y}$ 及 $\frac{\partial^2 z}{\partial y\partial x}$ 在区域 D 内连续，那么在该区域内这两个二阶混合偏导数必相等 (证明略).

换句话说，二阶混合偏导数在连续的条件下与求导的次序无关.

对于二元以上的函数，也可以类似地定义高阶偏导数. 而且高阶混合偏导数在偏导数连续的条件下也与求导的次序无关，如三元函数 $u=f(x,y,z)$ 的六个三阶混合偏导数

$$f_{xyz}(x,y,z),\ f_{yzx}(x,y,z),\ f_{zxy}(x,y,z),\ f_{xzy}(x,y,z),\ f_{yxz}(x,y,z),\ f_{zyx}(x,y,z)$$

在区域 D 内连续，那么在该区域内这六个三阶混合偏导数都相等.

例 6.15 设函数 $z=\ln\frac{1}{\sqrt{x^2+y^2}}$，求证：$\frac{\partial^2 z}{\partial x^2}+\frac{\partial^2 z}{\partial y^2}=0$.

证明： 由 $z=\ln\frac{1}{\sqrt{x^2+y^2}}=-\frac{1}{2}\ln(x^2+y^2)$，则函数的一阶偏导数和二阶偏导数分别为

$$\frac{\partial z}{\partial x}=-\frac{1}{2}\cdot\frac{1}{x^2+y^2}\cdot 2x=-\frac{x}{x^2+y^2},\quad \frac{\partial z}{\partial y}=-\frac{1}{2}\cdot\frac{1}{x^2+y^2}\cdot 2y=-\frac{y}{x^2+y^2},$$

$$\frac{\partial^2 z}{\partial x^2}=\frac{\partial}{\partial x}(-\frac{x}{x^2+y^2})=-\frac{(x^2+y^2)-x\cdot 2x}{(x^2+y^2)^2}=\frac{x^2-y^2}{(x^2+y^2)^2},$$

$$\frac{\partial^2 z}{\partial y^2}=\frac{\partial}{\partial y}(-\frac{y}{x^2+y^2})=-\frac{(x^2+y^2)-y\cdot 2y}{(x^2+y^2)^2}=\frac{y^2-x^2}{(x^2+y^2)^2}$$

所以

$$\frac{\partial^2 z}{\partial x^2}+\frac{\partial^2 z}{\partial y^2}=0.$$

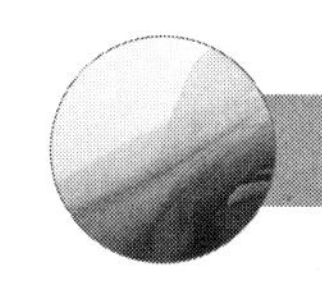

习题 6.1

1. 设函数 $f(x,y)=x^y$，求 $f(x+y,x-y)$.

2. 设函数 $f(x,y)=\begin{cases}2, & x\leqslant y\\ 1+x-y, & x>y\end{cases}$，求 $f(-1,0)$，$f(0,-1)$，$f(1,1)$.

3. 求下列函数的定义域，并画出定义域的图形：

(1) $z=\sqrt{1-x^2}+\sqrt{1-y^2}$；　　(2) $z=\sqrt{y-x^2}+\sqrt{1-y}$；

(3) $z=\ln(x^2+y^2-1)+\frac{1}{\sqrt{4-x^2-y^2}}$；　　(4) $z=\arcsin\frac{x^2+y^2}{9}+\sqrt{x^2+y^2-4}$.

4. 求下列函数的极限：

(1) $\lim\limits_{\substack{x\to 0\\ y\to 0}}\frac{x^2+y^2}{\sqrt{1+x^2+y^2}-1}$；　　(2) $\lim\limits_{\substack{x\to 2\pi\\ y\to 0}}\ln\sin\left(\frac{x}{4}+3y\right)$；

(3) $\lim\limits_{\substack{x\to 0\\ y\to 0}}\frac{xy}{\sqrt{2-e^{xy}}-1}$；　　(4) $\lim\limits_{\substack{x\to 2\\ y\to 0}}\frac{\tan(xy)}{y}$.

5. 研究函数 $\lim\limits_{\substack{x\to 0\\ y\to 0}}\frac{x-y}{x+y}$ 的极限情况.

6. 求下列函数在指定点处的偏导数：

(1) 设 $f(x,y)=\ln(x+y^2)$，求 $f_x(1,0),f_y(1,0)$;

(2) 设 $z=e^{-x}\sin(x+2y)$ 求 $\left.\frac{\partial z}{\partial x}\right|_{(0,\frac{\pi}{4})}$，$\left.\frac{\partial z}{\partial y}\right|_{(0,\frac{\pi}{4})}$，$\left.\frac{\partial^2 z}{\partial x^2}\right|_{(0,\frac{\pi}{4})}$，$\left.\frac{\partial^2 z}{\partial x\partial y}\right|_{(0,\frac{\pi}{2})}$.

7. 求下列函数的一阶偏导数：

(1) $z=x^3y-xy^3$；　　(2) $z=e^x\sin y-3x^3\cos y$；

(3) $s=\dfrac{u^2+v^2}{uv}$；　　(4) $z=\tan\dfrac{x}{y}$；

(5) $z=\sin(xy)+\cos^2(xy)$；　　(6) $z=\mathrm{e}^{xy}$．

8. 求下列函数的二阶偏导数：

(1) $z=x^4+x^2y-2y^3$；　　(2) $z=x^2\sin y$．

6.2 全微分

前面我们讨论了一元函数的增量与微分的关系，如果一元函数 $y=f(x)$ 在点 x_0 处可导，则当自变量有增量 Δx 时，函数的增量为 $\Delta y=f(x_0+\Delta x)-f(x_0)=f'(x_0)\Delta x+o(\Delta x)$，称 $f'(x_0)\Delta x$ 为函数在点 x_0 处的微分．对于二元函数 $z=f(x,y)$，我们可以用相同的思想方法来研究二元函数的类似问题．

设函数 $z=f(x,y)$ 在点 (x_0,y_0) 的某邻域内有定义，$(x_0+\Delta x,y_0+\Delta y)$ 也为该邻域内的一点，则称

$$f(x_0+\Delta x,y_0+\Delta y)-f(x_0,y_0)$$

为函数在点 $P(x_0,y_0)$ 处对应于自变量增量 Δx，Δy 的全增量，记为 Δz，即

$$\Delta z=f(x_0+\Delta x,y_0+\Delta y)-f(x_0,y_0).$$

类似于一元函数微分的定义，我们引入二元函数全微分的定义．

定义 6.5 设二元函数 $z=f(x,y)$ 在点 (x_0,y_0) 的某邻域内有定义，如果函数 $z=f(x,y)$ 在点 (x_0,y_0) 处的全增量 $\Delta z=f(x_0+\Delta x,y_0+\Delta y)-f(x_0,y_0)$ 可以表示为

$$\Delta z=A\Delta x+B\Delta y+o(\rho)$$

其中 A、B 不依赖于 Δx、Δy，$\rho=\sqrt{\Delta x^2+\Delta y^2}$，当 $\rho\to 0$ 时，$o(\rho)$ 是比 ρ 高阶无穷小，则称函数 $z=f(x,y)$ 在点 (x_0,y_0) 处可微，并称 $A\Delta x+B\Delta y$ 是函数 $z=f(x,y)$ 在点 (x_0,y_0) 处的全微分，记为 $\mathrm{d}z\big|_{(x_0,y_0)}$，即 $\mathrm{d}z\big|_{(x_0,y_0)}=A\Delta x+B\Delta y$．

下面给出函数 $z=f(x,y)$ 在点 (x_0,y_0) 处的全微分存在的必要和充分条件．

定理 6.2 （必要条件）若函数 $z=f(x,y)$ 在点 (x_0,y_0) 处可微，即 $\mathrm{d}z\big|_{(x_0,y_0)}=A\Delta x+B\Delta y$，则函数 $z=f(x,y)$ 在点 (x_0,y_0) 处偏导数必定存在，且 $f_x(x_0,y_0)=A$，$f_y(x_0,y_0)=B$．

定理 6.3 （充分条件）若函数 $z=f(x,y)$ 在点 (x_0,y_0) 处的偏导数 $f_x(x_0,y_0)$，$f_y(x_0,y_0)$ 存在，且在点 (x_0,y_0) 处连续，则 $z=f(x,y)$ 在点 (x_0,y_0) 处必可微，且 $\mathrm{d}z\big|_{(x_0,y_0)}=f_x(x_0,y_0)\Delta x+f_y(x_0,y_0)\Delta y$．

如果函数 $z=f(x,y)$ 在区域 D 内任意一点都可微，则称函数 $z=f(x,y)$ 在区域 D 内是可微的，则区域 D 内任一点 (x,y) 的全微分为 $\mathrm{d}z=f_x(x,y)\Delta x+f_y(x,y)\Delta y$．

与一元函数类似，通常把自变量的增量称为自变量的微分，即 $\Delta x=\mathrm{d}x$，$\Delta y=\mathrm{d}y$，则函数 $z=f(x,y)$ 的全微分可表示为 $\mathrm{d}z=f_x(x,y)\mathrm{d}x+f_y(x,y)\mathrm{d}y$ 或 $\mathrm{d}z=\dfrac{\partial z}{\partial x}\mathrm{d}x+\dfrac{\partial z}{\partial y}\mathrm{d}y$．

由以上二元函数全微分的定义及可微的必要条件和充分条件，可以类似地定义三元和三元以上的多元函数的微分．如三元函数 $u=f(x,y,z)$ 的全微分存在，则

$$\mathrm{d}u = f_x(x,y,z)\mathrm{d}x + f_y(x,y,z)\mathrm{d}y + f_z(x,y,z)\mathrm{d}z \text{ 或 } \mathrm{d}u = \frac{\partial u}{\partial x}\mathrm{d}x + \frac{\partial u}{\partial y}\mathrm{d}y + \frac{\partial u}{\partial z}\mathrm{d}z .$$

例 6.16 计算函数 $z = x^2 y + y^2$ 在点 $(2,1)$ 处的全微分 $\mathrm{d}z\big|_{(2,1)}$.

解: 因为 $\dfrac{\partial z}{\partial x} = 2xy$，$\dfrac{\partial z}{\partial y} = x^2 + 2y$，且这两个偏导数连续，则 $\left.\dfrac{\partial z}{\partial x}\right|_{(2,1)} = 4$，$\left.\dfrac{\partial z}{\partial y}\right|_{(2,1)} = 6$．所以 $\mathrm{d}z\big|_{(2,1)} = 4\mathrm{d}x + 6\mathrm{d}y$.

例 6.17 计算函数 $z = \dfrac{xy}{x^2 + y^2}$ 的全微分.

解: 因为 $\dfrac{\partial z}{\partial x} = \dfrac{y(y^2 - x^2)}{(x^2 + y^2)^2}$，$\dfrac{\partial z}{\partial y} = \dfrac{x(x^2 - y^2)}{(x^2 + y^2)^2}$，

所以函数 $z = \dfrac{xy}{x^2 + y^2}$ 的全微分为 $\mathrm{d}z = \dfrac{y(y^2 - x^2)}{(x^2 + y^2)^2}\mathrm{d}x + \dfrac{x(x^2 - y^2)}{(x^2 + y^2)^2}\mathrm{d}y$.

例 6.18 计算函数 $z = \mathrm{e}^{xy}$ 的全微分.

解: 因为 $\dfrac{\partial z}{\partial x} = y\mathrm{e}^{xy}$，$\dfrac{\partial z}{\partial y} = x\mathrm{e}^{xy}$，

所以函数 $z = \mathrm{e}^{xy}$ 的全微分为 $\mathrm{d}z = y\mathrm{e}^{xy}\mathrm{d}x + x\mathrm{e}^{xy}\mathrm{d}y$.

例 6.19 计算三元函数 $u = \ln(1 + x^2 + y^3 + z^4)$ 的全微分.

解: 因为 $\dfrac{\partial u}{\partial x} = \dfrac{2x}{1 + x^2 + y^3 + z^4}$，$\dfrac{\partial u}{\partial y} = \dfrac{3y^2}{1 + x^2 + y^3 + z^4}$，$\dfrac{\partial u}{\partial z} = \dfrac{4z^3}{1 + x^2 + y^3 + z^4}$，

所以函数 $u = \ln(1 + x^2 + y^3 + z^4)$ 的全微分为

$$\mathrm{d}z = \frac{2x}{1 + x^2 + y^3 + z^4}\mathrm{d}x + \frac{3y^2}{1 + x^2 + y^3 + z^4}\mathrm{d}y + \frac{4z^3}{1 + x^2 + y^3 + z^4}\mathrm{d}z$$

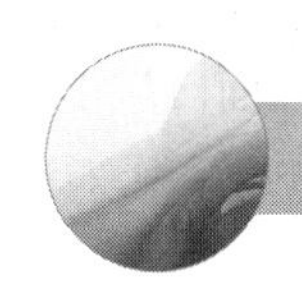

习题 6.2

1. 求函数 $z = 2x + 3y^2$，当 $x = 10$，$y = 8$，$\Delta x = 0.2$，$\Delta y = 0.3$ 的全增量和全微分.

2. 求下列函数的全微分:

(1) $z = xy^2 + 2x^3 y$；　　(2) $z = \sqrt{x}\ln y - \mathrm{e}^x \cos y$；

(3) $z = \dfrac{x}{\sqrt{x^2 + y^2}}$；　　(4) $z = \sin(xy) + \cos^2(xy)$；

(5) $z = x\sin(x^2 + y^2)$；　　(6) $z = x\ln(xy)$；

(7) $u = \ln(x^2 + y^2 + z^2)$；　　(8) $u = x^{yz}$.

6.3 二重积分的概念与性质

在一元函数积分学中，我们采用分割，近似替代，作和与取极限的思想给出了定积分的概念，为了多种实际问题的需要，我们可以把定积分的思想推广到被积函数为二元函数，积

分范围为平面区域的情形. 像这样, 被积函数为二元函数, 积分范围是平面区域的积分称为二重积分.

6.3.1 二重积分的概念

1. 曲顶柱体的体积

设 $z=f(x,y)$ 为定义在矩形区域 D 上的非负连续的二元连续函数, 称以曲面 $z=f(x,y)$ 为顶, D 为底的柱体为曲顶柱体 (见图 6-3). 下面我们采用类似求曲边梯形面积的思想方法来求曲顶柱体的体积 V.

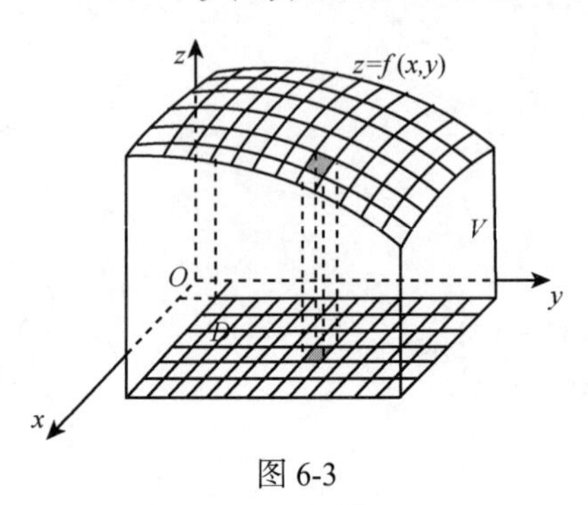

图 6-3

(1) 分割　用任意曲线把区域 D 分割成 n 个小区域, 即 $D_1,D_2,D_3,\cdots,D_n$, 用 $\Delta\sigma_1$, $\Delta\sigma_2$, $\cdots$, $\Delta\sigma_n$ 分别表示小区域 $D_1,D_2,D_3,\cdots,D_n$ 的面积. 过每个小区域的边界作平行于 z 轴的柱面, 于是, 曲顶柱体被分割成了以 D_i 为底的 n 个小曲顶柱体.

(2) 近似替代　在每个小区域 D_i 上任取一点 (ξ_i,η_i), 则函数值 $f(\xi_i,\eta_i)$ 可近似作为第 i 个小曲顶柱体的高, 所以第 i 个小曲顶柱体的体积为 $f(\xi_i,\eta_i)\Delta\sigma_i$.

(3) 作和　这 n 个小平顶柱体体积之和就是曲顶柱体体积的近似值.

$$V\approx\sum_{i=1}^{n}f(\xi_i,\eta_i)\Delta\sigma_i.$$

(4) 取极限　记这个 n 小区域的直径中的最大者为 λ, 显然, 对区域 D 的分割越细, λ 越小, 和式就越接近于曲顶柱体的体积. 因此, 当 $\lambda\to 0$ 时, 和式的极限就是曲顶柱体的体积, 即

$$V=\lim_{\lambda\to 0}\sum_{i=1}^{n}f(\xi_i,\eta_i)\Delta\sigma_i.$$

所以, 求曲顶柱体的体积也与定积分概念一样, 通过"分割、近似替代、作和、求极限"这四个步骤得到. 所不同的是, 现在讨论的对象为定义在平面区域上的二元函数. 实际上, 在生产实践中, 常常要计算一些不均匀地分布在平面区域上的量, 比如曲面面积, 非均匀物体的质量等, 这些量的计算都可以用和式的极限来表达.

2. 二重积分的定义

定义 6.6　设 $f(x,y)$ 是有界闭区域 D 上的有界函数, 用任意曲线把闭区域 D 分成 n 个小闭区域 $D_1,D_2,D_3,\cdots,D_n$. 用 $\Delta\sigma_1$, $\Delta\sigma_2$, $\cdots$, $\Delta\sigma_n$ 分别表示小区域 $D_1,D_2,D_3,\cdots,D_n$ 的面积, 在每个小区域 D_i 上任取一点 (ξ_i,η_i), 作乘积 $f(\xi_i,\eta_i)\Delta\sigma_i\quad(i=1,2,\cdots,n)$, 并作和 $\sum\limits_{i=1}^{n}f(\xi_i,\eta_i)\Delta\sigma_i$. 如果当各个小闭区域的直径中的最大者 λ 趋近于零时, 这个和式的极限存在, 则称 $f(x,y)$ 在 D 上可积, 并称此极限值为函数 $f(x,y)$ 在闭区域 D 上的二重积分, 记为 $\iint\limits_D f(x,y)\mathrm{d}\sigma$, 即

$$\iint\limits_D f(x,y)\mathrm{d}\sigma=\lim_{\lambda\to 0}\sum_{i=1}^{n}f(\xi_i,\eta_i)\Delta\sigma_i.$$

其中 $f(x,y)$ 叫作**被积函数**, $f(x,y)\mathrm{d}\sigma$ 叫作**被积表达式**, $\mathrm{d}\sigma$ 叫作**面积微元**, x, y 为**积分变量**, D 叫作**积分区域**.

在二重积分定义中, 小区域 D_i 的形状可以是任意的, 在直角坐标系中, 我们不妨取 D_i 的

各边是平行于坐标轴的小闭矩形. 如果 Δx_i 与 Δy_i 分别表示小闭矩形 D_i 的长与宽, 则它的面积 $\Delta\sigma_i = \Delta x_i \cdot \Delta y_i$. 当 $\lambda \to 0$ 时, $\Delta\sigma_i = \Delta x_i \cdot \Delta y_i \to \mathrm{d}x\mathrm{d}y$, 于是, 面积微元 $\mathrm{d}\sigma$ 也可表示为 $\mathrm{d}x\mathrm{d}y$, 这种表示形式对二重积分的计算很方便. 于是, 函数 $f(x,y)$ 在 D 上的二重积分又可表示为 $\iint\limits_D f(x,y)\mathrm{d}x\mathrm{d}y$.

当函数 $f(x,y)$ 在闭区域 D 上连续时, 极限 $\lim\limits_{\lambda\to 0}\sum\limits_{i=1}^{n} f(\xi_i,\eta_i)\Delta\sigma_i$ 必存在, 即函数 $f(x,y)$ 在闭区域 D 上的二重积分存在, 且其极限值与区域的分法和小区域上点的取法无关.

由二重积分的定义可知, 曲顶柱体的体积是函数 $f(x,y)$ 在区域 D 上的二重积分, 即

$$V = \iint\limits_D f(x,y)\mathrm{d}\sigma = \iint\limits_D f(x,y)\mathrm{d}x\mathrm{d}y.$$

当被积函数大于零时, 二重积分是曲顶柱体的体积; 当被积函数小于零时, 二重积分是曲顶柱体体积的负值. 特别地, 当被积函数 $f(x,y)=1$ 时, 曲顶柱体变成高为 1 的平顶柱体, 此时二重积分 $\iint\limits_D \mathrm{d}x\mathrm{d}y$ 在数值上等于区域 D 的面积.

6.3.2 二重积分的性质

比较定积分与二重积分的定义, 二重积分与定积分有如下类似的性质:

性质 1 $\iint\limits_D kf(x,y)\mathrm{d}\sigma = k\iint\limits_D f(x,y)\mathrm{d}\sigma$.

性质 2 $\iint\limits_D [f(x,y)\pm g(x,y)]\mathrm{d}\sigma = \iint\limits_D f(x,y)\mathrm{d}\sigma \pm \iint\limits_D g(x,y)\mathrm{d}\sigma$.

性质 3 如果积分区域 D 被曲线分成两个除边界外没有公共点的闭区域 D_1 和 D_2, 则

$$\iint\limits_D f(x,y)\mathrm{d}\sigma = \iint\limits_{D_1} f(x,y)\mathrm{d}\sigma + \iint\limits_{D_2} f(x,y)\mathrm{d}\sigma.$$

性质 4 若在 D 上有 $f(x,y) \leqslant g(x,y)$, 则有 $\iint\limits_D f(x,y)\mathrm{d}\sigma \leqslant \iint\limits_D g(x,y)\mathrm{d}\sigma$.

特别地, 有 $\left|\iint\limits_D f(x,y)\mathrm{d}\sigma\right| \leqslant \iint\limits_D |f(x,y)|\mathrm{d}\sigma$.

性质 5 设 M、m 分别是 $f(x,y)$ 在闭区域 D 上的最大值和最小值, σ 为 D 的面积, 则

$$m\sigma \leqslant \iint\limits_D f(x,y)\mathrm{d}\sigma \leqslant M\sigma.$$

性质 6 (二重积分的中值定理) 设函数 $f(x,y)$ 在闭区域 D 上连续, σ 为 D 的面积, 则在 D 上至少存在一点 (ξ,η), 使得

$$\iint\limits_D f(x,y)\mathrm{d}\sigma = f(\xi,\eta)\sigma.$$

例 6.20 不计算, 估计 $I = \iint\limits_D \mathrm{e}^{x^2+y^2}\mathrm{d}\sigma$ 的值, 其中 D 是圆形闭区域: $x^2+y^2 \leqslant 1$.

解: 在 D 上由于有 $0 \leqslant x^2+y^2 \leqslant 1$, 因此 $1=\mathrm{e}^0 \leqslant \mathrm{e}^{x^2+y^2} \leqslant \mathrm{e}$.

圆形闭区域的面积 $\sigma = \pi\cdot 1^2 = \pi$, 由性质 5 得 $\pi \leqslant I = \iint\limits_D \mathrm{e}^{x^2+y^2}\mathrm{d}\sigma \leqslant \mathrm{e}\pi$.

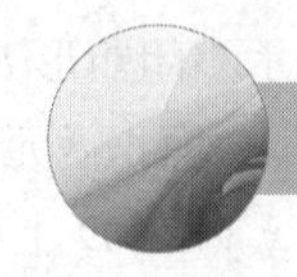

习题6.3

1. 用二重积分表示以曲面 $z=5$ 为顶，以 x=0, x=2, y=0, y=2 所围成的矩形区域为底的曲顶柱体的体积 V，并根据几何意义，计算该曲顶柱体的体积.

2. 用二重积分表示以曲面 $z=\sqrt{4-x^2-y^2}$ 为顶，以曲线 $x^2+y^2=4$ 所围成的有界闭区域 D 为底的曲顶柱体的体积 V，并根据几何意义，计算该曲顶柱体的体积.

3. 判断二重积分 $\iint\limits_D \ln(x^2+y^2)\mathrm{d}x\mathrm{d}y$ 的符号，其中 $D=\left\{(x,y)\middle|\frac{1}{2}\leqslant x^2+y^2\leqslant 1\right\}$.

4. 利用二重积分的性质，比较下列积分的大小:

(1) $\iint\limits_D (x+y)^2\mathrm{d}\sigma$ 与 $\iint\limits_D (x+y)^3\mathrm{d}\sigma$，其中积分区域 D 是由 x 轴、y 轴与直线 x+y=1 围成的;

(2) $\iint\limits_D \ln(x+y)\mathrm{d}\sigma$ 与 $\iint\limits_D [\ln(x+y)]^2\mathrm{d}\sigma$，其中积分区域 D 是顶点为 (1, 0), (1, 1), (2, 0) 的三角形闭区域.

5. 利用二重积分的性质，估计下列二重积分的值:

(1) $\iint\limits_D xy(x+y)\mathrm{d}\sigma$，其中 D 是矩形闭区域: $0\leqslant x\leqslant 1, 0\leqslant y\leqslant 1$;

(2) $\iint\limits_D \sin^2 x\sin^2 y\mathrm{d}\sigma$，其中 D 是闭区域: $0\leqslant x\leqslant \pi, 0\leqslant y\leqslant \pi$.

6.4 二重积分的计算

按照二重积分的定义来计算二重积分，对于一些特别简单的被积函数和积分区域来说是可行的，但对一般的函数和区域来说，由于计算和数很繁杂，因此用定义来计算二重积分就显得很困难，甚至是不可能的. 在大多数情况下，二重积分可化为两次定积分来计算. 下面我们将分别讨论在直角坐标系和极坐标系下的二重积分的计算方法.

6.4.1 直角坐标系下二重积分的计算

1. X-型区域

设平面区域 D 由连续曲线 $y=y_1(x)$，$y=y_2(x)$ 及两条直线 $x=a, x=b$ 所围成. 这样的区域 D 称为 X-型区域 (见图 6-4)，即

$$\{(x,y)|y_1(x)\leqslant y\leqslant y_2(x), a\leqslant x\leqslant b\}.$$

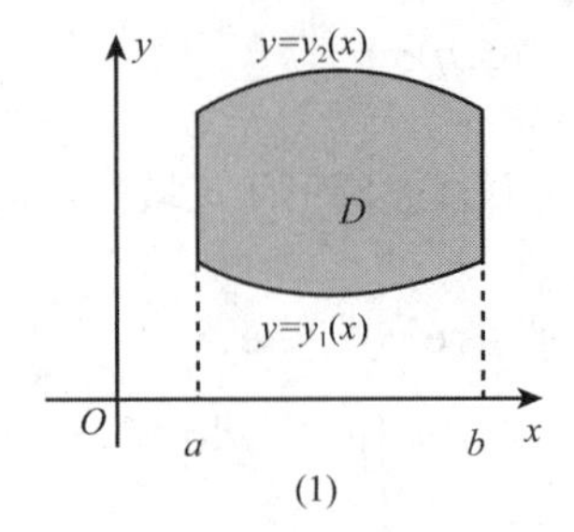

(1)

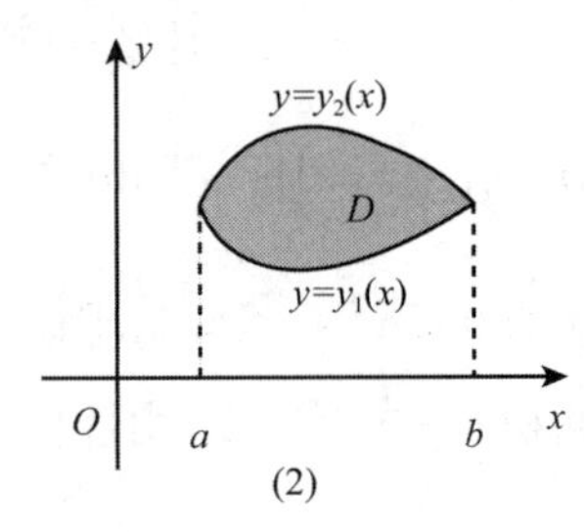

(2)

图 6-4

若平面闭区域 D 为 X -型区域，设曲顶柱体的顶是曲面 $z=f(x,y)\geqslant 0$．根据二重积分的几何意义，此曲顶柱体的体积 $V=\iint\limits_D f(x,y)\mathrm{d}\sigma=\iint\limits_D f(x,y)\mathrm{d}x\mathrm{d}y$．同时，此曲顶柱体的体积也可以用定积分的微元法来计算.

在区间 $[a,b]$ 上任意取一定点 x_0，用过 x_0 作垂直于 x 轴的平面 $x=x_0$ 去切割曲顶柱体，所得的截面是以区间 $[y_1(x_0),y_2(x_0)]$ 为底，曲线 $f(x_0,y)$ 为曲边的曲边梯形（见图 6-5 中阴影部分），所以这截面的面积可表示为

$$S(x_0)=\int_{y_1(x_0)}^{y_2(x_0)}f(x_0,y)\mathrm{d}y.$$

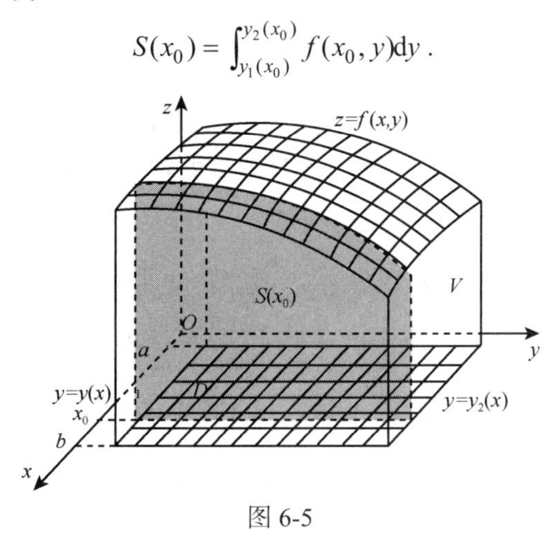

图 6-5

一般地，在区间 $[a,b]$ 上任取一点 x 且垂直于 x 轴的平面切割曲顶柱体所得截面的面积为

$$S(x)=\int_{y_1(x)}^{y_2(x)}f(x,y)\mathrm{d}y.$$

因为 x 的变化区间为 $[a,b]$，由定积分的微元法可知，曲顶柱体的体积为

$$V=\int_a^b S(x)\mathrm{d}x=\int_a^b\left[\int_{y_1(x)}^{y_2(x)}f(x,y)\mathrm{d}y\right]\mathrm{d}x.$$

所以，

$$V=\iint\limits_D f(x,y)\mathrm{d}x\mathrm{d}y=\int_a^b\left[\int_{y_1(x)}^{y_2(x)}f(x,y)\mathrm{d}y\right]\mathrm{d}x.$$

上式右端是先对 y，再对 x 的累次积分的公式. 就是把 x 看作常数，把 $f(x,y)$ 看作关于 y 的函数对 y 积分，算出的结果是关于 x 的函数，然后再对 x 积分求解. 这种先对 y，再对 x 的累次积分也常常记为 $\int_a^b\mathrm{d}x\int_{y_1(x)}^{y_2(x)}f(x,y)\mathrm{d}y$．即

$$V=\iint\limits_D f(x,y)\mathrm{d}x\mathrm{d}y=\int_a^b\mathrm{d}x\int_{y_1(x)}^{y_2(x)}f(x,y)\mathrm{d}y.$$

2. Y -型区域

设平面区域 D 由连续曲线 $x=x_1(y)$，$x=x_2(y)$ 及两条直线 $y=c,y=d$ 所围成. 这样的区域 D 称为 Y-型区域（见图 6-6），即

$$\{(x,y)|x_1(y)\leqslant x\leqslant x_2(y),c\leqslant y\leqslant d\}.$$

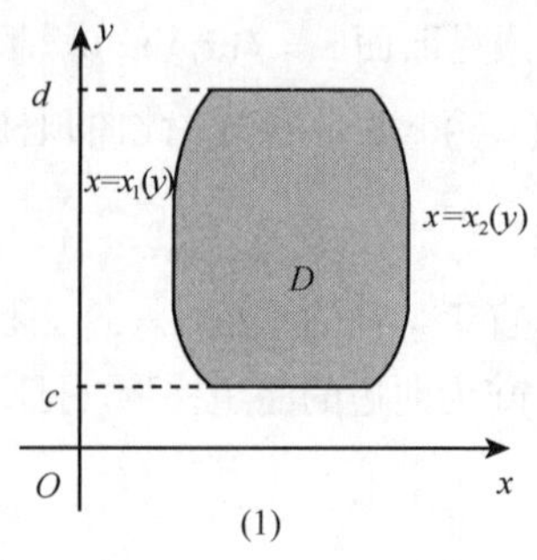

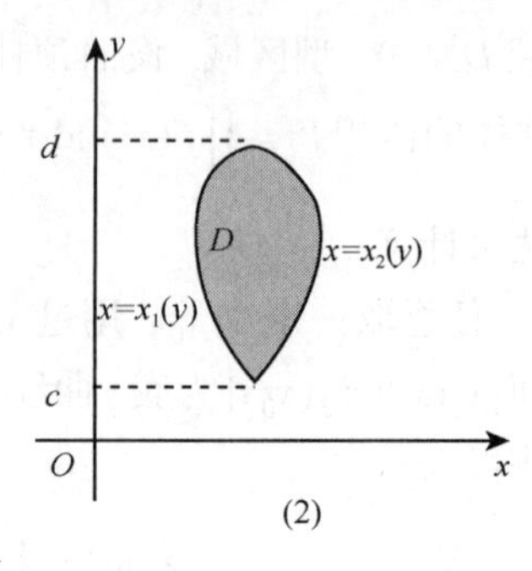

图 6-6

若平面闭区域 D 为 Y-型区域, 设曲顶柱体的顶是曲面 $z=f(x,y)$, 类似于 X-型区域上曲顶柱体体积计算方法, 在区间 $[c,d]$ 上任取一点 y 且垂直于 y 轴的平面切割曲顶柱体所得截面的面积为 $A(y)=\int_{x_1(y)}^{x_2(y)} f(x,y)\mathrm{d}x$.

因为 y 的变化区间为 $[c,d]$, 由定积分的微元法可知, 曲顶柱体的体积为

$$V=\int_c^d A(x)\mathrm{d}y=\int_c^d [\int_{x_1(y)}^{x_2(y)} f(x,y)\mathrm{d}x]\mathrm{d}y,$$

所以

$$V=\iint\limits_D f(x,y)\mathrm{d}x\mathrm{d}y=\int_c^d [\int_{x_1(y)}^{x_2(y)} f(x,y)\mathrm{d}x]\mathrm{d}y.$$

同样, 这种先对 x, 再对 y 的累次积分也常常记为 $\int_c^d \mathrm{d}y\int_{x_1(y)}^{x_2(y)} f(x,y)\mathrm{d}x$. 即

$$V=\iint\limits_D f(x,y)\mathrm{d}x\mathrm{d}y=\int_c^d \mathrm{d}y\int_{x_1(y)}^{x_2(y)} f(x,y)\mathrm{d}x.$$

例 6.21 计算二重积分 $\iint\limits_D (x^2+y^2)\mathrm{d}x\mathrm{d}y$, 其中积分区域 D 是由曲线 $y=x^2$ 以及 $x=y^2$ 所围成的有界闭区域.

解: 区域 D 可以看作 X-型区域 $\{(x,y)|x^2\leqslant y\leqslant\sqrt{x},0\leqslant x\leqslant 1\}$ (见图 6-7), 所以

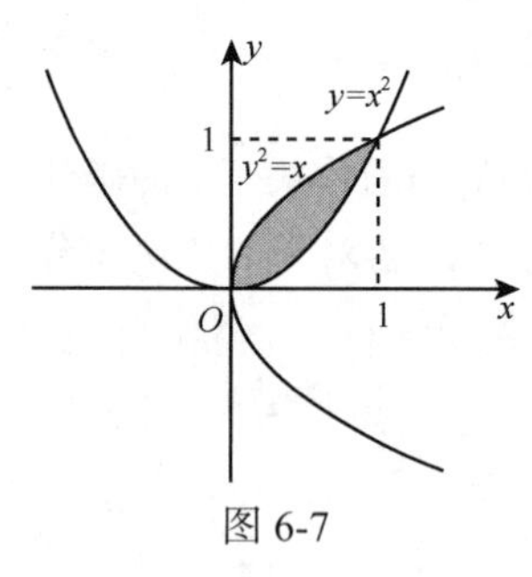

图 6-7

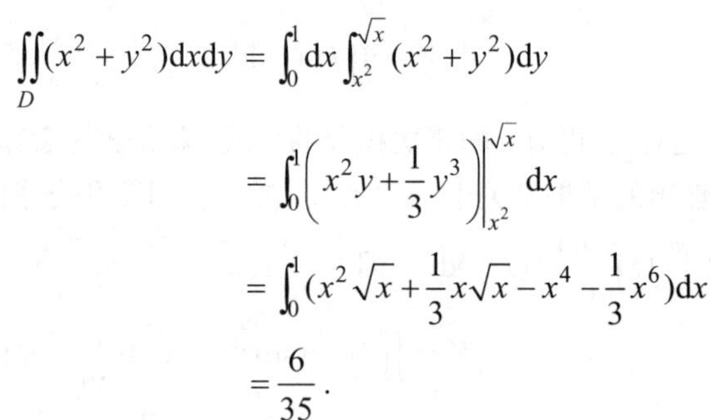

$$\iint\limits_D (x^2+y^2)\mathrm{d}x\mathrm{d}y=\int_0^1 \mathrm{d}x\int_{x^2}^{\sqrt{x}} (x^2+y^2)\mathrm{d}y$$
$$=\int_0^1 \left(x^2y+\frac{1}{3}y^3\right)\Bigg|_{x^2}^{\sqrt{x}}\mathrm{d}x$$
$$=\int_0^1 (x^2\sqrt{x}+\frac{1}{3}x\sqrt{x}-x^4-\frac{1}{3}x^6)\mathrm{d}x$$
$$=\frac{6}{35}.$$

例 6.22 计算二重积分 $\iint\limits_D xy\mathrm{d}x\mathrm{d}y$, 其中积分区域 D 是由曲线 $y=\sqrt{x}$ 与直线 $y=2$, $x=1$ 所围成的有界闭区域.

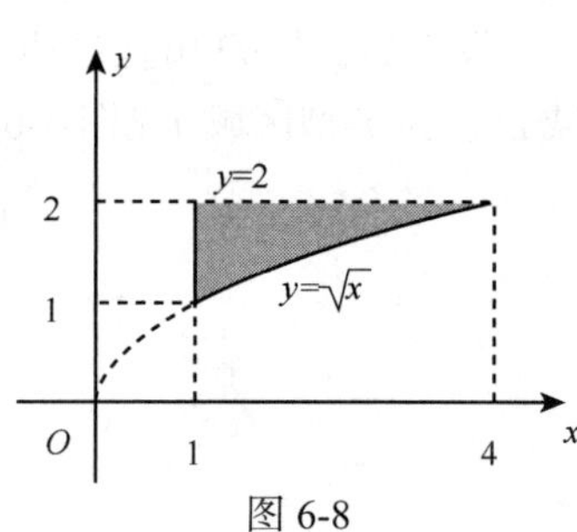

图 6-8

解法 1: 区域 D 可以看作 X-型区域 $\{(x,y)|\sqrt{x}\leqslant y\leqslant 2, 1\leqslant x\leqslant 4\}$ (见图 6-8), 所以

$$\iint\limits_D xy\mathrm{d}x\mathrm{d}y=\int_1^4 \mathrm{d}x\int_{\sqrt{x}}^2 xy\mathrm{d}y=\int_1^4 (2x-\frac{1}{2}x^2)\mathrm{d}x=\frac{9}{2}.$$

解法 2: 区域 D 也可以看作 y-型区域 $\{(x,y)|1\leqslant x\leqslant y^2,1\leqslant$

$y \leqslant 2\}$，所以

$$\iint_D xy\mathrm{d}x\mathrm{d}y = \int_1^2 \mathrm{d}y \int_1^{y^2} xy\mathrm{d}x = \int_1^2 \left(\frac{1}{2}y^5 - \frac{1}{2}y\right)\mathrm{d}y = \frac{9}{2}.$$

例 6.23 计算 $\iint_D xy\mathrm{d}x\mathrm{d}y$，其中 D 是由抛物线 $y^2 = x$ 及直线 $y = x - 2$ 所围成的区域.

解法 1: 区域 D 可以看作 Y -型区域 $\{(x,y) | y^2 \leqslant x \leqslant y+2, -1 \leqslant y \leqslant 2\}$ (见图 6-9), 所以

$$\begin{aligned}\iint_D xy\mathrm{d}x\mathrm{d}y &= \int_{-1}^2 \mathrm{d}y \int_{y^2}^{y+2} xy\mathrm{d}x \\ &= \int_{-1}^2 (\frac{1}{2}x^2 y)\Big|_{y^2}^{y+2} \mathrm{d}y \\ &= \frac{1}{2}\int_{-1}^2 [y(y+2)^2 - y^5]\mathrm{d}y \\ &= \frac{1}{2}(\frac{y^4}{4} + \frac{4}{3}y^3 + 2y^2 - \frac{y^6}{6})\Big|_{-1}^2 = \frac{45}{8}.\end{aligned}$$

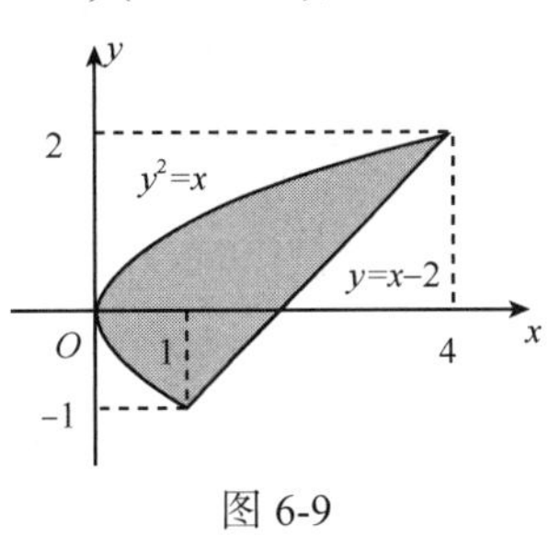

图 6-9

解法 2: 区域 D 可以看作 X -型区域 (见图 6-10), 此时用直线 $x = 1$ 把区域 D 分成 X -型区域 $D_1 = \{(x,y) | -\sqrt{x} \leqslant y \leqslant \sqrt{x}, 0 \leqslant x \leqslant 1\}$ 和 $D_2 = \{(x,y) | x-2 \leqslant y \leqslant \sqrt{x}, 1 \leqslant x \leqslant 4\}$ 两部分, 则

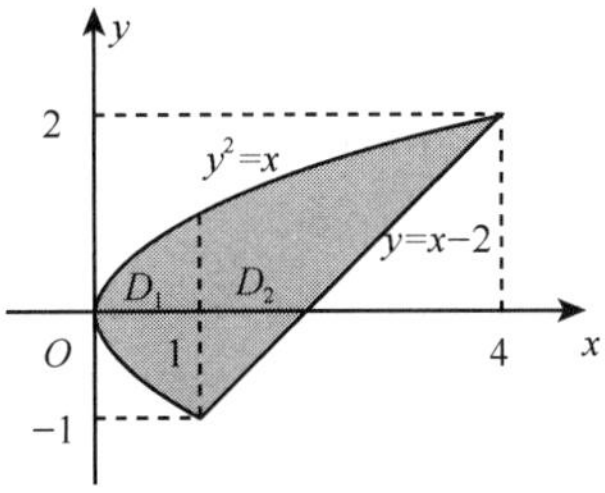

图 6-10

$$\begin{aligned}\iint_D xy\mathrm{d}x\mathrm{d}y &= \iint_{D_1} xy\mathrm{d}x\mathrm{d}y + \iint_{D_2} xy\mathrm{d}x\mathrm{d}y \\ &= \int_0^1 \mathrm{d}x \int_{-\sqrt{x}}^{\sqrt{x}} xy\mathrm{d}y + \int_1^4 \mathrm{d}x \int_{x-2}^{\sqrt{x}} xy\mathrm{d}y \\ &= \frac{1}{2}\int_1^4 (-x^3 + 5x^2 - 4x)\mathrm{d}x = \frac{45}{8}.\end{aligned}$$

例 6.24 计算 $\iint_D \frac{\sin x}{x}\mathrm{d}\sigma$，其中 D 是由 $y = x$ 及 $y = x^2$ 所围成的区域.

解: 区域 D 可以看作 Y -型区域 $\{(x,y) | y \leqslant x \leqslant \sqrt{y}, 0 \leqslant y \leqslant 1\}$ (见图 6-11), 所以

$$\iint_D \frac{\sin x}{x}\mathrm{d}\sigma = \int_0^1 \mathrm{d}y \int_y^{\sqrt{y}} \frac{\sin x}{x}\mathrm{d}x.$$

因为 $\frac{\sin x}{x}$ 的原函数不能用初等函数来表示, 因此, 继续计算就非常困难了.

但如果将区域 D 看作 X -型区域 $\{(x,y) | x^2 \leqslant y \leqslant x, 0 \leqslant x \leqslant 1\}$ (见图 6-11), 则二重积分的计算就比较容易计算, 即

$$\begin{aligned}\iint_D \frac{\sin x}{x}\mathrm{d}\sigma &= \int_0^1 \mathrm{d}x \int_{x^2}^{x} \frac{\sin x}{x}\mathrm{d}y = \int_0^1 \frac{\sin x}{x}(x - x^2)\mathrm{d}x \\ &= \int_0^1 (\sin x - x\sin x)\mathrm{d}x = 1 - \sin 1.\end{aligned}$$

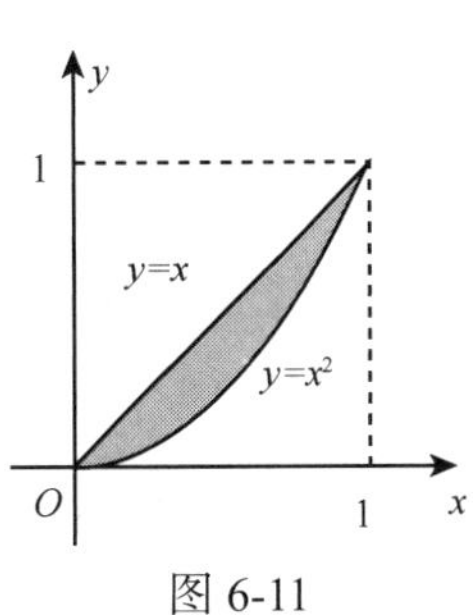

图 6-11

6.4.2 极坐标系下二重积分的计算

1. 二重积分换元法

在定积分中, 换元积分法对简化定积分计算起着十分重要的作用. 对于二重积分也有相应

的换元公式，用以简化积分区域或者被积函数.

直角坐标与极坐标的换算公式：$x=r\cos\theta, y=r\sin\theta \quad 0\leqslant r<+\infty,\ 0\leqslant\theta\leqslant 2\pi$.

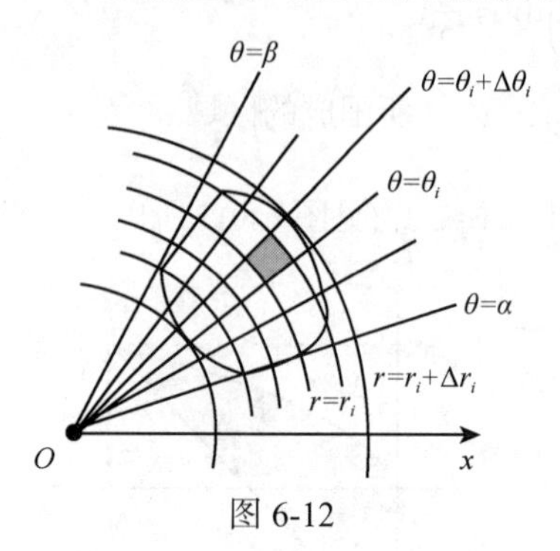

图 6-12

设函数 f 在区域 D 上连续. 在直角坐标系中，我们用平行于 x 轴和 y 轴的两族直线来分割区域 D，然后作积分和并求极限. 在极坐标系中，我们用 r 等于常数的一族同心圆与 θ 等于常数的一族过极点的射线来分割区域 D，得到 n 个小闭区域 $D_1,D_2,D_3,\cdots,D_n$ (见图 6-12). 用 $\Delta\sigma_1$，$\Delta\sigma_2$，$\cdots$，$\Delta\sigma_n$ 分别表示小区域 $D_1,D_2,D_3,\cdots,D_n$ 的面积，这时小闭区域的面积

$$\Delta\sigma_i=\frac{1}{2}[(r_i+\Delta r_i)^2\Delta\theta_i-r_i^2\Delta\theta_i]=(r_i+\frac{1}{2}\Delta r_i)\Delta r_i\Delta\theta_i .$$

当 Δr_i 与 $\Delta\theta_i$ 充分小时，$\Delta\sigma_i\approx r_i\Delta r_i\Delta\theta_i$，这样就得到极坐标系下的面积微元为 $\mathrm{d}\sigma=r\mathrm{d}r\mathrm{d}\theta$. 由直角坐标与极坐标的换算公式：$x=r\cos\theta, y=r\sin\theta$，可将直角坐标系下的二重积分转换为极坐标系下的二重积分表达式

$$\iint_D f(x,y)\mathrm{d}\sigma=\iint_D f(r\cos\theta,r\sin\theta)r\mathrm{d}r\mathrm{d}\theta .$$

2. 极坐标系下二重积分的计算

类似于直角坐标系下二重积分的计算，极坐标系下二重积分的计算同样可以转化为二次积分来计算. 根据极点 O 和积分区域 D 的位置关系，讨论极坐标系下二重积分的计算公式分三种情况.

(1) 若极点 O 位于积分区域 D 的外部 (见图 6-13)，此时积分区域 $D=\{(r,\theta)|r_1(\theta)\leqslant r\leqslant r_2(\theta),\alpha\leqslant\theta\leqslant\beta\}$，则

$$\iint_D f(x,y)\mathrm{d}\sigma=\iint_D f(r\cos\theta,r\sin\theta)r\mathrm{d}r\mathrm{d}\theta=\int_\alpha^\beta\mathrm{d}\theta\int_{r_1(\theta)}^{r_2(\theta)}f(r\cos\theta,r\sin\theta)r\mathrm{d}r .$$

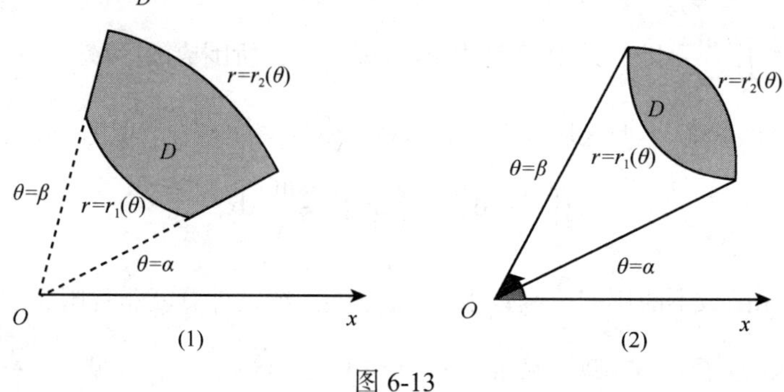

图 6-13

(2) 若极点 O 位于积分区域 D 的边界上(见图 6-14)，此时积分区域 D 是曲边扇形，则可以把它看作第 1 种情况中 $r_1=r_1(\theta)=0,r_2=r_2(\theta)=r(\theta)$ 时的特例，所以积分区域 $D=\{(r,\theta)|0\leqslant r\leqslant r(\theta),\alpha\leqslant\theta\leqslant\beta\}$，则

$$\iint_D f(x,y)\mathrm{d}\sigma=\iint_D f(r\cos\theta,r\sin\theta)r\mathrm{d}r\mathrm{d}\theta=\int_\alpha^\beta\mathrm{d}\theta\int_0^{r(\theta)}f(r\cos\theta,r\sin\theta)r\mathrm{d}r .$$

(3) 若极点 O 位于积分区域 D 的内部(见图 6-15)，则可以把它看作第(2)种情况中 $\alpha=0,\beta=2\pi$ 时的特例. 所以积分区域 $D=\{(r,\theta)|0\leqslant r\leqslant r(\theta),\ 0\leqslant\theta\leqslant 2\pi\}$，则

$$\iint\limits_D f(x,y)\mathrm{d}\sigma = \iint\limits_D f(r\cos\theta, r\sin\theta)r\mathrm{d}r\mathrm{d}\theta = \int_0^{2\pi}\mathrm{d}\theta\int_0^{r(\theta)} f(r\cos\theta, r\sin\theta)r\mathrm{d}r.$$

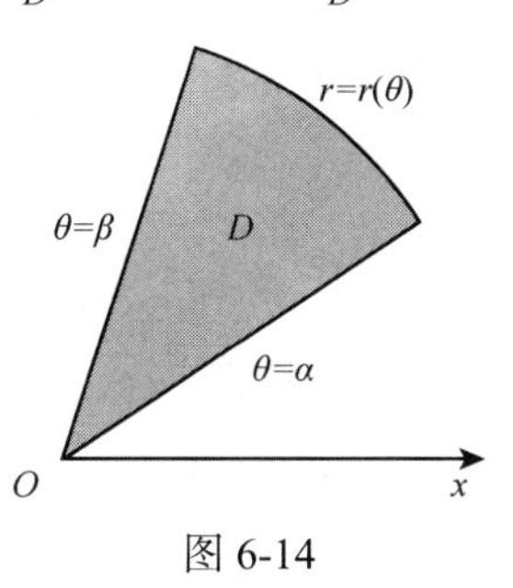

图 6-14

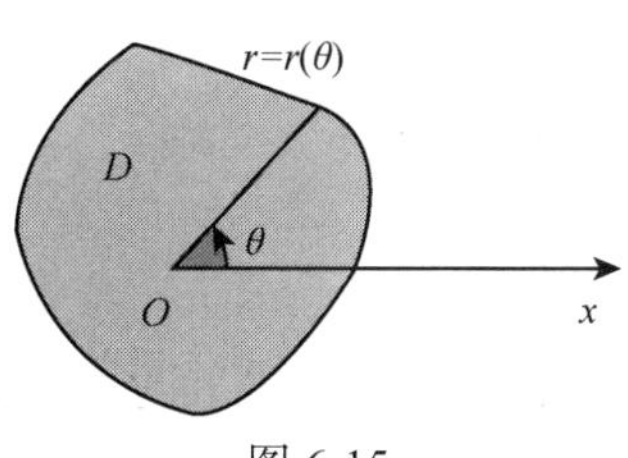

图 6-15

例 6.25 计算 $\iint\limits_D \mathrm{e}^{-x^2-y^2}\mathrm{d}x\mathrm{d}y$，其中积分区域 $D=\{(x,y)|x^2+y^2 \leqslant R^2\}$.

解： 如图 6-16 所示，在极坐标系中，积分区域 $D=\{(r,\theta)|0 \leqslant r\leqslant R, 0\leqslant\theta\leqslant 2\pi\}$，所以

$$\iint\limits_D \mathrm{e}^{-x^2-y^2}\mathrm{d}x\mathrm{d}y = \int_0^{2\pi}\mathrm{d}\theta\int_0^R \mathrm{e}^{-r^2}r\mathrm{d}r = 2\pi\int_0^R \mathrm{e}^{-r^2}r\mathrm{d}r = \pi(1-\mathrm{e}^{-R^2}).$$

例 6.26 计算 $\iint\limits_D \sqrt{x^2+y^2}\mathrm{d}x\mathrm{d}y$，其中积分区域 D 是由圆 $x^2+y^2 = 2y$ 所围成的区域.

解： 如图 6-17 所示，圆 $x^2+y^2=2y$ 的极坐标方程为 $r=2\sin\theta$，$0\leqslant\theta\leqslant\pi$.

因此，在极坐标系中，$D=\{(r,\theta)|0\leqslant r\leqslant 2\sin\theta, 0\leqslant\theta\leqslant\pi\}$，所以

$$\iint\limits_D \sqrt{x^2+y^2}\mathrm{d}x\mathrm{d}y = \iint\limits_D r\cdot r\mathrm{d}r\mathrm{d}\theta = \int_0^{\pi}\mathrm{d}\theta\int_0^{2\sin\theta} r^2\mathrm{d}r = \frac{32}{9}.$$

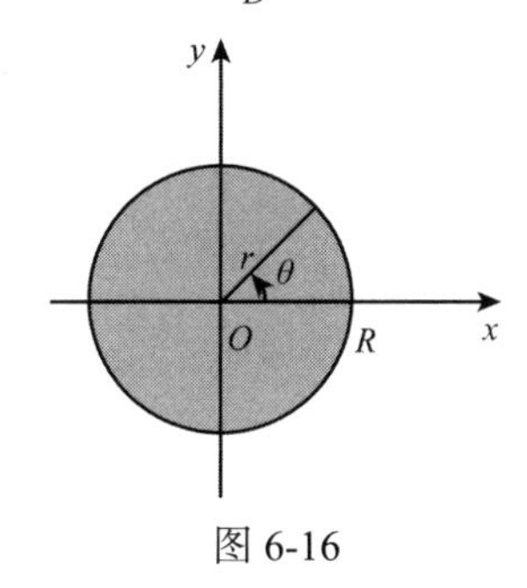

图 6-16

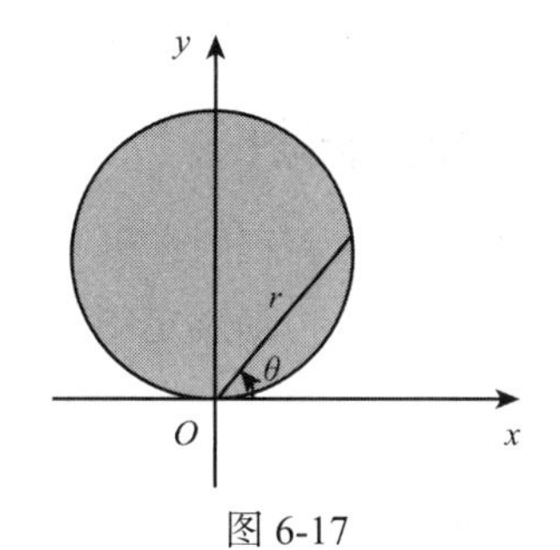

图 6-17

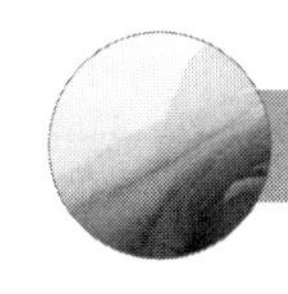

习题6.4

1. 计算下列闭区域 D 上的二重积分：

(1) $\iint\limits_D x^2 y\mathrm{d}x\mathrm{d}y$，其中 $D=\{(x,y)|0\leqslant x\leqslant 3, 0\leqslant y\leqslant 2\}$；

(2) $\iint\limits_D \cos(x+y)\mathrm{d}x\mathrm{d}y$，其中 $D=\{(x,y)|0\leqslant x\leqslant\frac{\pi}{2}, 0\leqslant y\leqslant\pi\}$；

(3) $\iint\limits_D xy^2\mathrm{d}x\mathrm{d}y$，其中 D 由抛物线 $y^2=2x$ 与直线 $y=x$ 所围成.

2. 用二重积分表示以曲面 $z=\dfrac{x^2}{1+y^2}$ 为顶，矩形闭区域 $D=\{(x,y)\mid 1\leqslant x\leqslant 2,0\leqslant y\leqslant 1\}$ 为底的曲顶柱体的体积 V.

3. 交换下列二次积分的积分次序:

(1) $\int_0^2 \mathrm{d}y\int_{y^2}^{2y} f(x,y)\mathrm{d}x$; (2) $\int_0^1 \mathrm{d}y\int_{-\sqrt{1-y^2}}^{\sqrt{1-y^2}} f(x,y)\mathrm{d}x$;

(3) $\int_0^1 \mathrm{d}x\int_0^{2x} f(x,y)\mathrm{d}y$; (4) $\int_0^1 \mathrm{d}x\int_0^{x^2} f(x,y)\mathrm{d}y+\int_1^2 \mathrm{d}x\int_0^{2-x} f(x,y)\mathrm{d}y$.

4. 把积分 $\iint\limits_D f(x,y)\mathrm{d}\sigma$ 化为极坐标形式的二次积分，其中积分区域 D 分别为:

(1) $x^2+y^2\leqslant 9$; (2) $1\leqslant x^2+y^2\leqslant 4$; (3) $x^2+y^2\leqslant 2x$.

5. 利用极坐标计算下列二重积分:

(1) $\iint\limits_D \mathrm{e}^{x^2+y^2}\mathrm{d}\sigma$，其中积分区域 D 是由 $x^2+y^2=9$ 所围成的闭区域;

(2) $\iint\limits_D (x^2+y^2)\mathrm{d}\sigma$，其中积分区域 D 是由 $x^2+y^2=2ax$ 与 x 轴所围成的上半部分的闭区域;

(3) $\iint\limits_D (x+y)\mathrm{d}\sigma$，其中积分区域 $D=\{(x,y)\mid x^2+y^2\leqslant x+y\}$.

6.5 二重积分的应用

在讨论二重积分定义时，我们提到利用二重积分可以计算以二元函数 $z=f(x,y)$ 为顶，平面区域 D 为底的曲顶柱体的体积. 现在我们将定积分应用中的微元法推广到二重积分的应用中，利用二重积分解决一些实际问题.

6.5.1 曲面的面积

设区域 D 为可求面积的有界平面区域，二元函数 $z=f(x,y)$ 在 D 上具有连续的一阶偏导数，则由方程 $z=f(x,y)$ 所确定的曲面 S 的面积为

$$S=\iint\limits_D \sqrt{1+f_x^{\,2}(x,y)+f_y^{\,2}(x,y)}\mathrm{d}x\mathrm{d}y.$$

例 6.27 求半径为 R 的球面面积.

解: 取球心为坐标原点，则该球面方程为 $x^2+y^2+z^2=R^2$. 由球面的对称性知，该球面的面积是它在第 I 封限部分的 8 倍.

因为第 I 封限内球面方程为 $z=\sqrt{R^2-x^2-y^2}$，所以

$$f_x'=\frac{-x}{\sqrt{R^2-x^2-y^2}},f_y'=\frac{-y}{\sqrt{R^2-x^2-y^2}},$$

故所求球面的面积为

$$S=8\iint\limits_D \sqrt{1+f_x^{\,2}(x,y)+f_y^{\,2}(x,y)}\mathrm{d}x\mathrm{d}y$$

$$=8\iint\limits_D \frac{R}{\sqrt{R^2-x^2-y^2}}\mathrm{d}x\mathrm{d}y$$

$$=8\int_0^{\frac{\pi}{2}}\mathrm{d}\theta\int_0^R\frac{R}{\sqrt{R^2-r^2}}r\mathrm{d}r=4\pi R^2.$$

6.5.2 平面薄片的质量

设有一平面薄片，在点 (x,y) 处密度分布为 $\rho(x,y)$，且 $\rho(x,y)$ 在区域 D 上连续，则该薄片的质量为

$$m=\iint_D\rho(x,y)\mathrm{d}x\mathrm{d}y$$

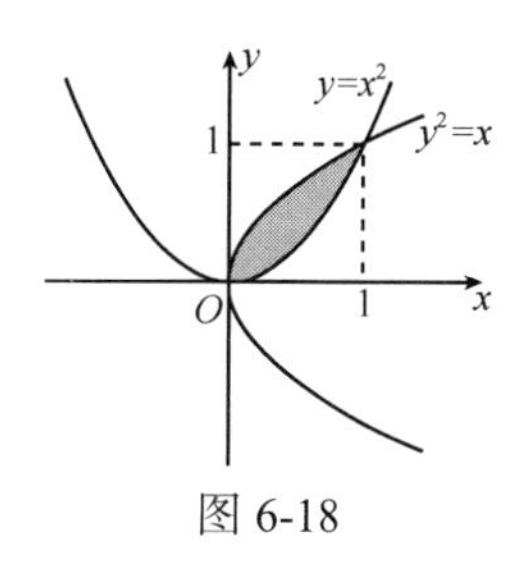

图 6-18

例 6.28 计算由两条抛物线 $y=x^2$，$x=y^2$ 所围成的薄片（见图 6-18）的质量 m，薄片的密度分布为 $\rho(x,y)=xy$.

解: 设平面薄片可看作区域 D 所决定，由平面薄片质量公式得

$$m=\iint_D\rho(x,y)\mathrm{d}x\mathrm{d}y=\int_0^1\mathrm{d}x\int_{x^2}^{\sqrt{x}}xy\mathrm{d}y=\frac{1}{2}\int_0^1(x^2-x^5)\mathrm{d}x=\frac{1}{12}.$$

6.5.3 平面薄片的重心

设有一平面薄片，在点 (x,y) 处密度分布为 $\rho(x,y)$，且 $\rho(x,y)$ 在区域 D 上连续，若该薄片的重心坐标为 $(\overline{x},\overline{y})$，则

$$\overline{x}=\frac{\iint_D x\rho(x,y)\mathrm{d}x\mathrm{d}y}{\iint_D\rho(x,y)\mathrm{d}x\mathrm{d}y},\quad \overline{y}=\frac{\iint_D y\rho(x,y)\mathrm{d}x\mathrm{d}y}{\iint_D\rho(x,y)\mathrm{d}x\mathrm{d}y}.$$

若薄片是均匀的，即密度分布 $\rho(x,y)$ 为常数，则该薄片的重心坐标为

$$\overline{x}=\frac{1}{A}\iint_D x\mathrm{d}x\mathrm{d}y,\quad \overline{y}=\frac{1}{A}\iint_D y\mathrm{d}x\mathrm{d}y.$$

其中 $A=\iint_D\mathrm{d}x\mathrm{d}y$ 为区域 D 的面积. 此时薄片的重心完全由区域 D 的形状所决定.

例 6.29 求密度均匀且由半椭圆 $\frac{x^2}{9}+\frac{y^2}{16}=1, y\geqslant 0$ 所围成平面薄片的重心.

解: 设平面薄片可看作区域 D，且区域 D 的面积 $A=6\pi$，由薄片的重心坐标公式得

$$\overline{x}=\frac{1}{A}\iint_D x\mathrm{d}x\mathrm{d}y=\frac{1}{6\pi}\iint_D x\mathrm{d}x\mathrm{d}y=0,$$

$$\overline{y}=\frac{1}{A}\iint_D y\mathrm{d}x\mathrm{d}y=\frac{1}{6\pi}\iint_D y\mathrm{d}x\mathrm{d}y=\frac{16}{3\pi}.$$

所以薄片的重心为 $\left(0,\frac{16}{3\pi}\right)$.

6.5.4 平面薄片的转动惯量

设有一平面薄片，在点 (x,y) 处密度分布为 $\rho(x,y)$，且 $\rho(x,y)$ 在区域 D 上连续，则该薄片对于 x 轴和 y 轴的转动惯量分别为 I_x，I_y. 其中

$$I_x=\iint_D y^2\rho(x,y)\mathrm{d}x\mathrm{d}y,\quad I_y=\iint_D x^2\rho(x,y)\mathrm{d}x\mathrm{d}y.$$

例 6.30 若有一薄片由抛物线 $y^2=2x$ 与直线 $y=x$ 所围成，且薄片的密度分布为 $\rho(x,y)=xy$. 求该薄片对于 x 轴和 y 轴的转动惯量.

解: 设平面薄片可看作区域 D，则该薄片对 x 轴和 y 轴的转动惯量分别为

$$I_x=\iint_D y^2\rho(x,y)\mathrm{d}x\mathrm{d}y=\iint_D (y^2xy)\mathrm{d}x\mathrm{d}y=\int_0^2 x\mathrm{d}x\int_x^{\sqrt{2x}}y^3\mathrm{d}y=\frac{4}{3};$$

$$I_y=\iint_D x^2\rho(x,y)\mathrm{d}x\mathrm{d}y=\iint_D (x^2xy)\mathrm{d}x\mathrm{d}y=\int_0^2 x^3\mathrm{d}x\int_x^{\sqrt{2x}}y\mathrm{d}y=\frac{16}{15}.$$

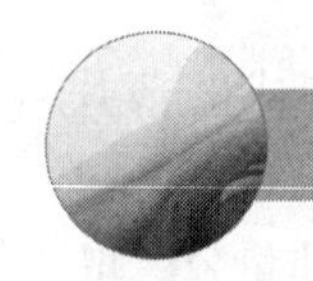

习题6.5

1. 求球面 $x^2+y^2+z^2=25$ 被平面 $z=3$ 所截上半部分曲面的面积.
2. 设圆盘的圆心在原点，半径为 R，面密度 $\rho(x,y)=x^2+y^2$，求该圆盘的质量.
3. 求密度均匀，且由高为 h，底分别为 a,b 的等腰梯形所围成平面薄片的重心.
4. 设一薄片由抛物线 $y^2=\dfrac{9}{2}x$ 与直线 $x=2$ 所围成，且薄片的密度分布为常数 1，求该薄片对于 x 轴和 y 轴的转动惯量.

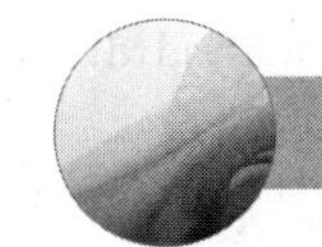

复习题 6

1. 选择题:

(1) $z=\ln\sqrt{x^2-y^2}$ 的定义域为（　　）;

A. $x^2-y^2\geqslant 1$　　B. $x^2-y^2\geqslant 0$　　C. $x^2-y^2>1$　　D. $x^2-y^2>0$

(2) 函数 $z=f(x,y)$ 在点 (x_0,y_0) 处对 x 的偏导数为（　　）;

A. $\lim\limits_{\Delta x\to 0}\dfrac{f(x_0+\Delta x,y_0+\Delta y)-f(x_0,y_0)}{\Delta x}$　　B. $\lim\limits_{\Delta x\to 0}\dfrac{f(x_0+\Delta x,y_0+\Delta y)-f(x_0,y_0)}{\Delta y}$

C. $\lim\limits_{\Delta x\to 0}\dfrac{f(x_0+\Delta x,y_0)-f(x_0,y_0)}{\Delta x}$　　D. $\lim\limits_{\Delta x\to 0}\dfrac{f(x_0,y_0+\Delta y)-f(x_0,y_0)}{\Delta y}$

(3) 若 $f(x,y)$ 有连续二阶偏导数，则 $\dfrac{\partial^2 f(x,y)}{\partial x\partial y}=$（　　）;

A. 0　　B. $\dfrac{\partial^2 f(x,y)}{\partial x^2}$　　C. $\dfrac{\partial^2 f(x,y)}{\partial y^2}$　　D. $\dfrac{\partial^2 f(x,y)}{\partial y\partial x}$

(4) 将极坐标系下的二次积分 $I=\int_0^{\pi}\mathrm{d}\theta\int_0^{2\sin\theta}rf(r\cos\theta,r\sin\theta)\mathrm{d}r$ 化为直角坐标系下二次积分，则 $I=$（　　）.

A. $\int_{-1}^1\mathrm{d}y\int_{1-\sqrt{1-y^2}}^{1+\sqrt{1-y^2}}f(x,y)\mathrm{d}x$　　B. $\int_0^2\mathrm{d}x\int_{-\sqrt{2x-x^2}}^{\sqrt{2x-x^2}}f(x,y)\mathrm{d}y$

C. $\int_{-1}^1\mathrm{d}y\int_{-\sqrt{2y-y^2}}^{\sqrt{2y-y^2}}f(x,y)\mathrm{d}x$　　D. $\int_{-1}^1\mathrm{d}x\int_{1-\sqrt{1-x^2}}^{1+\sqrt{1-x^2}}f(x,y)\mathrm{d}y$

2. 填空题:

(1) 设 $z=e^{x^2y}$，则 $\frac{\partial z}{\partial x}=$______;

(2) 若 $f(x,y)=e^{-x}\sin(x+2y)$，则 $f_x(0,\frac{\pi}{4})=$ ______;

(3) 若 $f(\frac{y}{x})=\frac{\sqrt{x^2+y^2}}{x}\quad(x>0)$，则 $f(x)=$ ______;

(4) 设方程 $x^2+2y^2+3z^2-yz=0$ 确定了函数 $z=z(x,y)$，则 $\frac{\partial z}{\partial y}=$______;

(5) 设 $z=x^2+\sin y, x=\cos t, y=t^3$, 则 $\frac{dz}{dt}=$______;

(6) 设矩形闭区域 $D=\{(x,y)|0\leqslant x\leqslant 1,\ \ 0\leqslant y\leqslant 1\}$，则 $\iint\limits_D xy\mathrm{d}x\mathrm{d}y=$______;

(7) 若矩形闭区域 $D=\{(x,y)|a\leqslant x\leqslant b, 0\leqslant y\leqslant 1\}$，且 $\iint\limits_D yf(x)\mathrm{d}x\mathrm{d}y=1$，则 $\int_a^b f(x)\mathrm{d}x=$______;

(8) 设 D 是由 $y=kx(k>0), y=0$ 和 $x=1$ 所围成的三角形区域, 且 $\iint\limits_D xy^2\mathrm{d}x\mathrm{d}y=\frac{1}{15}$，则 $k=$______;

(9) 若 D 是由 $x+y=1$ 和两坐标轴围成的三角形区域, 若二重积分 $\iint\limits_D f(x)\mathrm{d}x\mathrm{d}y$ 可以表示为定积分 $\int_0^1 F(x)\mathrm{d}x$，则 $F(x)=$______;

(10) 若 $\int_0^1\mathrm{d}x\int_0^x f(x,y)\mathrm{d}y=\int_0^1\mathrm{d}y\int_{x_1(y)}^{x_2(y)} f(x,y)\mathrm{d}x$，则 $x_1(y)=$______，$x_2(y)=$______.

3. 证明: $u=e^{-kn^2t}\sin nx$ 满足方程 $\frac{\partial u}{\partial t}=k\frac{\partial^2 u}{\partial x^2}$.

4. 证明: $r=\sqrt{x^2+y^2+z^2}$ 满足方程 $\frac{\partial^2 u}{\partial x^2}+\frac{\partial^2 u}{\partial y^2}+\frac{\partial^2 u}{\partial z^2}=\frac{2}{r}$.

5. 计算下列二重积分的值:

(1) $\iint\limits_D xy(x+y)\mathrm{d}\sigma$，其中 D 是矩形闭区域 $\{(x,y)|\ 0\leqslant x\leqslant 1, 0\leqslant y\leqslant 1\}$;

(2) $\iint\limits_D \sin^2 x\sin^2 y\mathrm{d}\sigma$，其中 D 是闭区域 $\{(x,y)|\ 0\leqslant x\leqslant \pi, 0\leqslant y\leqslant \pi\}$.

6. 计算下列各题:

(1) 求二重积分 $\iint\limits_D (x^2+y)\mathrm{d}\sigma$，其中 D 是由 $y=x^2$，$x=2$，$y=0$ 所围成的区域;

(2) 设 D 是 xoy 平面上由曲线 $xy=1$，直线 $y=2, x=1$ 和 $x=2$ 所围成的闭区域，试求 $I=\iint\limits_D xe^{xy}\mathrm{d}x\mathrm{d}y$;

(3) 设 D 是由直线 $y=x$，$y=2x$ 和 $y=2$ 所围成的闭区域，试求 $\iint\limits_D (x^2+y^2-x)\mathrm{d}x\mathrm{d}y$.

7. 利用极坐标计算下列二重积分:

(1) $\iint\limits_D (x^2+y^2)\mathrm{d}\sigma$，其中积分区域 D 是由 $x^2+y^2=2ay$ 围成的闭区域;

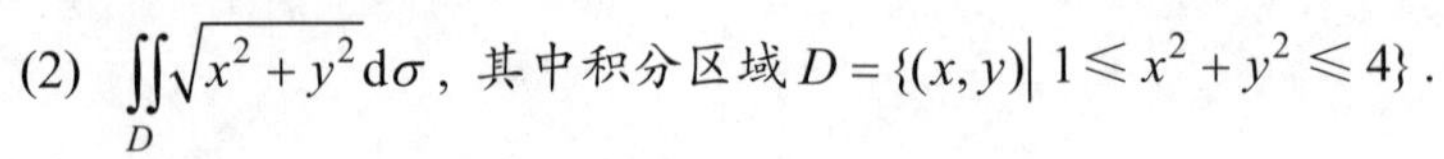

(2) $\iint\limits_{D}\sqrt{x^2+y^2}\mathrm{d}\sigma$，其中积分区域$D=\{(x,y)|\,1\leqslant x^2+y^2\leqslant 4\}$.

8. 交换下列二重积分的次序:

(1) $\int_0^1 \mathrm{d}x\int_{x^3}^{x^2}\mathrm{d}y$；　　(2) $\int_1^2 \mathrm{d}y\int_y^{y^2} f(x,y)\mathrm{d}x$；　　(3) $\int_1^{\mathrm{e}} \mathrm{d}x\int_0^{\ln x} f(x,y)\mathrm{d}y$.

9. 设一平面薄片所占区域D是由抛物线$y=x^2$及直线$x=2,y=0$围成，其面密度分布为$\rho(x,y)=x^2y+xy^2$，求该平面薄片的质量.

10. 设平面薄片所占的闭区域D是由抛物线$y^2=x$与直线$y=x$所围成，它在点(x,y)处$\rho(x,y)=x^2y$，求该薄片的重心.

阅读材料

多元函数的发展

多元函数的微积分学是微积分学的一个重要组成部分，它的基本概念都是在描述和分析物理现象和规律中产生的，其算法是在一元微积分基本思想的发展和应用中自然而然地形成的. 18世纪的数学家将一元微积分算法推广到多元函数而建立起偏导数理论和多重积分理论. 偏导数的朴素思想，在微积分学创立的初期，就多次出现在力学研究的著作中. 但这一时期，普通的导数和偏导数并没有被明显地区分开，人们只是注意到其物理意义不同. 偏导数是在多个自变量的函数中考虑其中某一个自变量变化的导数. 牛顿在多项式中导出偏微商的表达式，雅可比·伯努利在他的关于等周问题的著作中使用了偏导数，尼古拉·伯努利在1720年的一篇关于正交轨线的文章中也使用了偏导数，并证明了函数的偏导数与求导顺序无关. 偏导数的理论是由欧拉和法国数学家方丹、克莱罗与达朗贝尔在早期偏微分方程的研究中建立起来的。欧拉在关于流体力学的文章中给出了偏导数运算法则、复合函数偏导数、偏导数反演和函数行列式等有关运算. 1739年，克莱罗在关于地球形状的研究论文中首先提出全微分的概念. 1743年和1747年，达朗贝尔分别在《动力学》著作和关于弦振动的研究中推广了偏导数的演算.

牛顿在《原理》中讨论万有引力时就已经涉及重积分的概念. 到18世纪上半叶，牛顿的工作被加以推广. 1769年，欧拉建立了平面有界区域上二重积分理论，拉格朗日建立了有关的积分变换公式，开始了多重积分的变换研究. 与此同时，拉普拉斯也使用了球坐标变换. 1828年，俄国数学家奥斯特罗格拉茨基证明了三重积分和曲面积分之间关系. 同年，英国数学家格林研究得到了格林公式. 1833年，德国数学家雅可比建立了多重积分变量替换的雅可比行列式. 1854年，英国数学物理学家斯托克斯把格林公式推广到三维空间，建立了著名的斯托克斯定理. 可见，多元微积分和一元微积分同时随着其理论分析的发展在数学、物理等许多领域中获得了广泛的应用.

第7章 微分方程

在生产实践和科学试验中，人们常常希望找到变量之间的函数关系. 但是，在许多实际问题中这种关系往往不能直接用初等数学的方法得到，但是根据问题所提供的情况，有时可以列出未知函数及其导数的关系式，这样的关系式就是所谓的微分方程. 本章主要介绍微分方程的一些基本概念和几种常用的微分方程的解法.

7.1 微分方程的基本概念

让我们先从两个具体的例子谈起.

例 7.1 已知曲线通过坐标原点(0, 0)，且在曲线上任意点$M(x,y)$处切线的斜率为横坐标的5倍，求此曲线方程.

解: 设所求的曲线方程为$y=f(x)$，$M(x,y)$为曲线上任意一点. 由导数的几何意义，所求的曲线应满足关系式

$$y'=5x, \quad ①$$

两边积分，得

$$y=\int 5x\mathrm{d}x=\frac{5}{2}x^2+C \quad (C\text{是任意实数}). \quad ②$$

又因为曲线通过坐标原点 (0, 0)，即当$x=0$时，$y=0$，代入②有

$$C=0.$$

于是，所求的曲线方程为$y=\frac{5}{2}x^2$. ③

例 7.2 已知$\frac{\mathrm{d}^2y}{\mathrm{d}x^2}=x$，当$x=0$时，$\frac{\mathrm{d}y}{\mathrm{d}x}=1, y=2$，试确定$y$与$x$的函数关系.

解: 因为$\frac{\mathrm{d}^2y}{\mathrm{d}x^2}=\frac{\mathrm{d}}{\mathrm{d}x}(\frac{\mathrm{d}y}{\mathrm{d}x})=x$,可得 ④

$$\mathrm{d}(\frac{\mathrm{d}y}{\mathrm{d}x})=x\mathrm{d}x,$$

两端积分一次，得

$$\frac{\mathrm{d}y}{\mathrm{d}x}=\frac{1}{2}x^2+C_1, \quad ⑤$$

再积分一次，得

$$y=\frac{1}{6}x^3+C_1x+C_2\ (C_1,C_2\text{都是任意常数}).\qquad ⑥$$

由题意知，当 $x=0$ 时，$\frac{\mathrm{d}y}{\mathrm{d}x}=1, y=2$，代入⑤⑥，得

$$C_1=1,\ C_2=2.$$

故 y 与 x 的函数关系为 $y=\frac{1}{6}x^3+x+2$. ⑦

在上面的两个例题中，都无法直接找出每个问题中两个变量之间的函数关系，而是通过题设条件，利用导数的知识，首先建立含有未知函数的导数的方程，然后通过积分等手段求出未知函数. 这类问题及解决方法具有普遍意义，由此我们引入微分方程的定义.

定义 7.1 若一个方程中含有未知函数、未知函数的导数或微分，则称这种方程为微分方程.

微分方程中出现的未知函数的最高阶导数的阶数，叫作**微分方程的阶**. 如方程①是一阶微分方程，方程④是二阶微分方程，又如方程 $xy'''-2y''-y=\mathrm{e}^x$ 是三阶微分方程. 一般地，n 阶微分方程的形式是

$$F(x,y,y',\cdots,y^{(n)})=0.$$

这里 $F(x,y,y',\cdots,y^{(n)})$ 是 $x,y,y',\cdots,y^{(n)}$ 的已知函数，而且一定含有 $y^{(n)}$，y 是未知函数，x 是自变量.

定义 7.2 如果把某个函数代入微分方程，能够使该方程变为恒等式，则此函数为该**微分方程的解**. 例如函数②和③都是微分方程①的解，函数⑥和⑦都是微分方程④的解.

在这些解中有的含有任意常数，有的不含任意常数.

若微分方程解中所包含独立地任意常数的个数与对应的微分方程的阶数相同，这样的解称为**微分方程的通解**. 如函数②是方程①的通解，函数⑥是方程④的通解.

在通解中，若通过附加条件确定任意常数而得到的解称为微分方程的**特解**. 这种附加条件称为**初始条件**. 如函数③是方程①的特解，函数⑦是方程④的特解. 例 7.1 中通过原点 (0.0) 和例 7.2 中当 x=0 时，$\frac{\mathrm{d}y}{\mathrm{d}x}=1$，$y$=2 分别是方程①和④的初始条件.

求微分方程的解的过程称为**解微分方程**.

例 7.3 验证 $y=C_1\sin x+C_2\cos x$ 是微分方程 $y''+y=0$ 的解（C_1，C_2 为任意常数）. 若已知 $y(0)=1, y'(0)=\frac{1}{2}$，试确定 C_1,C_2 的值.

解: 对 $y=C_1\sin x+C_2\cos x$ 分别求一阶导数和二阶导数，得

$$y'=C_1\cos x-C_2\sin x,$$
$$y''=-C_1\sin x-C_2\cos x.$$

将 y, y'' 代入方程 $y''+y=0$，得恒等式，即 $y=C_1\sin x+C_2\cos x$ 满足所给方程，因此是微分方程的解. 再由 $y(0)=1, y'(0)=\frac{1}{2}$，得

$$\begin{cases}1=C_1\cdot 0+C_2\cdot 1,\\ \frac{1}{2}=C_1\cdot 1-C_2\cdot 0,\end{cases}$$

解得 $C_1=\frac{1}{2}, C_2=1$. 于是对应的特解为 $y=\frac{1}{2}\sin x+\cos x$.

注意：微分方程的阶数与它的通解中含有的独立任意常数的个数以及初始条件的个数是相同的.

习题7.1

1. 试说出下列微分方程的阶数.

(1) $x(y')^2-2yy'+x=0$；　　(2) $y''+(y')^2=y'$；

(3) $xy\mathrm{d}x+(x^2+1)\mathrm{d}y=0$；　　(4) $\frac{\mathrm{d}^3y}{\mathrm{d}x^3}+\frac{3}{x}(\frac{\mathrm{d}^2y}{\mathrm{d}x^2})=0$.

2. 验证下列给定函数是否为所给微分方程的解:

(1) $3x^2+5x-5y'=0, y=\frac{1}{5}x^3+\frac{1}{2}x^2+C$；　　(2) $y''+y=0, y=3\sin x-4\cos x$；

(3) $x\frac{\mathrm{d}y}{\mathrm{d}x}-y\ln y=0, y=\mathrm{e}^{cx}$；　　(4) $y''+y'-2y=0, y=C_1\mathrm{e}^x+C_2\mathrm{e}^{-2x}$.

3. 试确定下列函数关系中所含的参数，使函数满足所给的初始条件.

(1) $x^2-y^2=C, y|_{x=0}=5$；　　(2) $y=(C_1+C_2x)\mathrm{e}^{2x}, y|_{x=0}=0, y'|_{x=0}=1$.

4. 设函数 $y=(1+x)^2u(x)$ 是方程 $y'-\frac{2}{x+1}y=(x+1)^2$ 的通解，求 $u(x)$.

7.2　一阶微分方程

一阶微分方程的一般形式为

$$F(x,y,y')=0 \quad 或 \quad F(x,y,\frac{\mathrm{d}y}{\mathrm{d}x})=0.$$

下面我们介绍几种能用初等积分法求解的方程类型及其一般解法.

7.2.1　可分离变量的微分方程

形如

$$g(y)\mathrm{d}y=f(x)\mathrm{d}x \qquad ①$$

的一阶微分方程叫作**可分离变量的微分方程**.

解这类方程的一般步骤:

(1) 分离变量　把方程改写为

$$g(y)\mathrm{d}y=f(x)\mathrm{d}x,$$

即把不同的变量分别移到方程的两边;

(2) 两边积分

$$\int g(y)\mathrm{d}y=\int f(x)\mathrm{d}x,$$

求该积分，这样就得到变量 x 和 y 的关系式，它就是方程的通解;

(3) 如果要求特解，可根据问题给出的初始条件，求出积分常数 C，从而得到方程的特解.

例 7.4 求微分方程 $\frac{\mathrm{d}y}{\mathrm{d}x}=-\frac{x}{y}$ 的通解.

解: 将方程分离变量, 得

$$y\mathrm{d}y=-x\mathrm{d}x,$$

两边积分, 得

$$\frac{y^2}{2}=-\frac{x^2}{2}+\frac{C}{2}.$$

故所术方程的通解为 $x^2+y^2=C$ (C 为任意正常数).

例 7.5 求微分方程 $y'=4x\sqrt{y}$ 的通解.

解: 将方程分离变量, 得

$$\frac{\mathrm{d}y}{2\sqrt{y}}=2x\mathrm{d}x,$$

两边积分, 得

$$\sqrt{y}=x^2+C.$$

故所求方程的通解为 $y=(x^2+C)^2$.

例 7.6 求方程 $\frac{\mathrm{d}y}{\mathrm{d}x}=y^2\cos x$ 的通解及满足初始条件: 当 $x=0$ 时, $y=1$ 的特解.

解: 将方程分离变量, 得

$$\frac{\mathrm{d}y}{y^2}=\cos x\mathrm{d}x,$$

两边积分, 得 $-\frac{1}{y}=\sin x+C$.

因此, 通解为 $y=-\frac{1}{\sin x+C}$ (C 为任意常数).

为了确定所求的特解, 将 $x=0, y=1$ 代入通解中, 得到

$$C=-1.$$

因此, 所求方程的特解为 $y=\frac{1}{1-\sin x}$.

例 7.7 在一定条件下, 细菌的繁殖速度与当时的细菌数成正比, 且当时间 $t=0$ 时, 细菌数 $m(t)=m_0$, 试求在任意时刻 t 细菌的繁殖规律.

解: 设时刻 t 细菌数为 m, 则细菌的繁殖速度为 $\frac{\mathrm{d}m}{\mathrm{d}t}$, 依题意列方程

$$\frac{\mathrm{d}m}{\mathrm{d}t}=Km \quad (K\text{ 为正常数}).$$

分离变量, 得

$$\frac{\mathrm{d}m}{m}=K\mathrm{d}t,$$

两边积分, 有

$$\ln m=Kt+\ln C,$$

即 $\ln\frac{m}{C}=Kt$,

写成指数式，于是就有

$$m = Ce^{Kt}.$$

将初始条件 t=0 时，$m = m_0$ 代入通解中，得

$$m_0 = C.$$

于是所求的特解为 $m = m_0 e^{Kt}$.

这个函数关系表明细菌随时间的繁殖规律是按指数规律生长的. 那么它是否会随着时间的增加而无限制地增长呢？实际上这是不可能的. 因为细菌在繁殖过程会受到各种因素的影响，随时都会有新细菌生长，同时也会有细菌死亡，因此它只能粗浅地反映这一规律.

7.2.2 一阶线性微分方程

在微分方程中，未知函数和它的一阶导数都是一次幂的方程称为**一阶线性微分方程**. 一般形式为

$$\frac{dy}{dx} + P(x)y = Q(x). \quad ②$$

其中 $P(x)$和$Q(x)$ 是已知的连续函数. 当 $Q(x) \equiv 0$ 时，方程

$$\frac{dy}{dx} + P(x)y = 0 \quad ③$$

称为一阶线性齐次方程. 若 $Q(x) \neq 0$，称方程②为一阶线性非齐次微分方程.

一阶线性齐次微分方程是可分离变量的. 经分离变量，得

$$\frac{dy}{y} = -P(x)dx,$$

两端积分，得

$$\ln y = -\int P(x)dx + C_1,$$

故齐次方程③的通解为

$$y = Ce^{-\int P(x)dx}, \quad ④$$

其中，$C = e^{C_1}$.

下面介绍非齐次微分方程②的解法. 由于方程④是齐次线性方程③的通解，猜想非齐次线性方程②有解

$$y = C(x)e^{-\int P(x)dx}. \quad ⑤$$

式中，$C(x)$ 是待定函数. 为了确定 $C(x)$，将式⑤代入方程②中，得

$$C'(x)e^{-\int P(x)dx} - C(x)P(x)e^{-\int P(x)dx} + P(x)C(x)e^{-\int P(x)dx} = Q(x),$$

即

$$C'(x)e^{-\int P(x)dx} = Q(x) \text{ 或 } C'(x) = Q(x)e^{\int P(x)dx},$$

得

$$C(x) = \int Q(x)e^{\int P(x)dx}dx + C.$$

故非齐次线性方程②的通解为

$$y = \left[\int Q(x)e^{\int P(x)dx}dx + C\right]e^{-\int P(x)dx}. \quad ⑥$$

这种非齐次方程的解把齐次方程通解中任意常数变为待定函数的方法叫作**常数变易法**.

因此，在求解一阶非齐次线性方程时，可以求其对应的齐次方程的通解，再通过常数变易法求出所给方程的通解；也可以将 $P(x),Q(x)$ 代入式⑥直接求出通解，即将式⑥作为一个求通解的公式使用.

例 7.8 求微分方程 $\dfrac{dy}{dx}=\dfrac{y}{x}+x^2$ 的通解.

解: 因为 $$P(x)=-\frac{1}{x},\ Q(x)=x^2,$$

所以 $$\int P(x)dx=\int -\frac{1}{x}dx=-\ln x=\ln\frac{1}{x}.$$

又因为 $\displaystyle\int Q(x)e^{\int P(x)dx}dx=\int x^2e^{\ln\frac{1}{x}}dx=\frac{x^2}{2}$,

故所求方程的通解为

$$y=\left[\int Q(x)e^{\int P(x)dx}dx+C\right]e^{-\int P(x)dx}=(\frac{x^2}{2}+C)e^{-\ln\frac{1}{x}}=(\frac{x^2}{2}+C)x.$$

即 $\quad y=\dfrac{1}{2}x^3+Cx$ (C 为任意常数).

例 7.9 用常数变易法求微分方程 $xy'-y=x^2\cos x$ 的通解.

解: 所给方程对应的齐次方程

$$xy'-y=0,$$

分离变量，得

$$\frac{dy}{y}=\frac{dx}{x},$$

积分得 $\quad y=Cx$.

设原方程的通解为 $y=xC(x)$，则 $y'=C(x)+xC'(x)$，代入原方程，得

$$x(C(x)+xC'(x))-xC(x)=x^2\cos x,$$

即 $\quad x^2C'(x)=x^2\cos x$ 或 $C'(x)=\cos x$,

得 $\quad C(x)=\sin x+C$.

于是，所给方程的通解为 $y=x(\sin x+C)$.

例 7.10 求方程 $\dfrac{dy}{dx}=\dfrac{y}{2x-y^2}$ 的通解.

解: 原方程不是未知函数 y 的线性方程，但我们可将它改写为

$$\frac{dx}{dy}=\frac{2}{y}x-y. \tag{7}$$

把 x 看作未知函数, y 看作自变量. 对于 x 及 $\dfrac{dx}{dy}$ 来说，方程⑦就是一个线性方程.

首先，求出齐次线性方程 $\dfrac{dx}{dy}=\dfrac{2}{y}x$ 的通解为 $x=Cy^2$.

其次，利用常数变易法求非齐次线性方程的通解. 把 C 看成 $C(y)$，得到

$$x'=2yC(y)+y^2C'(y),$$

代入⑦式，得到

$$C'(y) = -\frac{1}{y},$$

积分求得

$$C(y) = -\ln|y| + C_1.$$

从而，原方程的通解为 $x = y^2(C_1 + \ln|y|)$ (C_1 为任意常数).

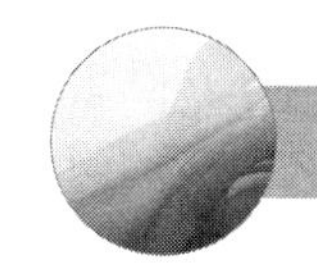

习题7.2

1. 求下列微分方程的通解:

(1) $dy + ydx = e^{-x}dx$;　(2) $\frac{dy}{dx} = y + \sin x$;　(3) $y' + 2y = 4x$;

(4) $xy' + y = x^2 + 3x + 2$;　(5) $xydx + (x^2+1)dy = 0$;　(6) $3x^2 + 5x - 5\frac{dy}{dx} = 0$;

(7) $x\frac{dy}{dx} - y\ln y = 0$;　(8) $y - xy' = a(y^2 + y')$.

2. 求下列微分方程满足所给初始条件的特解:

(1) $(1+e^x)yy' = e^x$, 当 $x = 1$ 时, $y = 1$;　(2) $y' = e^{2x-y}$, 当 $x = 0$ 时, $y = 0$;

(3) $y' + \frac{y}{x} = \frac{\sin x}{x}$, 当 $x = \pi$ 时, $y = 1$;　(4) $y' + y\cos x = \sin x\cos x$, 当 $x = 0$ 时, $y = 1$.

3. 已知曲线上任一点 $P(x, y)$ 处的切线斜率为横坐标与两倍纵坐标之和，且过点 (0, 1)，求此曲线的方程.

7.3 二阶常系数线性微分方程

若微分方程中未知函数及其各阶导数都是一次幂的二阶方程，则此类方程叫作二阶线性微分方程，它的一般形式为

$$y'' + P(x)y' + Q(x)y = f(x). \quad ①$$

其中 $P(x)$，$Q(x)$ 都是自变量 x 的已知函数. 当 $f(x) \equiv 0$ 时，称为线性齐次方程，否则称为非齐次方程. 如果①中 $P(x)$，$Q(x)$ 为常数，则称为**二阶常系数线性微分方程**. 这里我们只讨论常系数的情形.

7.3.1 二阶常系数线性齐次微分方程解的通解结构

二阶常系数线性齐次方程的一般形式是

$$y'' + py' + qy = 0, \quad ②$$

其中 p，q 都是常数.

定理 7.1 如果 $y_1(x), y_2(x)$ 是二阶常系数线性齐次方程②的两个解，那么 $y = C_1y_1(x) + C_2y_2(x)$ 也是该方程的解，其中 C_1, C_2 是任意常数.

因为 y_1, y_2 都是微分方程②的解，因此有

$$y_1'' + py_1' + qy_1 = 0,$$
$$y_2'' + py_2' + qy_2 = 0.$$

将 $y = C_1y_1 + C_2y_2$ 代入方程②的左边，即

$$\begin{aligned} y'' + py' + qy &= (C_1y_1 + C_2y_2)'' + p(C_1y_1 + C_2y_2)' + q(C_1y_1 + C_2y_2) \\ &= C_1y_1'' + C_2y_2'' + pC_1y_1' + pC_2y_2' + qC_1y_1 + qC_2y_2 \\ &= C_1(y_1'' + py_1' + qy_1) + C_2(y_2'' + py_2' + qy_2) \\ &= 0. \end{aligned}$$

也就是说，$y = C_1y_1(x) + C_2y_2(x)$ 也是二阶线性齐次微分方程②的解.

定理 7.2 如果 $y_1(x), y_2(x)$ 是二阶常系数线性齐次方程②的两个线性无关的特解，那么方程②的通解是

$$y = C_1y_1(x) + C_2y_2(x). \tag{③}$$

其中 C_1, C_2 是任意常数. 所谓线性无关是指 $\dfrac{y_1(x)}{y_2(x)} \neq$ 常数，否则，称为线性相关.

如果 $y_1(x), y_2(x)$ 是线性相关的，则 $\dfrac{y_1(x)}{y_2(x)} =$ 常数 $= K$，即 $y_1(x) = Ky_2(x)$，于是

$$\begin{aligned} y = C_1y_1(x) + C_2y_2(x) &= C_1Ky_2(x) + C_2y_2(x) \\ &= (C_1K + C_2)y_2(x) = Cy_2(x). \end{aligned}$$

其中，$C = C_1K + C_2$，这就说明它实质上只含有一个任意常数，因而它不是二阶微分方程的通解.

7.3.2 二阶常系数线性齐次微分方程的解法

从上面的讨论中，我们知道，要求微分方程②的解，关键在于找出两个线性无关的特解. 对于解二阶常系数线性齐次方程 $y'' + py' + qy = 0$，我们利用指数函数的导数仍为指数函数的特点. 假设方程的解为 $y = \mathrm{e}^{rx}$ (r 为常数) 的形式，这样就有可能对 r 选取适当的数值，使 e^{rx} 满足微分方程. 为此，先求导数

$$y' = r\mathrm{e}^{rx}, \quad y'' = r^2\mathrm{e}^{rx},$$

并把它们代入微分方程②中，于是得到

$$(r^2 + pr + q)\mathrm{e}^{rx} = 0.$$

因为 e^{rx} 对于任何 x 的值都不等于零，所以必须有

$$r^2 + pr + q = 0. \tag{④}$$

这是关于 r 的一元二次方程，称为二阶常系数线性齐次微分方程的**特征方程**. 值得注意的是，特征方程④和微分方程②相对应的项具有相同的系数，所以只要用 r^2 代替 y''，用 r 代替 y'，用 1 代替 y，得到特征方程④，解此特征方程，得到两个根

$$r_{1,2} = \frac{-p \pm \sqrt{p^2 - 4q}}{2}.$$

我们知道，对于判别式 $p^2 - 4q > 0$，$p^2 - 4q < 0$，$p^2 - 4q = 0$ 这三种不同的情形，特征方程分别有相异的两实根，一对共轭复根，相等的两实根，相应的微分方程的通解也就有不同的形式，下面我们将分别进行讨论.

1. $p^2-4q>0$ 的情形

如果 $p^2-4q>0$，那么 r_1 和 r_2 是两个不相等的实根，于是微分方程②的通解为

$$y=C_1e^{r_1x}+C_2e^{r_2x}.$$

其中，C_1,C_2 为任意常数，需要有两个初始条件来确定.

例 7.11 求微分方程 $3y''-2y'=0$ 的通解.

解： 因为微分方程的特征方程为

$$3r^2-2r=0,$$

所以方程有两个不相等的实根 $r_1=0$，$r_2=\dfrac{2}{3}$.

故所求微分方程的通解是 $y=C_1e^{r_1x}+C_2e^{r_2x}=C_1+C_2e^{\frac{2}{3}x}$.

例 7.12 求微分方程 $\dfrac{d^2y}{dt^2}+4\dfrac{dy}{dt}+3y=0$ 满足初始条件：$t=0$ 时，$y=2$ 及 $\dfrac{dy}{dt}=6$ 的特解.

解： 特征方程是

$$r^2+4r+3=0,$$

它的两个实根分别为

$$r_1=-1,\quad r_2=-3.$$

故所求微分方程的通解为 $y=C_1e^{-t}+C_2e^{-3t}$.

由初始条件确定任意常数 C_1 和 C_2. 对通解 y 求导，得

$$\frac{dy}{dt}=-C_1e^{-t}-3C_2e^{-3t},$$

把 $t=0$ 时，$y=2$ 及 $\dfrac{dy}{dt}=6$ 分别代入通解及 $\dfrac{dy}{dt}$ 方程中，得

$$\begin{cases}C_1+C_2=2,\\-C_1-3C_2=6,\end{cases}$$

解此方程组，得

$$C_1=6,\quad C_2=-4.$$

故所求微分方程的特解为 $y=6e^{-t}-4e^{-3t}$.

2. $p^2-4q<0$ 的情形

如果 $p^2-4q<0$，那么 r_1和r_2 是一对共轭复根，即

$$r_{1,2}=\frac{-p\pm i\sqrt{4q-p^2}}{2}=\alpha\pm i\beta.$$

相应的，微分方程有两个特解

$$y_1=e^{(\alpha+i\beta)x}=e^{\alpha x}e^{i\beta x},$$
$$y_2=e^{(\alpha-i\beta)x}=e^{\alpha x}e^{-i\beta x}.$$

这两个特解含有复数，我们利用欧拉公式

$$e^{i\beta x}=\cos\beta x+i\sin\beta x,$$
$$e^{-i\beta x}=\cos\beta x-i\sin\beta x,$$

得到微分方程实数形式的通解是

$$y=(C_1\cos\beta x+C_2\sin\beta x)\mathrm{e}^{\alpha x},$$

其中，C_1和C_2为任意常数.

例 7.13 求微分方程 $y''-2y'+5y=0$ 的通解.

解: 已知微分方程的特征方程为

$$r^2-2r+5=0,$$

它的一对共轭复根分别是

$$r_1=1+2\mathrm{i}, \quad r_2=1-2\mathrm{i},$$

此时 $\alpha=1$，$\beta=2$.

于是微分方程的通解为 $y=\mathrm{e}^x(C_1\sin 2x+C_2\cos 2x)$.

(3) $p^2-4q=0$ 的情形

如果 $p^2-4q=0$，那么 $r_1=r_2=-\dfrac{p}{2}$ 是重根，因而得到微分方程的一个特解 $y_1=\mathrm{e}^{r_1x}$. 为了寻求另一个解，我们用常数变易法求之. 设第二个特解为 $y_2=y_1K(x)$，其中 $K(x)$ 为待定函数，为了确定 $K(x)$，我们求出 y_2', y_2''，将 y_2, y_2', y_2'' 代入方程②中，整理得

$$\mathrm{e}^{r_1x}K''(x)+(2r_1+p)\mathrm{e}^{r_1x}K'(x)+(r_1^2+pr_1+q)\mathrm{e}^{r_1x}K(x)=0.$$

因为 $r_1=-\dfrac{p}{2}$ 是特征方程的重根，所以有

$$r_1^2+pr_1+q=0, \quad 2r_1+p=0.$$

又因为 $\mathrm{e}^{-\frac{p}{2}}\neq 0$，故

$$K''(x)=0,$$

对上式积分两次得通解为

$$K(x)=D_1x+D_2.$$

其中，D_1和D_2是任意常数，选择最简单的函数，特别取 $D_1=1, D_2=0$，此时 $K(x)=x$，故所求另一个特解为

$$y_2=x\mathrm{e}^{r_1x}.$$

于是二阶常系数线性齐次微分方程的通解为

$$y=C_1y_1+C_2y_2=(C_1+C_2x)\mathrm{e}^{r_1x}=(C_1+C_2x)\mathrm{e}^{-\frac{p}{2}x}.$$

例 7.14 求微分方程 $u''+4u'+4u=0$ 的通解.

解: 特征方程为

$$r^2+4r+4=0,$$

它有重根 $r_1=r_2=-2$，故微分方程的通解是 $u=(C_1+C_2x)\mathrm{e}^{-2x}$.

综上所述，解二阶常系数线性齐次微分方程 $y''+py'+qy=0$ 的具体步骤:

(1) 写出特征方程 $r^2+pr+q=0$；

(2) 求特征方程的根 r_1和r_2；

(3) 微分方程通解的形式如表 7-1 所示.

表 7-1

特征根的情况	通解表达式
两个不等实根 $r_1 \neq r_2$	$y = C_1e^{r_1x} + C_2e^{r_2x}$ (C_1, C_2 为常数)
两个相等实根 $r_1 = r_2$	$y = (C_1 + C_2x)e^{r_1x}$ (C_1, C_2 为常数)
共轭复根 $r_{1,2} = \alpha \pm i\beta$	$y = e^{\alpha x}(C_1\cos\beta x + C_2\sin\beta x)$ (C_1, C_2 为常数)

7.3.3 二阶常系数线性非齐次微分方程的解法

二阶常系数线性非齐次微分方程的一般形式是

$$y'' + py' + qy = f(x) \qquad ⑤$$

其中 p, q 是常数，$f(x)$ 是已知函数，且 $f(x) \neq 0$，否则就称为齐次微分方程.

定理 7.3 设 $y^*(x)$ 是二阶常系数线性非齐次微分方程 $y'' + py' + qy = f(x)$ （$f(x) \neq 0$）的一个特解，$Y = C_1y_1(x) + C_2y_2(x)$ 是对应的线性齐次微分方程 $y'' + py' + qy = 0$ 的通解，则

$$y = Y + y* = C_1y_1(x) + C_2y_2(x) + y^*(x)$$

是所求线性非齐次微分方程 $y'' + py' + qy = f(x)$ 的通解.

把 $y = Y + y^*$ 代入方程即可证明.

关于与方程⑤对应的齐次方程的通解 Y 的求法前面已解决. 因此，求方程⑤的通解问题关键在于找它的一个特解 y^*. 下面仅就 $f(x)$ 的几种形式举例介绍怎样用待定系数法确定 $y^*(x)$.

1. $f(x) = ax + b$ (a, b是已知常数）

若 $f(x) = ax + b$ (a, b是已知常数），则可设 $y^* = A + Bx$. 如果此时对应的齐次方程的特征方程有一个根是零，则应设 $y^* = x(A + Bx)$；如果零是特征方程的重根，则设 $y^* = x^2(A + Bx)$，其中 A, B 都是待定常数.

例 7.15 求微分方程 $y'' - 2y' - 3y = 2x$ 的通解.

解: 对应齐次方程的特征方程

$$r^2 - 2r - 3 = 0,$$

其根 $r_1 = 3$，$r_2 = -1$，因此对应的齐次方程的通解为 $Y = C_1e^{3x} + C_2e^{-x}$.

再求原方程的一个特解 y^*. 由于特征方程的根均不为零，可设 $y^* = A + Bx$，为了确定 A，B 的值，将 y^* 代入原方程，得

$$(A + Bx)'' - 2(A + Bx)' - 3(A + Bx) = 2x,$$

即 $\qquad -2B - 3A - 3Bx = 2x$,

有 $\begin{cases} -3A - 2B = 0, \\ -3B = 2, \end{cases}$

解得 $\begin{cases} A = \dfrac{4}{9}, \\ B = -\dfrac{2}{3}. \end{cases}$

故 $y^* = \dfrac{4}{9} - \dfrac{2}{3}x$. 原方程的通解 $y = Y + y^* = \dfrac{4}{9} - \dfrac{2}{3}x + C_1e^{3x} + C_2e^{-x}$.

例 7.16 求微分方程 $y'' - 2y' = 5x + 1$ 的通解.

解: 对应齐次方程的特征方程

$$r^2-2r=0,$$

其根为$r_1=0, r_2=2$，因此齐次方程的通解为

$$Y=C_1+C_2\mathrm{e}^{2x}.$$

再求原方程的一个特解y^*. 因为特征根中有一个根为 0, 可设$y^*=x(A+Bx)$，将y^*代入原方程, 解得

$$\begin{cases}A=-\dfrac{7}{4},\\ B=-\dfrac{5}{4}.\end{cases}$$

故原方程的通解为$y=-\dfrac{7}{4}x-\dfrac{5}{4}x^2+C_1+C_2\mathrm{e}^{2x}$.

2. $f(x)$为高于一次的多项式

若微分方程⑤中$f(x)$为高于一次的多项式, 可设y^*为与$f(x)$同次的多项式, 当对应的齐次方程的特征方程有一个根为 0 时, 则可设y^*为比$f(x)$高一次的多项式, 且其常数项为 0, 多项式y^*的系数都是待定的常数.

例 7.17 求微分方程$y''+y=x^2+1$的通解.

解: 对应齐次方程的特征方程为

$$r^2+1=0,$$

其根$r_1=\mathrm{i}, r_2=-\mathrm{i}$，因此齐次方程的通解为$Y=C_1\cos x+C_2\sin x$.

再求原方程的一个特解y^*. 由于特征方程的根不是 0, 而$f(x)$为二次多项式, 则可设

$$y^*=A_0x^2+A_1x+A_2.$$

将y^*代入原方程, 整理得

$$\begin{cases}2A_0+A_2=1,\\ A_1=0,\\ A_0=1,\end{cases}$$

解得$A_0=1, A_1=0, A_2=-1$. 故$y^*=x^2-1$.

故原方程的通解为$y=Y+y^*=x^2-1+C_1\cos x+C_2\sin x$.

3. $f(x)=a\mathrm{e}^{bx}$ (a,b是已知常数)

若微分方程⑤中$f(x)=a\mathrm{e}^{bx}$ (a,b是已知常数), 则设$y^*=A\mathrm{e}^{bx}$. 如果对应的齐次方程的特征方程有一个根为b时, 设$y^*=Ax\mathrm{e}^{bx}$；如果特征方程以b为重根, 可设$y^*=Ax^2\mathrm{e}^{bx}$, 其中A是待定常数.

例 7.18 求微分方程$y''-2y'-3y=2\mathrm{e}^{-x}$的通解.

解: 对应齐次方程的特征方程是

$$r^2-2r-3=0,$$

其根为$r_1=-1, r_2=3$，因此齐次方程的通解为$Y=C_1\mathrm{e}^{-x}+C_2\mathrm{e}^{3x}$.

再求原方程的一个特解y^*，则可设$y^*=Ax\mathrm{e}^{-x}$，将y^*代入原方程, 整理有

$$\mathrm{e}^{-x}[A(x-2)-2A(1-x)-3Ax]=2\mathrm{e}^{-x},$$

化简得$A=-\dfrac{1}{2}$，故$y^*=-\dfrac{1}{2}x\mathrm{e}^{-x}$.

故原方程的通解为 $y=Y+y^*=-\frac{1}{2}xe^{-x}+C_1e^{-x}+C_2e^{3x}$.

4. $f(x)=a\sin\beta x$(或$a\cos\beta x$)

若方程⑤中非齐次项 $f(x)=a\sin\beta x$(或$a\cos\beta x$) 的形式，当 $\pm\beta i$ 不是特征方程的根时，设

$$y^*=A\cos\beta x+B\sin\beta x,$$

当 $\pm\beta i$ 是特征方程的根时，可设

$$y^*=(A\cos\beta x+B\sin\beta x)x,$$

其中 A,B 为待定常数.

例 7.19 求微分方程 $y''+4y=\sin 2x$ 的通解.

解： 对应的齐次方程的特征方程为

$$r^2+4r=0,$$

其根为 $r_1=2i$，$r_2=-2i$，因此齐次方程的通解为 $Y=C_1\cos 2x+C_2\sin 2x$.

再求原方程的一个特解 y^*. 因为非齐次项 $f(x)=\sin 2x$，而 $\pm 2i$ 是特征方程的根，故可设 $y^*=x(A\cos 2x+B\sin 2x)$. 将 y^* 代入原方程，整理有

$$-4A\sin 2x+4B\cos 2x=\sin 2x,$$

比较两端对应项的系数，得 $A=-\frac{1}{4},B=0$，因此 $y^*=-\frac{1}{4}x\cos 2x$.

故原方程的通解为 $y=Y+y^*=C_1\cos 2x+C_2\sin 2x-\frac{1}{4}x\cos 2x$.

从上面的例子中我们归纳二阶常系数线性非齐次方程求通解的步骤:

(1) 求出对应齐次方程的通解 Y；

(2) 求出原方程的一个特解 y^*；

(3) 把前两步的结果相加，就是所求方程的通解.

如果函数 y_1,y_2 分别是方程 $y''+py'+qy=f_1(x)$ 和 $y''+py'+qy=f_2(x)$ 的解，那么 y_1+y_2 是方程 $y''+py'+qy=f_1(x)+f_2(x)$ 的解.

例 7.20 求微分方程 $y''-2y'-3y=2x+2e^{-x}$ 的通解.

解： 对应的齐次方程的特征方程为

$$r^2-2r-3=0,$$

其根为 $r_1=-1,r_2=3$，因此齐次方程的通解为 $Y=C_1e^{-x}+C_2e^{3x}$.

由于非齐次项 $f(x)$ 是由多项式和指数函数之和，故可分别求方程

$$y''-2y'-3y=2x,$$
$$y''-2y'-3y=2e^{-x},$$

的特解 y_1^* 和 y_2^*.

由例 7.15 和例 7.18 得

$$y_1^*=\frac{4}{9}-\frac{2}{3}x,\quad y_2^*=-\frac{1}{2}xe^{-x}.$$

故 $$y^*=y_1^*+y_2^*=\frac{4}{9}-\frac{2}{3}x-\frac{1}{2}xe^{-x}.$$

所以原方程的通解为 $y=Y+y^*=\frac{4}{9}-\frac{2}{3}x-\frac{1}{2}xe^{-x}+C_1e^{-x}+C_2e^{3x}$.

常见的非齐次方程特解的形式如表 7-2 所示.

表 7-2

$f(x)$	是否特征根	特解 y^* 的形式
$ax+b$	0 不是根 0 是根 0 是重根	$y^*=Ax+B$ $y^*=(Ax+B)x$ $y^*=(Ax+B)x^2$
$a\sin\beta x$ (或 $a\cos\beta x$)	$\pm\beta\mathrm{i}$ 不是根 $\pm\beta\mathrm{i}$ 是根	$y^*=A\cos\beta x+B\sin\beta x$ $y^*=(A\cos\beta x+B\sin\beta x)x$
$a\mathrm{e}^{bx}$	b 不是根 b 是单根 b 是重根	$y^*=A\mathrm{e}^{bx}$ $y^*=Ax\mathrm{e}^{bx}$ $y^*=Ax^2\mathrm{e}^{bx}$

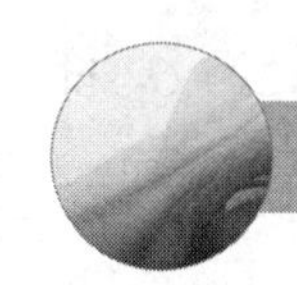

习题7.3

1. 求下列微分方程的通解:

(1) $y''+y'-2y=0$;　(2) $y''-9y=0$;　(3) $y''-4y'=0$;

(4) $y''-2y'-y=0$;　(5) $y''+y=0$;　(6) $y''+6y'+13y=0$;

(7) $2y''+y'-y=2\mathrm{e}^x$;　(8) $y''-7y'+6y=\sin x$.

2. 求下列微分方程满足所给初始条件的特解:

(1) $y''-3y'+2y=5$, $y(0)=1, y'(0)=2$;

(2) $y''+4y=4\cos 2x$, $y(0)=1, y'(0)=2$.

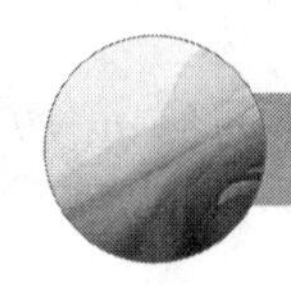

复习题 7

1. 选择题:

(1) 下列函数中, 是微分方程 $\mathrm{d}y-2x\mathrm{d}x=0$ 的解是 (　　);

A. $y=2x$　B. $y=x^2$　C. $y=-2x$　D. $y=-x^2$

(2) 微分方程 $\dfrac{\mathrm{d}y}{\mathrm{d}x}-y=1$ 的通解是 $y=($　　$)$;

A. $C\mathrm{e}^x$　B. $C\mathrm{e}^x+1$　C. $C\mathrm{e}^x-1$　D. $(C+1)\mathrm{e}^x$

(3) 微分方程 $\dfrac{\mathrm{d}y}{\mathrm{d}x}-\dfrac{1}{x}y=0$ 的通解是 $y=($　　$)$;

A. $\dfrac{C}{x}$　B. Cx　C. $\dfrac{1}{x}+C$　D. $x+C$

(4) 微分方程 $y\ln x\mathrm{d}x=x\ln y\mathrm{d}y$ 满足初始条件 $y|_{x=1}=1$ 的特解是 (　　);

A. $\ln^2 x+\ln^2 y=0$　B. $\ln^2 x+\ln^2 y=1$

C. $\ln^2 x=\ln^2 y$　D. $\ln^2 x=\ln^2 y+1$

(5) 在下列微分方程中, 其通解为 $y=C_1\cos x+C_2\sin x$ 的是 (　　).

A. $y''-y'=0$　　B. $y''+y'=0$　　C. $y''+y=0$　　D. $y''-y=0$

2. 填空题:

(1) 微分方程$x\dfrac{dy}{dx}=y$的类型是属于______方程, 其通解为______;

(2) 微分方程$x\dfrac{dy}{dx}=y+x^2\sin x$的类型是属于______方程, 其通解为______;

(3) 微分方程$y''+6y'+9y=0$的通解是______;

(4) 微分方程$y''+2y=0$的通解是______;

(5) 微分方程$xy'+y=3$满足初始条件$y(1)=0$的特解是______.

3. 求下列微分方程的通解:

(1) $(1+x^2)(1+y^2)dx+2xydy=0$;

(2) $(x+y)dx-xdy=0$;

(3) $\dfrac{dy}{dx}=\dfrac{1}{x-y^2}$;

(4) $(x+1)\dfrac{dy}{dx}-2y=(x+1)^{\frac{5}{2}}$;

(5) $2x^2yy'=y^2+1$;

(6) $(1-x^2)y-xy'=0$;

(7) $y''-2y'+2y=0$;

(8) $3y''-y=0$;

(9) $y''-4y'+4y=3e^{2x}$;

(10) $2y''+5y'=29\cos x$.

4. 求下列微分方程满足所给初始条件的特解:

(1) $xy'+x+\sin(x+y)=0,\ y(\frac{\pi}{2})=0$;

(2) $\dfrac{dy}{dx}+2xy=2xe^{-x^2},\ y(0)=2$;

(3) $xy'=y(1+\ln y-\ln x),\ y|_{x=1}=e^2$;

(4) $(y^2-3x^2)dy+2xydx=0,\ y|_{x=0}=1$;

(5) $y''+y+\sin 2x=0, y(\pi)=1, y'(\pi)=1$;

(6) $2xy'y''=1+(y')^2, y(1)=0, y'(1)=1$.

5. 一曲线过点(−4, 3), 且曲线上任一点的切线垂直于此点与原点的连线. 求此曲线方程.

6. 热水瓶内热水冷却时服从冷却定律 (物体的冷却速度与该物体同外界的温度之差成正比), 若室外温度为 20℃, 冲进 100℃的开水, 24 小时后, 瓶内温度为 50℃, 求瓶内温度与时间的关系, 及冲进 6 小时后瓶内的温度. (提示: 设任一时刻t瓶内温度$T(t)$, 则$-\dfrac{dT}{dt}$为开水冷却的速度, 其中"−"表示水温下降)

阅读材料

微分方程的产生

随着微积分的建立, 微分方程理论也逐步发展起来. 牛顿和莱布尼兹创立的微积分是不严格的, 18 世纪的数学家们一方面努力探索微积分严格化的途径, 另一方面在应用上大胆前进, 大大扩展了微积分的应用范围. 尤其是微积分与力学的有机结合, 极大地拓展了微积分的应用范围, 并促进了微积分的发展.

微分方程是伴随着微积分发展起来的, 微积分是它的母体, 生产生活实验是它生命的源泉.

1781 年发现天王星后, 人们注意到它所在的位置总是和万有引力定律计算出来的结果不符, 于是有人怀疑万有引力定律的正确性, 但也有人认为这可能是受另外一颗尚未发现的行星吸引所致. 当时年仅 23 岁的英国剑桥大学学生亚当斯利用引力定律和对天王星的观测资料建立起微分方程来求解和推算这颗未知行星的轨道. 1843 年他把计算结果寄给格林威治天文台台长艾利, 但艾利不相信他的成果. 两年后, 法国青年勒维耶也开始从事这项研究, 在 1846 年, 他把计算结果告诉了柏林天文台助理卡勒, 卡勒果然在勒维耶预言的位置上发现了海王星.

海王星的发现可以看作是微分方程诞生及使用的一个重要标志. 在这个事件中, 正是由于先对微分方程的求解才让人们找到海王星这颗行星, 这个事件也可以作为理论指导实践的一个经典案例.

第8章 线性代数

线性代数的主要内容是行列式和矩阵，而行列式和矩阵是研究线性方程组时建立起来的一种数学工具，它可使线性方程组的研究得到简化．本章将主要介绍行列式和矩阵的基本知识及其应用．

8.1 行列式的定义

在初等数学中，我们已经研究过一元一次方程，二元一次方程组及三元一次方程组的求解问题，我们把多元一次方程称为**线性方程**，由多个线性方程组成的方程组称为**线性方程组**．下面，我们通过求解二元、三元线性方程组引出行列式的定义．

8.1.1 二阶、三阶行列式

1. 二阶行列式

二元线性方程组的一般形式是

$$(\mathrm{I})\qquad \begin{cases} a_{11}x_1 + a_{12}x_2 = b_1 & ① \\ a_{21}x_1 + a_{22}x_2 = b_2 & ② \end{cases}$$

利用加减消元法解方程组，即

①$\times a_{22}-$②$\times a_{12}$，得

$$(a_{11}a_{22}-a_{21}a_{12})x_1 = b_1a_{22}-b_2a_{12},$$

②$\times a_{11}-$①$\times a_{21}$，得

$$(a_{11}a_{22}-a_{12}a_{21})x_2 = b_2a_{11}-b_1a_{21}.$$

当$a_{11}a_{22}-a_{12}a_{21}\neq 0$时，方程组（Ⅰ）的解为

$$\begin{cases} x_1 = \dfrac{b_1a_{22}-b_2a_{12}}{a_{11}a_{22}-a_{12}a_{21}}, & ③ \\ x_2 = \dfrac{b_2a_{11}-b_1a_{21}}{a_{11}a_{22}-a_{12}a_{21}}. & ④ \end{cases}$$

由上式可知，线性方程组的解可以由方程组的系数表示．为了便于表示上述结果，我们引入二阶行列式的概念．

定义 8.1 把二元线性方程组（Ⅰ）的系数排成下表的形式

$$\begin{matrix} a_{11} & a_{12} \\ a_{21} & a_{22} \end{matrix} \qquad ⑤$$

则称$\begin{vmatrix} a_{11} & a_{12} \\ a_{21} & a_{22} \end{vmatrix}$是表⑤的二阶行列式，其中 $a_{ij}(i, j=1,2)$ 称为行列式的第 i 行第 j 列元素. 其二阶行列式的值为主对角线 (实线) 上的元素之积减去副对角线 (虚线) 上元素之积. 即

$$\begin{vmatrix} a_{11} & a_{12} \\ a_{21} & a_{22} \end{vmatrix} = a_{11}a_{22} - a_{12}a_{21},$$

等式右边叫作**二阶行列式的展开式**，它是③④的分母.

由二阶行列式定义可得$\begin{vmatrix} b_1 & a_{12} \\ b_2 & a_{22} \end{vmatrix} = b_1a_{22} - b_2a_{12}$，$\begin{vmatrix} a_{11} & b_1 \\ a_{21} & b_2 \end{vmatrix} = b_2a_{11} - b_1a_{21}$，它们分别是③④的分子，从而二元线性方程组（Ⅰ）的解可表示为

$$\begin{cases} x_1 = \dfrac{\begin{vmatrix} b_1 & a_{12} \\ b_2 & a_{22} \end{vmatrix}}{\begin{vmatrix} a_{11} & a_{12} \\ a_{21} & a_{22} \end{vmatrix}}, \\[2ex] x_2 = \dfrac{\begin{vmatrix} a_{11} & b_1 \\ a_{21} & b_2 \end{vmatrix}}{\begin{vmatrix} a_{11} & a_{12} \\ a_{21} & a_{22} \end{vmatrix}}. \end{cases}$$

为了方便起见，记 $D = \begin{vmatrix} a_{11} & a_{12} \\ a_{21} & a_{22} \end{vmatrix} \neq 0, D_1 = \begin{vmatrix} b_1 & a_{12} \\ b_2 & a_{22} \end{vmatrix}, D_2 = \begin{vmatrix} a_{11} & b_1 \\ a_{21} & b_2 \end{vmatrix}$，则有

$$\begin{cases} x_1 = \dfrac{D_1}{D}, \\ x_2 = \dfrac{D_2}{D}. \end{cases}$$

例 8.1 解二元线性方程组$\begin{cases} 3x_1 - 2x_2 = 12, \\ 2x_1 + x_2 = 1. \end{cases}$

解：

$$D = \begin{vmatrix} 3 & -2 \\ 2 & 1 \end{vmatrix} = 3+4 = 7 \neq 0, \text{且} D_1 = \begin{vmatrix} 12 & -2 \\ 1 & 1 \end{vmatrix} = 12+2 = 14, D_2 = \begin{vmatrix} 3 & 12 \\ 2 & 1 \end{vmatrix} = 3-24 = -21.$$

则 $$\begin{cases} x_1 = \dfrac{D_1}{D} = \dfrac{14}{7} = 2, \\ x_2 = \dfrac{D_2}{D} = \dfrac{-21}{7} = -3. \end{cases}$$

2. 三阶行列式

三元线性方程组的一般形式是

$$(\text{Ⅱ}) \qquad \begin{cases} a_{11}x_1 + a_{12}x_2 + a_{13}x_3 = b_1. \\ a_{21}x_1 + a_{22}x_2 + a_{23}x_3 = b_2, \\ a_{31}x_1 + a_{32}x_2 + a_{33}x_3 = b_3. \end{cases}$$

和二元线性方程组类似，我们利用解的表达式引入三阶行列式的定义.

定义 8.2 将线性方程组（Ⅱ）的对应系数排成下表形式，

$$\begin{matrix} a_{11} & a_{12} & a_{13} \\ a_{21} & a_{22} & a_{23} \\ a_{31} & a_{32} & a_{33} \end{matrix} \tag{⑥}$$

则称 $\begin{vmatrix} a_{11} & a_{12} & a_{13} \\ a_{21} & a_{22} & a_{23} \\ a_{31} & a_{32} & a_{33} \end{vmatrix}$ 为三阶行列式，其中 $a_{ij}\,(i,j=1,2,3)$ 称为行列式的第 i 行第 j 列元素. 其行列式的值为

$$\begin{vmatrix} a_{11} & a_{12} & a_{13} \\ a_{21} & a_{22} & a_{23} \\ a_{31} & a_{32} & a_{33} \end{vmatrix} = a_{11}a_{22}a_{33} + a_{12}a_{23}a_{31} + a_{13}a_{21}a_{32} - a_{13}a_{22}a_{31} - a_{12}a_{21}a_{33} - a_{11}a_{23}a_{32}.$$

三阶行列式的展开，有如下的对角线法则（见图 8-1）.

实线上三数之积取正号，虚线上三数之积取负号，然后相加，就是三阶行列式的展开式. 这种展开法则，叫作**对角线法则**.

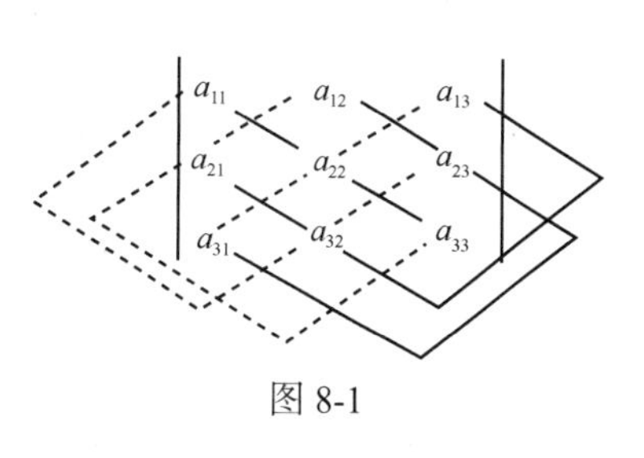

图 8-1

例 8.2 计算三阶行列式 $D=\begin{vmatrix} 1 & 2 & -4 \\ -2 & 2 & 1 \\ -3 & 4 & -2 \end{vmatrix}$.

解: $D = 1\times2\times(-2)+2\times1\times(-3)+(-4)\times(-2)\times4-1\times1\times4-2\times(-2)\times(-2)-(-4)\times2\times(-3)$
$\quad = -4-6+32-4-8-24=-14.$

例 8.3 求解方程 $\begin{vmatrix} 1 & 1 & 1 \\ 2 & 3 & x \\ 4 & 9 & x^2 \end{vmatrix}=0$.

解: 设 $D=\begin{vmatrix} 1 & 1 & 1 \\ 2 & 3 & x \\ 4 & 9 & x^2 \end{vmatrix}$，则展开行列式 D 有

$$\begin{aligned} D &= 1\times3\times x^2 + 1\times x\times4 + 1\times2\times9 - 1\times3\times4 - 1\times2\times x^2 - 1\times x\times9 \\ &= 3x^2+4x+18-12-2x^2-9x \\ &= x^2-5x+6, \end{aligned}$$

即 $\qquad x^2-5x+6=0$，

解得 $\qquad x_1=2, x_2=3$.

8.1.2 *n* 阶行列式

从前面的二阶、三阶行列式展开式中可以看出，每一项的形成和前面的符号都是有规则的. 为了研究 n 阶行列式的值，有必要弄清楚展开式中每一项前面符号的规律性. 为此，我们先研究奇排列和偶排列的概念.

定义 8.3 由 $1,2,3,\cdots,n$ 组成的一个全排列 $1234\cdots n$（从小到大），称为标准顺序的排列. 而 $p_1p_2\cdots p_n$ 为任一个全排列，若其中有两个元素排列的先后顺序与标准顺序不一致，即有 $i<j, p_i>p_j, (1\leqslant i,j\leqslant n)$ 就说有一个逆序. 一个排列中的所有逆序的总数，叫作这个排列的

逆序数. 可表示为 $\tau(p_1p_2\cdots p_n)$.

例如, 排列 231 有 2 个逆序 21, 31, 而排列 321 有 3 个逆序 32, 31, 21.

若一个全排列的逆序数为奇数, 则称这个排列为**奇排列**; 若一个全排列的逆序数为偶数, 则称这个排列为**偶排列**.

1. 排列的逆序数的计算方法

方法 1 在全排列 $p_1p_2\cdots p_n$ 中, 直接找出次序颠倒了的元素对的个数, 就是该排列的逆序数.

例 8.4 判断排列 23541 的奇偶性.

解: 排列 23541 中有 21, 31, 51, 41, 54 是逆序, 所以逆序数为 5.

因此, 23541 是奇排列.

方法 2 在全排列 $p_1p_2\cdots p_n$ 中, 比 $p_i(i=1,2,\cdots,n)$ 大的且排在其前面元素个数为 m_i, 则这个排列的逆序数为 $m=\sum_{i=1}^{n}m_i=m_1+m_2+\cdots+m_n$.

如上例中, 2 对应的 $m_1=0$, 3 对应的 $m_2=0$, 5 对应的 $m_3=0$, 4 对应的 $m_4=1$, 1 对应的 $m_5=4$. 所以逆序数为

$$m=\sum_{i=1}^{5}m_i=0+0+0+1+4=5.$$

例 8.5 判断排列 643512 的奇偶性.

解: 按照方法 2, 6 对应的 $m_1=0$, 4 对应的 $m_2=1$, 3 对应的 $m_3=2$, 5 对应的 $m_4=1$, 1 对应的 $m_5=4$, 2 对应的 $m_6=4$, 则排列 643512 的逆序数为

$$m=\sum_{i=1}^{6}m_i=0+1+2+1+4+4=12.$$

所以, 排列 643512 为偶排列.

2. n 阶行列式

再回来看一看, 在三阶行列式的展开式中, 各项前面符号的规律

$$\begin{vmatrix} a_{11} & a_{12} & a_{13} \\ a_{21} & a_{22} & a_{23} \\ a_{31} & a_{32} & a_{33} \end{vmatrix}=a_{11}a_{22}a_{33}+a_{12}a_{23}a_{31}+a_{13}a_{21}a_{32}-a_{13}a_{22}a_{31}-a_{12}a_{21}a_{33}-a_{11}a_{23}a_{32}$$

由于各项中的每一个因子都是在行列式中不同行不同列中选出的, 于是, 我们把每一个因子按行的标准顺序 (从小到大) 排列, 再看它们的列脚标的排列顺序, 这对应一个全排列, 如 $a_{12}a_{23}a_{31}$ 项的列排列是 231, 它的逆序数为 2, 是偶数, 恰好这项前面是正号, 而 $a_{12}a_{21}a_{33}$ 项的列排列为 213, 它的逆序数为 1, 是奇数, 恰好这项前面是负号. 观察其余各项前面的符号都有相同的规律.

定义 8.4 设有 n^2 个数, 排成 n 行、n 列的数表

$$\begin{matrix} a_{11} & a_{12} & \cdots & a_{1n} \\ a_{21} & a_{22} & \cdots & a_{2n} \\ \cdots & \cdots & \cdots & \cdots \\ a_{n1} & a_{n2} & \cdots & a_{nn} \end{matrix}$$

则称 $\begin{vmatrix} a_{11} & a_{12} & \cdots & a_{1n} \\ a_{21} & a_{22} & \cdots & a_{2n} \\ \cdots & \cdots & \cdots & \cdots \\ a_{n1} & a_{n2} & \cdots & a_{nn} \end{vmatrix}$ 是由上数表决定的 n **阶行列式**, 其值为

$$\begin{vmatrix} a_{11} & a_{12} & \cdots & a_{1n} \\ a_{21} & a_{22} & \cdots & a_{2n} \\ \cdots & \cdots & \cdots & \cdots \\ a_{n1} & a_{n2} & \cdots & a_{nn} \end{vmatrix} = \sum_{j_1 j_2 \cdots j_n} (-1)^{\tau(j_1 j_2 \cdots j_n)} a_{1j_1} a_{2j_2} \cdots a_{nj_n}$$，其中 $j_1 j_2 \cdots j_n$ 是列标 $1,2,3,\cdots,n$ 的任意一个全排列，$\tau(j_1 j_2 \cdots j_n)$ 是排列 $j_1 j_2 \cdots j_n$ 对应的逆序数. 即先把积项的各个因子按行脚标的标准顺序排列，列脚标的任一个全排列，并添上负 1 的逆序数次方，就组成了行列式展开式中的一项，这些所有可能项的代数和就是 n 阶行列式的值. 共有 $n!$ 项. 简记为 $\det(a_{ij})$. 数 a_{ij} 称为行列式 $\det(a_{ij})$ 的第 i 行、第 j 列的元素.

特别地，当 $n=2,3$ 时，对应的就是二阶、三阶行列式.

当 $n=4$ 时，$4!=24$，所有的全排列为

1234, 1243, 1324, 1342, 1423, 1432, 2134, 2143, 2314, 2341, 2413, 2431
3124, 3142, 3214, 3241, 3412, 3421, 4123, 4132, 4213, 4231, 4312, 4321

偶排列有:

1234, 1342, 1423, 2143, 2314, 2431, 3124, 3241, 3412, 4132, 4213, 4321

奇排列有:

1243, 1324, 1432, 2134, 2341, 2413, 3142, 3214, 3421, 4123, 4231, 4312

故

$$\begin{vmatrix} a_{11} & a_{12} & a_{13} & a_{14} \\ a_{21} & a_{22} & a_{23} & a_{24} \\ a_{31} & a_{32} & a_{33} & a_{34} \\ a_{41} & a_{42} & a_{43} & a_{44} \end{vmatrix} = a_{11}a_{22}a_{33}a_{44} + a_{11}a_{23}a_{34}a_{42} + a_{11}a_{24}a_{32}a_{43} + a_{12}a_{21}a_{34}a_{43}$$

$$+a_{12}a_{23}a_{31}a_{44} + a_{12}a_{24}a_{33}a_{41} + a_{13}a_{21}a_{32}a_{44} + a_{13}a_{22}a_{34}a_{41} + a_{13}a_{24}a_{31}a_{42}$$

$$+a_{14}a_{21}a_{33}a_{42} + a_{14}a_{22}a_{31}a_{43} + a_{14}a_{23}a_{32}a_{41} - a_{11}a_{22}a_{34}a_{43} - a_{11}a_{23}a_{32}a_{44}$$

$$-a_{11}a_{24}a_{33}a_{42} - a_{12}a_{21}a_{33}a_{44} - a_{12}a_{23}a_{34}a_{41} - a_{12}a_{24}a_{31}a_{43} - a_{13}a_{21}a_{34}a_{42}$$

$$-a_{13}a_{22}a_{31}a_{44} - a_{13}a_{24}a_{32}a_{41} - a_{14}a_{21}a_{32}a_{43} - a_{14}a_{22}a_{33}a_{41} - a_{14}a_{23}a_{31}a_{42}$$

从上可看出，四阶以上的行列式，每项前的正负号，不能像三阶行列式那样，用对角线法来确定. 对于 $n>3$ 的 n 阶行列式的计算，以后可用行列式的性质来处理.

四阶及其以上的行列式，称为**高阶行列式.**

例 8.6 求行列式 $\begin{vmatrix} 0 & 0 & \cdots & 0 \\ a_{21} & a_{22} & \cdots & a_{2n} \\ \cdots & \cdots & \cdots & \cdots \\ a_{n1} & a_{n2} & \cdots & a_{nn} \end{vmatrix}$ 的值.

解: 由行列式的定义可知，它的展开式的通项为 $(-1)^{\tau(j_1 j_2 \cdots j_n)} a_{1j_1} a_{2j_2} \cdots a_{nj_n}$，其中 $j_1 j_2 \cdots j_n$ 是列标 $1,2,3,\cdots,n$ 的任一个全排列，每一项中，必有一个因子在第一行中选出，而第一行中的元素全为零，所以通项

$$(-1)^{\tau(j_1 j_2 \cdots j_n)} a_{1j_1} a_{2j_2} \cdots a_{nj_n} = 0.$$

故
$$\begin{vmatrix} 0 & 0 & \cdots & 0 \\ a_{21} & a_{22} & \cdots & a_{2n} \\ \cdots & \cdots & \cdots & \cdots \\ a_{n1} & a_{n2} & \cdots & a_{nn} \end{vmatrix} = \sum_{j_1 j_2 \cdots j_n} (-1)^{\tau(j_1 j_2 \cdots j_n)} a_{1j_1} a_{2j_2} a_{nj_n} = 0.$$

例 8.7 求证对角行列式 (其中对角线上的元素是 λ_i，未写出的元素都是0)

$$\begin{vmatrix} & & & \lambda_1 \\ & & \lambda_2 & \\ & \iddots & & \\ \lambda_n & & & \end{vmatrix} = (-1)^{\frac{n(n-1)}{2}} \lambda_1\lambda_2\cdots\lambda_n .$$

证明: 设 $\begin{vmatrix} & & & \lambda_1 \\ & & \lambda_2 & \\ & \iddots & & \\ \lambda_n & & & \end{vmatrix} = \begin{vmatrix} & & & a_{1n} \\ & & a_{2(n-1)} & \\ & \iddots & & \\ a_{n1} & & & \end{vmatrix} = \sum\limits_{j_1j_2\cdots j_n} (-1)^{\tau(j_1j_2\cdots j_n)} a_{1j_1}a_{2j_2}a_{nj_n}$

其中 $j_1j_2\cdots j_n$ 是列标 $1,2,3,\cdots,n$ 的任意一个全排列，当 $j_1j_2\cdots j_n \neq n(n-1)\cdots 321$ 时，则 a_{1j_1}，a_{2j_2}，$\cdots$，a_{nj_n} 中至少有一个为 0，从而 $(-1)^{\tau(j_1j_2\cdots j_n)}a_{1j_1}a_{2j_2}\cdots a_{nj_n}=0$．因此，行列式展开式中，只有一项不为零，就是 $(-1)^{\tau(n(n-1)\cdots 321)}a_{1n}a_{2(n-1)}\cdots a_{n1}$．

因逆序数 $\tau(n(n-1)\cdots 321)=0+1+2+\cdots+(n-1)=\dfrac{n(n-1)}{2}$，

$$a_{1n}a_{2(n-1)}\cdots a_{n1}=\lambda_1\lambda_2\cdots\lambda_n ,$$

故 $\begin{vmatrix} & & & \lambda_1 \\ & & \lambda_2 & \\ & \iddots & & \\ \lambda_n & & & \end{vmatrix} = (-1)^{\frac{n(n-1)}{2}} \lambda_1\lambda_2\cdots\lambda_n$ 成立.

8.1.3 行列式的性质

用行列式的定义来求行列式的值，是非常困难的，为了计算简便，下面引入行列式的性质.证明从略.

定义 8.5 设行列式 $D=\begin{vmatrix} a_{11} & a_{12} & \cdots & a_{1n} \\ a_{21} & a_{22} & \cdots & a_{2n} \\ \cdots & \cdots & \cdots & \cdots \\ a_{n1} & a_{n2} & \cdots & a_{nn} \end{vmatrix}$，$D^{\mathrm{T}}=\begin{vmatrix} a_{11} & a_{21} & \cdots & a_{n1} \\ a_{12} & a_{22} & \cdots & a_{n2} \\ \cdots & \cdots & \cdots & \cdots \\ a_{1n} & a_{2n} & \cdots & a_{nn} \end{vmatrix}$，

则称行列式 D^{T} 为行列式 D 的**转置行列式** (行、列位置互换)．

性质 1 行列式的值与它的转置行列式的值相等.

性质 2 行列式的两行 (列) 互换，行列式变号.

性质 3 若行列式某两行 (列) 的元素完全对应相等，则行列式的值为零.

性质 4 若行列式的某一行 (列) 有公因子时，可把公因子提到行列式符号的外面.

例 8.8 求行列式 $\begin{vmatrix} 6 & 4 & 2 \\ 1 & -1 & 1 \\ 2 & 3 & 1 \end{vmatrix}$ 的值.

解: $\begin{vmatrix} 6 & 4 & 2 \\ 1 & -1 & 1 \\ 2 & 3 & 1 \end{vmatrix} = 2\begin{vmatrix} 3 & 2 & 1 \\ 1 & -1 & 1 \\ 2 & 3 & 1 \end{vmatrix} = 2(-3+4+3+2-9-2)=2\times(-5)=-10$．

推论 1 若行列式的某一行 (列) 的元素全为零，则行列式的值为零.

推论 2 若行列式有二行对应元素成比例, 则行列式的值为零.

例 8.9 求行列式$\begin{vmatrix}6&4&2\\1&-1&0\\3&2&1\end{vmatrix}$的值.

解: 因为$\frac{6}{3}=\frac{4}{2}=\frac{2}{1}=2$, 则由推论 2 可得, $\begin{vmatrix}6&4&2\\1&-1&0\\3&2&1\end{vmatrix}=0$.

性质 5

$$\begin{vmatrix}a_{11}&a_{12}&\cdots&a_{1n}\\\cdots&\cdots&\cdots&\cdots\\a_{j1}+b_{j1}&a_{j2}+b_{j2}&\cdots&a_{jn}+b_{jn}\\\cdots&\cdots&\cdots&\cdots\end{vmatrix}=\begin{vmatrix}a_{11}&a_{12}&\cdots&a_{1n}\\\cdots&\cdots&\cdots&\cdots\\a_{j1}&a_{j2}&\cdots&a_{jn}\\\cdots&\cdots&\cdots&\cdots\end{vmatrix}+\begin{vmatrix}a_{11}&a_{12}&\cdots&a_{1n}\\\cdots&\cdots&\cdots&\cdots\\b_{j1}&b_{j2}&\cdots&b_{jn}\\\cdots&\cdots&\cdots&\cdots\end{vmatrix}.$$

性质 6 把行列式某一行 (列) 元素的 k 倍加到另一行 (列) 的对应元素去, 所得行列式的值不变 (第 j 行的 k 倍加到第 i 行上，记作 $ri+kri$).

性质 7 上 (下) 三角行列式的值等于主对角线上的元素之积. 即

$$\begin{vmatrix}a_{11}&a_{12}&\cdots&a_{1n}\\0&a_{22}&\cdots&a_{2n}\\\cdots&\cdots&\cdots&\cdots\\0&\cdots&\cdots&a_{nn}\end{vmatrix}=\begin{vmatrix}a_{11}&0&\cdots&0\\a_{21}&a_{22}&\cdots&0\\\cdots&\cdots&\cdots&\cdots\\a_{n1}&a_{n2}&\cdots&a_{nn}\end{vmatrix}=a_{11}a_{22}\cdots a_{nn}.$$

例 8.10 求行列式$D=\begin{vmatrix}3&1&-1&2\\-5&1&3&-4\\2&0&1&-1\\1&-5&3&-3\end{vmatrix}$的值.

解: 为了简化计算, 利用性质尽量使首行的第一元素为 1, 再把它化成下 (上) 三角行列式.

$$D\xlongequal[r_1-r_3]{r_2+(r_1+r_3)}\begin{vmatrix}1&1&-2&3\\0&2&3&-3\\2&0&1&-1\\1&-5&3&-3\end{vmatrix}\xlongequal[r_4-r_1]{r_3-2r_1}\begin{vmatrix}1&1&-2&3\\0&2&3&-3\\0&-2&5&-7\\0&-6&5&-6\end{vmatrix}$$

$$\xlongequal[r_4+3r_2]{r_3+r_2}\begin{vmatrix}1&1&-2&3\\0&2&3&-3\\0&0&8&-10\\0&0&14&-15\end{vmatrix}\xlongequal{r_4-\frac{7}{4}r_3}\begin{vmatrix}1&1&-2&3\\0&2&3&-3\\0&0&8&-10\\0&0&0&\frac{5}{2}\end{vmatrix}=40.$$

从上例可看出, 任一行列式均可通过性质 6, 化成上 (下) 三角行列式来计算.

例 8.11 设$D=\begin{vmatrix}a_{11}&\cdots&a_{1k}&&&\\\cdots&\cdots&\cdots&&0&\\a_{k1}&\cdots&a_{kk}&&&\\c_{11}&\cdots&c_{1k}&b_{11}&\cdots&b_{1n}\\\cdots&\cdots&\cdots&\cdots&\cdots&\cdots\\c_{n1}&\cdots&c_{nk}&b_{n1}&\cdots&b_{nn}\end{vmatrix}$,

$$D_1=\det(a_{ij})=\begin{vmatrix}a_{11}&\cdots&a_{1k}\\ \cdots&\cdots&\cdots\\ a_{k1}&\cdots&a_{kk}\end{vmatrix},\ D_2=\det(b_{ij})=\begin{vmatrix}b_{11}&\cdots&b_{1n}\\ \cdots&\cdots&\cdots\\ b_{n1}&\cdots&b_{nn}\end{vmatrix},\ \text{证明：}D=D_1D_2.$$

证明：对 D 的前 k 行作行运算 r_i+kr_j，使 D_1 对应的 k 行 k 列变成下三角形，对 D 的后 n 列作列运算 c_i+kc_j，使 D_2 对应的 n 行 n 列变成下三角形. 将 D 化为下三角行列式如下：

$$D=\begin{vmatrix}p_{11}&&&&&\\ \vdots&\ddots&&&0&\\ p_{k1}&\cdots&p_{kk}&&&\\ c_{11}&\cdots&c_{k+1,k}&q_{11}&&\\ \vdots&&\vdots&\vdots&\ddots&\\ c_{n1}&\cdots&c_{nn}&q_{n1}&\cdots&q_{nn}\end{vmatrix}=p_{11}\cdots p_{kk}q_{11}\cdots q_{nn}=D_1D_2.$$

8.1.4 克拉默（Cramer）法则

1. 行列式按某行（列）展开法则

我们知道，计算高阶行列式比低阶行列式要复杂，为了能把高阶行列式化为低阶行列式，我们引入余子式和代数余子式的定义.

定义 8.6 在 n 阶行列式中，把元素 a_{ij} 所在的第 i 行和第 j 列的元素划去，留下来的 $n-1$ 阶行列式叫作元素 a_{ij} 的余子式，记作 M_{ij}；在余子式 M_{ij} 的前面加上 $(-1)^{i+j}$ 后，叫作元素 a_{ij} 的代数余子式，记作 A_{ij}，即

$$A_{ij}=(-1)^{i+j}M_{ij}.$$

例如，行列式 $D=\begin{vmatrix}a_{11}&a_{12}&a_{13}&a_{14}\\ a_{21}&a_{22}&a_{23}&a_{24}\\ a_{31}&a_{32}&a_{33}&a_{34}\\ a_{41}&a_{42}&a_{43}&a_{44}\end{vmatrix}$，元素 a_{23} 的余子式为 $M_{23}=\begin{vmatrix}a_{11}&a_{12}&a_{14}\\ a_{31}&a_{32}&a_{34}\\ a_{41}&a_{42}&a_{44}\end{vmatrix}$，代数余子式为 $A_{23}=(-1)^{2+3}\begin{vmatrix}a_{11}&a_{12}&a_{14}\\ a_{31}&a_{32}&a_{34}\\ a_{41}&a_{42}&a_{44}\end{vmatrix}=-\begin{vmatrix}a_{11}&a_{12}&a_{14}\\ a_{31}&a_{32}&a_{34}\\ a_{41}&a_{42}&a_{44}\end{vmatrix}$.

定理 8.1 一个行列式等于它的任一行（列）的所有元素与它们所对应的代数余子式乘积之和，即

$$D=a_{i1}A_{i1}+a_{i2}A_{i2}+\cdots+a_{in}A_{in}\,(i=1,2,\cdots,n),$$

或

$$D=a_{1j}A_{1j}+a_{2j}A_{2j}+\cdots+a_{nj}A_{nj}\,(j=1,2,\cdots,n).$$

一个 n 阶行列式的任何一个元素 a_{ij} 的余子式 M_{ij} 都是一个 $n-1$ 阶行列式，利用定理 8.1 就是把 n 阶行列式化为 $n-1$ 阶行列式来计算.

例 8.12 计算行列式 $D=\begin{vmatrix}3&1&-1&2\\ -5&1&3&-4\\ 2&0&1&-1\\ 1&-5&3&-3\end{vmatrix}$.

解： $D=\begin{vmatrix}3&1&-1&2\\-5&1&3&-4\\2&0&1&-1\\1&-5&3&-3\end{vmatrix}\xlongequal[c_3+c_4]{2c_3+c_1}\begin{vmatrix}5&1&-1&1\\-11&1&3&-1\\0&0&1&0\\-5&-5&3&0\end{vmatrix}$

$$=1\times(-1)^{3+3}\begin{vmatrix}5&1&1\\-11&1&-1\\-5&-5&0\end{vmatrix}\xlongequal{r_2+r_1}\begin{vmatrix}5&1&1\\-6&2&0\\-5&-5&0\end{vmatrix}$$

$$=1\times(-1)^{1+3}\begin{vmatrix}-6&2\\-5&-5\end{vmatrix}=(-6)\times(-5)-2\times(-5)=40\,.$$

定理 8.2 设行列式 $D=\det(a_{ij})$，a_{ij} 的代数余子式为 A_{ij}，则

$$\sum_{j=1}^{n}a_{ij}A_{kj}=a_{i1}A_{k1}+a_{i2}A_{k2}+\cdots+a_{in}A_{kn}=\begin{cases}D, & k=i\\0, & k\neq i\end{cases}(i=1,2,\cdots,n)$$

或

$$\sum_{i=1}^{n}a_{ij}A_{ik}=a_{1j}A_{1k}+a_{2j}A_{2k}+\cdots+a_{nj}A_{nk}=\begin{cases}D, & k=j\\0, & k\neq j\end{cases}(i=1,2,\cdots,n)\,.$$

定理 8.2 说明行列式的某一行 (列) 上所有元素乘以另一行 (列) 相应元素的代数余子式的积之和为零.

2. 克拉默 (Cramer) 法则

n 元线性方程组的一般形式是

$$(\text{Ⅲ})\quad\begin{cases}a_{11}x_1+a_{12}x_2+\cdots+a_{1n}x_n=b_1,\\a_{21}x_1+a_{22}x_2+\cdots+a_{2n}x_n=b_2,\\\cdots\cdots\\a_{n1}x_1+a_{n2}x_2+\cdots+a_{nn}x_n=b_n.\end{cases}$$

它的解是否与二元、三元线性方程组一样也能用行列式来表示呢?

定理 8.3 (克拉默法则) 如果线性方程组 (III) 的系数行列式

$$D=\begin{vmatrix}a_{11}&a_{12}&\cdots&a_{1n}\\a_{21}&a_{22}&\cdots&a_{2n}\\\cdots&\cdots&&\cdots\\a_{n1}&a_{n2}&\cdots&a_{nn}\end{vmatrix}\neq0\,,$$

那么线性方程组 (III) 有唯一的解, 且它的解可表示为

$$x_1=\frac{D_1}{D},x_2=\frac{D_2}{D},\cdots,x_n=\frac{D_n}{D}.$$

其中 $D_j\,(j=1,2,\cdots,n)$ 是把系数行列式中第 j 列的元素用方程右端的常数项代替后所得到的 n 阶行列式, 即

$$D_j=\begin{vmatrix}a_{11}&\cdots&a_{1\,j-1}&b_1&a_{1\,j+1}&\cdots&a_{1n}\\a_{21}&\cdots&a_{2\,j-1}&b_2&a_{2\,j+1}&\cdots&a_{2n}\\\cdots&\cdots&\cdots&\cdots&\cdots&\cdots&\cdots\\a_{n1}&\cdots&a_{nj-1}&b_n&a_{nj+1}&\cdots&a_{nn}\end{vmatrix}(j=1,2,\cdots,n)\,.$$

证明从略.

说明: 克拉默法则从理论上解决了系数行列式不为零的这类线性方程组的求解问题.

例 8.13 解线性方程组 $\begin{cases} x_1 - 3x_2 + 7x_3 = 2, \\ 2x_1 + 4x_2 - 3x_3 = -1, \\ -3x_1 + 7x_2 + 2x_3 = 3. \end{cases}$

解: $D = \begin{vmatrix} 1 & -3 & 7 \\ 2 & 4 & -3 \\ -3 & 7 & 2 \end{vmatrix} = 196 \neq 0, D_1 = \begin{vmatrix} 2 & -3 & 7 \\ -1 & 4 & -3 \\ 3 & 7 & 2 \end{vmatrix} = -54$,

$$D_2 = \begin{vmatrix} 1 & 2 & 7 \\ 2 & -1 & -3 \\ -3 & 3 & 2 \end{vmatrix} = 38, D_3 = \begin{vmatrix} 1 & -3 & 2 \\ 2 & 4 & -1 \\ -3 & 7 & 3 \end{vmatrix} = 80,$$

则原方程组的解为

$$x_1 = \frac{D_1}{D} = \frac{-54}{196} = -\frac{27}{98},\ x_2 = \frac{D_2}{D} = \frac{38}{196} = \frac{19}{98},\ x_3 = \frac{D_3}{D} = \frac{80}{196} = \frac{20}{49}.$$

当然, 用行列式来解多元线性方程组, 当未知元较多时, 计算量是相当大的, 故在解多元线性方程组时一般会另寻它法. 但克拉默 (Cramer) 法则在理论上是相当重要的, 它能用一组公式来表示一个线性方程组的解.

定义 8.7 若线性方程组为

$$(\text{IV}) \begin{cases} a_{11}x_1 + a_{12}x_2 + \cdots + a_{1n}x_n = 0, \\ a_{21}x_1 + a_{22}x_2 + \cdots + a_{2n}x_n = 0, \\ \cdots\cdots \\ a_{n1}x_1 + a_{n2}x_2 + \cdots + a_{nn}x_n = 0. \end{cases}$$

则称线性方程组 (Ⅳ) 为齐次线性方程组. $x_1 = x_2 = \cdots = x_n = 0$ 一定是它的一组解, 我们把它称为零解. 一组不全为零的解称为非零解.

定理 8.4 如果齐次线性方程组 (Ⅳ) 的系数行列式 $D \neq 0$, 则方程组只有零解.

定理 8.5 如果齐次线性方程组 (Ⅳ) 有非零解, 则系数行列式 $D = 0$.

定理 8.4 和定理 8.5 均可由克拉默 (Cramer) 法则直接推出, 这里不作证明.

例 8.14 求 λ 取何值时, 方程组 $\begin{cases} \lambda x_1 + x_2 = 0 \\ x_1 + \lambda x_2 = 0 \end{cases}$ 有非零解.

解: 由定理 8. 5 知, 原方程组有非零解, 必有 $\begin{vmatrix} \lambda & 1 \\ 1 & \lambda \end{vmatrix} = \lambda^2 - 1 = 0$, 即 $\lambda = \pm 1$.

当 $\lambda = 1$ 时, 方程组为 $\begin{cases} x_1 + x_2 = 0 \\ x_1 + x_2 = 0 \end{cases}$, 化为二元一次方程 $x_1 + x_2 = 0$, 有非零解 $x_2 = -x_1$. 同理, 在 $\lambda = -1$ 时, 原方程组也有非零解.

习题8.1

1. 求排列 1 3 5 7 9 10 8 6 4 2 的逆序数.
2. 求 i, j 的值, 使 $1274i56j9$ 成为偶排列.
3. 求 i, j 的值, 使 $1i25j4897$ 成为奇排列.

4. 写出行列式$\begin{vmatrix} 5 & -3 & 0 & 1 \\ 0 & -2 & -1 & 0 \\ 1 & 0 & 4 & 7 \\ 0 & 3 & 0 & 2 \end{vmatrix}$中元素$a_{23}=-1, a_{33}=4$的代数余子式.

5. 由行列式定义，计算$f(x)=\begin{vmatrix} 2x & x & 1 & 2 \\ 1 & x & 1 & -1 \\ 3 & 2 & x & 1 \\ 1 & 1 & 1 & x \end{vmatrix}$中的$x^4$及$x^3$的系数.

6. 计算下列行列式的值:

(1)$\begin{vmatrix} 1 & -2 & 1 \\ 2 & 1 & -3 \\ -1 & 1 & -1 \end{vmatrix}$;　(2)$\begin{vmatrix} x & y & x+y \\ y & x+y & x \\ x+y & x & y \end{vmatrix}$;　(3)$\begin{vmatrix} 3 & 1 & 1 & 1 \\ 1 & 3 & 1 & 1 \\ 1 & 1 & 3 & 1 \\ 1 & 1 & 1 & 3 \end{vmatrix}$;　(4)$\begin{vmatrix} x & y & 0 & \cdots & 0 & 0 \\ 0 & x & y & \cdots & 0 & 0 \\ \cdots & \cdots & \cdots & \cdots & \cdots & \cdots \\ 0 & 0 & 0 & \cdots & x & y \\ y & 0 & 0 & \cdots & 0 & x \end{vmatrix}$.

7. 证明: $\begin{vmatrix} a & b & b & \cdots & b \\ b & a & b & \cdots & b \\ \cdots & \cdots & \cdots & \cdots & b \\ b & b & b & \cdots & a \end{vmatrix}=[a+(n-1)b](a-b)^{n-1}$.

8. 求λ取何值时，方程组$\begin{cases} (1-\lambda)x_1-2x_2+4x_3=0, \\ 2x_1+(3-\lambda)x_2+x_3=0, \\ x_1+x_2+(1-\lambda)x_3=0 \end{cases}$有非零解.

9. 利用克莱姆法则解线性方程组$\begin{cases} 2x_1-x_2+3x_3+2x_4=6, \\ 3x_1-3x_2+3x_3+2x_4=5, \\ 3x_1-x_2-x_3+2x_4=3, \\ 3x_1-x_2+3x_3-x_4=4 \end{cases}$

8.2 矩阵及其运算

为了求解方程个数等于未知数的个数的线性方程组的解，我们引入了行列式的概念，并掌握了行列式的一些重要性质，在系数行列式不为零时，可由克莱姆法则求出解的表达式. 但在现实社会中，常常遇到方程个数不等于未知数的个数的线性方程组，求这样的线性方程组的解，就不能用行列式方法求出. 因此，我们引入矩阵的概念，并研究矩阵的运算规律性，用矩阵的方法求解这类线性方程组的解.

8.2.1 矩阵的概念

1. 矩阵

定义 8.8　n元线性方程组(V) $\begin{cases} a_{11}x_1+a_{12}x_2+\cdots+a_{1n}x_n=b_1, \\ a_{21}x_1+a_{22}x_2+\cdots+a_{2n}x_n=b_2, \\ \cdots\cdots \\ a_{m1}x_1+a_{m2}x_2+\cdots+a_{mn}x_n=b_m, \end{cases}$ 的系数按m行n列排成一

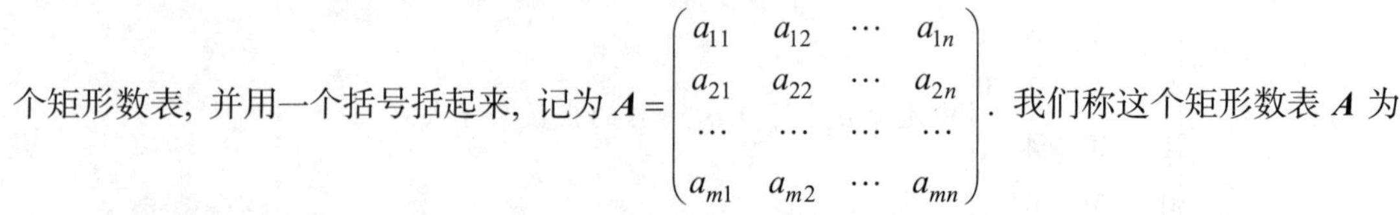

个矩形数表，并用一个括号括起来，记为 $\boldsymbol{A}=\begin{pmatrix} a_{11} & a_{12} & \cdots & a_{1n} \\ a_{21} & a_{22} & \cdots & a_{2n} \\ \cdots & \cdots & \cdots & \cdots \\ a_{m1} & a_{m2} & \cdots & a_{mn} \end{pmatrix}$. 我们称这个矩形数表 $\boldsymbol{A}$ 为 **$\boldsymbol{m}$ 行 $\boldsymbol{n}$ 列矩阵**，简称 **$\boldsymbol{m}\times\boldsymbol{n}$ 矩阵**，记作 $\boldsymbol{A}=(\boldsymbol{a_{ij}})_{\boldsymbol{m}\times\boldsymbol{n}}$ 或 $\boldsymbol{A}_{\boldsymbol{m}\times\boldsymbol{n}}$，其中 a_{ij} 称为**矩阵 $\boldsymbol{A}$ 的第 $\boldsymbol{i}$ 行第 $\boldsymbol{j}$ 列的元素**，矩阵 $\boldsymbol{A}$ 共有 $m\times n$ 个元素. 若元素是实数的矩阵，我们就称为实矩阵，若元素是复数的矩阵，我们就称为复矩阵.

注意：矩阵与行列式的区别，行列式是一个多项式或一个数，且行数与列数必须相等；而矩阵是一个数表，且行数与列数未必相等.

还需指出的是，虽然行列式与矩阵都是为解线性方程组而引入的概念，但行列式与矩阵知识不只是用来解决线性方程组解的问题，它们在其他领域内有广泛的应用.

只有一行的矩阵 $(a_1,a_2,\cdots,a_n)$，称为**行矩阵**，有时称为**行向量**.

只有一列的矩阵，称为**列矩阵**，也称为**列向量**. 实际上，线性方程组的所有常数项组成了一个列矩阵 $\begin{pmatrix} b_1 \\ b_2 \\ \cdots \\ b_m \end{pmatrix}$.

2. 同型矩阵

定义 8.9 如果两个矩阵 $\boldsymbol{A}=(a_{ij})_{m\times n}$，$\boldsymbol{B}=(b_{ij})_{m\times n}$ 的行数与列数都完全相同，则称矩阵 $\boldsymbol{A}$、$\boldsymbol{B}$ 为**同型矩阵**.

3. 相等矩阵

定义 8.10 如果两个同型矩阵 $\boldsymbol{A}=(a_{ij})_{m\times n}$，$\boldsymbol{B}=(b_{ij})_{m\times n}$ 所对应元素完全相同 $a_{ij}=b_{ij}$，则称 $\boldsymbol{A}$ 与 $\boldsymbol{B}$ 相等，记作 $\boldsymbol{A}=\boldsymbol{B}$.

4. 几种特殊矩阵

(1) 若矩阵的所有元素均为零，称为 **0 矩阵** 记作 $0_{m\times n}$ 或 0.

(2) 若矩阵的行数与列数相等，则称为**方阵**，记作 $A=(a_{ij})_{n\times n}$.

(3) 形如 $\begin{pmatrix} 1 & & & \\ & 1 & & \\ & & \ddots & \\ & & & 1 \end{pmatrix}_{n\times n}$ (未写出的元素为 0) 的方阵，称为 n 阶**单位阵**，记作 $\boldsymbol{I}_{\mathbf{n}}$ 或 $\boldsymbol{I}$.

(4) 形如 $\begin{pmatrix} a_1 & & & \\ & a_2 & & \\ & & \ddots & \\ & & & a_n \end{pmatrix}_{n\times n}$ 的方阵，称为**对角矩阵**.

(5) 形如 $\begin{pmatrix} a_{11} & a_{12} & \cdots & a_{1n} \\ & a_{22} & \cdots & a_{2n} \\ & & \ddots & \\ & & & a_{nn} \end{pmatrix}_{n\times n}$ 的方阵，称为上**三角矩阵**.

8.2.2 矩阵的运算

1. 矩阵的加法

定义 8.11 设 $m\times n$ 同型矩阵 $\boldsymbol{A}=(a_{ij})_{m\times n}$，$\boldsymbol{B}=(b_{ij})_{m\times n}$，$\boldsymbol{C}=\boldsymbol{A}+\boldsymbol{B}=(a_{ij}+b_{ij})_{m\times n}$，则称**矩阵 $\boldsymbol{C}$ 为矩阵 $\boldsymbol{A}$ 与 $\boldsymbol{B}$ 的和**, 这个运算称为矩阵的加法运算. 即

$$\boldsymbol{C}=\boldsymbol{A}+\boldsymbol{B}=\begin{pmatrix} a_{11}+b_{11} & a_{12}+b_{12} & \cdots & a_{1n}+b_{1n} \\ a_{21}+b_{21} & a_{22}+b_{22} & \cdots & a_{2n}+b_{2n} \\ \cdots & \cdots & \cdots & \cdots \\ a_{m1}+b_{m1} & a_{m2}+b_{m2} & \cdots & a_{mn}+b_{mn} \end{pmatrix}.$$

例如:

$$\begin{pmatrix} 1 & 0 & -1 & 2 \\ 0 & 2 & 0 & -1 \\ -1 & 0 & 2 & 1 \end{pmatrix}+\begin{pmatrix} -1 & 1 & 2 & 3 \\ 1 & 0 & 1 & -1 \\ 2 & -1 & -1 & 1 \end{pmatrix}=\begin{pmatrix} 1-1 & 0+1 & -1+2 & 2+3 \\ 0+1 & 2+0 & 0+1 & -1-1 \\ -1+2 & 0-1 & 2-1 & 1+1 \end{pmatrix}=\begin{pmatrix} 0 & 1 & 1 & 5 \\ 1 & 2 & 1 & -2 \\ 1 & -1 & 1 & 2 \end{pmatrix}.$$

注意: 矩阵的和仍是一个同型矩阵. 不是同型矩阵不能相加.

由矩阵加法定义, 不难得出矩阵加法运算律:

(1) $\boldsymbol{A}+\boldsymbol{B}=\boldsymbol{B}+\boldsymbol{A}$ (交换律);

(2) $(\boldsymbol{A}+\boldsymbol{B})+\boldsymbol{C}=\boldsymbol{A}+(\boldsymbol{B}+\boldsymbol{C})$ (结合律);

(3) $\boldsymbol{A}+0=0+\boldsymbol{A}=\boldsymbol{A}$ (零矩阵特性);

(4) 对于任意矩阵 $\boldsymbol{A}$, 存在唯一矩阵 $-\boldsymbol{A}$, 使 $\boldsymbol{A}+(-\boldsymbol{A})=0$ (零矩阵), 则称 $-\boldsymbol{A}$ 为 $\boldsymbol{A}$ 的负矩阵, 即若 $\boldsymbol{A}=(a_{ij})_{m\times n}$, 则 $-\boldsymbol{A}=(-a_{ij})_{m\times n}$;

(5) $\boldsymbol{A}-\boldsymbol{B}=\boldsymbol{A}+(-\boldsymbol{B})$.

2. 数乘矩阵

定义 8.12 任一数 α 与矩阵 $\boldsymbol{A}=(a_{ij})_{m\times n}$ 的每个元素都相乘, 则得到的矩阵乘积 $(\alpha a_{ij})_{m\times n}$ 称为 α 与矩阵 $\boldsymbol{A}$ 的数乘矩阵, 记作 $\alpha\boldsymbol{A}$.

例 8.15 计算 $2\begin{pmatrix} -1 & 2 & 1 \\ 3 & 2 & 1 \\ 1 & 2 & 3 \end{pmatrix}$.

解: $2\begin{pmatrix} -1 & 2 & 1 \\ 3 & 2 & 1 \\ 1 & 2 & 3 \end{pmatrix}=\begin{pmatrix} -1\times 2 & 2\times 2 & 1\times 2 \\ 3\times 2 & 2\times 2 & 1\times 2 \\ 1\times 2 & 2\times 2 & 3\times 2 \end{pmatrix}=\begin{pmatrix} -2 & 4 & 2 \\ 6 & 4 & 2 \\ 2 & 4 & 6 \end{pmatrix}$.

数乘矩阵的运算律:

(1) $(\alpha+\beta)\boldsymbol{A}=\alpha\boldsymbol{A}+\beta\boldsymbol{A}$;

(2) $\alpha(\boldsymbol{A}+\boldsymbol{B})=\alpha\boldsymbol{A}+\alpha\boldsymbol{B}$ (分配律);

(3) $\alpha(\beta\boldsymbol{A})=(\alpha\beta)\boldsymbol{A}$ (结合律);

(4) $(-1)\boldsymbol{A}=-\boldsymbol{A}$.

其中 α,β 为常数, $\boldsymbol{A}$ 与 $\boldsymbol{B}$ 为同型矩阵.

3. 矩阵乘积

定义 8.13 设矩阵 $\boldsymbol{A}=(a_{ij})_{m\times n}$ 乘以矩阵 $\boldsymbol{B}=(b_{ij})_{n\times k}$ 的积为矩阵 $\boldsymbol{C}=(c_{ij})_{m\times k}$，其中

$c_{ij}=\sum_{l=1}^{n}a_{il}b_{lj}=a_{i1}b_{1j}+a_{i2}b_{2j}+\cdots+a_{in}b_{nj}, i=1,2,\cdots,m, j=1,2,\cdots,k$，这样的运算称为**矩阵乘法运算**，矩阵 $\boldsymbol{C}$ 称为 $\boldsymbol{A}$ 与 $\boldsymbol{B}$ 的积，记作 $\boldsymbol{AB}=\boldsymbol{C}$．即

$$\boldsymbol{AB}=\begin{pmatrix}a_{11}&a_{12}&\cdots&a_{1n}\\a_{21}&a_{22}&\cdots&a_{2n}\\\cdots&\cdots&\cdots&\cdots\\a_{m1}&a_{m2}&\cdots&a_{mn}\end{pmatrix}\begin{pmatrix}b_{11}&b_{12}&\cdots&b_{1k}\\b_{21}&b_{22}&\cdots&b_{2k}\\\cdots&\cdots&\cdots&\cdots\\b_{n1}&b_{n2}&\cdots&b_{nk}\end{pmatrix}$$

$$=\begin{pmatrix}\sum_{i=1}^{n}a_{1i}b_{i1}&\sum_{i=1}^{n}a_{1i}b_{i2}&\cdots&\sum_{i=1}^{n}a_{1i}b_{ik}\\\sum_{i=1}^{n}a_{2i}b_{i1}&\sum_{i=1}^{n}a_{2i}b_{i2}&\cdots&\sum_{i=1}^{n}a_{2i}b_{ik}\\\cdots&\cdots&\cdots&\cdots\\\sum_{i=1}^{n}a_{mi}b_{i1}&\sum_{i=1}^{n}a_{mi}b_{i2}&\cdots&\sum_{i=1}^{n}a_{mi}b_{ik}\end{pmatrix}$$

说明：只有当左矩阵 $\boldsymbol{A}$ 的列数等于右矩阵 $\boldsymbol{B}$ 的行数时，两矩阵才可相乘.

有了矩阵的乘法运算，线性方程组（V）可以简单地表示成矩阵方程 $\boldsymbol{AX}=\boldsymbol{b}$ 的形式，即

$$\begin{pmatrix}a_{11}&a_{12}&\cdots&a_{1n}\\a_{21}&a_{22}&\cdots&a_{2n}\\\cdots&\cdots&\cdots&\cdots\\a_{m1}&a_{m2}&\cdots&a_{mn}\end{pmatrix}\begin{pmatrix}x_1\\x_2\\\cdots\\x_n\end{pmatrix}=\begin{pmatrix}b_1\\b_2\\\cdots\\b_m\end{pmatrix},\quad \boldsymbol{X}=\begin{pmatrix}x_1\\x_2\\\cdots\\x_n\end{pmatrix},b=\begin{pmatrix}b_1\\b_2\\\cdots\\b_m\end{pmatrix}$$

例 8.16 已知方程组 $\begin{cases}y_1=x_1+2x_2+3x_3\\y_2=-x_1+x_2+4x_3\end{cases}$ 与方程组 $\begin{cases}x_1=2t_1+3t_2,\\x_2=3t_1+4t_2,\\x_3=5t_1-2t_2\end{cases}$ 试用 t_1,t_2 表示 y_1,y_2.

解：原方程组可写成矩阵方程 $\begin{pmatrix}y_1\\y_2\end{pmatrix}=\begin{pmatrix}1&2&3\\-1&1&4\end{pmatrix}\begin{pmatrix}x_1\\x_2\\x_3\end{pmatrix}$ 和 $\begin{pmatrix}x_1\\x_2\\x_3\end{pmatrix}=\begin{pmatrix}2&3\\3&4\\5&-2\end{pmatrix}\begin{pmatrix}t_1\\t_2\end{pmatrix}$ 的形式，

将第二个矩阵方程代入第一个矩阵方程中，得

$$\begin{pmatrix}y_1\\y_2\end{pmatrix}=\begin{pmatrix}1&2&3\\-1&1&4\end{pmatrix}\begin{pmatrix}2&3\\3&4\\5&-2\end{pmatrix}\begin{pmatrix}t_1\\t_2\end{pmatrix}=\begin{pmatrix}1\times2+2\times3+3\times5&1\times3+2\times4+3\times(-2)\\-1\times2+1\times3+4\times5&-1\times3+1\times4+4\times(-2)\end{pmatrix}\begin{pmatrix}t_1\\t_2\end{pmatrix},$$

$$\begin{pmatrix}y_1\\y_2\end{pmatrix}=\begin{pmatrix}23&5\\21&-7\end{pmatrix}\begin{pmatrix}t_1\\t_2\end{pmatrix}=\begin{pmatrix}23t_1+5t_2\\21t_1-7t_2\end{pmatrix}.$$

即 $\begin{cases}y_1=23t_1+5t_2\\y_2=21t_1-7t_2\end{cases}$.

若有矩阵方程 $\boldsymbol{Y}=\boldsymbol{AX},\boldsymbol{X}=\boldsymbol{BT}$，则 $\boldsymbol{Y}=\boldsymbol{ABT}$，新方程组的系数矩阵为矩阵积 $\boldsymbol{AB}$.

设 $\boldsymbol{A},\boldsymbol{B},\boldsymbol{C}$ 为矩阵，α 为常数，不难验证矩阵乘积满足如下运算律：

(1) $(\boldsymbol{AB})\boldsymbol{C}=\boldsymbol{A}(\boldsymbol{BC})$（结合律）；

(2) $\boldsymbol{IA}=\boldsymbol{AI}=\boldsymbol{A}$（单位矩阵特性）；

(3) $(\alpha\boldsymbol{A})\boldsymbol{B}=\alpha(\boldsymbol{AB})$（数乘结合律）；

(4) $(\boldsymbol{A}+\boldsymbol{B})\boldsymbol{C}=\boldsymbol{AC}+\boldsymbol{BC},\boldsymbol{D}(\boldsymbol{A}+\boldsymbol{B})=\boldsymbol{DA}+\boldsymbol{DB}$（分配律）；

(5) $0A=0, A0=0$ (零矩阵特性).

注意: $AB \neq BA$, 即矩阵乘法不满足交换律. 因为 A 可右乘 B, 但不一定能左乘 B (两矩阵相乘必须满足第一个矩阵的列数与第二个矩阵的行数相等). 即使 A 可同时左乘右乘, 其积也不相等.

如例 8.16 中,

$$\begin{pmatrix}1&2&3\\-1&1&4\end{pmatrix}\begin{pmatrix}2&3\\3&4\\5&-2\end{pmatrix}=\begin{pmatrix}23&5\\21&-7\end{pmatrix},\quad \begin{pmatrix}2&3\\3&4\\5&-2\end{pmatrix}\begin{pmatrix}1&2&3\\-1&1&4\end{pmatrix}=\begin{pmatrix}-1&7&18\\-1&10&25\\7&8&7\end{pmatrix}.$$

两矩阵乘法均存在, 但是不相等.

同样地, $0A \neq A0$, 因为 A 可能不是方阵. 若 A 为方阵, 则有 $0A=A0=0$.

例 8.17 求矩阵 $A=\begin{pmatrix}1&0&3&-1\\2&1&0&2\end{pmatrix}$ 与 $B=\begin{pmatrix}4&1&0\\-1&1&3\\2&0&1\\1&3&4\end{pmatrix}$ 的乘积 AB.

解: $AB=\begin{pmatrix}1&0&3&-1\\2&1&0&2\end{pmatrix}\begin{pmatrix}4&1&0\\-1&1&3\\2&0&1\\1&3&4\end{pmatrix}$

$$=\begin{pmatrix}1\times4+0\times(-1)+3\times2+(-1)\times1 & 1\times1+0\times1+3\times0+(-1)\times3 & 1\times0+0\times3+3\times1+(-1)\times4\\ 2\times4+1\times(-1)+0\times2+2\times1 & 2\times1+1\times1+0\times0+2\times3 & 2\times0+1\times3+0\times1+2\times4\end{pmatrix}$$

$$=\begin{pmatrix}9&-2&-1\\9&9&11\end{pmatrix}.$$

定理 8.6 对角矩阵之积仍是对角矩阵. 即

$$\begin{pmatrix}a_1&&&\\&a_2&&\\&&\ddots&\\&&&a_n\end{pmatrix}\begin{pmatrix}b_1&&&\\&b_2&&\\&&\ddots&\\&&&b_n\end{pmatrix}=\begin{pmatrix}a_1b_1&&&\\&a_2b_2&&\\&&\ddots&\\&&&a_nb_n\end{pmatrix}$$

可由矩阵的乘积定义得出此结论. 证明略.

4. 方阵 A 的幂

定义 8.14 设 n 阶方阵 $A=(a_{ij})_{n\times n}$, $A^2=AA$, $A^k=\overbrace{AA\cdots A}^{k}$ (k 为正整数),称 A^k 为**矩阵 A 的 k 次幂**.

不难验证矩阵的幂运算律: $A^kA^m=A^{k+m},(A^k)^m=A^{km}$.

由于矩阵乘积不满足交换律, 所以 $(AB)^k \neq A^kB^k$.

5. 矩阵的转置

定义 8.15 设 $m\times n$ 矩阵 $A=\begin{pmatrix}a_{11}&a_{12}&\cdots&a_{1n}\\a_{21}&a_{22}&\cdots&a_{2n}\\\cdots&\cdots&\cdots&\cdots\\a_{m1}&a_{m2}&\cdots&a_{mn}\end{pmatrix}$,

则称 $\boldsymbol{A}^{\mathrm{T}}=\begin{pmatrix} a_{11} & a_{21} & \cdots & a_{m1} \\ a_{12} & a_{22} & \cdots & a_{m2} \\ \cdots & \cdots & \cdots & \cdots \\ a_{1n} & a_{2n} & \cdots & a_{mn} \end{pmatrix}$ 为**矩阵 $\boldsymbol{A}$ 的转置矩阵**，这样的运算称为**矩阵的转置运算**.

例如，$\boldsymbol{A}=\begin{pmatrix} 9 & -2 & -1 \\ 9 & 9 & 11 \end{pmatrix}$，则其转置矩阵为 $\boldsymbol{A}^{\mathrm{T}}=\begin{pmatrix} 9 & 9 \\ -2 & 9 \\ -1 & 11 \end{pmatrix}$.

不难验证矩阵转置满足以下运算规律:

(1) $(\boldsymbol{A}^{\mathrm{T}})^{\mathrm{T}}=\boldsymbol{A}$;

(2) $(\boldsymbol{A}+\boldsymbol{B})^{\mathrm{T}}=\boldsymbol{A}^{\mathrm{T}}+\boldsymbol{B}^{\mathrm{T}}$;

(3) $(\lambda\boldsymbol{A})^{\mathrm{T}}=\lambda\boldsymbol{A}^{\mathrm{T}}$ (λ 为常数);

(4) $(\boldsymbol{A}\boldsymbol{B})^{\mathrm{T}}=\boldsymbol{B}^{\mathrm{T}}\boldsymbol{A}^{\mathrm{T}}$.

定义 8.16 设 $\boldsymbol{A}$ 为 n 阶方阵，若 $\boldsymbol{A}^{\mathrm{T}}=\boldsymbol{A}$，即 $a_{ij}=a_{ji}(i,j=1,2,\cdots,n)$，则称 $\boldsymbol{A}$ 为**对称矩阵**.

例如，$\boldsymbol{A}=\begin{pmatrix} 1 & 2 & 3 \\ 2 & 2 & 4 \\ 3 & 4 & 3 \end{pmatrix}$，有 $\boldsymbol{A}^{\mathrm{T}}=\begin{pmatrix} 1 & 2 & 3 \\ 2 & 2 & 4 \\ 3 & 4 & 3 \end{pmatrix}=\boldsymbol{A}$，所以 $\boldsymbol{A}$ 为三阶对称矩阵.

例 8.18 已知矩阵 $\boldsymbol{A}=\begin{pmatrix} 1 & 0 & 3 & -1 \\ 2 & 1 & 0 & 2 \end{pmatrix}$ 与 $\boldsymbol{B}=\begin{pmatrix} 4 & 1 & 0 \\ -1 & 1 & 3 \\ 2 & 0 & 1 \\ 1 & 3 & 4 \end{pmatrix}$，求转置矩阵 $(\boldsymbol{A}\boldsymbol{B})^{\mathrm{T}}$.

解法 1: 先求 $\boldsymbol{A}\boldsymbol{B}$，再求 $(\boldsymbol{A}\boldsymbol{B})^{\mathrm{T}}$. 由例 8. 17 知，$\boldsymbol{A}\boldsymbol{B}=\begin{pmatrix} 9 & -2 & -1 \\ 9 & 9 & 11 \end{pmatrix}$，则

$$(\boldsymbol{A}\boldsymbol{B})^{\mathrm{T}}=\begin{pmatrix} 9 & 9 \\ -2 & 9 \\ -1 & 11 \end{pmatrix}.$$

解法 2: 根据转置运算律 (4),

$$\boldsymbol{A}^{\mathrm{T}}=\begin{pmatrix} 1 & 2 \\ 0 & 1 \\ 3 & 0 \\ -1 & 2 \end{pmatrix}, \boldsymbol{B}^{\mathrm{T}}=\begin{pmatrix} 4 & -1 & 2 & 1 \\ 1 & 1 & 0 & 3 \\ 0 & 3 & 1 & 4 \end{pmatrix},\ (\boldsymbol{A}\boldsymbol{B})^{\mathrm{T}}=\boldsymbol{B}^{\mathrm{T}}\boldsymbol{A}^{\mathrm{T}}=\begin{pmatrix} 4 & -1 & 2 & 1 \\ 1 & 1 & 0 & 3 \\ 0 & 3 & 1 & 4 \end{pmatrix}\begin{pmatrix} 1 & 2 \\ 0 & 1 \\ 3 & 0 \\ -1 & 2 \end{pmatrix}=\begin{pmatrix} 9 & 9 \\ -2 & 9 \\ -1 & 11 \end{pmatrix}.$$

注意: 对称矩阵的元素是以主对角线为对称轴对应相等，且只有方阵才有“对称”的意义.

6. 方阵的行列式

定义 8.17 设矩阵 $\boldsymbol{A}$ 为 n 阶方阵，则方阵 $\boldsymbol{A}$ 的行列式就是按矩阵 $\boldsymbol{A}$ 原有行列顺序取行列式，记作行列式 $|\boldsymbol{A}|$.

单位矩阵 I 的行列式 $|\boldsymbol{I}|=1$.

设 $\boldsymbol{A},\boldsymbol{B}$ 为 n 阶方阵，λ 为常数，则行列式运算满足下列运算法则:

(1) $|\boldsymbol{A}^{\mathrm{T}}|=|\boldsymbol{A}|$;

(2) $|\lambda A| = \lambda^n |A|$;

(3) $|AB| = |A||B|$.

利用行列式的性质, 不难验证运算法则 (1)(2). 运算法则 (3) 的证明从略.

例 8.19 设方阵 $A = \begin{pmatrix} -1 & 2 \\ 0 & 3 \end{pmatrix}$, 矩阵 $B = A - \lambda I$ 的行列式为 $f(\lambda)$, 求 $f(A)$.

解: $f(\lambda) = |B| = |A - \lambda I| = \begin{vmatrix} -1-\lambda & 2 \\ 0 & 3-\lambda \end{vmatrix} = \lambda^2 - 2\lambda - 3$,

$$f(A) = A^2 - 2A - 3I = \begin{pmatrix} -1 & 2 \\ 0 & 3 \end{pmatrix}^2 - 2\begin{pmatrix} -1 & 2 \\ 0 & 3 \end{pmatrix} - 3\begin{pmatrix} 1 & 0 \\ 0 & 1 \end{pmatrix}$$

$$= \begin{pmatrix} 1 & 4 \\ 0 & 9 \end{pmatrix} - \begin{pmatrix} -2 & 4 \\ 0 & 6 \end{pmatrix} - \begin{pmatrix} 3 & 0 \\ 0 & 3 \end{pmatrix} = \begin{pmatrix} 0 & 0 \\ 0 & 0 \end{pmatrix}.$$

7. 方阵的逆运算

定义 8.18 对于 n 阶方阵 A, 如果有一个 n 阶方阵 B, 使 $AB = BA = I$, 则称**矩阵 B 为矩阵 A 的逆矩阵**, 记作 $B = A^{-1}$, 矩阵 A 称为**可逆矩阵**. A, B 互为逆矩阵.

由一个已知方阵, 求它的逆矩阵的运算称为矩阵的逆运算.

说明: 只有方阵才可能有逆矩阵存在; 一个方阵也可能不可逆, 互为逆矩阵的两个矩阵对乘积满足交换律.

例如, 设 $A = \begin{pmatrix} 3 & 2 & 0 \\ 2 & 1 & 2 \\ 2 & 1 & 1 \end{pmatrix}$, $B = \begin{pmatrix} -1 & -2 & 4 \\ 2 & 3 & -6 \\ 0 & 1 & -1 \end{pmatrix}$. 因为 $AB = BA = I$, 所以矩阵 B 为矩阵 A 的逆矩阵, 同样矩阵 A 也是矩阵 B 的逆矩阵.

定理 8.7 方阵 A 可逆, 则逆矩阵 A^{-1} 唯一, 且 $(A^{-1})^{-1} = A$.

证明: 设矩阵 A 有两个逆矩阵 B, C, 则 $AB = AC = I, B = BI = B(AC) = (BA)C$, 即 $B=IC=C$, 故逆矩阵唯一.

因为 $AA^{-1} = I$, 所以 A^{-1} 的逆矩阵为 A, 即 $(A^{-1})^{-1} = A$.

定理 8.8 若方阵 A 可逆, 则 A 的行列式不等于 0.

证明: 设方阵 A 可逆, 则有 $AA^{-1} = I$, 它的行列式为 $|AA^{-1}| = |I| = 1$, 即 $|A||A^{-1}| = 1 \neq 0$, 所以, $|A| \neq 0$.

定义 8.19 设 n 阶方阵 A 的行列式 $|A|$ 的各个元素的代数余子式 A_{ij} 所构成的如下方阵

$$A^* = \begin{pmatrix} A_{11} & A_{21} & \cdots & A_{n1} \\ A_{12} & A_{22} & \cdots & A_{n2} \\ \cdots & \cdots & \cdots & \cdots \\ A_{1n} & A_{2n} & \cdots & A_{nn} \end{pmatrix},$$

称为 A 的**伴随矩阵**.

定理 8.9 方阵 $A = (a_{ij})_{n\times n}$ 与它的伴随矩阵满足: $AA^* = A^*A = |A|I$.

定理 8.10 方阵 $A = (a_{ij})_{n\times n}$ 可逆的充分必要条件是 $|A| \neq 0$, 且 $A^{-1} = \dfrac{1}{|A|}A^*$.

实际上, 此定理给出了求已知矩阵的逆矩阵的方法——伴随矩阵法.

定理 8.11 若 $\boldsymbol{AB}=\boldsymbol{I}$，则 $\boldsymbol{B}=\boldsymbol{A}^{-1}$.

证明: $\boldsymbol{AB}=\boldsymbol{I}$，$|\boldsymbol{A}||\boldsymbol{B}|=|\boldsymbol{I}|=1$，则 $|\boldsymbol{A}|\neq 0$，故 $\boldsymbol{A}$ 可逆，且 $\boldsymbol{B}=\boldsymbol{IB}=\boldsymbol{AA}^{-1}\boldsymbol{B}=\boldsymbol{A}^{-1}\boldsymbol{AB}=\boldsymbol{A}^{-1}$.

说明: 定理 8.11 相当于对矩阵等式两边左乘 $\boldsymbol{A}^{-1}$，等式仍然成立. 即 $\boldsymbol{A}^{-1}\boldsymbol{AB}=\boldsymbol{A}^{-1}$，$\boldsymbol{B}=\boldsymbol{A}^{-1}$. 一般地，若 $\boldsymbol{A}$ 可逆，且 $\boldsymbol{AB}=\boldsymbol{C}$，则 $\boldsymbol{B}=\boldsymbol{A}^{-1}\boldsymbol{C}$.（相当于等式两边左乘 $\boldsymbol{A}^{-1}$）

定义 8.20 方阵 $\boldsymbol{A}$ 的行列式 $|\boldsymbol{A}|\neq 0$，则称 $\boldsymbol{A}$ 为**非奇异矩阵**；$|\boldsymbol{A}|=0$，称 $\boldsymbol{A}$ 为**奇异矩阵**.

定理 8.12 $\boldsymbol{A},\boldsymbol{B}$ 均为可逆同阶方阵，则 $\boldsymbol{AB}$ 可逆，且 $(\boldsymbol{AB})^{-1}=\boldsymbol{B}^{-1}\boldsymbol{A}^{-1}$.

证明: $(\boldsymbol{AB})\boldsymbol{B}^{-1}\boldsymbol{A}^{-1}=\boldsymbol{A}(\boldsymbol{BB}^{-1})\boldsymbol{A}^{-1}=\boldsymbol{AIA}^{-1}=\boldsymbol{AA}^{-1}=\boldsymbol{I}$，由定理 8.11 得，

$(\boldsymbol{AB})^{-1}=\boldsymbol{B}^{-1}\boldsymbol{A}^{-1}$.

定理 8.13 若矩阵 $\boldsymbol{A},\boldsymbol{B},\boldsymbol{C},\boldsymbol{D}$ 均为方阵，且 $\boldsymbol{B},\boldsymbol{C},\boldsymbol{D}$ 均可逆，且有 $\boldsymbol{BAC}=\boldsymbol{D}$，则 $\boldsymbol{A}$ 可逆且 $\boldsymbol{A}^{-1}=\boldsymbol{CD}^{-1}\boldsymbol{B}$.

例 8.20 求方阵 $\boldsymbol{A}=\begin{pmatrix}1&2&3\\2&2&1\\3&4&3\end{pmatrix}$ 的逆矩阵 $\boldsymbol{A}^{-1}$.

解: 由 $|\boldsymbol{A}|=2\neq 0$，知 $\boldsymbol{A}$ 可逆. 计算 $|\boldsymbol{A}|$ 的所有代数余子式:

$$A_{11}=2, A_{21}=6, A_{31}=-4,\ A_{12}=-3, A_{22}=-6, A_{32}=5,\ A_{13}=2, A_{23}=2, A_{33}=-2,$$

得其伴随矩阵 $\boldsymbol{A}^{*}=\begin{pmatrix}2&6&-4\\-3&-6&5\\2&2&-2\end{pmatrix}$，则

$$\boldsymbol{A}^{-1}=\frac{1}{|\boldsymbol{A}|}\boldsymbol{A}^{*}=\frac{1}{2}\begin{pmatrix}2&6&-4\\-3&-6&5\\2&2&-2\end{pmatrix}=\begin{pmatrix}1&3&-2\\-\frac{3}{2}&-3&\frac{5}{2}\\1&1&-1\end{pmatrix}.$$

利用伴随矩阵来求逆矩阵是比较困难的，要算出 n^2 个代数余子式，当 n 较大时运算量相当大.

我们曾经用行列式方法来求解过含有 n 个未知数的 n 个线性方程的方程组 (III) 的解；现在我们也可用逆矩阵的方法求此线性方程组的解. 设方程组 (III) 的矩阵方程为 $\boldsymbol{AX}=\boldsymbol{b}$，若 $|\boldsymbol{A}|\neq 0$，则 $\boldsymbol{A}$ 可逆，矩阵方程两边左乘 $\boldsymbol{A}^{-1}$ 得，$\boldsymbol{A}^{-1}\boldsymbol{AX}=\boldsymbol{A}^{-1}\boldsymbol{b}$，即

$$\boldsymbol{X}=\boldsymbol{A}^{-1}\boldsymbol{b}=\frac{1}{|\boldsymbol{A}|}\boldsymbol{A}^{*}\boldsymbol{b}.$$

例 8.21 解线性方程组 $\begin{cases}x_1+2x_2+3x_3=4\\2x_1+2x_2+x_3=6\\3x_1+4x_2+3x_3=8\end{cases}$.

解: 设 $\boldsymbol{A}=\begin{pmatrix}1&2&3\\2&2&1\\3&4&3\end{pmatrix}$，$\boldsymbol{X}=\begin{pmatrix}x_1\\x_2\\x_3\end{pmatrix}$，$b=\begin{pmatrix}4\\6\\8\end{pmatrix}$，则原方程组化成矩阵方程为 $\boldsymbol{AX}=\boldsymbol{b}$.

由例 8.20 知，$|\boldsymbol{A}|=2\neq 0$，则 $\boldsymbol{A}$ 可逆，且逆矩阵为

$$\boldsymbol{A}^{-1}=\begin{pmatrix}1&3&-2\\-\frac{3}{2}&-3&\frac{5}{2}\\1&1&-1\end{pmatrix},$$

故 $$X = A^{-1}b = \begin{pmatrix} x_1 \\ x_2 \\ x_3 \end{pmatrix} = \begin{pmatrix} 1 & 3 & -2 \\ -\frac{3}{2} & -3 & \frac{5}{2} \\ 1 & 1 & -1 \end{pmatrix}\begin{pmatrix} 4 \\ 6 \\ 8 \end{pmatrix} = \begin{pmatrix} 6 \\ -4 \\ 2 \end{pmatrix}.$$

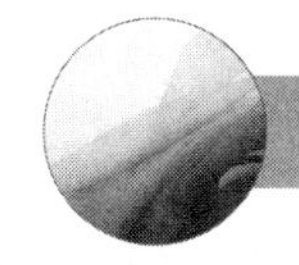

习题8.2

1. 设矩阵 A 为三阶矩阵，已知 $|A| = m$，求 $|-nA|$.

2. 设矩阵 $A = \begin{pmatrix} 3 & 1 & 1 \\ 2 & 1 & 2 \\ 1 & 2 & 3 \end{pmatrix}$，$B = \begin{pmatrix} 1 & 1 & -1 \\ 2 & -1 & 0 \\ 1 & 0 & 1 \end{pmatrix}$，求 $2A-3B, AB, AB-BA, A^2, (AB)^{\mathrm{T}}, A^{-1}$.

3. 求 $\begin{pmatrix} \cos\alpha & -\sin\alpha \\ \sin\alpha & \cos\alpha \end{pmatrix}^n$.

4. 求矩阵 X，设 (1) $\begin{pmatrix} 2 & 5 \\ 1 & 3 \end{pmatrix} X = \begin{pmatrix} 4 & -6 \\ 2 & 1 \end{pmatrix}$；

(2) $X\begin{pmatrix} 1 & 1 & -1 \\ 0 & 2 & 2 \\ 1 & -1 & 0 \end{pmatrix} = \begin{pmatrix} 1 & -1 & 1 \\ 1 & 1 & 0 \\ 2 & 1 & 1 \end{pmatrix}$.

5. 设 $A = \begin{pmatrix} a_1 & 0 & \cdots & 0 \\ 0 & a_2 & \cdots & 0 \\ \cdots & \cdots & \cdots & 0 \\ 0 & 0 & \cdots & a_n \end{pmatrix}$，其中 $a_i \neq 0(i = 1,2,\cdots,n)$，试求 A^{-1}.

6. 设方阵 A 满足 $A^2 - A - 2I = 0$，证明 A 及 $A+2I$ 都可逆.

7. 利用逆矩阵解线性方程组 $\begin{cases} x_1 + 2x_2 + 3x_3 = 1, \\ 2x_1 + 2x_2 + 5x_3 = 2, \\ 3x_1 + 5x_2 + x_3 = 3. \end{cases}$

8.3 矩阵的初等变换与秩

解多元方程组，都是通过对未知量消元来减少未知元的个数，化为简单的同解方程组来解. 而通过对消元法解线性方程组的分析，抽象出的矩阵的初等变换概念，说明消元过程就是初等变换过程.

8.3.1 矩阵的初等变换

1. 矩阵的初等变换

回顾消元法解形如线性方程组(V)的过程，我们会发现其中用到了三种变换，即(1) 交换方程次序 (第 i 个方程与第 j 个方程交换位置)；(2) 以不等于零的数乘某个方程 (以第 i 个方程 $\times k$ 替换第 i 个方程)；(3) 一个方程加上另一个方程的 k 倍 (以第 i 个方程 $+k\times$ 第 j 个方程替换第 i 个方程). 由于这三种变换都是可逆的，因此变换前的方程组与变换后的方程组是同解的. 这三种变换都是同解变换. 所以最后求得的新方程组的解是原方程的解.

在上述变换过程中, 实际上只对方程组的系数和常数进行运算, 未知量并未参与运算.

若记 $\boldsymbol{B}=(\boldsymbol{A} \vdots \boldsymbol{b})=\begin{pmatrix} a_{11} & a_{12} & \cdots & a_{1n} & \vdots & b_1 \\ a_{21} & a_{22} & \cdots & a_{2n} & \vdots & b_2 \\ \cdots & \cdots & \cdots & \cdots & \vdots & \cdots \\ a_{m1} & a_{m2} & \cdots & a_{mn} & \vdots & b_m \end{pmatrix}$,

则称 $\boldsymbol{B}=(\boldsymbol{A} \vdots \boldsymbol{b})$ 为线性方程组 $\boldsymbol{AX}=\boldsymbol{b}$ 的**增广矩阵**.

因此, 消元法解线性方程组 $\boldsymbol{AX}=\boldsymbol{b}$ 所用的三种变换, 实际上是通过对增广矩阵进行三种变换将其化为较简单的矩阵, 从而化为较易解的同解的方程组.

定义 8.21 把对矩阵进行的下列三种变换, 称为**矩阵的初等行变换**. 即

(1) 对调两行 (对调 i, j 两行, 记作 $r_i \leftrightarrow r_j$);

(2) 以数 $k \neq 0$ 乘某一行中的所有元素 (第 i 行乘 k, 记作 $r_i \times k$);

(3) 把某一行的所有元素的 k 倍加到另一行对应的元素上去 (第 j 行的 k 倍加到第 i 行上, 记作 $r_i + kr_j$).

把定义中的“行”换成“列”, 即得矩阵的初等列变换的定义 (所用的记号是把“r”换成“c”).

矩阵的初等行 (列) 变换, 称为**矩阵初等变换**.

从矩阵初等变换的定义不难看出, 矩阵的每一种初等变换的逆变换都是同类型初等变换.

变换 $r_i \leftrightarrow r_j$ 的逆变换是本身;

变换 $r_i \times k$ 的逆变换就是 $r_i \times \frac{1}{k}$ (或记作 $r_i \div k$);

变换 $r_i + kr_j$ 的逆变换是 $r_i + (-k)r_j$ (或记作 $r_i - kr_j$).

根据消元法可知, 任一矩阵 $\boldsymbol{A}$ 总可经过有限次初等行变换化为单位矩阵, 或从某行前的主对角线下的元素全为零且这一行以后的各行全为零的矩阵.

例如, 已知矩阵 $\boldsymbol{A}=\begin{pmatrix} 3 & 2 & 9 & 6 \\ -1 & -3 & 4 & 17 \\ 1 & 4 & -7 & 3 \\ -1 & -4 & 7 & -3 \end{pmatrix} \xrightarrow{r_1 \leftrightarrow r_3} \begin{pmatrix} 1 & 4 & -7 & 3 \\ -1 & -3 & 4 & -17 \\ 3 & 2 & 9 & 6 \\ -1 & -4 & 7 & -3 \end{pmatrix}$

$$\xrightarrow[r_4+r_1]{r_2+r_1 \atop r_3-3r_1} \begin{pmatrix} 1 & 4 & -7 & 3 \\ 0 & 1 & -3 & -14 \\ 0 & -10 & 30 & -3 \\ 0 & 0 & 0 & 0 \end{pmatrix} \xrightarrow{r_3+10r_2} \begin{pmatrix} 1 & 4 & -7 & 3 \\ 0 & 1 & -3 & -14 \\ 0 & 0 & 0 & -143 \\ 0 & 0 & 0 & 0 \end{pmatrix} = \boldsymbol{B}.$$

这里的矩阵 $\boldsymbol{B}$ 依其形状的特征称为行阶梯形矩阵.

定义 8.22 称满足下列条件的矩阵为**行阶梯形矩阵**:

(1) 零行 (元素全为零的行) 位于矩阵的下方;

(2) 各非零行的首非零元 (从左到右的第一个不为零的元素) 的列标随着行标的增大而严格增大 (或者说其列标一定不小于行标).

对上例中的矩阵 $\boldsymbol{B}=\begin{pmatrix}1&4&-7&3\\0&1&-3&-14\\0&0&0&-143\\0&0&0&0\end{pmatrix}$ 再作初等行变换:

$$\boldsymbol{B}=\begin{pmatrix}1&4&-7&3\\0&1&-3&-14\\0&0&0&-143\\0&0&0&0\end{pmatrix}\xrightarrow{r_3\times(-\frac{1}{143})}\begin{pmatrix}1&4&-7&3\\0&1&-3&-14\\0&0&0&1\\0&0&0&0\end{pmatrix}\xrightarrow[r_1-3r_3]{r_2+14r_3}\begin{pmatrix}1&4&-7&3\\0&1&-3&0\\0&0&0&1\\0&0&0&0\end{pmatrix}$$

$$\xrightarrow{r_1-4r}\begin{pmatrix}1&0&5&0\\0&1&-3&0\\0&0&0&1\\0&0&0&0\end{pmatrix}=\boldsymbol{C},$$

称这种特殊形状的行阶梯形矩阵 $\boldsymbol{C}$ 为行最简形矩阵.

定义 8.23 称满足下列条件的行阶梯形矩阵为**行最简形矩阵:**

(1) 各非零行的首非零元都是 1;

(2) 每个首非零元所在列的其余元素都是零.

如果对上述矩阵 $\boldsymbol{C}=\begin{pmatrix}1&0&5&0\\0&1&-3&0\\0&0&0&1\\0&0&0&0\end{pmatrix}$ 再作初等列变换, 可得:

$$\boldsymbol{C}=\begin{pmatrix}1&0&5&0\\0&1&-3&0\\0&0&0&1\\0&0&0&0\end{pmatrix}\xrightarrow[c_3+3c_2]{c_3-5c_1}\begin{pmatrix}1&0&0&0\\0&1&0&0\\0&0&0&1\\0&0&0&0\end{pmatrix}\xrightarrow{c_3\leftrightarrow c_4}\begin{pmatrix}1&0&0&0\\0&1&0&0\\0&0&1&0\\0&0&0&0\end{pmatrix}=\boldsymbol{D}.$$

这里的矩阵 $\boldsymbol{D}$ 称为**原矩阵 $\boldsymbol{A}$ 的标准形**.

一般地, 矩阵 $\boldsymbol{A}$ 的标准形 $\boldsymbol{D}$ 具有如下特点: $\boldsymbol{D}$ 的左上角是一个单位矩阵, 其余元素全为零.

定理 8.14 任一矩阵 $\boldsymbol{A}$ 经过有限次初等变换, 都可以化为下列标准形矩阵.

$$\boldsymbol{D}=\begin{pmatrix}1&&&&&\\&\ddots&&&&\\&&1&&&\\&&&0&&\\&&&&\ddots&\\&&&&&1\end{pmatrix}_{m\times n}=\begin{pmatrix}E_r&0_{r\times(n-r)}\\0_{(m-r)\times r}&0_{(m-r)\times(n-r)}\end{pmatrix}.$$

注意: 定理 8.14 实质上给出了结论: 任一矩阵 $\boldsymbol{A}$ 总可以经过有限次初等行变换化为阶梯形矩阵, 进而化为行最简形矩阵.

推论 若矩阵 $\boldsymbol{A}$ 为 n 阶可逆矩阵, 则矩阵 $\boldsymbol{A}$ 经过有限次初等行变换就能化为单位矩阵.

例 8.22 将矩阵 $\boldsymbol{A}=\begin{pmatrix}2&1&2&3\\4&1&3&5\\2&0&1&2\end{pmatrix}$ 化为标准形.

解: $\boldsymbol{A}=\begin{pmatrix}2&1&2&3\\4&1&3&5\\2&0&1&2\end{pmatrix}\to\begin{pmatrix}2&1&2&3\\0&-1&-1&-1\\0&-1&-1&-1\end{pmatrix}\to\begin{pmatrix}2&0&0&0\\0&-1&-1&-1\\0&-1&-1&-1\end{pmatrix}$

$\to\begin{pmatrix}1&0&0&0\\0&-1&-1&-1\\0&0&0&0\end{pmatrix}\to\begin{pmatrix}1&0&0&0\\0&-1&0&0\\0&0&0&0\end{pmatrix}\to\begin{pmatrix}1&0&0&0\\0&1&0&0\\0&0&0&0\end{pmatrix}$

2. 初等矩阵

定义 8.24 第一种初等矩阵是把单位矩阵 $\boldsymbol{I}$ 的第 i 行 (列) 与第 j 行 (列) 互换所得的矩阵 $\boldsymbol{I}_{ij}$;

第二种初等矩阵是对单位矩阵某行 (列) 实施第二种初等变换所得的矩阵 $\boldsymbol{I}_i(k)$;

第三种初等矩阵是对单位矩阵某两行 (列) 实施第三种初等变换所得的矩阵 $\boldsymbol{I}_{ij}(k)(kr_i+r_j)$ 或 $\boldsymbol{I}_{ij}^{\mathrm{T}}(k)(kc_i+c_j)$.

$$\boldsymbol{I}_{ij}=\begin{pmatrix}1&&&&&&&&&\\&\ddots&&&&&&&&\\&&0&&&&1&&&\\&&&1&&&&&&\\&&&&\ddots&&&&&\\&&&&&1&&&&\\&&1&&&&0&&&\\&&&&&&&1&&\\&&&&&&&&\ddots&\\&&&&&&&&&1\end{pmatrix}_{n\times n}\qquad \boldsymbol{I}_i(k)=\begin{pmatrix}1&&&&&&\\&\ddots&&&&&\\&&1&&&&\\&&&k&&&\\&&&&1&&\\&&&&&\ddots&\\&&&&&&1\end{pmatrix}_{n\times n}$$

$$\boldsymbol{I}_{ij}(k)=\begin{pmatrix}1&&&&&&\\&\ddots&&&&&\\&&1&&&&\\&&&\ddots&&&\\&&k&&1&&\\&&&&&\ddots&\\&&&&&&1\end{pmatrix}_{n\times n},\quad \boldsymbol{I}_{ij}^{\mathrm{T}}(k)=\begin{pmatrix}1&&&&&&\\&\ddots&&&&&\\&&1&&k&&\\&&&\ddots&&&\\&&&&1&&\\&&&&&\ddots&\\&&&&&&1\end{pmatrix}_{n\times n}$$

由行列式的性质不难得出以下结论:

定理 8.15 初等矩阵的行列式值分别有 $|\boldsymbol{I}_{ij}|=-1$, $|\boldsymbol{I}_i(k)|=k$, $|\boldsymbol{I}_{ij}(k)|=|\boldsymbol{I}_{ij}^{\mathrm{T}}(k)|=1$.

推论 初等矩阵均可逆, 且初等矩阵的逆矩阵仍是同类的初等矩阵. 即

$$\boldsymbol{I}_{ij}^{-1}=\boldsymbol{I}_{ij},\ \ \boldsymbol{I}_i(k)^{-1}=\boldsymbol{I}_i(\frac{1}{k}),\ \ \boldsymbol{I}_{ij}(k)^{-1}=\boldsymbol{I}_{ij}(-k).$$

定理 8.16 用初等矩阵左乘 (右乘) 一个矩阵 $\boldsymbol{A}$, 就相当于对矩阵 $\boldsymbol{A}$ 进行了相应的初等行 (列) 变换.

可由矩阵乘积直接验证这个定理.

如 $A=\begin{pmatrix}1&2&3\\4&5&6\\7&8&9\end{pmatrix}$, $\begin{pmatrix}0&0&1\\0&1&0\\1&0&0\end{pmatrix}\begin{pmatrix}1&2&3\\4&5&6\\7&8&9\end{pmatrix}=\begin{pmatrix}7&8&9\\4&5&6\\1&2&3\end{pmatrix}$,

$\begin{pmatrix}1&2&3\\4&5&6\\7&8&9\end{pmatrix}\begin{pmatrix}0&0&1\\0&1&0\\1&0&0\end{pmatrix}=\begin{pmatrix}3&2&1\\6&5&4\\9&8&7\end{pmatrix}$, $\begin{pmatrix}1&0&0\\0&2&0\\0&0&1\end{pmatrix}\begin{pmatrix}1&2&3\\4&5&6\\7&8&9\end{pmatrix}=\begin{pmatrix}1&2&3\\8&10&12\\7&8&9\end{pmatrix}$,

$\begin{pmatrix}1&0&0\\0&1&0\\0&2&1\end{pmatrix}\begin{pmatrix}1&2&3\\4&5&6\\7&8&9\end{pmatrix}=\begin{pmatrix}1&2&3\\4&5&6\\15&18&21\end{pmatrix}$, $\begin{pmatrix}1&2&3\\4&5&6\\7&8&9\end{pmatrix}\begin{pmatrix}1&0&0\\0&1&2\\0&0&1\end{pmatrix}=\begin{pmatrix}1&2&7\\4&5&16\\7&8&15\end{pmatrix}$.

定义 8.25 如果矩阵 A 经有限次的初等变换变成矩阵 B, 即

$$P_1P_2\cdots P_nAC_1C_2\cdots C_m=B,$$

其中 $P_1,P_2,\cdots,P_n,C_1,C_2,\cdots,C_m$ 是初等矩阵, 则称**矩阵 A 与 B 等价**, 记作 $A\sim B$.

矩阵之间的等价关系具有下面的性质:

(1) 反身性: $A\sim A$;

(2) 对称性: 若 $A\sim B$, 则 $B\sim A$;

(3) 传递性: 若 $A\sim B$, $B\sim C$, 则 $A\sim C$.

实际上, 若记 $P=P_1P_2\cdots P_n, C=C_1C_2\cdots C_m$, 则有 $P^{-1}=P_n^{-1}P_{n-1}^{-1}\cdots P_1^{-1}$, $C^{-1}=C_m^{-1}C_{m-1}^{-1}\cdots C_1^{-1}$. P^{-1}和C^{-1}是初等矩阵的乘积, $A\sim B$, 有 $PAC=B$, 则 $P^{-1}BC^{-1}=A$, 即 $A\sim B$.

同理可证传递性. 反身性显然成立.

定理 8.17 设方阵 $A\sim B$, 若 $|B|\neq 0$, 则 $|A|\neq 0$; 若 $|B|=0$, 则 $|A|=0$.

证明: $A\sim B$, 有可逆矩阵 P和C, 使 $PAC=B$, $A=P^{-1}BC^{-1}$, 由 $|A|=|P^{-1}||B||C^{-1}|$ 可得结论.

例 8.23 求矩阵 $A=\begin{pmatrix}3&2&9&6\\-1&-3&4&17\\1&4&-7&3\\-1&-4&7&-3\end{pmatrix}$的行列式的值.

解: 由前例知, 矩阵 $A=\begin{pmatrix}3&2&9&6\\-1&-3&4&17\\1&4&-7&3\\-1&-4&7&-3\end{pmatrix}$经过一系列初等变换化为矩阵

$D=\begin{pmatrix}1&0&0&0\\0&1&0&0\\0&0&1&0\\0&0&0&0\end{pmatrix}$, 所以有 $A\sim D$. 因为$|D|=0$, 所以由定理 8.17 知$|A|=0$.

8.3.2 矩阵的秩

对矩阵用初等变换化为等价矩阵后, 有些行的元素全变为零, 新矩阵中非零行的行数是否

唯一? 其行数由什么决定? 下面就来研究这个问题.

1. 矩阵秩的概念

在 $m\times n$ 矩阵 $\boldsymbol{A}$ 中任取 k 行、k 列 ($k\leqslant m,k\leqslant n$), 位于这些行列交叉处的 k^2 个元素, 不改变它们在 $\boldsymbol{A}$ 中所处的位置次序而得到的 k 阶行列式, 称为矩阵 $\boldsymbol{A}$ 的 k **阶子式**.

$m\times n$ 矩阵 $\boldsymbol{A}$ 的 k 阶子式共有 $\boldsymbol{C}_m^k\boldsymbol{C}_n^k$ (组合数) 个.

定义 8.26 设在矩阵中 $\boldsymbol{A}$ 有一个不等于 0 的 r 阶子式 $\boldsymbol{D}$, 且所有 $r+1$ 阶子式 (如果有的话) 全等于 0, 那么 $\boldsymbol{D}$ 称为矩阵 $\boldsymbol{A}$ 的最高阶非零子式, 数 r 称为矩阵 $\boldsymbol{A}$ 的**秩**, 记作 $r(\boldsymbol{A})=r$. 规定零矩阵的秩等于 0.

由矩阵的秩的定义可知:

(1) 矩阵 $\boldsymbol{A}$ 的秩 $r(\boldsymbol{A})$ 就是 $\boldsymbol{A}$ 中不等于 0 的子式的最高阶数;

(2) $\boldsymbol{A}$ 的转置矩阵 $\boldsymbol{A}^{\mathrm{T}}$ 的秩 $r(\boldsymbol{A}^{\mathrm{T}})=r(\boldsymbol{A})$;

(3) 对于任何 $m\times n$ 矩阵 $\boldsymbol{A}$, 都有唯一确定的秩, 且 $r(\boldsymbol{A})\leqslant\min(m,n)$;

(4) 若矩阵 $\boldsymbol{A}$ 中有一个 r_1 阶子式不为零, 则 $r(\boldsymbol{A})\geqslant r_1$; 若矩阵 $\boldsymbol{A}$ 的所有 r_1+1 阶子式全等于零, 则 $r(\boldsymbol{A})\leqslant r_1$;

(5) 对于 n 阶可逆矩阵 $\boldsymbol{A}$, 有 $|\boldsymbol{A}|\neq 0\Leftrightarrow r(\boldsymbol{A})=n\Leftrightarrow \boldsymbol{A}$ 的标准形为 n 阶单位阵 $\boldsymbol{I}$.

可逆矩阵又称为**满秩矩阵**. 奇异矩阵又称为**降秩矩阵**.

例 8.24 求矩阵 $\boldsymbol{A}$ 和 $\boldsymbol{B}$ 的秩, 其中 $\boldsymbol{A}=\begin{pmatrix}1&2&3\\2&3&-5\\4&7&1\end{pmatrix},\boldsymbol{B}=\begin{pmatrix}2&-1&0&3&-2\\0&3&1&-2&5\\0&0&0&4&-3\\0&0&0&0&0\end{pmatrix}$.

解: $\boldsymbol{A}$ 的左上角的二阶子式 $\begin{vmatrix}1&2\\2&3\end{vmatrix}=-1\neq 0$, 所有三阶子式 (只有一个)

$$|\boldsymbol{A}|=\begin{vmatrix}1&2&3\\2&3&-5\\4&7&1\end{vmatrix}=\begin{vmatrix}1&2&3\\0&-1&-11\\0&1&11\end{vmatrix}=0,$$

则 $\boldsymbol{A}$ 的秩为 2.

$\boldsymbol{B}$ 的三阶子式 $\begin{vmatrix}-1&0&3\\3&1&-2\\0&0&4\end{vmatrix}=4(-1)=-4\neq 0$, 所有四阶子式的最后一行均为零, 故所有四阶子式的值均为零, 则矩阵 $\boldsymbol{B}$ 的秩为 3.

定理 8.18 $\boldsymbol{A},\boldsymbol{B}$ 是具有相同行数的矩阵, 矩阵 $(\boldsymbol{A}\vdots\boldsymbol{B})$ 就是将矩阵 $\boldsymbol{B}$ 放入 $\boldsymbol{A}$ 的最后列后面形成的新矩阵, 则 $\max(秩(\boldsymbol{A}),秩(\boldsymbol{B}))\leqslant秩(\boldsymbol{A}\vdots\boldsymbol{B})$.

事实上, 矩阵 $\boldsymbol{A},\boldsymbol{B}$ 都是矩阵 $(\boldsymbol{A}\vdots\boldsymbol{B})$ 的一部分, 故 $\max(秩(\boldsymbol{A}),秩(\boldsymbol{B}))\leqslant秩(\boldsymbol{A}\vdots\boldsymbol{B})$.

例如, $\boldsymbol{A}=\begin{pmatrix}1&2&3\\2&3&-5\\0&0&0\end{pmatrix},\boldsymbol{B}=\begin{pmatrix}1\\2\\3\end{pmatrix}$, $\begin{vmatrix}1&2\\2&3\end{vmatrix}=-1,|\boldsymbol{A}|=0$, 秩$(\boldsymbol{A})=2$.

$$(\boldsymbol{A}\vdots\boldsymbol{B})=\begin{pmatrix}1&2&3&\vdots&1\\2&3&-5&\vdots&2\\0&0&0&\vdots&3\end{pmatrix}=\begin{pmatrix}1&2&3&1\\2&3&-5&2\\0&0&0&3\end{pmatrix},\ 且\begin{vmatrix}2&3&1\\3&-5&2\\0&0&3\end{vmatrix}=-57,$$

秩$(A\vdots B)=3$，故秩$(A)\leqslant$秩$(A\vdots B)$.

8.3.3 用初等变换求矩阵的秩

当行数与列数较多时，用矩阵秩的定义来求秩比较麻烦，而用初等变换求矩阵的秩则较简单.

引理 对矩阵施行初等变换，不改变矩阵的秩.(证略)

定理 8.19 若 $A\sim B$，则 $R(A)=R(B)$.

证明： $A\sim B$，则有 $P_1P_2\cdots P_nAC_1C_2\cdots C_m=B$，其中 $P_1,P_2,\cdots,P_n,C_1,C_2,\cdots,C_m$ 是初等矩阵. 由引理知，对 A 每一次施行初等行(列) 变换都不改变 A 的秩，则对 A 施行有限次初等变换也不会改变 A 的秩，故 $r(A)=r(B)$.

用初等变换求矩阵的秩的步骤：

(1) 对矩阵 A 进行一系列的初等行 (列) 变换，化为与之等价的矩阵 B，若 B 中从某一行 (列) 之后的所有行 (列) 全为零；

(2) 计算出 B 中非零行 (列) 的行 (列) 数 r，r 就是矩阵 A 的秩数；

(3) 若 B 化为了单位矩阵 I，则 A 为满秩矩阵.

例 8.25 求矩阵 $A=\begin{pmatrix}4&-2&1\\1&2&-2\\-1&8&-7\\2&14&-13\end{pmatrix}$ 的秩，并求 A 的一个最高阶非零子式.

解：
$$A\xrightarrow{r_1\leftrightarrow r_2}\begin{pmatrix}1&2&-2\\4&-2&1\\-1&8&-7\\2&14&-13\end{pmatrix}\xrightarrow[r_4-2r_1]{\substack{r_2-4r_1\\r_3+r_1}}\begin{pmatrix}1&2&-2\\0&-10&9\\0&10&-9\\0&10&-9\end{pmatrix}\xrightarrow{\substack{r_3+r_2\\r_4+r_2}}\begin{pmatrix}1&2&-2\\0&-10&9\\0&0&0\\0&0&0\end{pmatrix}=B,$$

则 $R(A)=R(B)=2$. A 中有 $C_4^2C_3^2=18$ 个二阶子式，在 A 的等价矩阵 B 中找一个二阶非零子式容易，由 A 到 B 只作了行变换，故 A 与 B 的列完全一致. 设 $A=[a_1,a_2,a_3]$，从 B 中可选出二阶非零子式，则在 A 中选 $A_1=[a_1,a_2]$，有 $\begin{vmatrix}1&2\\4&-2\end{vmatrix}=-10\neq0$.

定理 8.20 方阵 A 可逆的充要条件是 A 为有限个初等矩阵的乘积.

A 可逆，则 A 为满秩矩阵，故对 A 施行有限次初等行变换化为单位矩阵 I，这些对应的初等矩阵之积就是 A 的逆矩阵 A^{-1}，设 $A^{-1}=P_1P_2\cdots P_n,P_1,P_2,\cdots,P_n$ 是对应的初等矩阵，则 $A=P_n^{-1}\cdots P_2^{-1}P_1^{-1}$ (初等矩阵的逆矩阵仍是初等矩阵) 是有限个初等矩阵的乘积. 反之，若 A 为有限个初等矩阵的乘积，设 $A=P_1P_2\cdots P_n$，则 $|A|=|P_1||P_2|\cdots|P_n|\neq0$，故 A 可逆.

用初等行变换求逆矩阵的方法： 对矩阵 $(A\vdots I)$ 作一系列的初等行变换，变为 $(I\vdots A^{-1})$.

例 8.26 求方阵 $A=\begin{pmatrix}1&-1&2\\2&3&1\\3&4&2\end{pmatrix}$ 的逆矩阵 A^{-1}.

解: $(A \vdots I)=\begin{pmatrix}1&-1&2&1&0&0\\2&3&1&0&1&0\\3&4&2&0&0&1\end{pmatrix}\xrightarrow[r_3-3r_1]{r_2-2r_1}\begin{pmatrix}1&-1&2&1&0&0\\0&5&-3&-2&1&0\\0&7&-4&-3&0&1\end{pmatrix}$

$\xrightarrow[r_3-7r_1]{\frac{r_2}{5}}\begin{pmatrix}1&-1&2&1&0&0\\0&1&\frac{3}{5}&-\frac{2}{5}&\frac{1}{5}&0\\0&0&\frac{1}{5}&-\frac{1}{5}&-\frac{7}{5}&1\end{pmatrix}\xrightarrow[r_1+r_2]{5r_3}\begin{pmatrix}1&0&\frac{7}{5}&\frac{3}{5}&\frac{1}{5}&0\\0&1&-\frac{3}{5}&-\frac{2}{5}&\frac{1}{5}&0\\0&0&1&-1&-7&5\end{pmatrix}$

$\xrightarrow[r_2+\frac{3}{5}r_3]{r_1-\frac{7}{5}r_3}\begin{pmatrix}1&0&0&2&10&-7\\0&1&0&-1&-4&3\\0&0&1&-1&-7&5\end{pmatrix}$,

则 $A^{-1}=\begin{pmatrix}2&10&-7\\-1&-4&3\\-1&-7&5\end{pmatrix}$.

8.3.4 用矩阵的变换解线性方程组

矩阵方程 $AX=b$，设矩阵 P 为有限个初等矩阵的乘积，使 $PA=B$ (对 A 只作初等行变换)，即 $A\sim B$，$PAX=Pb, BX=b_1$，则矩阵方程 $AX=b$ 的解是 $BX=b_1$ 的解. 又 $P^{-1}BX=P^{-1}b_1$，即 $AX=b$，所以 $BX=b_1$ 的解是 $AX=b$ 的解，故 $AX=b$ 与 $BX=b_1$ 是同解矩阵方程，对应的两个方程组是同解的方程组.

从上面论述可看出，对线性方程组(V)的系数矩阵作一系列的初等行变换，同时也对方程(V)的常数列向量作了同样的一系列初等行变换，即对方程(V)的增广矩阵 $(A\vdots b)$ 作一系列的初等行变换 $P(A\vdots b)=[PA\vdots PB]$，$P$ 为有限个初等矩阵的乘积.

解线性方程组(V) $AX=b$，若 A 为满秩矩阵，就是对 $(A\vdots b)$ 作系列初等行变换，使它等价于 $(I\vdots A^{-1}b)$，从而得解 $X=A^{-1}b$；若 $R(A)=r$，就是对 $(A\vdots b)$ 作系列初等行变换 P(P 为有限个初等矩阵之积)，使 $[PA\vdots Pb]$ 中 PA 前 r 行非零且 r 阶主对角线下的所有元素全为零，后 $m-r$ 行全为零. 若 Pb 也是 r 行后，$m-r$ 行全为零，由此得出其解，并有 $n-r$ 个自由变量.

例 8.27 解线性方程组 $\begin{cases}2x_1-x_2-x_3+x_4=2,\\x_1+x_2-2x_3+x_4=4,\\4x_1-6x_2+2x_3-2x_4=4,\\3x_1+6x_2-9x_3+7x_4=9.\end{cases}$

解: 增广矩阵

$$B=\begin{pmatrix}2&-1&-1&1&\vdots&2\\1&1&-2&1&\vdots&4\\4&-6&2&-2&\vdots&4\\3&6&-9&7&\vdots&9\end{pmatrix}\xrightarrow[r_3\div 2]{r_1\leftrightarrow r_2}\begin{pmatrix}1&1&-2&1&\vdots&4\\2&-1&-1&1&\vdots&2\\2&-3&1&-1&\vdots&2\\3&6&-9&7&\vdots&9\end{pmatrix}=B_1$$

$$\xrightarrow[r_4-3r_1]{\substack{r_2-r_3\\ r_3-2r_1}}\begin{pmatrix}1 & 1 & -2 & 1 & \vdots & 4\\ 0 & 2 & -2 & 2 & \vdots & 0\\ 0 & -5 & 5 & -3 & \vdots & -6\\ 0 & 3 & -3 & 4 & \vdots & -3\end{pmatrix}=\boldsymbol{B}_2$$

$$\xrightarrow[r_4-3r_2]{\substack{r_2\div 2\\ r_3+5r_2}}\begin{pmatrix}1 & 1 & -2 & 1 & \vdots & 4\\ 0 & 1 & -1 & 1 & \vdots & 0\\ 0 & 0 & 0 & 2 & \vdots & -6\\ 0 & 0 & 0 & 1 & \vdots & -3\end{pmatrix}=\boldsymbol{B}_3$$

$$\xrightarrow[r_4-2r_3]{r_3\leftrightarrow r_4}\begin{pmatrix}1 & 1 & -2 & 1 & \vdots & 4\\ 0 & 1 & -1 & 1 & \vdots & 0\\ 0 & 0 & 0 & 1 & \vdots & -3\\ 0 & 0 & 0 & 0 & \vdots & 0\end{pmatrix}=\boldsymbol{B}_4$$

$$\xrightarrow[r_2-r_3]{r_1-r_2}\begin{pmatrix}1 & 0 & -1 & 0 & \vdots & 4\\ 0 & 1 & -1 & 0 & \vdots & 3\\ 0 & 0 & 0 & 1 & \vdots & -3\\ 0 & 0 & 0 & 0 & \vdots & 0\end{pmatrix}=\boldsymbol{B}_5,$$

由矩阵 $\boldsymbol{B}_5$ 对应的线性方程组是 $\begin{cases}x_1=x_3+4,\\ x_2=x_3+3,\\ x_4=-3.\end{cases}$

$\boldsymbol{B}_5$ 的秩为 3，有一个自由变量，取 x_3 为自由未知量，并令 $x_3=c$，得

$$x=\begin{pmatrix}x_1\\ x_2\\ x_3\\ x_4\end{pmatrix}=\begin{pmatrix}c+4\\ c+3\\ c\\ -3\end{pmatrix}=c\begin{pmatrix}1\\ 1\\ 1\\ 0\end{pmatrix}+\begin{pmatrix}4\\ 3\\ 0\\ -3\end{pmatrix},$$

此方程组不能用克莱姆法则来求解，因系数矩阵 $\boldsymbol{PA}=\boldsymbol{A}_1$，$\boldsymbol{P}$ 为上面变换过程中的所有初等矩阵的乘积，$\boldsymbol{A}_1=\begin{pmatrix}1 & 0 & -1 & 0\\ 0 & 1 & -1 & 0\\ 0 & 0 & 0 & 1\\ 0 & 0 & 0 & 0\end{pmatrix}$，行列式 $|\boldsymbol{A}_1|=0$，故 $|\boldsymbol{A}|=0$.

例 8.28 解线性方程组 $\begin{cases}2x_1+3x_2+4x_3=0,\\ x_1+x_2+9x_3=2,\\ x_1+2x_2-6x_3=1.\end{cases}$

解： 原方程组化为矩阵方程 $\boldsymbol{AX}=\boldsymbol{b}$ 的形式，即 $\begin{pmatrix}2 & 3 & 4\\ 1 & 1 & 9\\ 1 & 2 & -6\end{pmatrix}\begin{pmatrix}x_1\\ x_2\\ x_3\end{pmatrix}=\begin{pmatrix}0\\ 2\\ 1\end{pmatrix}$.

方法 1: 对增广矩阵 $(\boldsymbol{A}\vdots\boldsymbol{b})=\begin{pmatrix}2&3&4&\vdots&0\\1&1&9&\vdots&2\\1&2&-6&\vdots&1\end{pmatrix}$ 实施初等变换, 得

$$\begin{pmatrix}2&3&4&\vdots&0\\1&1&9&\vdots&2\\1&2&-6&\vdots&1\end{pmatrix}\xrightarrow[r_3-r_1]{r_1\leftrightarrow r_2}\begin{pmatrix}1&1&9&\vdots&2\\2&3&4&\vdots&0\\0&1&-15&\vdots&-1\end{pmatrix}\xrightarrow[r_3-r_2]{r_2-2r_1}\begin{pmatrix}1&1&9&\vdots&2\\0&1&-14&\vdots&-4\\0&0&-1&\vdots&3\end{pmatrix}$$

$$\xrightarrow[r_2+14r_3]{r_3\times(-1)}\begin{pmatrix}1&1&9&\vdots&2\\0&1&0&\vdots&-46\\0&0&1&\vdots&-3\end{pmatrix}\xrightarrow[r_1-r_2]{r_1-9r_3}\begin{pmatrix}1&0&0&\vdots&75\\0&1&0&\vdots&-46\\0&0&1&\vdots&-3\end{pmatrix}.$$

故原方程组的解为 $\begin{pmatrix}x_1\\x_2\\x_3\end{pmatrix}=\begin{pmatrix}75\\-46\\-3\end{pmatrix}$.

方法 2: 求逆矩阵 $\boldsymbol{A}^{-1}$ 方法,

$$(\boldsymbol{A}\vdots\boldsymbol{I})=\begin{pmatrix}2&3&4&\vdots&1&0&0\\1&1&9&\vdots&0&1&0\\1&2&-6&\vdots&0&0&1\end{pmatrix}\xrightarrow[r_3-r_1]{r_2\leftrightarrow r_1}\begin{pmatrix}1&1&9&\vdots&0&1&0\\2&3&4&\vdots&1&0&0\\0&1&-15&\vdots&0&-1&1\end{pmatrix}$$

$$\xrightarrow[r_3-r_2]{r_2-2r_1}\begin{pmatrix}1&1&9&\vdots&0&1&0\\0&1&-14&\vdots&1&-2&0\\0&0&-1&\vdots&-1&1&1\end{pmatrix}\xrightarrow[r_1+23r_3]{r_1-r_2}\begin{pmatrix}1&0&0&\vdots&-24&26&23\\0&1&-14&\vdots&1&-2&0\\0&0&-1&\vdots&-1&1&1\end{pmatrix}$$

$$\xrightarrow[r_2+14r_3]{r_3\times(-1)}\begin{pmatrix}1&0&0&\vdots&-24&26&23\\0&1&0&\vdots&15&-16&-14\\0&0&1&\vdots&1&-1&-1\end{pmatrix},\ \text{则}\ \boldsymbol{A}^{-1}=\begin{pmatrix}-24&26&23\\15&-16&-14\\1&-1&-1\end{pmatrix},$$

即 $\begin{pmatrix}x_1\\x_2\\x_3\end{pmatrix}=\begin{pmatrix}-24&26&23\\15&-16&-14\\1&-1&-1\end{pmatrix}\begin{pmatrix}0\\2\\1\end{pmatrix}=\begin{pmatrix}75\\-46\\-3\end{pmatrix}$.

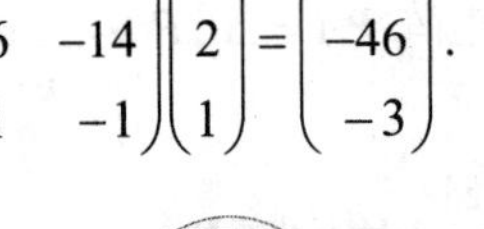

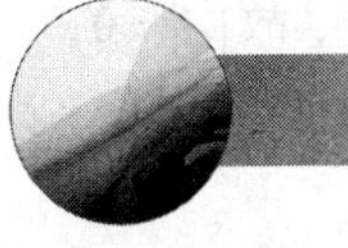

习题8.3

1. 在秩是 r 的矩阵中, 有没有等于 0 的 $r-1$ 阶子式? 有没有等于 0 的 r 阶子式?

2. 用初等变换求矩阵 $\boldsymbol{A}$ 的秩, 并求 $\boldsymbol{A}$ 的一个最高阶非零子式.

(1) $\boldsymbol{A}=\begin{pmatrix}3&2&0&5&0\\3&-2&3&6&-1\\2&0&1&5&-3\\1&6&-4&-1&4\end{pmatrix}$; (2) $\boldsymbol{A}=\begin{pmatrix}1&1&2&2&1\\0&2&1&5&-1\\1&1&0&4&-1\\2&0&3&-1&3\end{pmatrix}$.

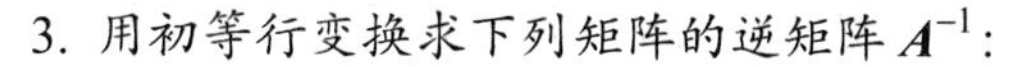

3. 用初等行变换求下列矩阵的逆矩阵 A^{-1}:

(1) $\boldsymbol{A}=\begin{pmatrix}2 & -1 & 1\\ 1 & 0 & 1\\ 3 & -1 & 4\end{pmatrix}$;　　(2) $\boldsymbol{A}=\begin{pmatrix}1 & 3 & -5 & 7\\ 0 & 1 & 2 & -3\\ 0 & 0 & 1 & 2\\ 0 & 0 & 0 & 1\end{pmatrix}$.

4. 设 $\boldsymbol{A}=\begin{pmatrix}1 & -1 & 0\\ 0 & 1 & -1\\ -1 & 0 & 1\end{pmatrix}$ 满足 $\boldsymbol{AX}=2\boldsymbol{X}+\boldsymbol{A}$,求 $\boldsymbol{X}$.

5. 设 $\boldsymbol{A}=\begin{pmatrix}1 & 0 & 1\\ 0 & 2 & 6\\ 1 & 6 & 1\end{pmatrix}$ 满足 $\boldsymbol{AX}+\boldsymbol{I}=\boldsymbol{X}+\boldsymbol{A}^2$, 求矩阵 $\boldsymbol{X}$.

6. 设 $\boldsymbol{A}=\begin{pmatrix}1 & -1 & 1 & 2\\ 3 & \lambda & -1 & 2\\ 5 & 3 & \mu & 6\end{pmatrix}$, 已知 $r(\boldsymbol{A})=2$, 求 λ 和 μ 的值.

7. 设 $\boldsymbol{A}=\begin{pmatrix}1 & \lambda & -1 & 2\\ 2 & -1 & \lambda & 5\\ 1 & 10 & -6 & 1\end{pmatrix}$, 其中 λ 为参数, 求矩阵 $\boldsymbol{A}$ 的秩.

8. 设方程 $\boldsymbol{AX}=\boldsymbol{b}$, 用 $\boldsymbol{X}=\boldsymbol{A}^{-1}\boldsymbol{b}$ 解方程组 $\begin{cases}x_1-2x_2+3x_3-4x_4=4,\\ x_2-x_3+x_4=-3,\\ x_1+3x_2+x_4=1,\\ -7x_2+3x_3+x_4=-3.\end{cases}$

8.4　线性方程组

在初等数学中, 我们曾经研究过二元一次方程组解的问题. 对于方程组 $\begin{cases}a_{11}x+a_{12}y=b_1,\\ a_{21}x+a_{22}y=b_2,\end{cases}$

(1) 当 $\dfrac{a_{11}}{a_{21}}\neq\dfrac{a_{12}}{a_{22}}$ 时, 方程组只有一组解, 增广矩阵 $\begin{pmatrix}a_{11} & a_{12} & \vdots & b_1\\ a_{21} & a_{22} & \vdots & b_2\end{pmatrix}$ 的秩为 2;

(2) 当 $\dfrac{a_{11}}{a_{21}}=\dfrac{a_{12}}{a_{22}}=\dfrac{b_1}{b_2}$ 时, 有无数个解, 有一个自由未知数, 增广矩阵 $\begin{pmatrix}a_{11} & a_{12} & \vdots & b_1\\ a_{21} & a_{22} & \vdots & b_2\end{pmatrix}$ 的秩为 1;

(3) 当 $\dfrac{a_{11}}{a_{21}}=\dfrac{a_{12}}{a_{22}}\neq\dfrac{b_1}{b_2}$ 时, 方程组无解, 增广矩阵 $\begin{pmatrix}a_{11} & a_{12} & \vdots & b_1\\ a_{21} & a_{22} & \vdots & b_2\end{pmatrix}$ 的秩为 2, 而系数矩阵 $\boldsymbol{A}$ 的秩为 1.

在情形 (1) 下, 系数矩阵 $\boldsymbol{A}$ 的秩与增广矩阵的秩相等且为 2; 在情形 (2) 下, 系数矩阵 $\boldsymbol{A}$ 的秩与增广矩阵的秩相等且为 1; 在情形 (3) 下, 系数矩阵 $\boldsymbol{A}$ 的秩与增广矩阵的秩不相等.

综上所述, 一般的线性方程组是否有解及有多少解, 跟系数矩阵的秩与增广矩阵的秩是否相等及秩数有关.

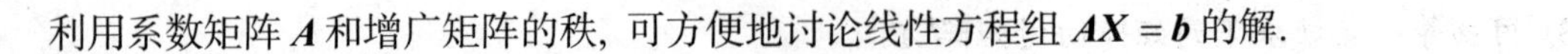

利用系数矩阵 $\boldsymbol{A}$ 和增广矩阵的秩, 可方便地讨论线性方程组 $\boldsymbol{AX}=\boldsymbol{b}$ 的解.

8.4.1 齐次线性方程组 $\boldsymbol{A}_{m\times n}\boldsymbol{X}=0$ 的解

定理 8.21 n 元齐次线性方程组 $\boldsymbol{A}_{m\times n}\boldsymbol{X}=0$ 有非零解的充分必要条件是系数矩阵的秩 $r(\boldsymbol{A})<n$.

求解齐次线性方程组 $\boldsymbol{A}_{m\times n}\boldsymbol{X}=0$ 的步骤:

(1) 利用初等变换把系数矩阵 $\boldsymbol{A}$ 化为行最简形矩阵, 从而确定矩阵 $\boldsymbol{A}$ 的秩;

(2) 若 $r(\boldsymbol{A})<n$, 则方程组一定有非零解, 且有无数多个;

(3) 由行最简形矩阵对应的同解方程组即可写出通解形式;

(4) 若 $r(\boldsymbol{A})=n$, 则方程组只有零解.

例 8.29 解线性方程组 $\begin{cases}x_1+2x_2+2x_3+x_4=0,\\2x_1+x_2-2x_3-2x_4=0,\\x_1-x_2-4x_3-3x_4=0.\end{cases}$

解: $\boldsymbol{A}=\begin{pmatrix}1&2&2&1\\2&1&-2&-2\\1&-1&-4&-3\end{pmatrix}\xrightarrow[r_3-r_1]{r_2-2r_1}\begin{pmatrix}1&2&2&1\\0&-3&-6&-4\\0&-3&-6&-4\end{pmatrix}\xrightarrow[r_2\div(-3)]{r_3-r_2}\begin{pmatrix}1&2&2&1\\0&1&2&\frac{4}{3}\\0&0&0&0\end{pmatrix}$

$$\xrightarrow{r_1-2r_2}\begin{pmatrix}1&0&-2&-\frac{5}{3}\\0&1&2&\frac{4}{3}\\0&0&0&0\end{pmatrix}\quad(R(\boldsymbol{A})=2).$$

则与原方程组同解的方程组为

$$\begin{cases}x_1-2x_3-\frac{5}{3}x_4=0,\\x_2+2x_3+\frac{4}{3}x_4=0,\end{cases}$$

即 $\begin{cases}x_1=2x_3+\frac{5}{3}x_4,\\x_2=-2x_3-\frac{4}{3}x_4,\ (\text{其中 } x_3,x_4 \text{ 为自由变量})\\x_3=x_3,\\x_4=x_4.\end{cases}$

令 $x_3=k_1,x_4=k_2$, 则通解的向量形式: $\begin{pmatrix}x_1\\x_2\\x_3\\x_4\end{pmatrix}=k_1\begin{pmatrix}2\\-2\\1\\0\end{pmatrix}+k_2\begin{pmatrix}\frac{5}{3}\\-\frac{4}{3}\\0\\1\end{pmatrix}$

其中 k_1,k_2 为任意实数.

8.4.2 线性方程组 $A_{m\times n}X=b$ 的解

定理 8.22 若 $\boldsymbol{X}_0$ 是线性方程组 $\boldsymbol{A}_{m\times n}\boldsymbol{X}=\boldsymbol{b}$ 的一个特解，而 $\boldsymbol{A}_{m\times n}\boldsymbol{X}=0$ 有非零解，且齐次线性方程组 $\boldsymbol{A}_{m\times n}\boldsymbol{X}=0$ 的任何一个解为 $\boldsymbol{X}_1$，则 $\boldsymbol{X}=\boldsymbol{X}_0+\boldsymbol{X}_1$ 是 $\boldsymbol{A}_{m\times n}\boldsymbol{X}=\boldsymbol{b}$ 的解.

线性方程组 $\boldsymbol{A}_{m\times n}\boldsymbol{X}=\boldsymbol{b}$ 解的判定方法：

(1) 若系数矩阵 $\boldsymbol{A}$ 与其增广矩阵 $(\boldsymbol{A}\vdots\boldsymbol{b})$ 的秩相等，则方程组 $\boldsymbol{A}_{m\times n}\boldsymbol{X}=\boldsymbol{b}$ 有解，且当 $R(\boldsymbol{A})=n$ 时，有唯一的解；当 $r(\boldsymbol{A})<n$，有无数个解；

(2) 若系数矩阵 $\boldsymbol{A}$ 与其增广矩阵 $(\boldsymbol{A}\vdots\boldsymbol{b})$ 的秩不相等，则方程组 $\boldsymbol{A}_{m\times n}\boldsymbol{X}=\boldsymbol{b}$ 无解.

求解线性方程组 $\boldsymbol{A}_{m\times n}\boldsymbol{X}=\boldsymbol{b}$ 的步骤：

在求出线性方程组 $\boldsymbol{A}_{m\times n}\boldsymbol{X}=\boldsymbol{b}$ 的 $R(\boldsymbol{A})=r(\boldsymbol{A}\vdots\boldsymbol{b})$ 的前提下，

(1) 若 $r(\boldsymbol{A})=n$，则方程组有解. 在 m 个方程中找 n 个方程组成一个同解方程组 $\boldsymbol{A}_1\boldsymbol{X}=\boldsymbol{b}_1$，$n$ 阶方阵 $\boldsymbol{A}_1$ 的秩为 n，可用克莱姆法则求出其唯一的解；也可以先求出逆矩阵 $\boldsymbol{A}_1^{-1}$，由 $\boldsymbol{X}=\boldsymbol{A}_1^{-1}\boldsymbol{b}_1$ 解出唯一的解.

(2) 若 $r(\boldsymbol{A})=r<n$，则方程组有解. 用系列初等变换化增广矩阵 $(\boldsymbol{A}\vdots\boldsymbol{b})$ 为最简形矩阵，求出 $\boldsymbol{A}_{m\times n}\boldsymbol{X}=\boldsymbol{b}$ 的一个特解 $\boldsymbol{X}_0$，再求出齐次线性方程组 $\boldsymbol{A}_{m\times n}\boldsymbol{X}=0$ 所有非零解，即通解 $\boldsymbol{X}_1$ （含 $n-r$ 个自由未知量），则 $\boldsymbol{X}=\boldsymbol{X}_1+\boldsymbol{X}_0$ 为 $\boldsymbol{A}_{m\times n}\boldsymbol{X}=\boldsymbol{b}$ 的通解.

例 8.30 当 a,b 取何值时，线性方程组 $\begin{cases}x_1+x_2+x_3+x_4+x_5=1,\\3x_1+2x_2+x_3+x_4-3x_5=a,\\x_2+2x_3+2x_4+6x_5=3,\\5x_1+4x_2+3x_3+3x_4-x_5=b\end{cases}$ 有解？在有解时，求其通解.

解： 增广矩阵

$$\begin{pmatrix}1&1&1&1&1&\vdots&1\\3&2&1&1&-3&\vdots&a\\0&1&2&2&6&\vdots&3\\5&4&3&3&-1&\vdots&b\end{pmatrix}\xrightarrow[r_4-5r_1]{r_2-3r_1}\begin{pmatrix}1&1&1&1&1&\vdots&1\\0&-1&-2&-2&-6&\vdots&a-3\\0&1&2&2&6&\vdots&3\\0&-1&-2&-2&-6&\vdots&b-5\end{pmatrix}$$

$$\xrightarrow[r_4-r_2]{r_3+r_2}\begin{pmatrix}1&1&1&1&1&\vdots&1\\0&-1&-2&-2&-6&\vdots&a-3\\0&0&0&0&0&\vdots&a\\0&0&0&0&0&\vdots&b-a-2\end{pmatrix}\xrightarrow{r_2\times(-1)}\begin{pmatrix}1&1&1&1&1&\vdots&1\\0&1&2&2&6&\vdots&3-a\\0&0&0&0&0&\vdots&a\\0&0&0&0&0&\vdots&b-a-2\end{pmatrix}$$

则系数矩阵 $\boldsymbol{A}$ 的秩 $r(\boldsymbol{A})=2$，故方程组有解.

当增广矩阵秩为 2 时，即 $a=0,b=2$ 时，最简形增广矩阵为 $\begin{pmatrix}1&0&-1&-1&-5&\vdots&-2\\0&1&2&2&6&\vdots&3\\0&0&0&0&0&\vdots&0\\0&0&0&0&0&\vdots&0\end{pmatrix}$，

令 $x_3=x_4=x_5=0$，则

$$X_0=\begin{pmatrix}-2\\3\\0\\0\\0\end{pmatrix}$$是原方程组的特解.

令 $x_3=k_1,x_4=k_2,x_5=k_3$，其中 k_1,k_2,k_3 为任意实数，则

$$X_1=\begin{pmatrix}x_1\\x_2\\x_3\\x_4\\x_5\end{pmatrix}=\begin{pmatrix}x_3+x_4+5x_5\\-2x_3-2x_4-6x_5\\x_3\\x_4\\x_5\end{pmatrix}=k_1\begin{pmatrix}1\\-2\\1\\0\\0\end{pmatrix}+k_2\begin{pmatrix}1\\-2\\0\\1\\0\end{pmatrix}+k_3\begin{pmatrix}5\\-6\\0\\0\\1\end{pmatrix}$$是齐次线性方程组

$$\begin{cases}x_1+x_2+x_3+x_4+x_5=0,\\3x_1+2x_2+x_3+x_4-3x_5=0,\\x_2+2x_3+2x_4+6x_5=0,\\5x_1+4x_2+3x_3+3x_4-x_5=0\end{cases}$$的通解.

故 $$X=X_1+X_0=\begin{pmatrix}-2\\3\\0\\0\\0\end{pmatrix}+k_1\begin{pmatrix}1\\-2\\1\\0\\0\end{pmatrix}+k_2\begin{pmatrix}1\\-2\\0\\1\\0\end{pmatrix}+k_3\begin{pmatrix}5\\-6\\0\\0\\1\end{pmatrix}.$$

即 $$\begin{cases}x_1=k_1+k_2+5k_3-2,\\x_2=-2k_1-2k_2-6k_3+3,\\x_3=k_1,\\x_4=k_2,\\x_5=k_3,\end{cases}$$是原方程组的通解.

例 8.31 设 $\begin{cases}\lambda x_1+x_2+x_3=\lambda-3,\\x_1+\lambda x_2+x_3=-2,\\x_1+x_2+\lambda x_3=-2,\end{cases}$ 求 λ 取何值时，方程组有唯一解，无解或有无穷多解？并在有无穷多解时，求通解.

解: 方程组的增广矩阵为

$$(A\vdots b)=\begin{pmatrix}\lambda&1&1&\vdots&\lambda-3\\1&\lambda&1&\vdots&-2\\1&1&\lambda&\vdots&-2\end{pmatrix}\xrightarrow[\substack{r_3-\lambda r_1\\r_3+r_2}]{\substack{r_3\leftrightarrow r_1\\r_2-r_1}}\begin{pmatrix}1&1&\lambda&-2\\0&\lambda-1&1-\lambda&0\\0&0&(\lambda+2)(1-\lambda)&3(\lambda-1)\end{pmatrix}$$

(1) 当$\lambda\neq-2$且$\lambda\neq1$时，$r(A)=r(A\vdots B)=3$，方程组有唯一解:

$$x_1=\frac{\lambda-1}{\lambda+2},\quad x_2=x_3=\frac{-3}{\lambda+2}.$$

(2) 当$\lambda=-2$时，$r(A)=2,r(A\vdots b)=3$，方程组无解;

(3) 当$\lambda=1$时，$r(A)=r(A\vdots b)=1$，从而方程组有无穷多解，且通解形式为

$$\begin{cases} x_1 = -x_2 - x_3 - 2, \\ x_2 = x_2, \\ x_3 = x_3, \end{cases} \quad (x_2, x_3\text{任意取值}),$$

令 $x_2 = k_1, x_3 = k_2$，其中 k_1, k_2 为任意实数，将其写成向量的形式为

$$\begin{pmatrix} x_1 \\ x_2 \\ x_3 \end{pmatrix} = k_1 \begin{pmatrix} -1 \\ 1 \\ 0 \end{pmatrix} + k_2 \begin{pmatrix} -1 \\ 0 \\ 1 \end{pmatrix} + \begin{pmatrix} -2 \\ 0 \\ 0 \end{pmatrix}.$$

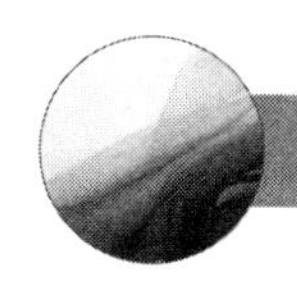

习题8.4

1. 解下列齐次线性方程组:

(1) $\begin{cases} x_1 + 2x_2 - 3x_3 = 0, \\ 2x_1 + 5x_2 + 2x_3 = 0, \\ 3x_1 - x_2 - 4x_3 = 0; \end{cases}$ (2) $\begin{cases} x_1 + 2x_2 + x_3 - x_4 = 0, \\ 3x_1 + 6x_2 - x_3 - 3x_4 = 0, \\ 5x_1 + 10x_2 + x_3 - 5x_4 = 0. \end{cases}$

2. 解下列非齐次线性方程组:

(1) $\begin{cases} 4x_1 + 2x_2 - x_3 = 2, \\ 3x_1 - x_2 + 2x_3 = 10, \\ 11x_1 + 3x_2 = 8; \end{cases}$ (2) $\begin{cases} 2x_1 + x_2 - x_3 + x_4 = 1, \\ 3x_1 - 2x_2 + x_3 - 3x_4 = 4, \\ x_1 + 4x_2 - 3x_3 + 5x_4 = -2; \end{cases}$ (3) $\begin{cases} x_1 - x_2 - x_3 + x_4 = 0, \\ x_1 - x_2 + x_3 - 3x_4 = 1, \\ x_1 - x_2 - 2x_3 + 3x_4 = -\dfrac{1}{2}. \end{cases}$

3. 当 λ 取何值时，下列非齐次线性方程组有唯一解、无解或有无穷多解？并在有无穷多解时求出其通解.

(1) $\begin{cases} \lambda x_1 + x_2 + x_3 = 1, \\ x_1 + \lambda x_2 + x_3 = \lambda, \\ x_1 + x_2 + \lambda x_3 = \lambda^2; \end{cases}$ (2) $\begin{cases} -2x_1 + x_2 + x_3 = -2, \\ x_1 - 2x_2 + x_3 = \lambda, \\ x_1 + x_2 - 2x_3 = \lambda^2. \end{cases}$

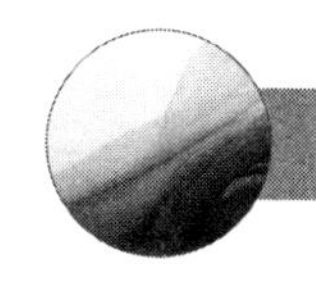

复习题 8

1. 求 i, j 的值，使 $8274i36j9$ 成为偶排列.

2. $\boldsymbol{A}$ 为三阶矩阵，$|\boldsymbol{A}| = 2$，求 $|2\boldsymbol{A}|$ 的值.

3. 利用行列式的性质计算 $\boldsymbol{D} = \begin{vmatrix} 2 & 3 & 1 & 0 \\ 4 & -2 & -1 & -1 \\ -2 & 1 & 2 & 1 \\ -4 & 3 & 2 & 1 \end{vmatrix}$.

4. 计算 $\boldsymbol{D} = \begin{vmatrix} 1 & 2 & 3 & 0 & 0 \\ 2 & 1 & 0 & 0 & 0 \\ 1 & 0 & 1 & 0 & 0 \\ 1 & 0 & 6 & 4 & 3 \\ 0 & 2 & 4 & 2 & 1 \end{vmatrix}$. (提示 $\boldsymbol{D} = \begin{vmatrix} 1 & 2 & 3 \\ 2 & 1 & 0 \\ 1 & 0 & 1 \end{vmatrix} \times \begin{vmatrix} 4 & 3 \\ 2 & 1 \end{vmatrix}$)

5. 设$\begin{cases}x_1+2x_2+3x_3=1,\\x_1+3x_2+6x_3=2,\\2x_1+3x_2+3x_3=\lambda,\end{cases}$当$\lambda$取何值时，方程组有唯一解、无解或有无穷多解？并在有无穷多解时，求通解.

6. 设$\begin{cases}ax_1+x_2+x_3=4,\\x_1+bx_2+x_3=3,\\x_1+2bx_2+x_3=4,\end{cases}$当$a,b$取何值时，方程组有唯一解、无解或有无穷多解？并在有无穷多解时，求通解.

7. 解线性方程组$\begin{cases}x_1+2x_2+3x_3-x_4=1,\\3x_1+2x_2+x_3-x_4=1,\\2x_1+3x_2+x_3+x_4=1,\\2x_1+2x_2+2x_3-x_4=1,\\5x_1+5x_2+2x_3=2.\end{cases}$

8. 证明：$\begin{vmatrix}\lambda_1 & & & & \\ & \lambda_2 & & & \\ & & \ddots & & \\ & & & & \lambda_{n-1} \\ \lambda_n & & & & \end{vmatrix}=(-1)^{n-1}\lambda_1\lambda_2\cdots\lambda_n.$

9. 设$\boldsymbol{A}=\begin{pmatrix}1&0&1\\0&2&0\\-1&0&1\end{pmatrix}$，三阶矩阵$\boldsymbol{B}$满足等式$\boldsymbol{BA}+2\boldsymbol{I}=\boldsymbol{A}^2+\boldsymbol{B}$，其中$\boldsymbol{I}$为单位矩阵，求$\boldsymbol{B}$.

10. 求矩阵$\boldsymbol{F}=\begin{pmatrix}1&2&1&2\\0&-1&0&-1\\0&0&2&-1\\0&0&0&4\end{pmatrix}$的逆矩阵$\boldsymbol{F}^{-1}$.

阅读材料

线性代数历史

凯莱

虽然线性代数作为一个独立的数学分支在20世纪才形成，然而它的历史却非常久远.“鸡兔同笼”问题实际上就是一个简单的线性方程组求解的问题. 最古老的线性问题是线性方程组的解法，在中国古代的数学著作《九章算术·方程》中，便做了比较完整的叙述，其中所述方法实质上相当于现代的对方程组的增广矩阵的行施行初等变换，消去未知量的方法.

基于费马和笛卡儿的工作，现代意义的线性代数基本上出现于十七世纪. 直到十八世纪末，线性代数的研究领域还只限于平面与空间，十九世纪上半叶才完成了到n维线性空间的过渡.

随着研究的深入，行列式和矩阵在18~19世纪先后产生，为处理线性问题提供了有力的工具，从而推动了线性代数的发展. 向量概念的引入，形成了向量空间的概念，使得凡是线性问题都可以用向量空间的观点加以讨论. 因此，向量空间及其线性变换，以及与此相联系的矩阵理论，构成了线性代数的中心内容.

矩阵论始于凯莱，在十九世纪下半叶，因若当的工作而达到了顶点. 1888 年，皮亚诺以公理的方式定义了有限维或无限维线性空间. 特普利茨将线性代数的主要定理推广到任意体(domain)上的最一般的向量空间中. 线性映射的概念在大多数情况下能够摆脱矩阵计算而不依赖于基的选择. 不用交换体而用未必交换之体或环作为算子之定义域，这就引向模(module)的概念. 这一概念很显著地推广了线性空间的理论并重新整理了十九世纪所研究过的内容.

“代数”这个词在中文中出现较晚，清代时才传入中国，当时被人们译成“阿尔热巴拉”. 直到 1859 年，清代著名的数学家、翻译家李善兰才将它翻译成为“代数学”，之后沿用至今.

参考文献

侯风波. 2006. 高等数学. 北京: 高等教育出版社
刘家英 徐光霞. 2014. 高等数学. 上海: 华东师范大学出版社
骈俊生. 2012. 高等数学. 北京: 高等教育出版社
同济大学数学系. 2009. 高等数学. 上海: 同济大学出版社
王金金 李广民. 2016. 高等数学. 北京: 清华大学出版社
王小平. 2010. 高等数学. 北京: 科学出版社
吴赣昌. 2006. 高等数学. 北京: 中国人民大学出版社

附录 1　不定积分表

(一) 含有 $ax+b$ 的积分

1. $\int \frac{\mathrm{d}x}{ax+b}=\frac{1}{a}\ln|ax+b|+C$

2. $\int (ax+b)^{\mu}\mathrm{d}x=\frac{1}{a(\mu+1)}(ax+b)^{\mu+1}+C\ (\mu\neq -1)$

3. $\int \frac{\mathrm{d}x}{ax+b}\mathrm{d}x=\frac{1}{a^2}(ax-b\ln|ax+b|)+C$

4. $\int \frac{x^2}{ax+b}\mathrm{d}x=\frac{1}{a^3}\left[\frac{1}{2}(ax+b)^2-2b(ax+b)+b^2\ln|ax+b|\right]+C$

5. $\int \frac{\mathrm{d}x}{x(ax+b)}=-\frac{1}{b}\ln\left|\frac{ax+b}{x}\right|+C$

6. $\int \frac{\mathrm{d}x}{x^2(ax+b)}=-\frac{1}{bx}+\frac{a}{b^2}\ln\left|\frac{ax+b}{x}\right|+C$

7. $\int \frac{x}{(ax+b)^2}\mathrm{d}x=\frac{1}{a^2}\left(\ln|ax+b|+\frac{b}{ax+b}\right)+C$

8. $\int \frac{x^2}{(ax+b)^2}\mathrm{d}x=\frac{1}{a^3}\left(ax+b-2b\ln|ax+b|-\frac{b^2}{ax+b}\right)+C$

9. $\int \frac{\mathrm{d}x}{x(ax+b)^2}=\frac{1}{b(ax+b)}-\frac{1}{b^2}\ln\left|\frac{ax+b}{x}\right|+C$

(二) 含有 $\sqrt{ax+b}$ 的积分

10. $\int \sqrt{ax+b}\,\mathrm{d}x=\frac{2}{3a}\sqrt{(ax+b)^3}+C$

11. $\int x\sqrt{ax+b}\,\mathrm{d}x=\frac{2}{15a^2}(3ax-2b)\sqrt{(ax+b)^3}+C$

12. $\int x^2\sqrt{ax+b}\,\mathrm{d}x=\frac{2}{105a^3}(15a^2x^2-12abx+8b^2)\sqrt{(ax+b)^3}+C$

13. $\int \frac{x}{\sqrt{ax+b}}\mathrm{d}x=\frac{2}{3a^2}(ax-2b)\sqrt{ax+b}+C$

14. $\int \frac{x^2}{\sqrt{ax+b}}\mathrm{d}x=\frac{2}{15a^3}(3a^2x^2-4abx+8b^2)\sqrt{ax+b}+C$

15. $\int \frac{dx}{x\sqrt{ax+b}} = \begin{cases} \frac{1}{\sqrt{b}} \ln\left|\frac{\sqrt{ax+b}-\sqrt{b}}{\sqrt{ax+b}+\sqrt{b}}\right| + C\ (b>0) \\ \frac{2}{\sqrt{-b}} \arctan\sqrt{\frac{ax+b}{-b}} + C\ (b<0) \end{cases}$

16. $\int \frac{dx}{x^2\sqrt{ax+b}} = -\frac{\sqrt{ax+b}}{bx} - \frac{a}{2b}\int \frac{dx}{x\sqrt{ax+b}}$

17. $\int \frac{\sqrt{ax+b}}{x} dx = 2\sqrt{ax+b} + b\int \frac{dx}{x\sqrt{ax+b}}$

18. $\int \frac{\sqrt{ax+b}}{x^2} dx = -\frac{\sqrt{ax+b}}{x} + \frac{a}{2}\int \frac{dx}{x\sqrt{ax+b}}$

(三) 含 $x^2 \pm a^2$ 的积分

19. $\int \frac{dx}{x^2+a^2} = \frac{1}{a}\arctan\frac{x}{a} + C$

20. $\int \frac{dx}{(x^2+a^2)^n} = \frac{x}{2(n-1)a^2(x^2+a^2)^{n-1}} + \frac{2n-3}{2(n-1)a^2}\int \frac{dx}{(x^2+a^2)^{n-1}}$

21. $\int \frac{dx}{x^2-a^2} = \frac{1}{2a}\ln\left|\frac{x-a}{x+a}\right| + C$

(四) 含有 $ax^2+b\ (a>0)$ 的积分

22. $\int \frac{dx}{ax^2+b} = \begin{cases} \frac{1}{\sqrt{ab}}\arctan\sqrt{\frac{a}{b}}x + C\ (b>0) \\ \frac{1}{2\sqrt{-ab}}\ln\left|\frac{\sqrt{a}x-\sqrt{-b}}{\sqrt{a}x+\sqrt{-b}}\right| + C\ (b<0) \end{cases}$

23. $\int \frac{x}{ax^2+b} dx = \frac{1}{2a}\ln\left|ax^2+b\right| + C$

24. $\int \frac{x^2}{ax^2+b} dx = \frac{x}{a} - \frac{b}{a}\int \frac{dx}{ax^2+b}$

25. $\int \frac{dx}{x(ax^2+b)} = \frac{1}{2b}\ln\frac{x^2}{\left|ax^2+b\right|} + C$

26. $\int \frac{dx}{x^2(ax^2+b)} = -\frac{1}{bx} - \frac{a}{b}\int \frac{1}{ax^2+b}$

27. $\int \frac{dx}{x^3(ax^2+b)} = \frac{a}{2b^2}\ln\frac{\left|ax^2+b\right|}{x^2} - \frac{1}{2bx^2} + C$

28. $\int \frac{dx}{(ax^2+b)^2} = \frac{x}{2b(ax^2+b)} + \frac{1}{2b}\int \frac{1}{ax^2+b} dx$

(五) 含有 $ax^2+bx+c(a>0)$ 的积分

29. $$\int\frac{\mathrm{d}x}{ax^2+bx+c}=\begin{cases}\dfrac{2}{\sqrt{4ac-b^2}}\arctan\dfrac{2ax+b}{\sqrt{4ac-b^2}}+C\ (b^2<4ac)\\ \dfrac{1}{\sqrt{b^2-4ac}}\ln\left|\dfrac{2ax+b-\sqrt{b^2-4ac}}{2ax+b+\sqrt{b^2-4ac}}\right|+C\ (b^2>4ac)\end{cases}$$

30. $$\int\frac{x}{ax^2+bx+c}\mathrm{d}x=\frac{1}{2a}\ln\left|ax^2+bx+c\right|-\frac{b}{2a}\int\frac{\mathrm{d}x}{ax^2+bx+c}$$

(六) 含有 $\sqrt{x^2+a^2}(a>0)$ 的积分

31. $$\int\frac{\mathrm{d}x}{\sqrt{x^2+a^2}}=\operatorname{arsh}\frac{x}{a}+C_1=\ln(x+\sqrt{x^2+a^2})+C$$

32. $$\int\frac{\mathrm{d}x}{\sqrt{(x^2+a^2)^3}}=\frac{x}{a^2\sqrt{x^2+a^2}}+C$$

33. $$\int\frac{x}{\sqrt{x^2+a^2}}\mathrm{d}x=\sqrt{x^2+a^2}+C$$

34. $$\int\frac{x}{\sqrt{(x^2+a^2)^3}}\mathrm{d}x=-\frac{1}{\sqrt{x^2+a^2}}+C$$

35. $$\int\frac{x^2}{\sqrt{x^2+a^2}}\mathrm{d}x=\frac{x}{2}\sqrt{x^2+a^2}-\frac{a^2}{2}\ln(x+\sqrt{x^2+a^2})+C$$

36. $$\int\frac{x^2}{\sqrt{(x^2+a^2)^3}}\mathrm{d}x=-\frac{x}{\sqrt{x^2+a^2}}+\ln(x+\sqrt{x^2+a^2})+C$$

37. $$\int\frac{\mathrm{d}x}{x\sqrt{x^2+a^2}}=\frac{1}{a}\ln\frac{\sqrt{x^2+a^2}-a}{|x|}+C$$

38. $$\int\frac{\mathrm{d}x}{x^2\sqrt{x^2+a^2}}=-\frac{\sqrt{x^2+a^2}}{a^2x}+C$$

39. $$\int\sqrt{x^2+a^2}\mathrm{d}x=\frac{x}{2}\sqrt{x^2+a^2}+\frac{a^2}{2}\ln(x+\sqrt{x^2+a^2})+C$$

40. $$\int\sqrt{(x^2+a^2)^3}\mathrm{d}x=\frac{x}{8}(2x^2+5a^2)\sqrt{x^2+a^2}+\frac{3}{8}a^4\ln(x+\sqrt{x^2+a^2})+C$$

41. $$\int x\sqrt{x^2+a^2}\mathrm{d}x=\frac{1}{3}\sqrt{(x^2+a^2)^3}+C$$

42. $$\int x^2\sqrt{x^2+a^2}\mathrm{d}x=\frac{x}{8}(2x^2+a^2)\sqrt{x^2+a^2}-\frac{a^4}{8}\ln(x+\sqrt{x^2+a^2})+C$$

43. $$\int\frac{\sqrt{x^2+a^2}}{x}\mathrm{d}x=\sqrt{x^2+a^2}+a\ln\frac{\sqrt{x^2+a^2}-a}{|x|}+C$$

44. $$\int\frac{\sqrt{x^2+a^2}}{x^2}\mathrm{d}x=-\frac{\sqrt{x^2+a^2}}{x}+\ln(x+\sqrt{x^2+a^2})+C$$

(七) 含有 $\sqrt{x^2-a^2}\,(a>0)$ 的积分

45. $\int\frac{dx}{\sqrt{x^2-a^2}}=\frac{x}{|x|}\operatorname{arch}\frac{|x|}{a}+C_1=\ln\left|x+\sqrt{x^2-a^2}\right|+C$

46. $\int\frac{dx}{\sqrt{(x^2-a^2)^3}}=-\frac{x}{a^2\sqrt{x^2-a^2}}+C$

47. $\int\frac{x}{\sqrt{(x^2-a^2)}}dx=\sqrt{x^2-a^2}+C$

48. $\int\frac{x}{\sqrt{(x^2-a^2)^3}}dx=-\frac{1}{\sqrt{x^2-a^2}}+C$

49. $\int\frac{x^2}{\sqrt{x^2-a^2}}dx=\frac{x}{2}\sqrt{x^2-a^2}+\frac{a^2}{2}\ln\left|x+\sqrt{x^2-a^2}\right|+C$

50. $\int\frac{x^2}{\sqrt{(x^2-a^2)^3}}dx=-\frac{x}{\sqrt{x^2-a^2}}+\ln\left|x+\sqrt{x^2-a^2}\right|+C$

51. $\int\frac{dx}{x\sqrt{x^2-a^2}}=\frac{1}{a}\arccos\frac{a}{|x|}+C$

52. $\int\frac{dx}{x^2\sqrt{x^2-a^2}}=\frac{\sqrt{x^2-a^2}}{a^2x}+C$

53. $\int\sqrt{x^2-a^2}dx=\frac{x}{2}\sqrt{x^2-a^2}-\frac{a^2}{2}\ln\left|x+\sqrt{x^2-a^2}\right|+C$

54. $\int\sqrt{(x^2-a^2)^3}dx=\frac{x}{8}(2x^2-5a^2)\sqrt{x^2-a^2}+\frac{3}{8}a^4\ln\left|x+\sqrt{x^2-a^2}\right|+C$

55. $\int x\sqrt{x^2-a^2}dx=\frac{1}{3}\sqrt{(x^2-a^2)^3}+C$

56. $\int x^2\sqrt{x^2-a^2}dx=\frac{x}{8}(2x^2-a^2)\sqrt{x^2-a^2}-\frac{a^4}{8}\ln\left|x+\sqrt{x^2-a^2}\right|+C$

57. $\int\frac{\sqrt{x^2-a^2}}{x}dx=\sqrt{x^2-a^2}-a\arccos\frac{a}{|x|}+C$

58. $\int\frac{\sqrt{x^2-a^2}}{x^2}dx=-\frac{\sqrt{x^2-a^2}}{x}+\ln\left|x+\sqrt{x^2-a^2}\right|+C$

(八) 含有 $\sqrt{a^2-x^2}\,(a>0)$ 的积分

59. $\int\frac{dx}{\sqrt{a^2-x^2}}=\arcsin\frac{x}{a}+C$

60. $\int\frac{dx}{\sqrt{(a^2-x^2)^3}}=-\frac{x}{a^2\sqrt{a^2-x^2}}+C$

61. $\int\frac{x}{\sqrt{a^2-x^2}}dx=-\sqrt{a^2-x^2}+C$

62. $\int \frac{x}{\sqrt{(a^2-x^2)^3}}\mathrm{d}x = \frac{1}{\sqrt{a^2-x^2}}+C$

63. $\int \frac{x^2}{\sqrt{a^2-x^2}}\mathrm{d}x = -\frac{x}{2}\sqrt{a^2-x^2}+\frac{a^2}{2}\arcsin\frac{x}{a}+C$

64. $\int \frac{x^2}{(a^2-x^2)^3}\mathrm{d}x = \frac{x}{\sqrt{a^2-x^2}}-\arcsin\frac{x}{a}+C$

65. $\int \frac{\mathrm{d}x}{x\sqrt{a^2-x^2}} = \frac{1}{a}\ln\frac{a-\sqrt{a^2-x^2}}{|x|}+C$

66. $\int \frac{\mathrm{d}x}{x^2\sqrt{a^2-x^2}} = -\frac{\sqrt{a^2-x^2}}{a^2x}+C$

67. $\int \sqrt{a^2-x^2}\mathrm{d}x = \frac{x}{2}\sqrt{a^2-x^2}+\frac{a^2}{2}\arcsin\frac{x}{a}+C$

68. $\int \sqrt{(a^2-x^2)^3}\mathrm{d}x = \frac{x}{8}(5a^2-2x^2)\sqrt{a^2-x^2}+\frac{3}{8}a^4\arcsin\frac{x}{a}+C$

69. $\int x\sqrt{a^2-x^2}\mathrm{d}x = -\frac{1}{3}\sqrt{(a^2-x^2)^3}+C$

70. $\int x^2\sqrt{a^2-x^2}\mathrm{d}x = \frac{x}{8}(2x^2-a^2)\sqrt{a^2-x^2}+\frac{a^4}{8}\arcsin\frac{x}{a}+C$

71. $\int \frac{\sqrt{a^2-x^2}}{x}\mathrm{d}x = \sqrt{a^2-x^2}+a\ln\frac{a-\sqrt{a^2-x^2}}{|x|}+C$

72. $\int \frac{\sqrt{a^2-x^2}}{x^2}\mathrm{d}x = -\frac{\sqrt{a^2-x^2}}{x}-\arcsin\frac{x}{a}+C$

(九) 含有 $\sqrt{\pm ax^2+bx+c}$ $(a>0)$ 的积分

73. $\int \frac{\mathrm{d}x}{\sqrt{ax^2+bx+c}} = \frac{1}{\sqrt{a}}\ln\left|2ax+b+2\sqrt{a}\sqrt{ax^2+bx+c}\right|+C$

74. $\int \sqrt{ax^2+bx+c}\,\mathrm{d}x = \frac{2ax+b}{4a}\sqrt{ax^2+bx+c}+\frac{4ac-b^2}{8\sqrt{a^3}}\ln\left|2ax+b+2\sqrt{a}\sqrt{ax^2+bx+c}\right|+C$

75. $\int \frac{x}{\sqrt{ax^2+bx+c}}\mathrm{d}x = \frac{1}{a}\sqrt{ax^2+bx+c}-\frac{b}{2\sqrt{a^3}}\ln\left|2ax+b+2\sqrt{a}\sqrt{ax^2+bx+c}\right|+C$

76. $\int \frac{\mathrm{d}x}{\sqrt{c+bx-ax^2}} = -\frac{1}{\sqrt{a}}\arcsin\frac{2ax-b}{\sqrt{b^2+4ac}}+C$

77. $\int \sqrt{c+bx-ax^2}\mathrm{d}x = \frac{2ac-b}{4a}\sqrt{c+bx-ax^2}+\frac{b^2+4ac}{8\sqrt{a^3}}\arcsin\frac{2ax-b}{\sqrt{b^2+4ac}}+C$

78. $\int \frac{x}{\sqrt{c+bx-ax^2}}\mathrm{d}x = -\frac{1}{a}\sqrt{c+bx-ax^2}+\frac{b}{2\sqrt{a^3}}\arcsin\frac{2ax-b}{\sqrt{b^2+4ac}}+C$

(十) 含有$\sqrt{\pm\frac{x-a}{x-b}}$或$\sqrt{(x-a)(x-b)}$的积分

79. $\int\sqrt{\frac{x-a}{x-b}}\,\mathrm{d}x=(x-b)\sqrt{\frac{x-a}{x-b}}+(b-a)\ln(\sqrt{|x-a|}+\sqrt{|x-b|})+C$

80. $\int\sqrt{\frac{x-a}{b-x}}\,\mathrm{d}x=(x-b)\sqrt{\frac{x-a}{b-x}}+(b-a)\arcsin\sqrt{\frac{x-a}{b-a}}+C$

81. $\int\frac{\mathrm{d}x}{\sqrt{(x-a)(b-x)}}=2\arcsin\sqrt{\frac{x-a}{b-a}}+C\ (a<b)$

82. $\int\sqrt{(x-a)(b-x)}\,\mathrm{d}x=\frac{2x-a-b}{4}\sqrt{(x-a)(b-x)}+\frac{(b-a)^2}{4}\arcsin\sqrt{\frac{x-a}{b-a}}+C\ (a<b)$

(十一) 含有三角函数的积分

83. $\int\sin x\mathrm{d}x=-\cos x+C$

84. $\int\cos x\mathrm{d}x=\sin x+C$

85. $\int\tan x\mathrm{d}x=-\ln|\cos x|+C$

86. $\int\cot x\mathrm{d}x=\ln|\sin x|+C$

87. $\int\sec x\mathrm{d}x=\ln\left|\tan\left(\frac{x}{4}+\frac{x}{2}\right)\right|+C=\ln|\sec x+\tan x|+C$

88. $\int\csc x\mathrm{d}x=\ln\left|\tan\frac{x}{2}\right|+C=\ln|\csc x-\cot x|+C$

89. $\int\sec^2 x\mathrm{d}x=\tan x+C$

90. $\int\csc^2 x\mathrm{d}x=-\cot x+C$

91. $\int\sec x\tan x\mathrm{d}x=\sec x+C$

92. $\int\csc x\cot x\mathrm{d}x=-\csc x+C$

93. $\int\sin^2 x\mathrm{d}x=\frac{x}{2}-\frac{1}{4}\sin 2x+C$

94. $\int\cos^2 x\mathrm{d}x=\frac{x}{2}+\frac{1}{4}\sin 2x+C$

95. $\int\sin^n x\mathrm{d}x=-\frac{1}{n}\sin^{n-1}x\cos x+\frac{n-1}{n}\int\sin^{n-2}x\mathrm{d}x$

96. $\int\cos^n x\mathrm{d}x=\frac{1}{n}\cos^{n-1}x\sin x+\frac{n-1}{n}\int\cos^{n-2}x\mathrm{d}x$

97. $\int\frac{\mathrm{d}x}{\sin^n x}=-\frac{1}{n-1}\cdot\frac{\cos x}{\sin^{n-1}x}+\frac{n-2}{n-1}\int\frac{\mathrm{d}x}{\sin^{n-2}x}$

98. $\int\frac{\mathrm{d}x}{\cos^n x}=-\frac{1}{n-1}\cdot\frac{\sin x}{\cos^{n-1}x}+\frac{n-2}{n-1}\int\frac{\mathrm{d}x}{\cos^{n-2}x}$

99. $\int\cos^m x\sin^n x\mathrm{d}x=\frac{1}{m+n}\cos^{m-1}x\sin^{n+1}x+\frac{m-1}{m+n}\int\cos^{m-2}x\sin^n x\mathrm{d}x$

$$=-\frac{1}{m+n}\cos^{m+1}x\sin^{n-1}x+\frac{n-1}{m+n}\int\cos^m x\sin^{n-2}x\mathrm{d}x$$

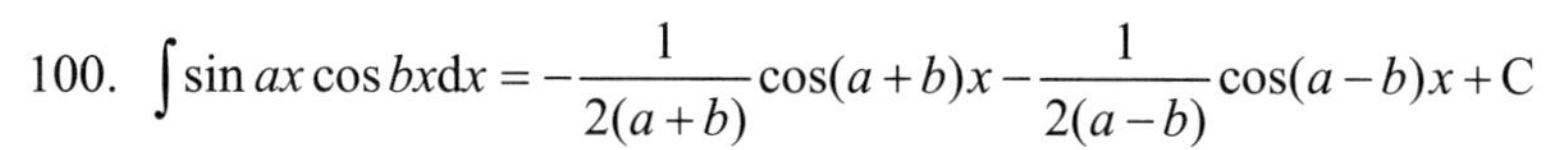

100. $\int \sin ax \cos bx \mathrm{d}x = -\frac{1}{2(a+b)}\cos(a+b)x - \frac{1}{2(a-b)}\cos(a-b)x + C$

101. $\int \sin ax \sin bx \mathrm{d}x = -\frac{1}{2(a+b)}\sin(a+b)x - \frac{1}{2(a-b)}\sin(a-b)x + C$

102. $\int \cos ax \cos bx \mathrm{d}x = \frac{1}{2(a+b)}\sin(a+b)x + \frac{1}{2(a-b)}\sin(a-b)x + C$

103. $\int \frac{\mathrm{d}x}{a+b\sin x} = \frac{2}{\sqrt{a^2-b^2}}\arctan\frac{a\tan\frac{x}{2}+b}{\sqrt{a^2-b^2}} + C \ (a^2 > b^2)$

104. $\int \frac{\mathrm{d}x}{a+b\sin x} = \frac{2}{\sqrt{b^2-a^2}}\ln\left|\frac{a\tan\frac{x}{2}+b-\sqrt{b^2-a^2}}{a\tan\frac{x}{2}+b+\sqrt{b^2-a^2}}\right| + C \ (a^2 < b^2)$

105. $\int \frac{\mathrm{d}x}{a+b\cos x} = \frac{2}{a+b}\sqrt{\frac{a+b}{a-b}}\arctan\left(\sqrt{\frac{a-b}{a+b}}\tan\frac{x}{2}\right) + C \ (a^2 > b^2)$

106. $\int \frac{\mathrm{d}x}{a+b\cos x} = \frac{2}{a+b}\sqrt{\frac{a+b}{b-a}}\ln\left|\frac{\tan\frac{x}{2}+\sqrt{\frac{a+b}{b-a}}}{\tan\frac{x}{2}-\sqrt{\frac{a+b}{b-a}}}\right| + C \ (a^2 < b^2)$

107. $\int \frac{\mathrm{d}x}{a^2\cos^2 x + b^2\sin^2 x} = \frac{1}{ab}\arctan\left(\frac{b}{a}\tan x\right) + C$

108. $\int \frac{\mathrm{d}x}{a^2\cos^2 x - b^2\sin^2 x} = \frac{1}{2ab}\ln\left|\frac{b\tan x + a}{b\tan x - a}\right| + C$

109. $\int x\sin ax \mathrm{d}x = \frac{1}{a^2}\sin ax - \frac{1}{a}x\cos ax + C$

110. $\int x^2\sin ax \mathrm{d}x = -\frac{1}{a}x^2\cos ax + \frac{2}{a^2}x\sin ax + \frac{3}{a^3}\cos ax + C$

111. $\int x\cos ax \mathrm{d}x = \frac{1}{a^2}\cos ax + \frac{1}{a}x\sin ax + C$

112. $\int x^2\cos ax \mathrm{d}x = \frac{1}{a}x^2\sin ax + \frac{2}{a^2}x\cos ax - \frac{2}{a^3}\sin ax + C$

(十二) 含有反三角函数的积分 (其中 $a>0$)

113. $\int \arcsin\frac{x}{a}\mathrm{d}x = x\arcsin\frac{x}{a} + \sqrt{a^2-x^2} + C$

114. $\int x\arcsin\frac{x}{a}\mathrm{d}x = \left(\frac{x^2}{2}-\frac{a^2}{4}\right)\arcsin\frac{x}{a} + \frac{x}{4}\sqrt{a^2-x^2} + C$

115. $\int x^2\arcsin\frac{x}{a}\mathrm{d}x = \frac{x^3}{3}\arcsin\frac{x}{a} + \frac{1}{9}(x^2+2a^2)\sqrt{a^2-x^2} + C$

116. $\int \arccos\frac{x}{a}\mathrm{d}x = x\arccos\frac{x}{a} - \sqrt{a^2-x^2} + C$

117. $\int x\arccos\frac{x}{a}\mathrm{d}x=\left(\frac{x^2}{2}-\frac{a^2}{4}\right)\arccos\frac{x}{a}-\frac{x}{4}\sqrt{a^2-x^2}+C$

118. $\int x^2\arccos\frac{x}{a}\mathrm{d}x=\frac{x^3}{3}\arccos\frac{x}{a}-\frac{1}{9}(x^2+2a^2)\sqrt{a^2-x^2}+C$

119. $\int \arctan\frac{x}{a}\mathrm{d}x=x\arctan\frac{x}{a}-\frac{a}{2}\ln(a^2+x^2)+C$

120. $\int x\arctan\frac{x}{a}\mathrm{d}x=\frac{1}{2}(a^2+x^2)\arctan\frac{x}{a}-\frac{a}{2}x+C$

121. $\int x^2\arctan\frac{x}{a}\mathrm{d}x=\frac{x^3}{3}\arctan\frac{x}{a}-\frac{a}{6}x^2+\frac{a^3}{6}\ln(a^2+x^2)+C$

(十三) 含有指数函数的积分

122. $\int a^x\mathrm{d}x=\frac{1}{\ln a}a^x+C$

123. $\int \mathrm{e}^{ax}\mathrm{d}x=\frac{1}{a}\mathrm{e}^{ax}+C$

124. $\int x\mathrm{e}^{ax}\mathrm{d}x=\frac{1}{a^2}(ax-1)\mathrm{e}^{ax}+C$

125. $\int x^n\mathrm{e}^{ax}\mathrm{d}x=\frac{1}{a}x^n\mathrm{e}^{ax}-\frac{n}{a}\int x^{n-1}\mathrm{e}^{ax}\mathrm{d}x$

126. $\int xa^x\mathrm{d}x=\frac{x}{\ln a}a^x-\frac{1}{(\ln a)^2}a^z+C$

127. $\int x^na^x\mathrm{d}x=\frac{1}{\ln a}x^na^x-\frac{n}{\ln a}\int x^{n-1}a^x\mathrm{d}x$

128. $\int \mathrm{e}^{ax}\sin bx\mathrm{d}x=\frac{1}{a^2+b^2}\mathrm{e}^{ax}(a\sin bx-b\cos bx)+C$

129. $\int \mathrm{e}^{ax}\cos bx\mathrm{d}x=\frac{1}{a^2+b^2}\mathrm{e}^{ax}(b\sin bx+a\cos bx)+C$

130. $\int \mathrm{e}^{ax}\sin^n bx\mathrm{d}x=\frac{1}{a^2+b^2n^2}\mathrm{e}^{ax}\sin^{n-1}bx(a\sin bx-nb\cos bx)+\frac{n(n-1)b^2}{a^2+b^2n^2}\int \mathrm{e}^{ax}\sin^{n-2}bx\mathrm{d}x$

131. $\int \mathrm{e}^{ax}\cos^n bx\mathrm{d}x=\frac{1}{a^2+b^2n^2}\mathrm{e}^{ax}\cos^{n-1}bx(a\cos bx+nb\sin bx)+\frac{n(n-1)b^2}{a^2+b^2n^2}\int \mathrm{e}^{ax}\cos^{n-2}bx\mathrm{d}x$

(十四) 含有对数函数的积分

132. $\int \ln x\mathrm{d}x=x\ln x-x+C$

133. $\int \frac{\mathrm{d}x}{x\ln x}=\ln|\ln x|+C$

134. $\int x^n\ln x\mathrm{d}x=\frac{1}{n+1}x^{n+1}\left(\ln x-\frac{1}{n+1}\right)+C$

135. $\int (\ln x)^n\mathrm{d}x=x(\ln x)^n-n\int (\ln x)^{n-1}\mathrm{d}x$

136. $\int x^m(\ln x)^n\mathrm{d}x=\frac{1}{m+1}x^{m+1}(\ln x)^n-\frac{n}{m+1}\int x^m(\ln x)^{n-1}\mathrm{d}x$

(十五) 含有双曲函数的积分

137. $\int \mathrm{sh}x\mathrm{d}x = \mathrm{ch}x + C$

138. $\int \mathrm{ch}x\mathrm{d}x = \mathrm{sh}x + C$

139. $\int \mathrm{th}x\mathrm{d}x = \ln \mathrm{ch}x + C$

140. $\int \mathrm{sh}^2 x\mathrm{d}x = -\frac{x}{2} + \frac{1}{4}\mathrm{sh}2x + C$

141. $\int \mathrm{ch}^2 x\mathrm{d}x = \frac{x}{2} + \frac{1}{4}\mathrm{sh}2x + C$

(十六) 定积分

142. $\int_{-\pi}^{\pi} \cos nx\mathrm{d}x = \int_{-\pi}^{\pi} \sin nx\mathrm{d}x = 0$

143. $\int_{-\pi}^{\pi} \cos mx \sin nx\mathrm{d}x = 0$

144. $\int_{-\pi}^{\pi} \cos mx \cos nx\mathrm{d}x = \begin{cases} 0, m \neq n \\ \pi, m = n \end{cases}$

145. $\int_{-\pi}^{\pi} \sin mx \sin nx\mathrm{d}x = \begin{cases} 0, m \neq n \\ \pi, m = n \end{cases}$

146. $\int_{0}^{\pi} \sin mx \sin nx\mathrm{d}x = \int_{0}^{\pi} \cos mx \cos nx\mathrm{d}x = \begin{cases} 0, m \neq n \\ \frac{\pi}{2}, m = n \end{cases}$

147. $I_n = \int_0^{\frac{\pi}{2}} \sin^n x\mathrm{d}x = \int_0^{\frac{\pi}{2}} \cos^n x\mathrm{d}x$

$$I_n = \frac{n-1}{n} I_{n-2}$$

$$\begin{cases} I_n = \frac{n-1}{n} \cdot \frac{n-3}{n-2} \cdot \cdots \cdot \frac{4}{5} \cdot \frac{2}{3} (n\text{为大于1的正奇数}), I_1 = 1 \\ I_n = \frac{n-1}{n} \cdot \frac{n-3}{n-2} \cdot \cdots \cdot \frac{3}{4} \cdot \frac{1}{2} \cdot \frac{\pi}{2} (n\text{为正偶数}), I_0 = \frac{\pi}{2} \end{cases}$$

附录 2　教学基本要求

(108 课时)

一、课程性质和课程任务

《高等数学》是高职高专各专业必修的一门公共基础课程. 数学不仅是一种工具，也是一种思维模式. 数学教育在培养高素质技术技能型人才中具有独特的不可替代的重要作用. 通过本课程的学习，使学生获得一元函数微积分学及其应用，多元函数微积分学及其应用，常微分方程、线性代数等方面的基本概念、基本理论及基本运算技能，为学习后续课程和进一步扩大数学知识面、提高数学素质奠定必要的数学基础. 在传授高等数学知识的同时，要特别注意培养学生抽象思维和逻辑推理的能力，综合运用能力和解决实际问题的能力，逐步培养学生创新精神和创新能力.

二、课程教学目标

(一) 知识教学目标

1. 掌握极限的性质及运算法则; 熟悉两个重要极限公式的运用; 理解极限的概念.

2. 熟练掌握导数与微分的运算法则、导数的基本公式及运用; 理解导数与微分的概念; 掌握导数的简单应用.

3. 熟练掌握不定积分的基本公式、不定积分和定积分的换元积分法和分部积分法; 理解原函数、不定积分和定积分的概念和性质; 掌握定积分的应用.

4. 理解微分方程的解、通解、初始条件和特解等基本概念; 掌握一阶可分离变量方程及一阶线性微分方程的解法.

5. 了解线性代数的基本概念; 熟练掌握矩阵、行列式的基本计算.

(二) 能力培养目标

1. 贯穿内容体系的教学，培养学生的严谨思维和逻辑推理能力.

2. 通过教学环节中的概括总结，培养学生的归纳能力.

3. 通过例题分析与解答，培养学生的综合分析和解决问题的能力.

4. 通过讲练结合，培养学生的计算能力.

5. 通过一题多解，培养学生的创新能力.

6. 通过例题和应用，培养学生的应用能力.

三、教学内容和要求

教学内容	教学要求			教学活动参考
	了解	理解	掌握	
第1章　函数的极限与连续				理论讲授 多媒体
1.1 初等函数	√			
1.2 极限		√		
1.3 极限的运算法则			√	
1.4 函数的连续性			√	
第2章　导数与微分				理论讲授 多媒体
2.1 导数的概念		√		
2.2 导数的运算			√	
2.3 高阶导数			√	
2.4 微分			√	
第3章　中值定理及导数的应用				理论讲授 多媒体
3.1 微分中值定理			√	
3.2 洛必达法则			√	
3.3 函数的单调性与函数的最值问题			√	
3.4 曲线的凹凸性与拐点		√		
第4章 不定积分				
4.1 不定积分的概念			√	理论讲授 多媒体
4.2 不定积分的运算			√	
4.3 不定积分的求法			√	
4.4 积分表的应用		√		
第5章　定积分及其应用				
5.1 定积分的概念		√		理论讲授 多媒体
5.2 牛顿—莱布尼茨公式			√	
5.3 定积分的计算			√	
5.4 无限区间上的广义积分			√	
5.5 定积分的应用			√	
第6章　多元函数微积分				
6.1 偏导数		√		理论讲授 多媒体
6.2 全微分		√		
6.3 二重积分的概念与性质			√	
6.4 二重积分的计算			√	
6.5 二重积分的应用			√	
第7章 微分方程				理论讲授 多媒体
7.1 微分方程的基本概念		√		
7.2 一阶微分方程			√	
7.3 二阶常系数线性微分方程		√		

续表

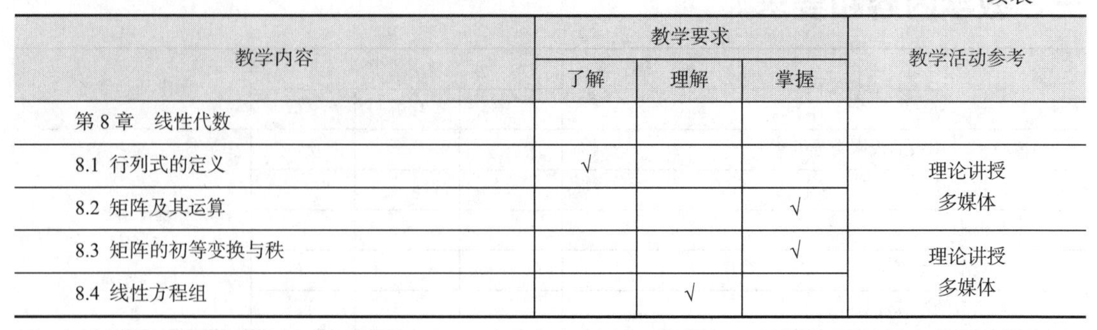

教学内容	教学要求			教学活动参考
	了解	理解	掌握	
第8章　线性代数				
8.1 行列式的定义	√			理论讲授 多媒体
8.2 矩阵及其运算			√	
8.3 矩阵的初等变换与秩			√	理论讲授 多媒体
8.4 线性方程组		√		

四、教学基本要求说明

(一) 适用对象与参考学时

本教材可供高职高专及应用型本科各专业使用，也适用于成人专科和专升本学生. 全书的教学时数约为108学时. 由于专业要求各不相同，各个专业可根据专业需要和课程标准自行制定教学计划，其中第1～5章是必学内容.

(二) 教学要求

1. 本课程的教学内容按教学要求的不同，分为了解、理解、掌握三个层次. 概念、理论要达到了解、理解，方法、运算要达到掌握.

2. 通过本课程的学习使学生获得一元函数微积分学、多元函数微积分学、常微分方程、线性代数等方面的基本概念、基本理论和基本运算技能.

3. 在逐步传授知识的同时，要通过各个教学环节，逐步培养学生具有一定的抽象思维能力、逻辑推理能力、自学能力，运算能力和综合运用所学知识分析和解决实际问题的能力.

4. 考试方法与成绩评定: 闭卷考试; 平时成绩30%，期末成绩70%.

五、学时分配建议(108学时)

教学内容	学时数		
	理论	习题课	小计
第1章　函数的极限与连续	14	2	16
第2章　导数与微分	8	2	10
第3章　中值定理及导数的应用	10	2	12
第4章　不定积分	12	2	14
第5章　定积分及其应用	12	2	14
第6章　多元函数微积分	14	2	16
第7章　微分方程	6	2	8
第8章　线性代数	16	2	18
合计	92	16	108

附录3　参考答案

习题 1.1

1. (1) B;　(2) A.
2. (1) $[0,\infty)$，$(-1,2]$，$(1-\varepsilon,1+\varepsilon]$，$(a-\delta,a+\delta)$；(2) 这几个定义域的并集；　(3) y 轴对称，原点对称；(4) π.
3. (1) $(-\infty,1]\cup[2,+\infty)$；(2) $(-1,1]$；(3) $(-1,0]\cup[0,\infty)$；(4) $[0,\pi)$.
4. (1) 0,1,0,1,0;　(2) $0,\dfrac{2+2x}{1-x},\dfrac{x}{1-x}$.
5. (1) 非奇非偶函数；(2) 偶函数；(3) 奇函数；(4) 奇函数.
6. (1) $y=\ln u,u=\sqrt{v},v=1-x$；(2) $y=\mathrm{e}^{u},u=x+1$；(3) $y=u^{3},u=\sin v,v=\ln(x+1)$；
   (4) y=arcsinu　u=2^{x}.

习题 1.2

1. (1) B;　(2) A.
2. (1) 左右极限相等；(2) 无穷小量；(3) x,x，$\dfrac{x^{2}}{2}$.
3. $\dfrac{\sqrt{\mathrm{e}}}{\mathrm{e}}$, 1, 不存在, 5.
4. (1) $-\dfrac{1}{2}$；(2) 0;　(3) $\dfrac{1}{2}$；(4) ∞.
5. (1) 高阶；(2) 同阶；(3) 同阶；(4) 高阶；(5) 等价；(6) 高阶.
6. 等价.
7. 证明略.
8. (1) 4;　(2) $\dfrac{1}{2}$；(3) $\dfrac{1}{3}$.
9. 证明略.

习题 1.3

1. (1) A;　(2) D.
2. (1) 1;　(2) e;　(3) 分子、分母先约去零因子；(4) 函数值.
3. (1) 5;　(2) $-\dfrac{1}{2}$；(3) 2;　(4) $\dfrac{1}{2}$；(5) $\dfrac{1}{4}$；(6) 0;　(7) $-\dfrac{3}{4}$；(8) 2;　(9) $2x$;　(10) 3;
   (11) $\dfrac{1}{4}$；(12) 0.

4. (1) $\frac{\sqrt{2\pi}}{8}$; (2) $\frac{1}{2}$; (3) x; (4) 2; (5) $-\frac{1}{3}$; (6) 1.
5. (1) e^{-5}; (2) e^{-2}; (3) e; (4) e^{2}; (5) e^{-5}; (6) e^{-6}.

习题 1.4

1. (1) A; (2) B.
2. (1) 在点 x 处既左连续又右连续; (2) 闭区间 连续函数; (3) x=1 是第一类跳跃间断点; x=3 是第二类无穷间断点.
3. x=0 为可去间断点, 可补充 $f(0)=\frac{7}{6}$.
4. (1) 0; (2) e; (3) 0; (4) 6; (5) $\frac{1}{2}$; (6) 1; (7) $\cos a$; (8) 1.
5. 证明略.
6. 证明略.

复习题 1

1. (1) B; (2) D; (3) A; (4) A; (5) B; (6) B; (7) C; (8) B; (9) A; (10) D.
2. (1) $\frac{2}{5}$; (2) $y=\ln u, u=v^2, v=\cos t, t=x+1$; (3) 5, 2, $(-\infty,+\infty)$; (4) 不连续; (5) e^3; (6) 5; (7) -15; (8) $\frac{1}{2}$; (9) 0; (10) e^2
3. (1) 0; (2) $\frac{2}{3}$; (3) e^{-2}; (4) $\frac{1}{a}$; (5) $\frac{1}{5}$; (6) 1.5^{20}; (7) $\frac{1-b}{1-a}$; (8) e^2; (9) $\frac{1}{2}$; (10) $\frac{1}{3}$.
4. 不连续.
5. 证明略. (提示: $3<(1^n+2^n+3^n)^{\frac{1}{n}}<3\cdot 3^{\frac{1}{n}}$)
6. $f(0)=\frac{2}{3}$.
7. 证明略.
8. 证明略.

习题 2.1

1. (1) A; (2) D; (3) A.
2. (1) 12 米/秒; (2) $-\frac{1}{2x\sqrt{x}}$; $-\frac{1}{4}$; (3) $y=2x-1$.
3. -20.
4. 连续但不可导.
5. 切线方程: $x-ey=0$. 法线方程: $ex+y-1-e^2=0$.
6. $a=1, b=0$.
7. 2.

习题 2.2

1. (1) $\cos x$; $3x^2\cdot 3^x+x^3\cdot 3^x\ln 3$; $18^x\ln 18$; $\frac{1}{x^2}$; $\cos x-x\sin x$; $\frac{11}{10}x^{\frac{1}{10}}$; $8\cdot 2^x\ln 2$; $-5\sin 5x$;

$\frac{1}{2}x(x^2+1)^{-\frac{3}{4}}$； $2x\sec^2(x^2+1)$； $2\tan x\sec^2 x$； $e^{\sin x}\cdot\cos x$； $\frac{2}{1+4x^2}$； $\cot x$；$\frac{2x}{1+x^2}$.

(2) 0; (3) $2x+y=0$； (4) $y'=\frac{y}{y-x}$.

2. (1) $-2\sin x+9x^2+3^x\ln 3$； (2) $\frac{1}{x\ln 2}+2x+\frac{1}{1+x^2}$； (3) $1+x^{-2}-\frac{3}{2}x^{-\frac{5}{2}}+4\pi x^{-3}$； (4) $\cos 2x$；

(5) $\frac{\sin x}{\sqrt{x}}+2\sqrt{x}\cos x$； (6) $(2e\pi)^x(\ln 2+1+\ln\pi)$； (7) $\frac{\sqrt{x}}{(x+\sqrt{x})^2}$； (8) $\frac{1-2x\arctan x}{(1+x^2)^2}$；

(9) $\frac{\cos t-\sin t-1}{(1-\cos t)^2}$； (10) $\frac{1-2\ln x}{x^3}$.

3. (1) $8(2x+5)^3$； (2) $8(x+1)+9(3x+1)^2$； (3) $3\sin(4-3x)$； (4) $\frac{-2}{\sqrt{1-(1-2x)^2}}$； (5) $-6xe^{-3x^2}$；

(6) $e^{-2x}(-2\sin 3x+3\cos 3x)$； (7) $\frac{5}{3(1-5x)\sqrt[3]{1-5x}}$； (8) $2(x+1)\left[\ln(2x-1)+\frac{x+1}{2x-1}\right]$；

(9) $-\frac{1}{\sqrt{x^2+4}}$； (10) $-\sec x$.

4. (1) $y'_x=-\frac{1+y\sin(xy)}{x\sin(xy)}$； (2) $\frac{2e^{2x}-1}{1+e^y}$； (3) $\frac{\sin x}{\cos y}$； (4) $\frac{1}{x+y-1}$； (5) $\frac{y\cos(xy)-1}{1-x\cos(xy)}$.

5. (1) $x^{\cos x}\left(\frac{\cos x}{x}-\sin x\ln x\right)$； (2) $\frac{x}{2}\sqrt{\frac{1-x}{1+x}}\left(\frac{2}{x}-\frac{1}{1+x}-\frac{1}{1-x}\right)$；

(3) $\frac{2}{3}\left(\frac{(x+1)(x+2)(x+3)}{x^3(x+4)}\right)^{\frac{2}{3}}\left(\frac{1}{x+1}+\frac{1}{x+2}+\frac{1}{x+3}-\frac{3}{x}-\frac{1}{x+4}\right)$； (4) $e^x\left(\ln x+\frac{1}{x}\right)\cdot x^{e^x}$.

6. (1) $\frac{4}{3t^2}$； (2) $-\cot t$； (3) $-\tan t$； (4) $\frac{t}{2}$.

7. 切线方程: $y=-x+1$;法线方程: $y=x+1$.

8. $T'(t)=\frac{2}{(0.05t+1)^2}$.

习题 2.3

1. (1) B; (2)A.

2. (1) $8(2x+\ln\pi)^3$， $48(2x+\ln\pi)^2$； (2) 2; (3) e^x； (4) $(x+n)e^x$.

3. (1) $4-\frac{1}{x^2}$； (2) $2xe^{x^2}(3+2x^2)$； (3) $-2e^{-t}\cos t$； (4) $\frac{2-x^2}{\sqrt{(1-x^2)^3}}$； (5) $2\arctan x+\frac{2x}{1+x^2}$；

(6) $2^x(x^2\ln^2 2+4x\ln 2+2)$.

4. $\frac{15}{4}e^{2\pi}$.

5. 1.

6. $4\sin x+x\cos x$.

7. (1) $a^x ln^n a$； (2) $e^x(x+n)$； (3) $(-1)^n \dfrac{(n-2)!}{x^{n-1}}(n \geqslant 2)$； (4) $2^{n-1}\sin\left[2x+(n-1)\dfrac{\pi}{2}\right]$.

8. $y''=\dfrac{e^{2y}(2-xe^y)}{(1-xe^y)^3}$.

9. $y^{(n)}=\dfrac{2-\ln x}{x(\ln x)^3}$.

10. $t=4$时速度为 0; $t=2$时加速度为 0.

习题 2.4

1. (1) A; (2) C; (3) D; (4) B; (5) D; (6) B; (7) C.

2. (1) 99; $\ln 100$. (2) ① $\dfrac{5x^2}{2}+C$； ② $-\dfrac{\cos\omega x}{\omega}+C$； ③ $\ln(2+x)+C$； ④ $-\dfrac{1}{2}e^{-2x}+C$；

⑤ $2\sqrt{x}+C$； ⑥ $\dfrac{1}{2}\tan 2x+C$. (3) 0, 1e. (4) $a\mathrm{d}x$.

3. $\mathrm{d}y=-0.0314$.

4. (1) $\mathrm{d}y=\dfrac{1}{2}\cot\dfrac{x}{2}\mathrm{d}x$； (2) $\mathrm{d}y=e^{\sin^2 x}\sin 2x\mathrm{d}x$； (3) $\mathrm{d}y=e^{-x}[\sin(3-x)-\cos(3-x)]\mathrm{d}x$；

(4) $\mathrm{d}y=\dfrac{\mathrm{d}x}{1+x^2}$； (5) $\mathrm{d}y=\dfrac{2e^{2x}(x-1)}{x3}\mathrm{d}x$； (6) $\mathrm{d}y=\dfrac{xy-y^2}{x^2+xy}\mathrm{d}x$.

5. $\dfrac{2}{9}\mathrm{d}x$.

6. (1) 0.795; (2) 0.5076; (3) 0.01; (4) 2.0052.

7. $4\pi R^2\Delta R$.

8. x 和 y 是时间 t 的函数，$x_t'=-0.01$，$y_t'=0.02$，面积变化速度及对角线变化速度为：0.25m²/s, 0.04m²/s.

9. 约 11000 元.

复习题 2

1. (1) B; (2) A; (3) B; (4) C; (5) A; (6) D; (7) C; (8) D; (9) C; (10) D.

2. (1) $-\dfrac{\sqrt{3}}{3}$； (2) 平行于 ox 轴的，平行于 oy 轴的； (3) $y=\dfrac{e}{e-1}x$； (4) $-\dfrac{1}{2}\ln 3$；

(5) $x+ey-2=0$； (6) 2; (7) $(\ln 2)^{10}2^{-x}$； (8) -3； (9) $2x\sin x+x^2\cos x$；

(10) $\dfrac{2}{(1+x^2)^2}$.

3. (1) ×； (2) √； (3) ×； (4) ×； (5) √.

4. $-e^{-x}$.

5. (1) $y'=6(x^3-2x)^5(3x^2-2)$, $\mathrm{d}y=6(x^3-2x)^5(3x^2-2)\mathrm{d}x$.

(2) $y'=x^{-4}(1-3\ln x)$, $\mathrm{d}y=x^{-4}(1-3\ln x)\mathrm{d}x$.

(3) $y'=-\dfrac{e^x}{\sqrt{1-e^{2x}}}$, $\mathrm{d}y=-\dfrac{e^x}{\sqrt{1-e^{2x}}}\mathrm{d}x$.

(4) $y' = 2^{-x}\left[\dfrac{1}{1+x} - \ln 2 \cdot \ln(1+x)\right], \mathrm{d}y = 2^{-x}\left[\dfrac{1}{1+x} - \ln 2 \cdot \ln(1+x)\right]\mathrm{d}x$.

(5) $y' = \dfrac{1}{x^2 - a^2}$，$\mathrm{d}y = \dfrac{1}{x^2 - a^2}\mathrm{d}x$． (6) $y' = \dfrac{a(1-x)}{x^2 + a^2}$，$\mathrm{d}y = \dfrac{a(1-x)}{x^2 + a^2}\mathrm{d}x$．

(7) $y' = \ln(1+x^2)$，$\mathrm{d}y = \ln(1+x^2)\mathrm{d}x$． (8) $y' = -\mathrm{e}^{-x}\arctan \mathrm{e}^x$，$\mathrm{d}y = (-\mathrm{e}^{-x}\arctan \mathrm{e}^x)\mathrm{d}x$．

6. (1) $y'_x = \dfrac{1+\mathrm{e}^y}{2y - x\mathrm{e}^y}$； (2) $y'_x = \dfrac{1 - y\cos x - \sin y}{x\cos y + \sin x}$； (3) $y' = (2x)^{\frac{1}{x}}\left[\dfrac{1 - \ln 2x}{x^2}\right]$；

(4) $\dfrac{\mathrm{d}y}{\mathrm{d}x} = \dfrac{y(1 - x\ln y)}{x(x-1)}$；

7. (1) $\dfrac{\mathrm{d}y}{\mathrm{d}x} = \dfrac{3t^2+1}{2t}$； (2) $\dfrac{\mathrm{d}y}{\mathrm{d}x} = \dfrac{\sin t + \cos t}{\cos t - \sin t}$．

8. $\dfrac{1}{t^3}$．

9. $\dfrac{n(n+1)}{2}$．

10. (1) $\mathrm{e}^{2x}(2^n x + n \cdot 2^{n-1})$； (2) $(-1)^{n-1}(n-1)!\left[\dfrac{1}{(1+x)^n} + \dfrac{1}{(2+x)^n}\right]$．

11. $a = -\dfrac{1}{2}, b = \dfrac{1}{2}$．

12. $y = -x$．

13. $2xf'(x^2),\ 2f'(x^2) + 4x^2 f''(x^2)$．

14. (1) 1.0067; (2) 0.485.

15. 0.5mm．

习题 3.1

1. (1) B; (2) B; (3) A、B、D; (4) B;

2. 提示：构造函数 $F(x) = f(x) - x$，先利用根的存在性定理证明存在性，再用反证法证明唯一性．

3. 提示：构造函数 $F(x) = x^5 + x - 1$，先利用根的存在性定理证明存在性，再反证法证明唯一性．

习题 3.2

1. (1) 1； (2) $\dfrac{1}{2}$； (3) -1； (4) 0； (5) 0; (6) $\sqrt{\mathrm{e}}$； (7) $\dfrac{1}{6}$； (8) 1； (9) 1.

2. 0．

习题 3. 3

1. (1) 单增； (2) 在 $(-\infty, \frac{1}{2})$ 内单增，在 $(\frac{1}{2}, +\infty)$ 内单减； (3) 在 $(0,100)$ 内单增，在 $(100,+\infty)$ 内单减； (4) 在 $(0,1)\cup(2,+\infty)$ 内单增，在 $(-\infty,0)\cup(1,2)$ 内单减．

2. 证明略．

3. (1) 极大值17，极小值-47； (2) 极小值$-\dfrac{1}{2\mathrm{e}}$； (3) 极大值$\dfrac{81}{8}\sqrt[3]{18}$，极小值 $y(-1) = 0$，y(5)=0;

(4) 极大值$\frac{1}{e}$，极小值0． (5) 极大值2． (6) 极大值$\frac{4}{e^2}$，极小值0．

4. (1) -10； (2) $-5+\sqrt{6}$； (3) 0．
5. $a=-6$．
6. $\frac{a}{6}$．
7. 3,6,4．

习题 3.4

1. (1) 定义域为$(0,+\infty)$，拐点是$(e^{-\frac{3}{2}},-\frac{3}{2}e^{-3})$，在区间$(0,e^{-\frac{3}{2}})$上曲线是凸的，在区间$(e^{-\frac{3}{2}},+\infty)$曲线是凹的.

(2) 定义域为$(-\infty,+\infty)$，拐点是$(-1,-6)$，在区间$(-\infty,-1)$上曲线是凸的，在区间$(-1,+\infty)$曲线是凹的.

(3) 无拐点，在区间$(-\infty,+\infty)$上曲线都是凹的.

(4) 定义域为$(-1,+\infty)$，拐点是$(0,0)$，$(\sqrt[3]{2},\ln(1+\sqrt[3]{2}))$，在区间$(-1,0),(\sqrt[3]{2},+\infty)$上曲线是凸的，在区间$(0,\sqrt[3]{2})$曲线是凹的.

2. $a=-\frac{3}{2},b=\frac{9}{2}$

复习题 3

1. (1) C; (2) A; (3) B; (4) C; (5) B.
2. (1) $(-\infty,\frac{1}{5})\cup(1+\infty)$，$(\frac{1}{5},1)$； (2) 0, 1; (3) $\sqrt{2}$； (4) $(0,2)$； (5) $x=0,x=\pm1$，$x=0$．
3. (1)$\frac{1}{3}$； (2) 2; (3)$\frac{1}{6}$； (4) $\frac{1}{6}$； (5)$\frac{n(n+1)}{2}$； (6) $-\frac{1}{2}$； (7) $\frac{1}{2}$.
4. 极大值为 108, 极小值为 0.
5. 在$(-\infty,0)$和$(1,+\infty)$内为凹的, 在$(0, 1)$内为凸的, 拐点为$(0,0)$和$(1,-1)$．

习题 4.1

1. (1) C； (2) B； (3) B； (4) C； (5) D．
2. (1) x^3-e^x+C； (2) $5x^4$； (3) $3^x\ln3-\sin x$； (4) $\sin x+C$； (5) $\sin x$．
3. $S=\sin t+9$．
4. (1) 1080m; (2) 2s.
5. $y=\frac{1}{2}x^2+2x-1$．

习题 4.2

1. (1) D; (2) A; (3) B; (4) C; (5) A.
2. (1) 正确; (2) 正确; (3) 正确; (4) 错误.
3. (1) $-\frac{1}{x}+C$； (2) $2\sqrt{x}+C$； (3) $2\sqrt{x}-\frac{4}{3}x^{\frac{3}{2}}+\frac{2}{5}x^{\frac{5}{2}}+C$； (4) $x^3+\arctan x+C$；

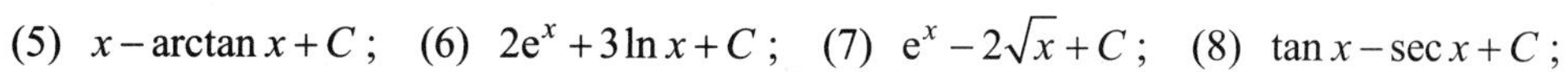

(5) $x-\arctan x+C$； (6) $2e^x+3\ln x+C$； (7) $e^x-2\sqrt{x}+C$； (8) $\tan x-\sec x+C$；

(9) $\frac{x+\sin x}{2}+C$； (10) $\frac{1}{2}\tan x+C$.

4. 距离 $S(t)=-\cos t+S_0+1$.

5. (1) $v(t)=4t^3+3\cos t+2$; (2) $s(t)=t^4+3\sin t+2t-3$.

6. $y=\frac{5}{3}x^3$.

7. $f(x)=\frac{1}{2}x^4+x$.

习题 4.3

1. (1) D; (2) B; (3) B; (4) A; (5) C; (6) A; (7) D; (8) D; (9) A; (10) C; (11) A; (12) D; (13) B; (14) A; (15) A.

2. (1) $\frac{1}{2}\ln|3+2x|+C$； (2) $e^{x^2}+C$； (3) $-\frac{1}{3}(1-x^2)^{\frac{3}{2}}+C$； (4) $\frac{1}{2}\ln|1+2\ln x|+C$；

(5) $\frac{2}{3}e^{3\cdot\sqrt{x}}+C$； (6) $\frac{1}{3}\sin^3 x-\frac{2}{5}\sin^5 x+\frac{1}{7}\sin^7 x+C$； (7) $\frac{x}{2}-\frac{1}{4}\sin 2x+C$；

(8) $\frac{3}{8}x+\frac{1}{4}\sin 2x+\frac{1}{32}\sin 4x+C$； (9) $\ln|\csc x-\cot x|+C$； (10) $\frac{1}{5}e^{5x}+C$；

(11) $-2\cos\sqrt{x}+C$； (12) $\ln|\ln|\ln x||+C$； (13) $-\ln|\cos\sqrt{1+x^2}|+C$；

(14) $\ln|\tan x|+C$； (15) $\arctan x+C$； (16) $-\frac{1}{2}e^{-x^2}+C$； (17) $\frac{1}{2}\sin x^2+C$；

(18) $-\frac{1}{3}(2-3x^2)^{\frac{1}{2}}+C$； (19) $-\frac{3}{4}\ln|1-x^4|+C$； (20) $\frac{2}{9}(1+x^3)^{\frac{3}{2}}+C$；

(21) $\frac{1}{2}\int\frac{2\sin x\mathrm{d}\sin x}{1+(\sin^2 x)^2}=\frac{1}{2}\int\frac{\mathrm{d}\sin^2 x}{1+(\sin^2 x)^2}=\frac{1}{2}\arctan(\sin^2 x)+C$； (22) $-\frac{1}{3\omega}\cos^3(\omega x+\phi)+C$；

(23) $\frac{1}{2\cos^2 x}+C$； (24) $\int\frac{x^3+9x-9x}{9+x^2}\mathrm{d}x=\frac{1}{2}x^2-\frac{9}{2}\ln(9+x^2)+C$；

(25) $-2\sqrt{1-x^2}-\arcsin x+C$； (26) $\frac{1}{4}\ln\left|\frac{2+x}{2-x}\right|+C$； (27) $\frac{1}{3}\ln\left|\frac{x-2}{x+1}\right|+C$；

(28) $-\frac{10^{2\arccos x}}{2\ln 10}+C$； (29) $-\frac{1}{x\ln x}+C$； (30) $-\frac{1}{\arcsin x}+C$；

(31) $\frac{1}{4}\sin 2x-\frac{1}{24}\sin 12x+C$； (32) $\frac{1}{2}\arcsin\frac{2x}{3}+\frac{1}{4}\sqrt{9-4x^2}+C$.

3. (1) $-\frac{\sqrt{4-x^2}}{4x}+C$ （令 $x=2\sin t$ ）； (2) $\ln|\sqrt{x^2+a^2}+x|-\frac{\sqrt{x^2+a^2}}{x}+C$（令 $x=a\tan t$）；

(3) $-\frac{x}{a^2\cdot\sqrt{x^2-a^2}}+C$（令 $x=a\sec t$ ）； (4) $\frac{1}{3}\sqrt{(x^2+1)^3}-\sqrt{x^2+1}+C$；

(5) $-\sqrt{1-x^2}+\arcsin x+C$； (6) $\frac{1}{2}x\cdot\sqrt{x^2-2}+\ln|x+\sqrt{x^2-2}|+C$；

(7) $\frac{1}{\sqrt{2}}[\sqrt{x^2-2x}+\ln|x-1+\sqrt{x^2-2x}|+C$； (8) $2\ln|\sqrt{1+e^x}-1|-x+C$ （令 $\sqrt{1+e^x}=t$）；

(9) $\arcsin\frac{x-1}{2}+C$； (10) $\sqrt{x^2+2x+3}-\ln|(x+1)+\sqrt{x^2+2x+3}|+C$；

(11) $-18\cdot\sqrt{3-x}+4(3-x)^{\frac{3}{2}}-\frac{2}{5}(3-x)^{\frac{5}{2}}+C$（令 $\sqrt{3-x}=t$）；

(12) $\frac{1}{2}[\arcsin x+\ln|x+\sqrt{1-x^2}|+C$； (13) $\frac{2}{3}(\sin x)^{\frac{3}{2}}-\frac{4}{7}(\sin x)^{\frac{7}{2}}+\frac{2}{11}(\sin x)^{\frac{11}{2}}+C$；

(14) $\frac{2}{3}(1+\ln x)^{\frac{3}{2}}-2\cdot\sqrt{1+\ln x}+C$； (15) $\frac{x}{\sqrt{1-x^2}}+C$；

(16) $-\sqrt{2+4x-x^2}+2\arcsin\frac{x-2}{\sqrt{6}}+C$.

4. (1) $x\sin x+\cos x+C$； (2) $-\frac{1}{2}xe^{-2x}-\frac{1}{4}e^{-2x}+C$； (3) $(\frac{1}{3}x^2-\frac{2}{9}x+\frac{2}{27})e^{3x}+C$；

(4) $\frac{1}{2}(1-x)\cos 2x+\frac{1}{4}\sin 2x+C$； (5) $x\ln(1+x^2)-2x+2\arctan x+C$；

(6) $2\sin\frac{x}{2}+4\cos\frac{x}{2}+C$； (7) $\frac{1}{3}x^3\ln x-\frac{1}{9}x^3+C$； (8) $(-\frac{1}{5}\sin 2x-\frac{2}{5}\cos 2x)e^{-x}+C$；

(9) $\frac{1}{4}x^2-\frac{1}{4}x\sin 2x-\frac{1}{8}\cos 2x+C$； (10) $\frac{1}{2}x[\cos(\ln x)+\sin(\ln x)]+C$；

(11) $\frac{1}{3}x^3\arctan x-\frac{1}{6}x^2+\frac{1}{6}\ln(1+x^2)+C$； (12) $x(\arcsin x)^2+2\cdot\sqrt{1-x^2}\arcsin x-2x+C$；

(13) $2\cdot\sqrt{1+x}\sin x-4\cdot\sqrt{1+x}-2\ln|\frac{\sqrt{1+x}-1}{\sqrt{1+x}+1}|+C$； (14) $\frac{1}{n}x^2\sin nx+\frac{2}{n^2}x\cos nx-\frac{2}{n^3}\sin nx+C$；

(15) $-\sqrt{1-x^2}\arcsin x+x+C$； (16) $x\ln|x+\sqrt{1+x^2}|-\sqrt{1+x^2}+C$；

(17) $-2x^{\frac{3}{2}}\cos\sqrt{x}+6x\sin\sqrt{x}+12\sqrt{x}\cos\sqrt{x}-12\sin\sqrt{x}+C$（令 $\sqrt{x}=t$，再分部积分法）；

(18) $2\cdot\sqrt{x}\arcsin\sqrt{x}+2\cdot\sqrt{1-x}+C$； (19) $2\cdot\sqrt{x}e^{\sqrt{x}}-2e^{\sqrt{x}}+C$.

复习题 4

1. (1) D; (2) B; (3) C; (4) B; (5) B; (6) D; (7) D; (8) B; (9) C; (10) B; (11) C; (12) B; (13) D; (14) C; (15) B; (16) D; (17) C; (18) D; (19) C; (20) B; (21) D; (22) D; (23) B; (24) C; (25) C; (26) C; (27) D; (28) B; (29) C; (30) A; (31) B.

2. (1) $F(x)$，$f(x)$； (2) $ax+C$； (3) 全体原函数； (4) $6e^{2x}$； (5) $\sin x+C$； (6) $-\frac{1}{\sqrt{1-x^2}}$；

(7) $\frac{2}{7}x^{\frac{7}{2}}+C$； (8) $e^{-x}(x^2+x+1)+C$.

3. (1) $\frac{1}{2}\ln\left|\frac{e^x-1}{e^x+1}\right|+C$； (2) $\frac{1}{2(1-x)^2}-\frac{1}{1-x}+C$； (3) $\frac{1}{6a^3}\ln\left|\frac{a^3+x^3}{a^3-x^3}\right|+C$；

(4) $\ln|x+\sin x|+C$； (5) $\ln x[\ln|\ln x|-1]+C$； (6) $\dfrac{1}{3a^4}\left[\dfrac{3x}{\sqrt{a^2-x^2}}+\dfrac{x^3}{\sqrt{(a^2-x^2)^3}}\right]+C$；

(7) $-\dfrac{\sqrt{(1+x)^3}}{3x^3}+\dfrac{\sqrt{1+x^2}}{x}+C$； (8) $(4-2x)\cos\sqrt{x}+4\sqrt{x}\sin\sqrt{x}+C$；

(9) $x\ln(1+x^2)-2x+2\arctan x+C$； (10) $\dfrac{\sin x}{2\cos^2 x}-\dfrac{1}{2}\ln|\sec x+\tan x|+C$；

(11) $(x+1)\arctan\sqrt{x}-\sqrt{x}+C$； (12) $\sqrt{2}\ln|\csc\dfrac{x}{2}-\cot\dfrac{x}{2}|+C$；

(13) $\dfrac{x^4}{8(1+x^8)}+\dfrac{1}{8}\arctan x^4+C$； (14) $\dfrac{x^4}{4}+\ln\dfrac{\sqrt[4]{x^4+1}}{x^4+1}+C$；

(15) $\dfrac{1}{32}\ln\left|\dfrac{2+x}{2-x}\right|+\dfrac{1}{16}\arctan\dfrac{x}{2}+C$； (16) $\dfrac{2}{1+\tan\dfrac{x}{2}}+x+C$ 或 $\sec x+x-\tan x+C$；

(17) $x\tan\dfrac{x}{2}+C$； (18) $e^{3\ln x}(x-\sec x)+C$； (19) $\ln\dfrac{|x|}{(\sqrt[6]{x}+1)^6}+C$；

(20) $\dfrac{xe^x}{e^x+1}+\ln\dfrac{e^x}{1+e^x}+C$； (21) $\arctan(2shx)+C$； (22) $\dfrac{xe^x}{e^x+1}-\ln(1+e^x)+C$；

(23) $x[\ln(x+\sqrt{1+x^2})]^2-2\sqrt{1+x^2}\ln(x+\sqrt{1+x^2})2x+C$； (24) $\dfrac{x\ln x}{\sqrt{1+x^2}}-\ln|x+\sqrt{1+x^2}|+C$；

(25) $\dfrac{1}{4}(\arcsin x)^2+\dfrac{x}{2}\sqrt{1-x^2}\arcsin x-\dfrac{x^2}{4}+C$； (26) $-\dfrac{1}{3}\sqrt{1-x^2}(x^2+2)\arccos x-\dfrac{1}{9}x(x^2+6)+C$；

(27) $-\ln|\csc x+1|+C$； (28) $\ln|\tan x|-\dfrac{1}{2\sin^2 x}+C$；

(29) $\dfrac{1}{3}\ln|2+\cos x|-\dfrac{1}{2}\ln|1+\cos x|+\dfrac{1}{6}\ln|1-\cos x|+C$；

(30) $\dfrac{1}{2}(\sin x-\cos x)+\dfrac{1}{2\sqrt{2}}\ln\left|\dfrac{1+\sqrt{2}\cos x}{1+\sqrt{2}\sin x}\right|+C$.

习题 5.1

1. 0.

2. (1) $\int_{-1}^{1}\dfrac{1}{x^2+1}dx$； (2) $\int_0^4(t^2-t+2)dt$.

3. $k(b-a)$.

4. $\dfrac{1}{2}\int_{-1}^{1}(x^2-x+1)dx=\dfrac{4}{3}$.

5. (1) $\int_2^3 x^2dx<\int_2^3 x^3dx$； (2) $\int_1^2\ln xdx>\int_1^2\ln^2 xdx$.

6. 4.

7. (1) 2π； (2) 0.

习题 5.2

1. $\varphi'(0)=0$； $\varphi'(\dfrac{\pi}{4})=\dfrac{\sqrt{2}}{2}$.

2. (1) $\cos x^2$； (2) $-2x\sqrt{1+x^4}$； (3) $-\cot t$.

3. (1) $\frac{1}{2}$； (2) $\frac{1}{24}$.

4. $f(x)=150x^2$； $c=-\sqrt[3]{\frac{4}{5}}$.

5. $f(x)=x-\frac{1}{4}$.

6. (1) 8； (2) $\frac{\pi}{6}$； (3) $\frac{\pi}{3}$； (4) 1； (5) $4\frac{1}{4}$； (6) $\frac{2}{3}+e^2-e$.

习题 5.3

1. (1) $\frac{13}{3}$； (2) $e-1$； (3) $\frac{1}{3}$； (4) $\frac{1}{8}$； (5) $\frac{1}{3}$； (6) 1； (7) $\arctan e-\frac{\pi}{4}$； (8) $2(\sqrt{2}-1)$；
   (9) $2\ln 2-1$； (10) $\frac{1}{6}$； (11) $\ln(1+\sqrt{2})$； (12) $6(1-\arctan 2+\frac{\pi}{4})$； (13) 4π； (14) $7\frac{5}{6}$.

2. (1) 1； (2) $\frac{1}{2}[(4e+1)\ln(4e+1)-4e]$； (3) 1； (4) $1-\frac{2}{e}$； (5) $\frac{1}{5}(e^x-2)$； (6) 1.

3. (1) $\frac{\pi}{2}$； (2) $\frac{2\sqrt{3}}{3}\pi-2\ln 2$； (3) 0； (4) $\ln 3$.

4. 证明略.
5. 证明略.
6. 证明略.
7. 证明略.

习题 5.4

1. (1) $\frac{1}{2}$； (2) $\frac{1}{3}$； (3) 发散； (4) 发散； (5) 发散； (6) 1.

2. 当 $k\leqslant 1$ 时发散；当 $k>1$ 时收敛，其值为 $\frac{1}{k-1}(\ln 2)^{1-k}$.

习题 5.5

1. (1) $\frac{1}{6}$； (2) $\frac{16}{3}$.

2. (1) $V_x=\frac{64}{15}\pi$，$V_y=\frac{8}{3}\pi$； (2) $V_y=160\pi$.

3. $\frac{8}{3}\pi a^2 b$.

4. $k\ln\left|\frac{b}{a}\right|$.

5. (1) 1，0.6； (2) 1.0125.

复习题 5

1. (1) D； (2) D； (3) B； (4) A； (5) B； (6) C； (7) D； (8) D； (9) D； (10) C.

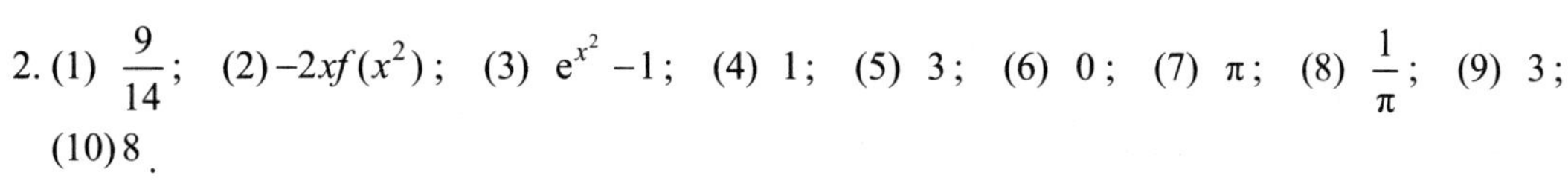

2. (1) $\dfrac{9}{14}$； (2) $-2xf(x^2)$； (3) $e^{x^2}-1$； (4) 1； (5) 3； (6) 0； (7) π； (8) $\dfrac{1}{\pi}$； (9) 3；
(10) 8.

3. (1) $2\ln\dfrac{4}{3}$； (2) $\dfrac{\pi}{4}$； (3) $\dfrac{4}{3}\pi-\sqrt{3}$； (4) $\dfrac{71}{3}$； (5) 1； (6) $\dfrac{\pi}{\sqrt{5}}$； (7) $\dfrac{\pi}{2}-\arcsin\dfrac{3}{4}$； (8) π.

4. 最大值 $f(0)=0$，最小值 $f(4)=-\dfrac{32}{3}$.

5. 证明略.

6. (1) $\dfrac{3}{2}-\ln 2$； (2) $\dfrac{7}{6}$.

7. $\dfrac{\pi}{6}$.

8. $\dfrac{3\pi}{10}$.

9. $\dfrac{4}{3}\pi r^4 g$.

10. $\dfrac{kb^4}{12}$.

习题 6.1

1. $(x+y)^{x-y}$.
2. 2, 2, 2.
3. (1) $D=\{(x,y)|-1\leqslant x\leqslant 1,-1\leqslant y\leqslant 1\}$； (2) $D=\{(x,y)|y-x^2\geqslant 0,y\leqslant 1\}$；
(3) $D=\{(x,y)|1<x^2+y^2<4\}$； (4) $D=\{(x,y)|4\leqslant x^2+y^2\leqslant 9\}$.
4. (1) 2; (2) 0; (3) -2; (4) 2.
5. 极限不存在.
6. (1) $f_x(1,0)=1$，$f_y(1,0)=0$； (2) -1, 0, 0, -2.
7. (1) $\dfrac{\partial z}{\partial x}=3x^2y-y^3$，$\dfrac{\partial z}{\partial y}=x^3-3xy^2$； (2) $\dfrac{\partial z}{\partial x}=e^x\sin y-9x^2\cos y$，$\dfrac{\partial z}{\partial y}=e^x\cos y+3x^3\sin y$；
(3) $\dfrac{\partial s}{\partial u}=\dfrac{u^2v-v^3}{(uv)^2}$，$\dfrac{\partial s}{\partial v}=\dfrac{uv^2-u^3}{(uv)^2}$； (4) $\dfrac{\partial z}{\partial x}=\dfrac{1}{y}\sec^2\dfrac{x}{y}$，$\dfrac{\partial z}{\partial x}=-\dfrac{x}{y^2}\sec^2\dfrac{x}{y}$；
(5) $\dfrac{\partial z}{\partial x}=y\cos(xy)-y\sin(2xy)$，$\dfrac{\partial z}{\partial y}=x\cos(xy)-x\sin(2xy)$； (6) $\dfrac{\partial z}{\partial x}=ye^{xy}$，$\dfrac{\partial z}{\partial y}=xe^{xy}$.
8. (1) $\dfrac{\partial^2 z}{\partial x^2}=12x^2+2y$，$\dfrac{\partial^2 z}{\partial x\partial y}=\dfrac{\partial^2 z}{\partial y\partial x}=2x$，$\dfrac{\partial^2 z}{\partial y^2}=-12y$；
(2) $\dfrac{\partial^2 z}{\partial x^2}=2\sin y$，$\dfrac{\partial^2 z}{\partial x\partial y}=\dfrac{\partial^2 z}{\partial y\partial x}=2x\cos y$，$\dfrac{\partial^2 z}{\partial y^2}=-x^2\sin y$.

习题 6.2

1. $dz=14.8$.

2. (1) $\mathrm{d}z=(y^2+6x^2y)\mathrm{d}x+(2xy+2x^3)\mathrm{d}y$;

(2) $\mathrm{d}z=(\frac{\ln y}{2\sqrt{x}}-\mathrm{e}^x\cos y)\mathrm{d}x+(\frac{\sqrt{x}}{y}+\mathrm{e}^x\sin y)\mathrm{d}y$;

(3) $\mathrm{d}z=\frac{y^2}{(x^2+y^2)\sqrt{x^2+y^2}}\mathrm{d}x-\frac{xy}{(x^2+y^2)\sqrt{x^2+y^2}}\mathrm{d}y$;

(4) $\mathrm{d}z=[y\cos(xy)-y\sin(2xy)]\mathrm{d}x+[x\cos(xy)-x\sin(2xy)]\mathrm{d}y$;

(5) $\mathrm{d}z=[\sin(x^2+y^2)+2x^2\cos(x^2+y^2)]\mathrm{d}x+2xy\cos(x^2+y^2)\mathrm{d}y$;

(6) $\mathrm{d}z=[\ln(xy)+1]\mathrm{d}x+\frac{x}{y}\mathrm{d}y$;

(7) $\mathrm{d}u=\frac{2x}{x^2+y^2+z^2}\mathrm{d}x+\frac{2y}{x^2+y^2+z^2}\mathrm{d}y+\frac{2z}{x^2+y^2+z^2}\mathrm{d}z$;

(8) $\mathrm{d}u=yzx^{yz-1}\mathrm{d}x+zx^{yz}\ln x\mathrm{d}y+yx^{yz}\ln x\mathrm{d}z$.

习题 6.3

1. $\iint\limits_D 5\mathrm{d}x\mathrm{d}y=20$.

2. $\iint\limits_D \sqrt{4-x^2-y^2}\mathrm{d}x\mathrm{d}y=\frac{16}{3}\pi$.

3. $\iint\limits_{\frac{1}{2}\leqslant x^2+y^2\leqslant 1}\ln(x^2+y^2)\mathrm{d}x\mathrm{d}y<0$.

4. (1) $\iint\limits_D (x+y)^2\mathrm{d}\sigma\geqslant\iint\limits_D (x+y)^3\mathrm{d}\sigma$; (2) $\iint\limits_D \ln(x+y)\mathrm{d}\sigma>\iint\limits_D [\ln(x+y)]^2\mathrm{d}\sigma$.

5. (1) $\frac{1}{3}$; (2) $\frac{\pi^2}{4}$.

习题 6.4

1. (1)18; (2) -2; (3) $\frac{8}{15}$.

2. $\iint\limits_D \frac{x^2}{1+y^2}\mathrm{d}x\mathrm{d}y=\frac{5\pi}{12}$.

3. (1) $\int_0^4\mathrm{d}x\int_{\frac{x}{2}}^{\sqrt{x}}f(x,y)\mathrm{d}y$; (2) $\int_{-1}^1\mathrm{d}x\int_0^{\sqrt{1-x^2}}f(x,y)\mathrm{d}y$;

(3) $\int_0^2\mathrm{d}x\int_{\frac{y}{2}}^1 f(x,y)\mathrm{d}x$; (4) $\int_0^1\mathrm{d}y\int_{\sqrt{y}}^{2-y}f(x,y)\mathrm{d}x$.

4. (1) $\int_0^{2\pi}\mathrm{d}\theta\int_0^3 f(r\cos\theta,r\sin\theta)r\mathrm{d}r$; (2) $\int_0^{2\pi}\mathrm{d}\theta\int_1^2 f(r\cos\theta,r\sin\theta)r\mathrm{d}r$;

(3) $\int_{-\frac{\pi}{2}}^{\frac{\pi}{2}}\mathrm{d}\theta\int_0^{2\cos\theta}f(r\cos\theta,r\sin\theta)r\mathrm{d}r$.

5. (1) $\pi(e^{R^2}-1)$； (2) $\frac{3\pi}{2}a^4$； (3) $\frac{\pi}{2}$.

习题 6.5

1. 20π． 2. πR^4． 3. $(0,\frac{2a+b}{3a+3b}h)$． 4. $I_x=\frac{72}{5}$，$I_y=\frac{96}{7}$.

复习题 6

1. (1) D; (2) C; (3) D; (4) D.

2. (1) $2xye^{x^2y}$； (2) -1； (3) $\sqrt{1+x^2}$； (4) $\frac{z-4y}{6z-y}$； (5) $-\sin 2t+3t^2\cos t^3$； (6) $\frac{1}{4}$； (7) 2;

(8) 1； (9) $(1-x)f(x)$； (10) y , 1.

3. 证明略.

4. 证明略.

5. (1) $\frac{1}{3}$； (2) $\frac{\pi^2}{4}$.

6. (1) 9.6； (2) $\frac{1}{2}e^4-\frac{1}{2}e^2-e$； (3) $\frac{13}{6}$.

7. (1) $\frac{3\pi}{2}a^4$； (2) $\frac{14\pi}{3}$.

8. (1) $\int_0^1 dy\int_{\sqrt{y}}^{\sqrt[3]{y}}dx$； (2) $\int_1^2 dx\int_{\sqrt{x}}^{x}f(x,y)dy+\int_2^4 dx\int_{\sqrt{x}}^{4}f(x,y)dy$； (3) $\int_o^1 dy\int_{e^y}^{e}f(x,y)dx$.

9. $\frac{\sqrt{2}}{2}\pi$.

10. $\frac{208}{15}$.

习题 7.1

1. (1) 一阶; (2) 二阶; (3) 一阶; (4) 三阶.

2. (1) 是; (2) 是; (3) 是; (4) 是.

3. (1) $y^2-x^2=25(C=-25)$； (2) $y=xe^{2x}(C_1=0,C_2=1)$.

4. $u(x)=x+c$.

习题 7.2

1. (1) $y=(x+C)e^{-x}$； (2) $y=Ce^x-\frac{1}{2}(\sin x+\cos x)$； (3) $y=2x-1+Ce^{-2x}$；

(4) $y=\frac{1}{3}x^2+\frac{3}{2}x+2+\frac{C}{x}$； (5) $y\sqrt{x^2+1}=C$； (6) $y=\frac{1}{5}x^3+\frac{1}{2}x^2+C$；

(7) $y=e^{Cx}$； (8) $y=\frac{y}{1-ay}=C(x+a)$.

2. (1) $y^2=2\ln(1+e^x)-2\ln(1+e)-1$； (2) $e^y=\frac{1}{2}(e^{2x}+1)$； (3) $y=\frac{\pi-1-\cos x}{x}$；

(4) $y=\sin x-1+2e^{-\sin x}$.

3. $y=\frac{5}{4}e^{2x}-\frac{1}{2}x-\frac{1}{4}$.

习题 7.3

1. (1) $y=C_1e^x+C_2e^{-2x}$； (2) $y=C_1e^{3x}+C_2e^{-3x}$； (3) $y=C_1+C_2e^{4x}$；

(4) $y=C_1e^{(1+\sqrt{2})x}+C_2e^{(1-\sqrt{2})x}$； (5) $y=C_1\cos x+C_2\sin x$；

(6) $y=e^{-3x}(C_1\cos 2x+C_2\sin 2x)$； (7) $y=C_1e^{-x}+C_2e^{\frac{x}{2}}+e^x$；

(8) $y=C_1e^x+C_2e^{6x}+\frac{7}{74}\cos x+\frac{5}{74}\sin x$.

2. (1) $y=-5e^x+\frac{7}{2}e^{2x}+\frac{5}{2}$； (2) $y=\cos 2x+\sin 2x+x\sin 2x$.

复习题 7

1. (1) B; (2) C; (3) B; (4) C; (5) C.
2. (1) 可分离变量，$y=Cx$； (2) 一阶线性非齐次，$y=x(-\cos x+C)$.

(3) $y=(C_1+C_2x)e^{-3x}$； (4) $y=C_1\cos\sqrt{2}x+C_2\sin\sqrt{2}x$； (5) $y=3(1-\frac{1}{x})$.

3. (1) $x(1+y^2)e^{\frac{x^2}{2}}=C$；(2) $y=x(\ln|x|+c)$； (3) $x=Ce^y+y^2+2y+2$；

(4) $y=C(x+1)^2+2(x+1)^{\frac{5}{2}}$； (5) $1+y^2=Ce^{-\frac{1}{x}}$； (6) $y=Cxe^{-\frac{1}{2}x^2}$；

(7) $y=e^x(C_1\cos x+C_2\sin x)$； (8) $y=C_1e^{-\frac{x}{\sqrt{3}}}+C_2e^{\frac{x}{\sqrt{3}}}$； (9) $y=(C_1+C_2x)e^{2x}+\frac{3}{2}x^2e^{2x}$；

(10) $y=C_1+C_2e^{-\frac{3}{2}x}-2\cos x+5\sin x$.

4. (1) $y=2\arctan\frac{\pi}{2x}-x$； (2) $y=(x^2+2)e^{-x^2}$； (3) $y=xe^{2x}$； (4) $y^3=y^2-x^2$；

(5) $y=-\cos x-\frac{1}{3}\sin x+\frac{1}{3}\sin 2x$； (6) $y=\frac{1}{3}(2x-1)^{\frac{3}{2}}-\frac{1}{3}$.

5. $x^2+y^2=25$.

6. $T=20+80e^{-Kt}$； $t=82.6℃$.

习题 8.1

1. 20.
2. $i=8, j=3$.
3. $i=3, j=6$.
4. $(-1)^{2+3}\begin{vmatrix}5&-3&1\\1&0&7\\0&3&2\end{vmatrix}$，$(-1)^{3+3}\begin{vmatrix}5&-3&1\\1&-2&0\\0&3&2\end{vmatrix}$.

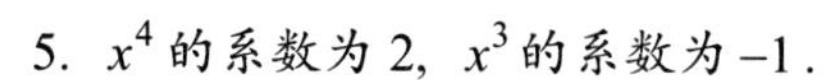

5. x^4的系数为 2，x^3的系数为 -1.

6. (1) -5； (2) $-2(x^3+y^3)$； (3) 48； (4) $x^n+(-1)^{n+1}y^n$.

7. 证明略.

8. 当 $\lambda=0$或$\lambda=2$或$\lambda=3$时，方程有非零解.

9. $(x_1,x_2,x_3,x_4)=(1,1,1,1)$.

习题 8.2

1. $-mn^3$.

2. $\boldsymbol{AB}=\begin{pmatrix}6&2&-2\\6&1&0\\8&-1&2\end{pmatrix}$； $\boldsymbol{AB}-\boldsymbol{BA}=\begin{pmatrix}2&2&-2\\2&0&0\\4&-4&-2\end{pmatrix}$； $\boldsymbol{A}^2=\begin{pmatrix}12&6&8\\10&7&10\\10&9&14\end{pmatrix}$； $(\boldsymbol{AB})^{\mathrm{T}}=\begin{pmatrix}6&6&8\\2&1&-1\\-2&0&2\end{pmatrix}$；

$\boldsymbol{A}^{-1}=\dfrac{1}{4}\begin{pmatrix}1&1&-1\\4&-8&4\\-3&5&-1\end{pmatrix}$.

3. $\begin{pmatrix}\cos n\alpha&-\sin n\alpha\\\sin n\alpha&\cos n\alpha\end{pmatrix}$.

4. (1) $\boldsymbol{X}=\begin{pmatrix}2&-23\\0&8\end{pmatrix}$； (2) $\boldsymbol{X}=\begin{pmatrix}\dfrac{11}{6}&\dfrac{1}{2}&1\\-\dfrac{1}{6}&-\dfrac{1}{2}&0\\\dfrac{2}{3}&1&0\end{pmatrix}$.

5. $\boldsymbol{A}^{-1}=\begin{bmatrix}a_1^{-1}&0&\cdots&0\\0&a_2^{-1}&\cdots&0\\\cdots&\cdots&\cdots&0\\0&0&\cdots&a_n^{-1}\end{bmatrix}$

6. 证明略.

7. $\begin{cases}x_1=1,\\x_2=0,\\x_3=0.\end{cases}$

习题 8.3

1. 有； 有.

2. (1)$r(\boldsymbol{A})=3$, $\begin{vmatrix}3&2&5\\3&-2&6\\2&0&5\end{vmatrix}=-16\neq0$； (2) $r(\boldsymbol{A})=3$, $\begin{vmatrix}1&1&2\\0&2&1\\1&1&0\end{vmatrix}=-4\neq0$.

3. (1) $A^{-1}=\begin{pmatrix}\frac{1}{2} & \frac{3}{2} & -\frac{1}{2}\\ -\frac{1}{2} & \frac{5}{2} & -\frac{1}{2}\\ -\frac{1}{2} & -\frac{1}{2} & \frac{1}{2}\end{pmatrix}$; (2) $A^{-1}=\begin{pmatrix}1 & -3 & 11 & -38\\ 0 & 1 & -2 & 7\\ 0 & 0 & 1 & -2\\ 0 & 0 & 0 & 1\end{pmatrix}$.

4. $\begin{pmatrix}0 & 1 & -1\\ -1 & 0 & 1\\ 1 & -1 & 0\end{pmatrix}$.

5. $\begin{pmatrix}2 & 0 & 1\\ 0 & 3 & 6\\ 1 & 6 & 2\end{pmatrix}$.

6. $\lambda=5$，$\mu=1$.

7. 当 $\lambda=3$ 时，$r(A)=2$；当 $\lambda\neq 3$ 时，$r(A)=3$.

8. $x_1=-8, x_2=3, x_3=6, x_4=0$.

习题 8.4

1. (1) 只有零解； (2) $k_1\begin{pmatrix}-2\\1\\0\\0\end{pmatrix}+k_2\begin{pmatrix}1\\0\\0\\1\end{pmatrix}$ $k_1,k_2\in\mathbf{R}$；

2. (1) 无解； (2) $k_1\begin{pmatrix}\frac{1}{7}\\ \frac{5}{7}\\ 1\\ 0\end{pmatrix}+k_2\begin{pmatrix}\frac{1}{7}\\ \frac{9}{7}\\ 0\\ 1\end{pmatrix}+\begin{pmatrix}\frac{6}{7}\\ -\frac{5}{7}\\ 0\\ 0\end{pmatrix}$ $k_1,k_2\in\mathbf{R}$； (3) $\begin{pmatrix}x_1\\x_2\\x_3\\x_4\end{pmatrix}=k_1\begin{pmatrix}1\\1\\0\\0\end{pmatrix}+k_2\begin{pmatrix}1\\0\\2\\1\end{pmatrix}+\begin{pmatrix}\frac{1}{2}\\ 0\\ \frac{1}{2}\\ 0\end{pmatrix}$.

3. (1) 当 $\lambda\neq 1,\lambda\neq -2$ 时有唯一解；当 $\lambda=-2$ 时无解；当 $\lambda=1$ 时，有无穷多个解，解为 $k_1\begin{pmatrix}-1\\1\\0\end{pmatrix}+k_2\begin{pmatrix}-1\\0\\1\end{pmatrix}+\begin{pmatrix}1\\0\\0\end{pmatrix}$ $k_1,k_2\in\mathbf{R}$；

(2) 当 $\lambda=1$ 时，解为 $k_1\begin{pmatrix}1\\1\\1\end{pmatrix}+\begin{pmatrix}1\\0\\0\end{pmatrix}$ $k\in\mathbf{R}$；当 $\lambda=-2$ 时，解为 $k\begin{pmatrix}1\\1\\1\end{pmatrix}+\begin{pmatrix}2\\2\\0\end{pmatrix}$ $k\in\mathbf{R}$；当 $\lambda\neq 1$, 且 $\lambda\neq -2$ 时，方程组无解.

复习题 8

1. $i=1, j=5$.

2. $|2A|=16$.

3. 8.

4. 12.

5. (1) $\lambda=1$时，方程组有无数解，通解为 $\begin{pmatrix}x_1\\x_2\\x_3\end{pmatrix}=k\begin{pmatrix}3\\-3\\1\end{pmatrix}+\begin{pmatrix}-1\\1\\0\end{pmatrix}$； (2) $\lambda\neq1$时，方程组无解.

6. (1) $b=0$时，原方程组无解;

(2) $a=1$时，$b\neq\frac{1}{2}$时，原方程组无解;

(3) $a=1$，$b=\frac{1}{2}$时，方程组有无数解，通解为：$\begin{cases}x_1=2-x_3\\x_2=2\end{cases}$ (其中，x_3为自由变量)；

(4) $a\neq1$，$b\neq0$时，原方程组有唯一解，$x_1=\dfrac{2b-1}{b(a-1)}$，$x_2=\dfrac{1}{b}$，$x_3=\dfrac{1+2ab-4b}{b(a-1)}$.

7. $\begin{cases}x_1=\frac{1}{6}+\frac{5}{6}x_4\\x_2=\frac{1}{6}-\frac{7}{6}x_4\\x_3=\frac{1}{6}+\frac{5}{6}x_4\end{cases}$，(其中，$x_4$为自由变量).

8. 证明略.

9. $\boldsymbol{B}=\begin{pmatrix}2&0&2\\0&2&0\\-2&0&2\end{pmatrix}$.

10. $\boldsymbol{F}^{-1}=\begin{pmatrix}1&2&-\dfrac{1}{2}&-\dfrac{1}{8}\\0&-1&0&-\dfrac{1}{4}\\0&0&\dfrac{1}{2}&\dfrac{1}{8}\\0&0&0&\dfrac{1}{4}\end{pmatrix}$.